高等教育规划教材

Android 移动应用开发教程

刘佰龙　主编

谢红侠　赵　莹　副主编

机 械 工 业 出 版 社

本书系统地介绍了 Android 移动应用开发技术，并根据课堂教学特点合理设计规模案例，既满足了学生的学习需求，也保证了课堂授课进度。本书首先介绍了 Android 开发的基础知识，包括发展历程、环境搭建、项目创建、Java 编程基础、UI 设计以及 Activity，然后讲解了 Android 中的数据存储，包括文件存储、SharedPreferences、SQLite 数据库和内容提供者等，接着介绍了 Android 的广播接收者和服务两大组件，随后介绍了 Android 的网络编程与 Internet 应用，最后以天气预报 APP 作为综合案例，展示了完整应用的开发过程。

本书深入浅出、通俗易懂、图文并茂。本书可作为普通高等院校计算机相关专业类课程教学用书，也可作为相关工作人员的自学参考用书。

本书配套授课电子课件，需要的教师可登录 www. cmpedu. com 免费注册，审核通过后下载，或联系编辑索取（QQ：2850823885，电话：010 - 88379739）。

图书在版编目（CIP）数据

Android 移动应用开发教程/刘佰龙主编 .—北京：机械工业出版社，2017. 6

高等教育规划教材

ISBN 978-7-111-56926-8

Ⅰ. ①A… Ⅱ. ①刘… Ⅲ. ①移动终端 - 应用程序 - 程序设计 - 高等学校 - 教材 Ⅳ. ①TN929. 53

中国版本图书馆 CIP 数据核字（2017）第 115697 号

机械工业出版社（北京市百万庄大街 22 号　邮政编码 100037）
策划编辑：郝建伟　　责任编辑：郝建伟　范成欣
责任校对：张艳霞　　责任印制：常天培
保定市中画美凯印刷有限公司印刷

2017 年 6 月第 1 版 · 第 1 次
184mm × 260mm · 21 印张 · 512 千字
0001 - 3000 册
标准书号：ISBN 978-7-111-56926-8
定价：55. 00 元

凡购本书，如有缺页、倒页、脱页，由本社发行部调换

电话服务
服务咨询热线：(010)88379833
读者购书热线：(010)88379649

网络服务
机 工 官 网：www. cmpbook. com
机 工 官 博：weibo. com/cmp1952
教育服务网：www. cmpedu. com
金 书 网：www. golden - book. com

出版说明

当前，我国正处在加快转变经济发展方式、推动产业转型升级的关键时期。为经济转型升级提供高层次人才是高等院校最重要的历史使命和战略任务之一。高等教育要培养基础性、学术型人才，但更重要的是加大力度培养多规格、多样化的应用型、复合型人才。

为顺应高等教育迅猛发展的趋势，配合高等院校的教学改革，满足高质量高校教材的迫切需求，机械工业出版社邀请了全国多所高等院校的专家、一线及教务部门教师，通过充分的调研和讨论，针对相关课程的特点，总结教学中的实践经验，组织出版了这套“高等教育规划教材”。

本套教材具有以下特点：

1）符合高等院校各专业人才的培养目标及课程体系的设置，注重培养学生的应用能力，加大案例篇幅或实训内容，强调知识、能力与素质的综合训练。

2）针对多数学生的学习特点，采用通俗易懂的方法讲解知识，逻辑性强、层次分明、叙述准确而精炼、图文并茂，使学生可以快速掌握，学以致用。

3）凝结一线骨干教师的课程改革和教学研究成果，融合先进的教学理念，在教学内容和方法上做出创新。

4）为了体现建设“立体化”精品教材的宗旨，本套教材为主干课程配备了电子教案、学习与上机指导、习题解答、源代码或源程序、教学大纲、课程设计和毕业设计指导等资源。

5）注重教材的实用性、通用性，适合各类高等院校、高等职业学校及相关院校的教学，也可作为各类培训班教材和自学用书。

欢迎教育界的专家和老师提出宝贵的意见和建议。衷心感谢广大教育工作者和读者的支持与帮助！

机械工业出版社

前　言

在当今大数据、“互联网 +” 等理念的影响下，移动网络平台的应用具有广泛的应用前景。而基于 Android 的移动开发所需成本低、上手快，使得该平台吸引了众多开发人员的加入。面对行业需求，当前各大高校也纷纷开设 Android 移动开发的相关课程。本书正是在这样一个背景下组织编写的。编写本书的目的是让广大教师能够在课堂有限的时间内完成 Android 开发的授课内容，让广大学生能够快速掌握 Android 编程。本书体现了计算机课程改革的方向之一。本课程建议授课学时为 32 学时，并要求先修 Java 编程技术课程。

本书从介绍 Android 的基础概念（起源、环境的搭建、项目创建和结构、Java 编程基础、UI 设计）开始，由浅入深，逐步介绍了 Android 移动应用开发中的四大组件（Activity、ContentProvider、BroadcastReceiver 和 Service），然后介绍了 Android 常用的数据存储方法，包括文件存储、SharedPreferences、SQLite 数据库以及 XML 序列化和解析，接着详细讲解了网络和多媒体编程的基础知识，最后以天气预报 APP 作为综合案例展示了 Android 程序开发的实现过程。本书每章都有相关案例，每个案例并不复杂，适合课堂教学，并能够有效帮助读者加深理解各个知识点。

本书所介绍的案例都是在 Eclipse 集成开发环境下编写并调试运行通过的。本书的第 12 章给出了一个完整的案例，以帮助读者顺利完成 Android 开发任务。本书每章的后面都附有实践与练习，每章都配有教学课件。

本书由中国矿业大学刘佰龙担任主编。具体编写分工如下：刘佰龙编写了第 1、4、10、11、12 章，赵莹编写了第 2、3 章，王冠军编写了第 5 章，张艳梅编写了第 6 章，刘晋编写了第 7 章，谢红侠编写了第 8、9 章。本书的统稿和校审由刘佰龙负责，本书样章的校审由谢红侠和赵莹协负责。非常感谢中国矿业大学计算机学院领导对出版本书的大力支持。

由于作者水平有限，书中难免存在不妥之处，请广大读者提出宝贵意见。

编　者

目　录

出版说明

前言

第1章　Android基础知识 …… 1

1.1　Android简介 …… 1

1.1.1　Android的起源 …… 1

1.1.2　Android的发展历程 …… 2

1.1.3　Android的体系结构 …… 4

1.1.4　Dalvik虚拟机 …… 5

1.1.5　ART模式 …… 5

1.2　Android开发环境的搭建 …… 6

1.2.1　Windows系统下的传统搭建方式 …… 6

1.2.2　ADT Bundle开发工具集合 …… 13

1.2.3　Android Studio开发环境 …… 14

1.3　创建Android项目 …… 16

1.3.1　Android项目的创建步骤 …… 16

1.3.2　Android项目的目录结构 …… 17

1.3.3　Android程序的打包 …… 20

1.4　Android项目工具 …… 22

1.4.1　Android虚拟机 …… 22

1.4.2　虚拟机调试监控服务 …… 23

1.4.3　Android调试桥 …… 24

1.5　Android四大组件简介 …… 26

1.6　小结 …… 27

1.7　实践与练习 …… 27

第2章　Java语言基础知识 …… 29

2.1　Java语言概述 …… 29

2.1.1　Java语言的发展史 …… 29

2.1.2　Java语言的特点 …… 29

2.1.3　Java的体系 …… 30

2.2　Java基本语法 …… 31

2.2.1　Java程序的构成 …… 31

2.2.2　数据类型、变量和常量 …… 31

2.2.3　运算符和表达式 …… 34

2.2.4　数组 …… 37

2.2.5　流程控制 …… 38

2.3　面向对象的编程 …… 43

2.3.1　类和对象 …… 43

2.3.2　接口的定义与实现 …… 46

2.3.3　Java中常用的类 …… 47

2.4　小结 …… 49

2.5　实践与练习 …… 49

第3章　Android UI设计 …… 51

3.1　Android UI简介 …… 51

3.2　Android常用的Widgets …… 53

3.2.1　按钮 …… 54

3.2.2　静态文本框 …… 55

3.2.3　编辑框 …… 56

3.2.4　单选按钮 …… 57

3.2.5　复选框 …… 58

3.2.6　下拉列表框 …… 59

3.2.7　图像视图 …… 61

3.3　Android常用的布局管理器 …… 62

3.3.1　布局文件的创建、修改与加载 …… 62

3.3.2　线性布局 …… 65

3.3.3　相对布局 …… 67

3.3.4　帧布局 …… 71

3.3.5　表格布局 …… 72

3.3.6　网格布局 …… 75

3.3.7　绝对布局 …… 76

3.4　Android屏幕中的单位 …… 77

3.5　Android入门案例——电话拨号器 …… 78

3.6　Android单击事件的处理方法 …… 81

3.7　样式和主题 …… 83

3.7.1　样式 …… 83

3.7.2　主题 …… 84

3.8 Android 程序的调试 …… 85
3.8.1 Eclipse 平台调试 …… 85
3.8.2 Android SDK 调试 …… 86
3.8.3 JUnit 测试 …… 88
3.9 小结 …… 89
3.10 实践与练习 …… 90
第 4 章 活动 …… 92
4.1 活动概述 …… 92
4.1.1 活动简介 …… 92
4.1.2 活动的创建 …… 92
4.1.3 活动的启动和关闭 …… 94
4.1.4 案例——在工程中创建并启动一个新活动 …… 95
4.2 意图 …… 98
4.2.1 意图简介 …… 98
4.2.2 意图的属性 …… 98
4.2.3 意图的投递 …… 102
4.3 活动之间的跳转 …… 103
4.3.1 显式跳转 …… 103
4.3.2 隐式跳转 …… 103
4.3.3 案例——打开浏览器活动界面 …… 103
4.3.4 案例——打开发送短信界面 …… 105
4.4 活动之间的数据传递 …… 106
4.4.1 使用 Intent 传递数据 …… 106
4.4.2 使用 Bundle 传递数据 …… 108
4.4.3 案例——使用 Intent 和 Bundle 传递数据 …… 108
4.4.4 数据的回传 …… 110
4.4.5 案例——头像选择 …… 111
4.5 活动的生命周期 …… 115
4.5.1 认识活动生命周期 …… 116
4.5.2 活动生命周期中的方法 …… 116
4.5.3 活动的 4 种状态 …… 118
4.5.4 案例——生命周期演示 …… 119
4.6 活动的启动模式 …… 122
4.6.1 活动的任务栈 …… 123
4.6.2 Standard 启动模式 …… 123
4.6.3 singleTop 启动模式 …… 125
4.6.4 singleTask 启动模式 …… 125
4.6.5 singleInstance 启动模式 …… 126
4.7 小结 …… 127
4.8 实践与练习 …… 127
第 5 章 文件存取数据 …… 129
5.1 数据存储概述 …… 129
5.2 Android 下的文件存储 …… 130
5.2.1 文件存储到手机内存 …… 131
5.2.2 文件存储到 SD 卡 …… 132
5.2.3 案例——使用文件存储实现仿 QQ 登录界面 …… 133
5.3 使用 SharedPreferences 存储数据 …… 137
5.3.1 案例——使用 SharedPreferences 实现仿 QQ 登录界面 …… 139
5.4 XML 文件的序列化和解析 …… 141
5.4.1 XML 文件 …… 141
5.4.2 XML 文件的序列化 …… 142
5.4.3 案例——使用 XML 序列化存储仿 QQ 登录 …… 143
5.4.4 XML 文件的解析 …… 144
5.4.5 案例——使用 PULL 解析仿 QQ 登录界面 …… 145
5.5 小结 …… 146
5.6 实践与练习 …… 146
第 6 章 SQLite 数据库 …… 148
6.1 SQLite 数据库简介 …… 148
6.2 SQLite 数据库的管理 …… 149
6.2.1 帮助类 SQLiteOpenHelper 及数据库的创建 …… 149
6.2.2 SQL 语句操作数据库 …… 151
6.2.3 案例——使用 SQL 语句实现学生信息管理 …… 154
6.2.4 SQLite 操作 API …… 157
6.2.5 案例——使用 SQLite 操作 API 实现学生信息管理 …… 159
6.3 SQLite3 工具 …… 161
6.4 数据库的事务操作 …… 162
6.5 数据库的可视化 …… 163

6.5.1 ListView 控件 …………………… 164
6.5.2 常用的数据适配器 …………… 165
6.5.3 案例——使用 ArrayAdapter 配置 ListView 显示学生信息 ………… 170
6.5.4 案例——使用 SimpleAdapter 配置 ListView 显示学生信息 ………… 171
6.5.5 案例——使用自定义的适配器配置 ListView 显示学生信息 …… 174
6.5.6 ListView 的单击事件和长按事件 ………………………… 175
6.6 小结………………………………… 176
6.7 实践与练习……………………… 177
第 7 章 内容提供者实现数据共享 ………………………………… 178
7.1 内容提供者简介………………… 178
7.2 通用资源标识符的使用………… 180
7.2.1 通用资源标识符的组成 ……… 180
7.2.2 通用资源标识符的解析 ……… 180
7.3 自定义内容提供者……………… 181
7.3.1 内容提供者的创建 …………… 182
7.3.2 访问内容提供者 ……………… 183
7.3.3 案例——使用 ContentProvider 实现学生信息的操作 ………………… 184
7.4 预定义的内容提供者…………… 192
7.4.1 系统常用的内容提供者 ……… 192
7.4.2 案例——短信备份和还原……… 196
7.4.3 案例——联系人信息管理器 …… 198
7.5 内容观察者……………………… 203
7.5.1 内容观察者简介 ……………… 204
7.5.2 案例——短信窃听器 ………… 206
7.6 小结………………………………… 207
7.7 实践与练习……………………… 207
第 8 章 广播接收者 ……………………… 209
8.1 广播接收者简介………………… 209
8.1.1 广播接收者的创建与注册……… 209
8.1.2 案例——简单的广播过程演示 ……………………………… 210
8.2 广播接收者的种类……………… 212
8.2.1 常驻型广播和非常驻型广播 …… 212
8.2.2 无序广播和有序广播 ………… 213
8.3 自定义广播接收者……………… 215
8.3.1 自定义广播接收者的实现步骤……………………………… 215
8.3.2 案例——商场优惠政策广播实例 ……………………………… 215
8.4 预定义广播接收者……………… 219
8.4.1 系统常用的广播接收者 ……… 219
8.4.2 案例——IP 拨号器 …………… 221
8.4.3 案例——短信拦截器 ………… 224
8.5 小结………………………………… 225
8.6 实践与练习……………………… 225
第 9 章 服务 ……………………………… 227
9.1 服务简介………………………… 227
9.1.1 服务的概念 …………………… 227
9.1.2 服务的创建 …………………… 227
9.1.3 案例——锁屏和解锁广播在服务中实现……………………………… 228
9.2 服务的生命周期………………… 229
9.3 开启服务的两种方式…………… 231
9.3.1 标准方式开启和关闭服务……… 231
9.3.2 案例——标准方式开启服务 …… 231
9.3.3 绑定方式开启和关闭服务……… 233
9.3.4 案例——绑定方式调用服务内部方法 ……………………………… 234
9.4 本地服务和远程服务…………… 238
9.4.1 本地服务和远程服务的概念 …… 238
9.4.2 案例——电话窃听器 ………… 239
9.4.3 案例——自定义远程服务……… 242
9.5 小结………………………………… 245
9.6 实践与练习……………………… 245
第 10 章 网络编程与 Internet 应用 …… 247
10.1 网络编程基础 ………………… 247
10.1.1 HTTP 简介 …………………… 247
10.1.2 Android 中的线程与消息处理机制 ………………………………… 248
10.1.3 Tomcat 环境搭建……………… 250
10.2 通过 HTTP 访问网络 ………… 251
10.2.1 向服务器请求和提交数据的

方式 …………………………… 251
10.2.2 HttpURLConnection 方式访问网络 …………………………… 253
10.2.3 案例——图片查看器 ………… 254
10.2.4 案例——仿 QQ 网络登录 …… 257
10.2.5 HttpClinet 访问网络………… 262
10.3 开源项目 Async HttpClient …… 264
10.3.1 使用 Async HttpClient 访问网络 …………………………… 264
10.3.2 案例——文件上传 ………… 268
10.4 文件的多线程下载 …………… 271
10.4.1 多线程下载的原理 ………… 271
10.4.2 案例——文件的多线程下载 … 272
10.5 小结 …………………………… 275
10.6 实践与练习 …………………… 275
第 11 章 图形图像与多媒体开发 ……… 277
11.1 常用绘图类 …………………… 277
11.1.1 Paint 类 ………………………… 277
11.1.2 Canvas 类 ……………………… 279
11.1.3 Bitmap 类 ……………………… 279
11.1.4 BitmapFactory 类 ……………… 280
11.1.5 其他类 ………………………… 281
11.1.6 案例——图片增加水印 ……… 282
11.2 图像特效处理 ………………… 284
11.3 Android 中的动画 ……………… 289
11.3.1 补间动画 ……………………… 289
11.3.2 逐帧动画 ……………………… 294
11.3.3 案例——开机自启动动画 …… 296
11.4 播放音频 ……………………… 299
11.4.1 使用 MediaPlayer 播放音频 …… 300
11.4.2 使用 SoundPool 播放音频……… 302
11.4.3 案例——网络音频播放器 …… 303
11.5 播放视频 ……………………… 306
11.5.1 使用 VideoView 控件播放视频 ……………………………… 306
11.5.2 使用 MediaPlayer 和 SurfaceView 播放视频 ………………………… 309
11.5.3 案例——简易视频播放器 …… 309
11.6 小结 …………………………… 311
11.7 实践与练习 …………………… 311
第 12 章 经典范例——天气预报 APP ………………………… 313
12.1 任务需求及准备工作 ………… 313
12.2 UI 界面设计 …………………… 315
12.3 响应代码实现 ………………… 319
12.3.1 设置城市功能模块 …………… 319
12.3.2 网络获取 XML 文件模块……… 320
12.3.3 天气业务类的构造 …………… 321
12.3.4 XML 文件的解析模块 ………… 322
12.3.5 刷新模块 ……………………… 324
12.3.6 内容显示模块………………… 324
12.4 APP 功能测试 ………………… 327
参考文献 ………………………………… 328

第1章　Android 基础知识

随着智能手机的推广，Android 系统得到了较快的发展和广泛应用，越来越多的开发人员加入到 Android 开发的队伍当中。本章主要介绍 Android 的基础知识。本章要点如下。

- Android 的发展历程和体系结构。
- Android 开发环境（Windows + Eclipse）搭建。
- Android 项目创建、结构和调试方法。

1.1　Android 简介

下面介绍 Android 的起源、发展历程、体系结构等内容。

1.1.1　Android 的起源

Android 一词的本义指“机器人”，它最早出现于法国作家利尔亚当（Auguste Villiers de l'Isle – Adam）在 1886 年发表的科幻小说《未来夏娃》（L'ève future）中，作者将外表像人的机器起名为 Android。Android 可以简单理解为一种基于 Linux 的开放源代码的操作系统，主要应用于移动设备，如智能手机和平板电脑等。该操作系统由 Google 公司和开放手机联盟领导及开发。严格地讲，Android 是一个用于移动设备的软件栈，这个软件栈包含操作系统、一些中间件和关键的应用。Android 图标如图 1-1 所示。

图 1-1　Android 图标

Android（安卓）操作系统最初产生于 Andy Rubin 创建的 Android 公司，当时它主要支持数码相机。2005 年 8 月，Google 注资并收购了该公司。2008 年 10 月，第一部 Android 智能手机发布。随后，Android 系统逐渐扩展到平板电脑及其他领域上，如电视、数码相机、游戏机等。2011 年第一季度，Android 在全球的市场份额首次超过塞班系统，跃居全球第一。2013 年第四季度，Android 平台手机的全球市场份额已经达到 78.1%。2013 年 9 月，全世界采用 Android 系统的设备数量已经达到 10 亿台。2014 年第一季度，Android 平台已占所有移动广告流量来源的 42.8%，首度超越 iOS。

Android 是一个对第三方软件完全开放的平台，开发者在为其开发程序时拥有更大的自由度，突破了 iPhone 等只能添加为数不多的固定软件的枷锁；与 Windows Phone 等厂商不同，Android 操作系统免费向开发人员提供，这样可节省成本。Android 平台的手机及平板电脑具有以下 5 大特点。

（1）开放性

Android 平台在优势方面首先就是其开放性，开放的平台允许任何移动终端厂商加入到 Android 联盟中。显著的开放性可以使其拥有更多的开发者。

（2）挣脱运营商的束缚

在过去很长的一段时间，特别是在欧美地区，手机应用往往受到运营商的制约。例如，使用什么功能、接入哪种网络，几乎都受到运营商的控制。Android 上市后，用户可以更加方便地连接网络。

（3）丰富的硬件选择

由于 Android 的开放性，众多的厂商会推出丰富多彩、各具特色的多种产品。功能上的差异和特色不会影响到数据同步、甚至软件的兼容性。

（4）不受任何限制的开发商

Android 平台提供给第三方开发商一个十分宽泛、自由的环境，因此会诞生众多新颖别致的软件。但这也有其两面性，血腥、暴力、情色方面的程序和游戏如何控制是留给 Android 开发人员的难题之一。

（5）无缝结合的 Google 应用

如今 Google 在互联网领域已经有了 10 多年的发展，从搜索巨人到全面的互联网渗透，Google 服务（如地图、邮件、搜索等）已经成为连接用户和互联网的重要纽带，而 Android 平台手机将无缝结合这些 Google 应用。

1.1.2 Android 的发展历程

Android 操作系统正式发布之前曾有两个预发布的内部测试版本，它们的代号分别是 Astro 和 Bender。由于涉及名称版权问题，从 2009 年 5 月开始，Android 的系统版本号以甜品的名字命名，且每个版本代表的甜品的尺寸越变越大，按照 26 个字母进行排序：纸杯蛋糕（Cupcake）、甜甜圈（Donut）、松饼（Eclair）、冻酸奶（Froyo）、姜饼（Gingerbread）、蜂巢（Honeycomb）、冰淇淋三明治（Ice Cream Sandwich）、果冻豆（Jelly Bean）、奇巧巧克力（KitKat）、棒棒糖（Lollipop）、棉花糖（Marshmallow）、牛轧糖（Nougat）。

下面详细介绍 Android 发展过程中的重要事件。

- 2003 年 10 月，Andy Rubin 等人创建 Android 公司，并组建 Android 团队。
- 2005 年 8 月，Google 收购 Android 及其团队并继续开发。Andy Rubin 则被任命为 Google 公司工程部副总裁，继续负责 Android 项目。
- 2007 年 11 月 5 日，Google 正式展示 Android 操作系统，并在当天宣布成立一个全球性的联盟组织——开放手持设备联盟（Open Handset Alliance，OHA）。该组织由 34 家手机制造商、软件开发商、电信运营商以及芯片制造商共同组成，并与 84 家硬件制造商、软件开发商及电信运营商协作来共同研发改良 Android 系统。OHA 将支持 Google 发布的手机操作系统及应用软件，而 Google 公司则以 Apache 免费开源许可证的授权方式发布 Android 源代码。
- 2008 年 9 月，Google 正式发布 Android 1.0 系统——Astro。当月，全球第一台 Android 设备 HTC Dream（后更名为 T - Mobile G1）发布，并搭载该版本的操作系统。其主要特点如下：网页浏览器可以完全还原、显示 HTML 和 XHTML 的网页，并且可以通过多点触控对网页进行放大/缩小；可以通过 Android Market 下载应用程序，获得程序更新；支持多任务处理、即时通信，支持 Wi - Fi 和蓝牙；集成 Google 服务。
- 2009 年 2 月 2 日，Android 1.1（Bender）发布。该版本只被预装在 T - Mobile G1 上。

- 2009 年 4 月，Google 将 Android 系统升级至官方的 Android 1.5 版本（Cupcake，纸杯蛋糕），并开始以甜品命名 Android 版本号。
- 2009 年 9 月，Android 1.6（Donut，甜甜圈）版本发布。该版本基于 Linux 2.6.29 内核，同时 Google 推出了搭载 Android 1.6 正式版的手机 HTC Hero（G3）。
- 2010 年 2 月，Linux 内核开发者 Greg Kroah – Hartman 将 Android 的驱动程序从 Linux 内核“状态树”（staging tree）上除去，从此 Android 与 Linux 开发主流分道扬镳。
- 2010 年 5 月，Android 2.2 系统发布，Google 将该版本操作系统命名为 Froyo（冻酸奶），在该版本中增加了对 Flash 的支持。
- 2010 年 10 月，Android 官方电子市场应用数突破 10 万个。
- 2010 年 12 月，Android 2.3 系统（Gingerbread，姜饼）发布，该版本基于 Linux 2.6.35 内核。
- 2011 年 2 月，Google 发布的 Android 3.0 系统（Honeycomb，蜂巢）专为平板电脑设计，并支持近场通信（NFC）。摩托罗拉公司于 2011 年 2 月 24 日发布的 Motorola Xoom 平板电脑是全球第一个使用该版本操作系统的设备。
- 2011 年 8 月 2 日，Android 手机已占据全球智能手机市场 48% 的份额，跃居全球第一。
- 2011 年 10 月，Google 发布 Android 4.0 系统（Ice Cream Sandwich，冰淇淋三明治），手机和平板电脑均可使用该版本操作系统。
- 2012 年 6 月 28 日 ~ 2013 年 7 月 24 日，Google 分别推出了 Android 4.1、Android 4.2、Android 4.3 系统（Jelly Bean，果冻豆），主要是在 Android 4.0 基础之上进行了改善。
- 2013 年 11 月 1 日，Android 4.4 系统（KitKat，奇巧巧克力）正式发布。从功能上讲，Android 4.4 提供了各种实用小功能，新的 Android 系统更智能，添加了更多的表情图案，UI 的改进也更现代。但是，Google 在该版本封锁了 Flash Player，用户由 Android 4.3 升级到 Android 4.4 后无法播放 Flash。
- 2014 年 6 月 25 日于 Google I/O 2014 大会上发布 Developer 版（Android L），之后在 2014 年 10 月 15 日 Android 5.0 系统正式发布且名称定为 Lollipop（棒棒糖）。
- 2015 年 5 月 28 日，Google 发布 Android 6.0 Marshmallow（棉花糖）系统。
- 2016 年 8 月 22 日，Google 发布 Android 7.0 Nougat（牛轧糖）系统。

图 1-2 所示为不同版本的 Android 代号及含义。

图 1-2　Android 历代版本代号及含义

1.1.3 Android的体系结构

Android是一个完整的操作系统，包含了中间件和一些关键的应用程序。在Android操作系统中共有4层架构，自上而下分别是应用程序层（Applications）、应用程序框架层（Application Framework）、系统运行库层（Libraries）和Linux内核层（Linux Kernel），如图1-3所示。

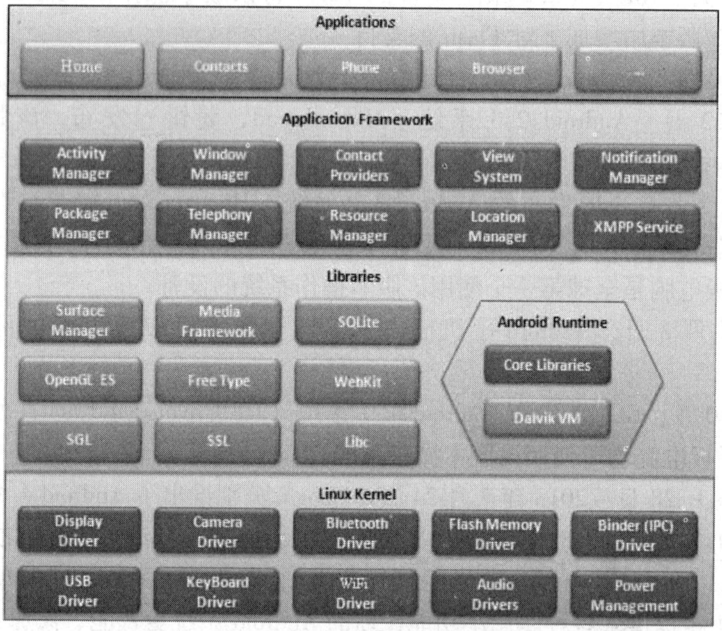

图1-3 Android体系结构框架

（1）应用程序层

应用程序层提供了一些核心固有应用程序包，如电子邮件、短信、日历、地图、浏览器和联系人管理等。所有的应用程序都是用Java语言编写的。开发者可以编写属于自己的应用程序，而这些程序与那些核心应用程序彼此平等、友好共处。

（2）应用程序框架层

应用程序框架层是Android应用开发的基础。应用程序框架层包括活动管理器、窗口管理器、内容提供者、视图系统、包管理器、电话管理器、资源管理器、位置管理器、通知管理器和XMPP服务10个部分。在Android平台上，开发人员可以完全访问核心应用程序所使用的API框架。任何一个应用程序都可以发布自身的功能模块，而其他应用程序则可以使用这些已发布的功能模块。基于这样的重用机制，用户就可以方便地替换平台本身的各种应用程序组件。

（3）系统运行库层

系统运行库包括9个子系统，分别是图层管理、媒体库、SQLite、OpenGL ES、FreeType、WebKit、SGL、SSL和libc。Android运行时（RunTime）包括Android的核心库和Dalvik虚拟机。前者包括android. os、android. net、android. media等，后者是一种基于寄存器的

Java 虚拟机，主要完成对生命周期的管理、堆栈的管理、线程的管理、安全和异常的管理以及垃圾回收等重要功能。

（4）Linux 内核层

Android 的核心系统服务依赖于 Linux 2.6 内核，如安全管理、内存管理、进程管理、网络协议栈、驱动模型和电源管理。Linux 内核也同时作为硬件与软件栈之间的抽象层。驱动模型包括显示驱动、摄像头驱动、键盘驱动、WiFi 驱动、Audio 驱动、Flash 内存驱动、Binder（IPC）驱动、电源管理等。

从上面的介绍可以看出：

1）Android 的系统架构采用分层架构的思想，架构清晰、层次分明、协同工作。

2）Android 的系统架构不仅使开发人员从宏观上认识了 Android 系统，同时也给他们的学习与实践指明了方向。若从事 Android 应用开发，则应该重点研究 Android 的应用程序框架层和应用程序层；若从事 Android 系统开发，则应该研究 Android 的系统库和 Android 运行时；若从事 Android 驱动开发，则应该研究 Android 的 Linux 内核。

1.1.4 Dalvik 虚拟机

Android 系统是开源的，因此 Android 系统势必会配置在不同硬件配置的移动设备上。由于 Android 系统是以 Linux 系统为底层构建的，因此 Google 为了降低应用的开发难度，在 Linux 底层之上构筑了一个名为 Dalvik 的虚拟机。可以说，虽然 Android 程序是用 Java 语言编写的，但是 Android 程序是运行在 Dalvik 虚拟机中的。Dalvik 是 Google 公司设计用于 Android 平台的虚拟机，它不仅可以完成进程隔离和线程管理，而且可以提高内存的使用效率。

每个 Android 应用程序运行在自己的进程上，都有自己的 Dalvik 虚拟机实例。Dalvik 可以使一个设备能够有效地运行多个虚拟机。正是因为 Dalvik 虚拟机的存在，Android 系统的开发者只需使用 Google 提供的 SDK 即可较为轻松地按照一套“规则”创建 APP，不用顾忌硬件、驱动等问题。在每次执行应用时，Dalvik 虚拟机都会将程序的语言由高级语言编译为机器语言，这样当前设备才能够运行这一应用。

与基于栈的 Java 虚拟机不同，Dakvik 虚拟机是基于寄存器的，并通过一个 Java 语言编译器的编译来运行，而这个 Java 编译器已经被内置的“dx”工具转成 .dex 格式。DEX 是 Dalvik 虚拟机专用的文件格式。通常在一个 Java 应用中会定义很多类，编译完成后就会有很多相应的字节码文件（CLASS 文件），而在 CLASS 文件间会有不少冗余的信息；DEX 文件格式会把所有的 CLASS 文件内容整合到一个文件中，这样既减小了整体的文件大小，又提高了查找速度。

1.1.5 ART 模式

以往的 Android 系统为了兼容性，在 Dalvik 虚拟机编译时做出了妥协，即在每次运行应用时都需要一次编译，这样程序的执行效率会大大下降。自 Android 4.4 后，新增了一种应用运行模式——ART（Android Runtime）模式。该模式与传统的 Dalvik 模式不同，ART 模式可以实现更为流畅的 Android 系统体验。事实上，Google 的这次优化源于其收购的一家名为 FlexyCore 的公司。该公司一直致力于 Android 系统的优化，ART 模式也是在该公司的优化方案上演进而来的。

ART 模式与 Dalvik 模式最大的不同在于：在启用 ART 模式后，系统在安装 APP 时会进行一次预编译，即会先将代码转换为机器语言存储在本地，这样在运行程序时就不会每次都进行编译了，大大提升了执行效率。

从编译过程来看，ART 模式确实能够改善 Android 平台一直以来在兼容性方面的问题，但 APP 经过预编译后的容量，以及是否兼容该模式也是需要重点考虑的问题。进入 ART 模式，首先需要进入手机的“开发者选项”中，在“选择运行环境”选项下选择两种模式的切换，如图 1-4 所示。需要注意的是，如果已经安装的 APP 不支持 ART 模式，则此时会无法正常使用该 APP。

图 1-4　ART 模式切换

1.2　Android 开发环境的搭建

目前，开发安卓 APP 有以下两类开发环境：Eclipse 和 Android Studio，所支持的计算机操作系统有 Windows、Linux 和 Mac OS。本节主要介绍在 Windows 操作系统下搭建 Android 开发环境的不同方式。

1.2.1　Windows 系统下的传统搭建方式

在 Windows 操作系统中搭建 Android 环境多数结合 Eclipse 开发平台。因此，本节主要介绍在 Eclipse IDE（Integrated Development Environment，集成开发环境）下搭建 Android 开发环境的传统步骤。

1. 安装 JDK

JDK（JavaSE Development Kit）是 Java 开发工具箱。它是 Java 的核心，包含了 Java 的运

行环境（Java Runtime Environment）、一系列 Java 工具和开发应用程序时调用的 Java 类库。进入 Oracle 公司的 JDK 下载页面，选择操作系统的对应版本即可安装。安装结束后为了今后能够方便操作，可以为 JDK 设置环境变量，其步骤如下：

1）用鼠标右键单击“我的电脑”，在弹出的快捷菜单中单击“属性”命令，选择“高级”选项卡，单击“环境变量”按钮，单击“系统变量”选项区中的“新建”按钮，在弹出的对话框中添加以下环境变量。

2）新建变量名为“JAVA_HOME”，变量值为“C:\Program Files\Java\jdk1.6.0_18”。

3）新建变量名为“CLASSPATH”，变量值为“.;%JAVA_HOME%\lib\tools.jar;%JAVA_HOME%\lib\dt.jar;%JAVA_HOME%\bin”。

4）双击“Path”变量：在其值后面追加“;%JAVA_HOME%\bin”。

📖 上述 4 步设置环境变量对 Android 开发环境的搭建不是必需的，可以跳过。

为了检查 JDK 是否安装成功，在设置完环境变量后，打开 cmd 窗口，输入“java -version”查看 JDK 的版本信息。如果出现如图 1-5 所示的结果，则表示 JDK 安装成功。

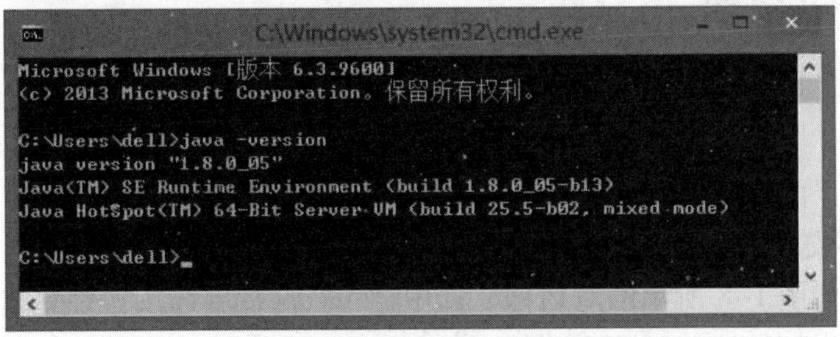

图 1-5　验证 JDK 安装是否成功

2. 安装 Eclipse 开发平台

Eclipse 是 Java 应用程序及 Android 开发的 IDE。Eclipse 的版本有多个，对应不同类型和位数的操作系统。需要注意的是，为了保证软件兼容性，32 位的 Eclipse 要对应 32 位的 JDK。Eclipse 不需要安装，在“http://www.eclipse.org/downloads/index.php”下载相应版本的 Eclipse 后，解压到需要安装的文件夹内，并在打开时设置其工作空间即可。图 1-6 所示为 Eclipse 的初始化界面。

图 1-6　Eclipse 的初始化界面

3. 安装 Android SDK

通过 Eclipse 来开发 Android 应用程序，首先需要配置 Android SDK。Android SDK 提供了开发 Android 应用程序所需的 API 库和构建、测试、调试 Android 应用程序所需的开发工具。配置 Android SDK 的步骤如下：

1）在 Android Developers 网站下载 Android SDK 压缩包，并将其解压到需要的路径，如“C:\Android\android-sdk-windows”。

2）在安装目录中运行 Android SDK Manager. exe，弹出如图 1-7 所示的对话框。若列表框中没有出现可安装的 SDK 包，则可单击“Tools”菜单，选中“Options”选项，在弹出的对话框中勾选“Force https://”。

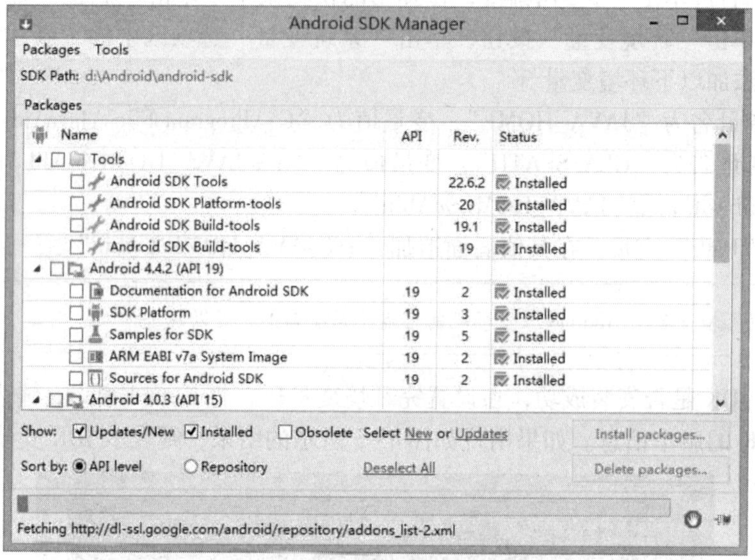

图 1-7　Android SDK Manager 对话框

3）选择需要安装的 Android SDK 版本及相关文档或者相关包，单击“Installation packages”按钮，弹出如图 1-8 所示的对话框，选中“Accept”单选按钮并单击“Install”按钮，则开始下载安装所选的 Android SDK 包。

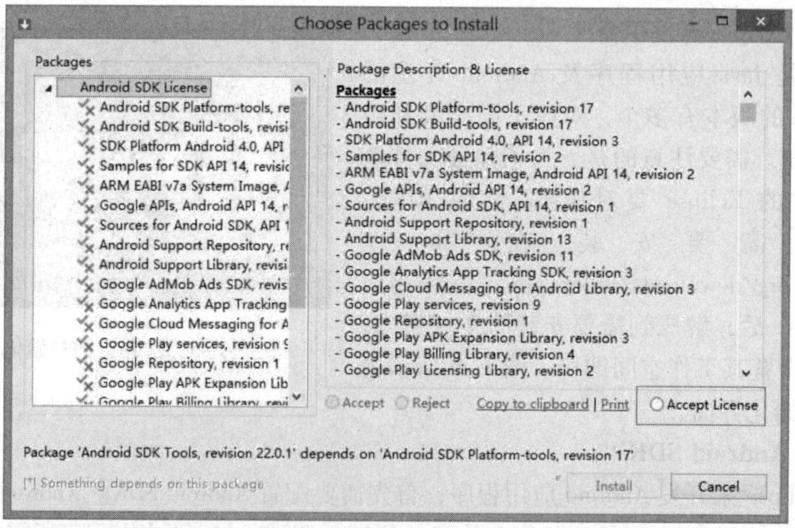

图 1-8　安装 SDK 对话框

4）为了验证 Android SDK 是否安装成功，可以在环境变量中的 PATH 值后追加 Android SDK 中的 tools 文件绝对路径（如本机为“C:\Android\android - sdk - windows\tools”）。此时

运行 cmd，输入“android -h”命令，如果弹出如图 1-9 所示的输出，则表明 Android SDK 安装成功。

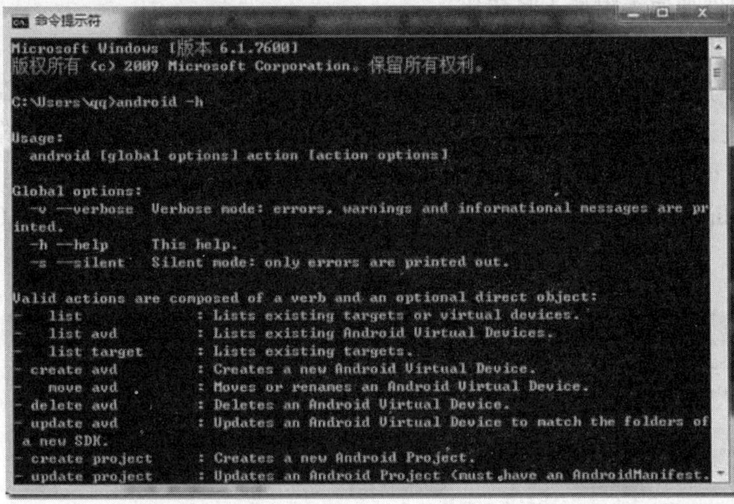

图 1-9　验证 Android SDK 是否安装成功

Android SDK 为开发者提供了库文件以及其他的开发工具，其目录下包含了很多文件夹。为了帮助大家对其进行了解，下面对这些文件夹的作用进行详细介绍。

- add - ons：该目录存放 Android 的附加库，如 Google Maps 等。
- docs：该目录里存放的是 Android SDK 开发文档，包括 API 参考文档、开发指南、Android 支持包等相关资源。
- platforms：该目录里存放的是每个版本的 SDK 文件，是根据 API Level 划分的 SDK 版本。如果 Android 版本号为 2.1，则该目录里有一个 android - 8 的文件夹，该文件夹中为 Android 2.1 SDK 的主要文件。在每个子文件夹中有多个目录，其中 data 文件夹保存着一些系统资源，images 是模拟器映像文件，skins 文件夹保存 Android 模拟器的皮肤，templates 文件夹存放创建的默认模板，android.jar 则是该版本的主要 framework 文件。
- platform - tools：该目录保存一些通用平台工具，如 adb、aapt、aidl、dx 等。其中 adb 工具用于连接 Android 手机或者模拟器。
- samples：该目录存放 Android SDK 自带的默认示例工程，初学者可以学习里面的 API demos。例如，SQLite 数据库操作可以查看 NotePad 这个实例，游戏开发时可以借鉴 Snake、Lunar Lander 等实例，进行 Android 主题开发时可以参考 Home 的主题设计原理。
- tools：该文件夹包含了许多重要的工具。例如，ddms 用于启动 Android 调试工具，而 draw9patch 则是绘制 Android 平台的可缩放 PNG 图片工具；sqlite3 可以在 PC 上操作 SQLite 数据库；Monkeyrunner 为压力测试应用，用于模拟用户随机按键；mksdcard 则是模拟器 SD 映像的创建工具；emulator 是 Android SDK 模拟器主程序；traceview 作为 Android 平台上重要的调试工具。Ant 文件夹中存放了 ant 编译脚本。
- source：该目录用于存放 Android API 源代码。

- system - images：该目录用于存放各个版本的 Android 模拟器系统镜像文件。
- extras：该目录用于存放 Android 的附加支持文件，如 Google 提供的 USB 驱动、Intel 提供的硬件加速等附加工具包等。

4. 安装 ADT 插件

使用 Eclipse 进行 Android 应用开发需要给 Eclipse 安装 ADT 插件，这样 Eclipse 就可以和 Android sdk 建立连接，以便在 Eclipse 中启动 Android 模拟器进行程序调试等操作。在安装 ADT 插件之前，可提前下载 ADT 插件的压缩包。ADT 插件安装的步骤如下：

1）打开 Eclipse，单击“Help”→“Install New Software”，弹出如图 1-10 所示的 Install 对话框。

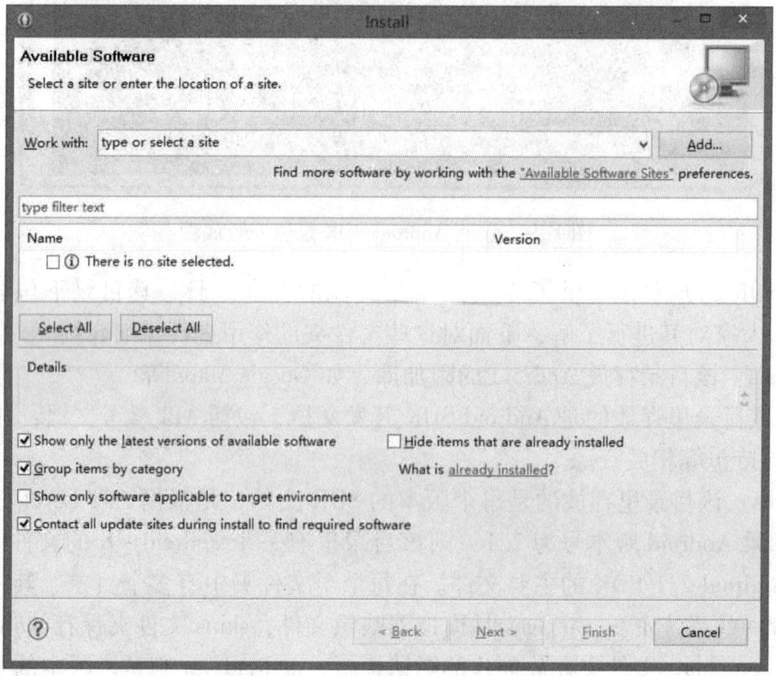

图 1-10　Eclipse 的 Install 对话框

2）单击对话框中的“Add”按钮，弹出如图 1-11 所示的对话框。该对话框中要求输入 Name 和 Location。一般情况下 Name 可以自定义，在 Location 文本框中输入 ADT 插件资源的网络地址（如 http://dl-ssl.google.com/android/eclipse），或者单击“Local”按钮，选中本地下载的 ADT 插件压缩包，单击“OK”按钮即可。

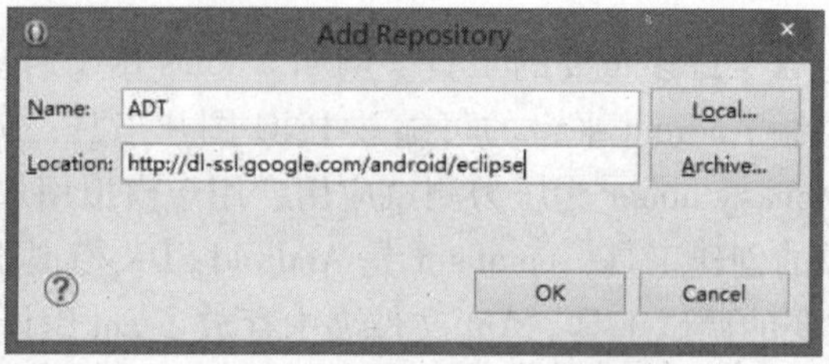

图 1-11　ADT 插件选择

3）返回到“Install”对话框，在“Work with”下拉列表中选择刚刚添加的 ADT，则会在对话框中看到 Developer Tools 选项，选中“Android DDMS”和“Android Development Tool”复选框，如图 1-12 所示。

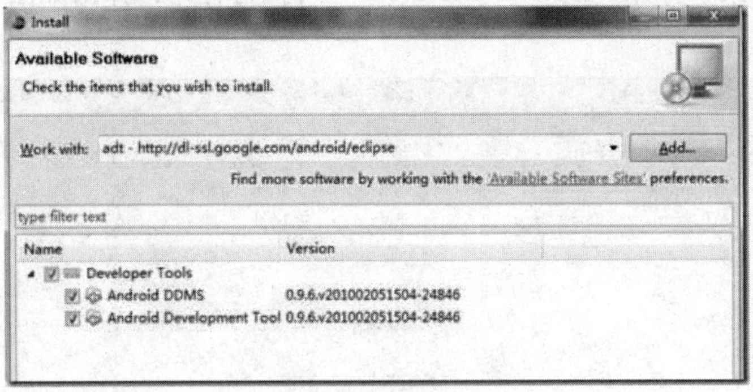

图 1-12　ADT 插件工具

4）单击对话框中的“Next”按钮，按照提示进行安装即可。

当 ADT 插件安装完成之后，需要将 ADT 和 Android SDK 进行关联，步骤如下：

1）在 Eclipse，单击“Window”→“Preferences”，弹出如图 1-13 所示的 Eclipse 参数对话框。

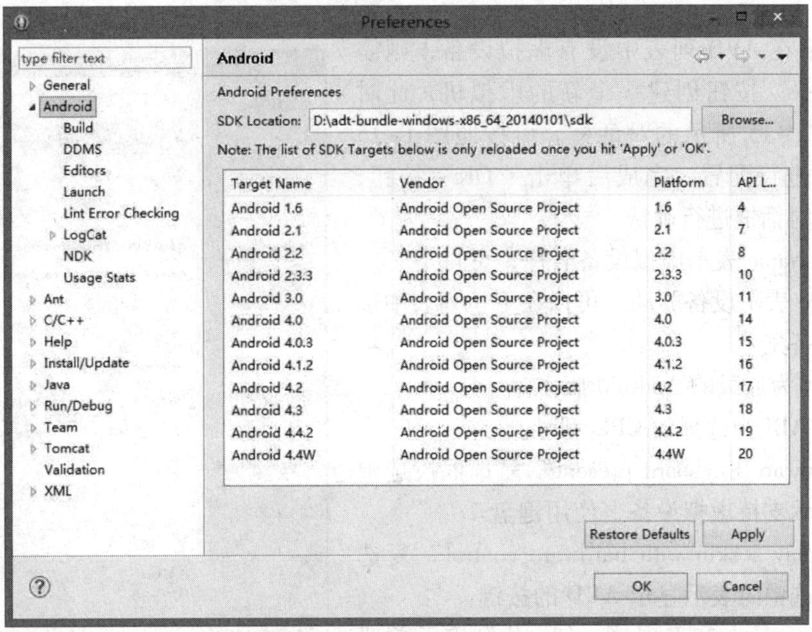

图 1-13　Eclipse 参数对话框

2）在对话框左侧选择“Android”，单击“Browse”按钮，选中本机 SDK 路径。

3）单击“Apply”和“OK”按钮，配置完成。

5. 创建 AVD

Android 应用程序编写完毕后可以在 Android 手机上执行，或创建一个 Android 虚拟设备（Android Virtual Device，AVD）来进行测试。下面介绍如何创建一个 Android 虚拟设备。

1）在 SDK 目录下打开“AVD Manager. exe”可执行程序，弹出如图 1-14 所示的 AVD 管理器对话框。

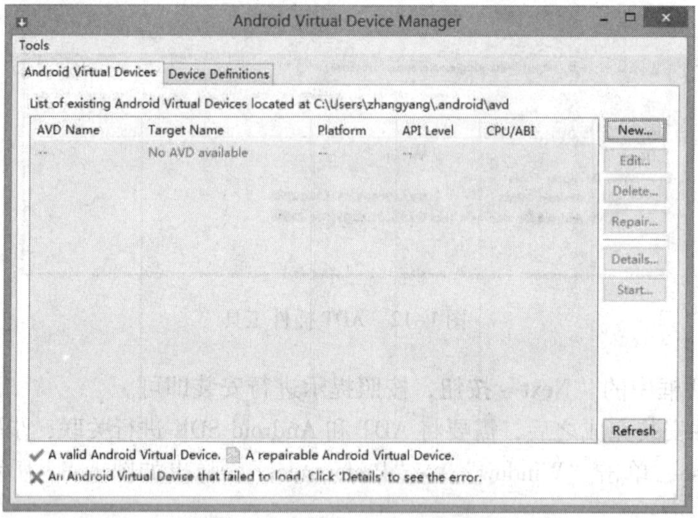

图 1-14　AVD 管理器对话框

2）如果在 AVD 列表中没有虚拟设备，则需要单击“New”按钮创建一个新的虚拟机，此时会弹出如图 1-15 所示的对话框。可按照图 1-15 所示的参数进行配置，完成后单击“OK”按钮，会弹出确认对话框进行确认。

- AVD Name 表示虚拟设备名称，可自定义。
- Device 表示设备驱动，可以在下拉列表中选择设备型号。
- Target 为加载的 Android 版本。
- CPU/ABI 为选择的 CPU 型号。
- “Hardware Keyboard present”复选框被选中时表示支持虚拟设备上使用键盘。
- “Display a skin with hardware control”复选框被选中时表示显示 AVD 的按键。
- Front Camera 和 Back Camera 分别表示前置和后置摄像头。
- RAM 用于设置内存的大小，VM Heap 用于设置虚拟内存大小。
- Internal Storage 为 AVD 的存储空间。

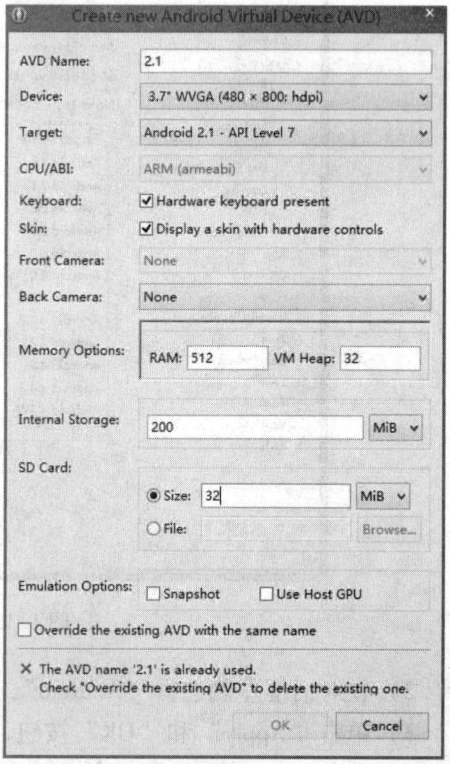

图 1-15　创建 AVD 对话框

• SD Card 用于设置扩展卡的大小。

3）回到 AVD 管理器对话框，单击“Start”按钮，则开始运行 AVD。一般来说，AVD 第一次运行时有些慢，启动后的界面如图 1-16 所示。

图 1-16　AVD 启动界面

AVD 几乎可以调试所有的 Android 程序，但是不具备实际手机所具有的一些功能，如不支持呼叫和接听实际来电，但可以通过控制台模拟电话呼叫（呼入和呼出）；不支持 USB 连接；不支持相机/视频捕捉；不支持音频输入，但支持输出；不支持扩展耳机；不能确定连接状态；不能确定电池电量水平和交流充电状态；不能确定 SD 卡的插入/弹出；不支持蓝牙。

另外，AVD 标题栏处会有数字出现，如 5554、5556、5558 等，它们既表示该虚拟机所使用的端口，也代表该虚拟机所表示的手机电话号码。一般 AVD 使用的端口有两个：一个是 5554 等偶数端口，专门用于数据连接；另一个则是 5555 等奇数端口，专门调试使用。

1.2.2　ADT Bundle 开发工具集合

在 Windows 操作系统下搭建 Android 开发环境的过程非常麻烦，首先要安装 Eclipse，然后安装 Android SDK，再安装 ADT 插件，最后配置 SDK 路径。随着 Android 开发的不断推广，Google 提供了一个集成的开发工具集 ADT Bundle。

ADT Bundle 工具集可以通过“http://developer.android.com/sdk/index.html”网址下载。解压后会看到 Eclipse 目录、sdk 目录和 SDKManager.exe，如图 1-17 所示。在这个工具

集中，需要的配置基本上已经做好，只需要打开相应的可执行文件进行直接开发即可。需要注意的是，在打开 Eclipse 开发之前需要安装好 JDK，方法见 1.2.1 节。

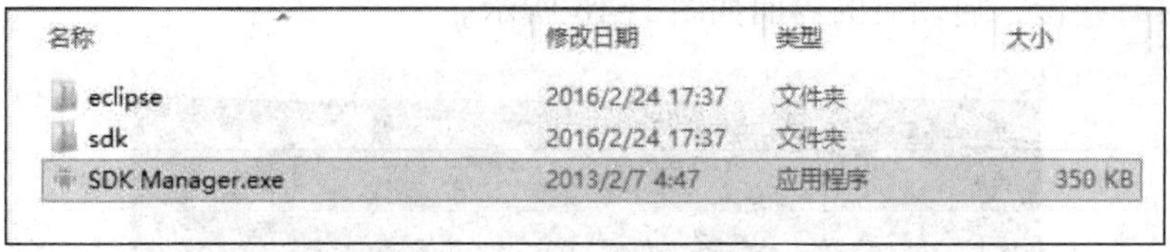

图 1-17　ADT Bundle 工具集解压缩文件目录

1.2.3　Android Studio 开发环境

随着 Android 应用的不断推广，2013 年 Google I/O 大会首次发布了 Android Studio IDE（Android 平台集成开发环境）。它基于 IntelliJ IDEA 开发环境，旨在取代 Eclipse 和 ADT，为开发者提供更好的开发环境。相比 Eclipse 开发环境，Android Studio IDE 有以下特点：

- 基于 Gradle 的构建支持。
- Android 专属的重构和快速修复。
- 提示工具用于捕获性能、可用性、版本兼容性等问题。
- 支持 ProGuard 和应用签名。
- 基于模板的向导来生成常用的 Android 应用设计和组件。
- 功能强大的布局编辑器，可以拖拉 UI 控件并进行效果预览。

下面介绍在 Windows 操作系统下配置 Android Studio IDE 的步骤。

（1）JDK 的安装

进行 Android 项目开发，Java SDK 都是必不可少的。它的安装和环境变量的配置参考 1.2.1 节。

（2）Android Studio 的下载和安装

Android SDK 已经在 Android Studio 中集成好了，因此首先需要下载 Android Studio 安装包。Android Studio 安装完毕后，Android SDK 也会自动出现在安装过程里，开发人员可以选择相应的路径。

（3）运行 Android Studio

Android Studio 启动界面如图 1-18 所示。启动成功后，单击“Create New Project”按钮，可以创建一个新的工程，软件会自动加载与 Gradle 相关的组件，开发环境界面如图 1-19 所示。

图 1-18　Android Studio 启动界面

在开发过程中为了使 Android SDK 和 AVD 能够正常启动，需要正确配置 SDK 路径。具体做法如下：单击“File”→“Project Structure”命令，弹出如图 1-20 所示的对话框，设置加载的 SDK 路径（该路径应与安装时配置的路径一致）。

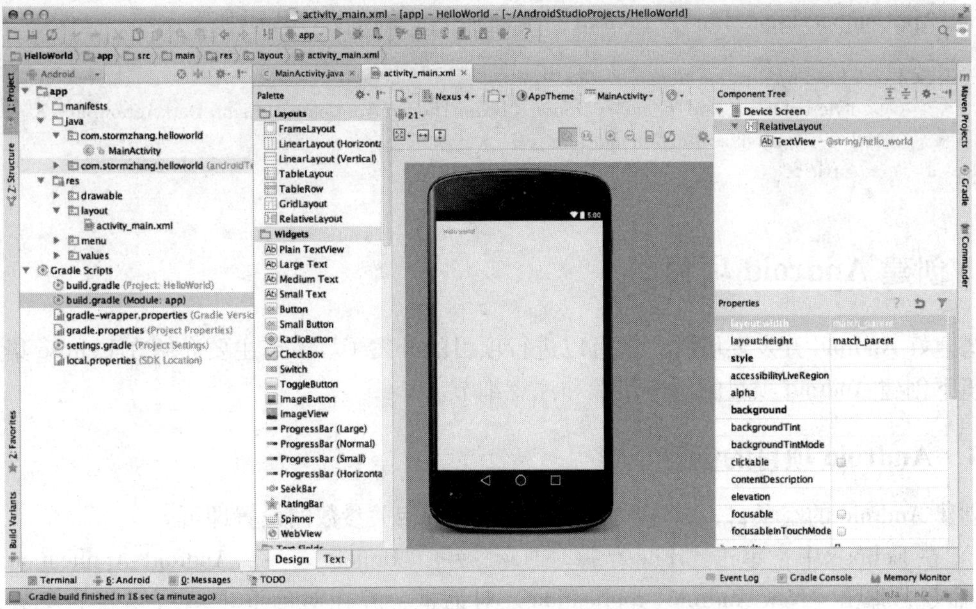

图 1-19　Android Studio 开发环境界面

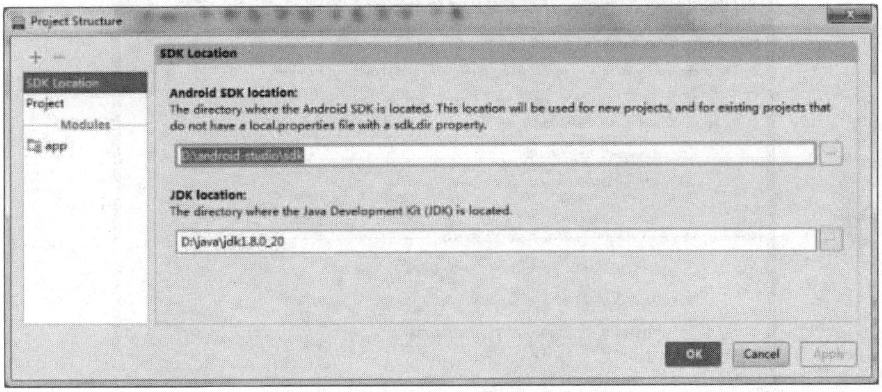

图 1-20　SDK 路径配置对话框

首次运行 Android Studio 时，系统会自动获取 Android SDK 组件信息，这个过程相当慢，并且常加载失败，导致 Android Studio 启动失败。解决办法就是在启动时不去获取 AndroidSDK 组件信息：

1）进入 Android Studio 目录下的 bin 目录，找到 idea. properties 文件，用文本编辑器打开。

2）在 idea. properties 文件末尾添加一行代码：disable. android. first. run = true，并保存文件。

3）关闭 Android Studio 后重新启动，便可进入软件。

另外，进入 Android Studio 开发环境后，若无法预览系统 UI 界面，则可打开“app”→“res”→“main”→“values”→“style. xml”文件，将其中的 theme 条目进行修改，即在

"Theme. AppCompat. Light. DarkActionBar" 前面加上 "Base. "，代码如下：

```
<!-- Base application theme. -->
    <style name="AppTheme" parent="Base. Theme. AppCompat. Light. DarkActionBar">
    <!-- Customize your theme here. -->
    </style>
```

1.3 创建 Android 项目

搭建好 Android 开发环境后，就可以进行项目的开发了。本节主要介绍在 Eclipse 集成开发环境下创建 Android 项目的具体步骤和注意细节。

1.3.1 Android 项目的创建步骤

创建 Android 的空项目，只需按照以下步骤进行相关参数的设置即可。

1）在 Eclipse 中，单击 "File" → "New" → "Project" → "Android Application Project" 命令，弹出 "New Android Application" 对话框，并在对话框中填写必要的参数，如图 1-21 所示。这里命名工程名称为 "HelloWorld"。

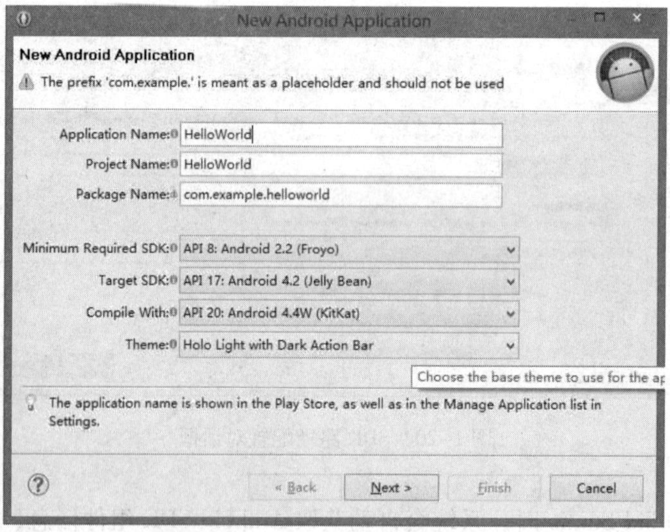

图 1-21 新建 Android 项目对话框

图 1-21 中相关参数的含义如下：

- Application Name：应用程序在手机上显示给用户的名称。
- Project Name：项目目录，以及在 Eclipse 中可见的名称。
- Package Name：包名，遵循 Java 规范，且包的名称必须是唯一的。
- Minimum Required SDK：应用程序支持的 Android SDK 最低版本。
- Target SDK：已经测试过的 Android SDK 最高版本。
- Compile With：在编译时使用应用程序的平台版本。

• Theme：指定适用于该应用程序的 Android UI 风格。

2）在接下来的对话框中，一般保留默认设置，然后单击“Next”按钮，直到出现“Finish”按钮，则 Android 工程创建完毕。

3）运行程序时，右击工程名称，在弹出的快捷菜单中选择“Run as”→“Android Application”选项，则名称为 HelloWorld 的应用程序出现在了 AVD 上，如图 1-22 所示。随后就可以在其基础上进行 Android 代码的开发了。

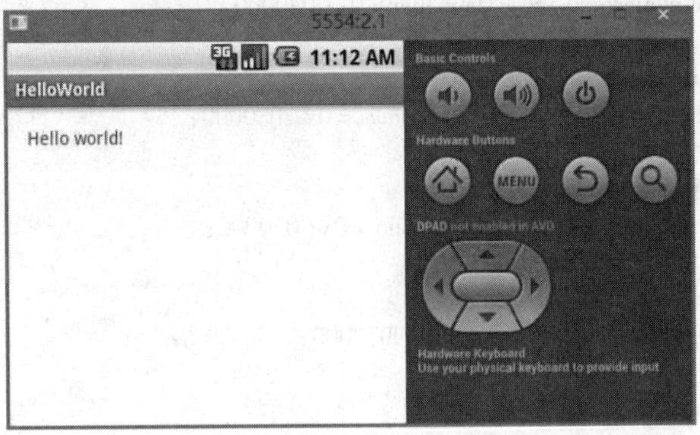

图 1-22　HelloWorld 项目运行在 AVD 上

1.3.2　Android 项目的目录结构

在默认情况下，Android 项目目录结构如图 1-23 所示。下面将通过上一节创建的 HelloWorld 项目来介绍 Android 项目的目录结构。

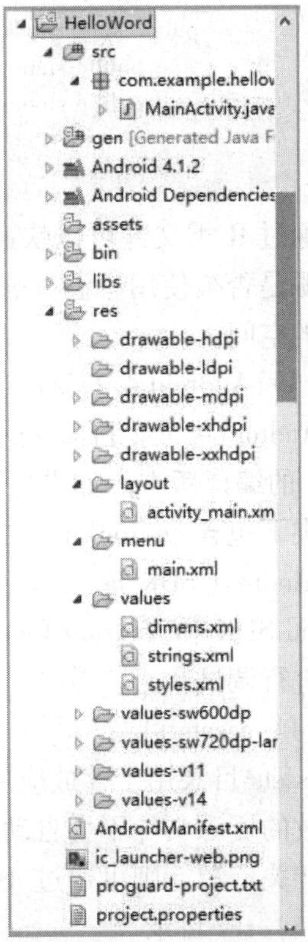

图 1-23　Android 项目目录结构

（1）src 目录

src 目录用来存放项目的源代码。打开 MainActivity. java 文件会看到如下代码：

```
public classMainActivity extends Activity {
    @ Override
    protected void onCreate( BundlesavedInstanceState) {
    super. onCreate( savedInstanceState) ;
    setContentView( R. layout. activity_main) ;
    }
}
```

（2）gen 目录

gen 目录用于存放所有由 ADT 插件自动生成的内容，其中最重要的是 R. java 文件。这个 Java 文件含有很多静态类和常量，它们对应于 res 目录下的不同资源，即 R 类（文件）定义该项目所有资源的索引。注意，R 类文件是只读模式的，不可自己更改。当 res 文件目录中的资源发生变化时，该文件会自动变化。R 文件的部分代码如下：

```
public final class R {
    public static final classattr {
    }
    public static final classdimen {
        public static final int activity_horizontal_margin = 0x7f040000;
        public static final int activity_vertical_margin = 0x7f040001;
    }
    public static final class drawable {
        public static final int ic_launcher = 0x7f020000;
    }
    public static final class id {
        public static final int action_settings = 0x7f080000;
    }
    public static final class layout {
        public static final int activity_main = 0x7f030000;
    }
    public static final class menu {
        public static final int main = 0x7f070000;
    }
    public static final class string {
        public static final int action_settings = 0x7f050001;
        public static final int app_name = 0x7f050000;
        public static final int hello_world = 0x7f050002;
    }
    public static final class style {
        public static final intAppBaseTheme = 0x7f060000;
        public static final intAppTheme = 0x7f060001;
    }
}
```

通过 R 类文件可以快速地查找项目需要的资源，同时编译器也会检查 R 类文件列表中的资源是否被使用，没有被使用的资源不会编译到项目中，这样可以减小应用在手机内存中占用的空间。

（3） Android 4. 1. 2 目录

Android 4. 1. 2 目录表示该项目使用的 SDK 版本，即在创建项目时选择的 “Compile with” 的编译版本。如果更改项目为其他版本的 SDK，则该文件夹及其内容会自动替换。该文件夹下包含 android. jar 文件，这是一个 Java 归档文件，其中包含构建应用程序所需的所有的 Android SDK 库（如 Views、Controls）和 APIs。通过 android. jar 将应用程序绑定到 Android SDK 和 Android Emulator，编写代码时才能使用所有 Android 的库和包，并且对应用程序进行调试。

（4） assets 目录

assets 目录用于存放应用系统需要使用到的诸如 mp3、视频的资源文件。需要注意的是，其存放的资源文件不会自动在 gen 目录的 R. java 文件中生成静态类的静态属性。如果需要访问相关资源，则可通过 AssetManager 类进行操作。

（5） res 目录

res 目录和 assets 目录一样，也是用于存放资源文件，但它和 assets 目录最大的区别在于，res 目录下的资源文件会在 gen 目录下的 R 类文件中生成以资源文件名命名的静态属性。

一般 res 目录下会有 4 个类别的子目录：drawabel - ?dpi、layout、values 和 menu。下面分别介绍这几个文件夹的作用。

- drawabel - ?dpi 目录：这些文件夹用于存放应用程序将要使用的图像文件（*. png、*. jpg）。在 SDK 1. 5 版本创建的工程下只有一个 drawable 文件夹，新版本的 SDK 下之所以会产生多个存放图片的文件夹，主要是 Android 考虑到为了让图片资源适应各种不同屏幕的分辨率，应用程序会自动根据手机分辨率选择对应的图片资源。drawable - hdpi、drawable - ldpi、drawable - mdpi 目录分别用于存放高、低、中分辨率的图片。
- layout 目录：用于存放界面布局的 XML 文件。在新建项目中，自动生成一个 main. xml 文件，作为该项目的入口界面，其代码如下。

```
<?xmlversion = "1.0" encoding = "utf - 8"?  >
<LinearLayout xmlns:android = http://schemas.android.com/apk/res/androidandroid:orientation = "
vertical"
        android:layout_width = "fill_parent"
        android:layout_height = "fill_parent"
        >
    <TextView
        android:layout_width = "fill_parent"
        android:layout_height = "wrap_content"
        android:text = "@ string/hello"
        />
    </LinearLayout>
```

- values 目录：用于存放项目所需要的字符串资源、颜色资源、尺寸资源以及风格等的 XML 文件。另外，其中还可以存放不同类型的数据，如 arrays. xml、colors. xml、dimens. xml、styles. xml。在新版 ADT 下，工程中会出现 values - v11 和 values - v14 文件夹，其中自动生成 styles. xml 文件，分表代表在 Android 3. 0 和 Android 4. 0 以上的设备上可以使用该目录下的 styles. xml 代替 values 文件夹下的 styles. xml。
- menu 目录用于存放菜单资源的 XML 文件。

（6）bin 目录

bin 目录只有在 Android 项目编译后才会自动生成，未编译的工程是不包含这个目录的。编译之后的字节码就存放在该目录下。编译的过程首先是编译成为 Dalvik 虚拟机文件 classes. dex，然后把该 classes. dex 文件打包成 apk 包。

（7）libs 目录

libs 目录用于放置一些开发过程中需要的 jar 文件。

（8）AndroidManifest. xml 文件

AndroidManifest. xml 文件是项目清单文件，记录应用中所使用的各种组件，其中列出了应用所具有的功能和所使用的系统服务。Android 四大组件（Activity、Service、Content Provider、Broadcast Receiver）需要在此注册。AndroidManifest. xml 将包含如下设置：application permissions、activities、intent filters 等。

HelloWorld 项目的 AndroidManifest. xml 代码如下：

```
<?xmlversion = "1.0"encoding = "utf-8"?  >
<manifestxmlns:android = "http://schemas.android.com/apk/res/android"
        package = " com.example.helloworld"
        android:versionCode = "1"
        android:versionName = "1.0" >
        <applicationandroid:icon = "@drawable/icon"  android:label = "@string/app_name" >
        <activityandroid:name = "com.example.helloword.MainActivity"
        android:label = "@string/app_name" >
            <intent-filter>
                <actionandroid:name = "android.intent.action.MAIN"/>
                <categoryandroid:name = "android.intent.category.LAUNCHER"/>
            </intent-filter>
        </activity>
        </application>
</manifest>
```

（9）project.properties 文件

project.properties 文件用来记录项目所需要的环境信息，如使用 Android API 版本，一般无须改动此文件。

1.3.3 Android 程序的打包

Android 项目开发完成后，如果要发布到互联网上供别人使用，就需要将自己的应用程序打包成 Android 安装包文件（Android Package，APK）。在 Eclipse 中使用 run as 命令也可以生成一个 APK 安装包，但是该安装包是提供开发者使用的测试安装包。

在生成 APK 文件的过程中，最关键的是进行数字签名。由于开发 Android 应用的人数众多，很有可能把类名、包名定义为相同的名字，而数字签名起到了区分的作用。为了实现这个功能，每个 APK 使用一个 key 来进行签名，发布时另一个同名 key 签名的文件将无法安装或覆盖老的版本，也就是说，签名是开发者的身份标识。因此，数字签名可以防止已安装的应用被恶意的第三方签名应用覆盖或替换掉。

Android 应用中的签名需要注意以下几点。

- 所有的 Android 应用都必须有数字签名，没有不存在数字签名的应用。Android 系统不会安装没有数字签名证书的应用。
- 签名的数字证书不需要权威机构来认证，是开发者自己产生的数字证书，即所谓的自签名。
- 正式发布一个 Android 应用时，必须使用一个合适的私钥生成的数字证书来给程序签名，不能使用 ADT 插件或者 ANT 工具生成的调试证书来发布。
- 数字签名证书都是有有效期的，Android 只是在应用程序安装时才会检查证书的有效期。如果程序已经安装在系统中，即使证书过期也不会影响程序的正常功能。

下面介绍如何为 Android 应用程序打包：

1）在 Eclipse 中选择需要打包的项目，右击项目名称，在弹出的快捷菜单中选择“android tools”→“Export signed Application package”选项，会弹出如图 1-24 所示的项目检查对话框。

2）在对话框中选中需要打包的项目，然后单击“Next”按钮，进入 Keystore selection

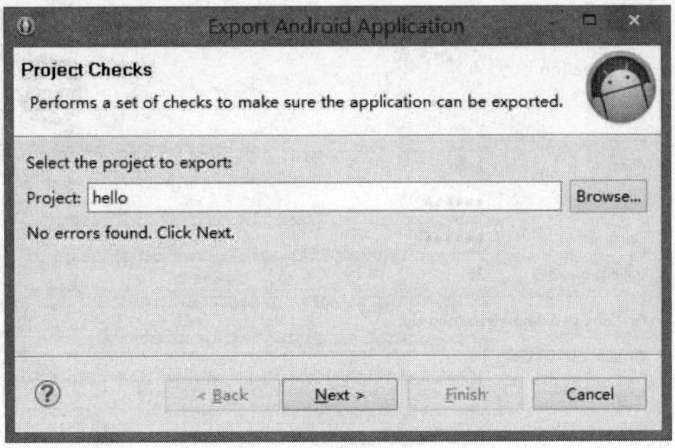

图 1-24　项目检查对话框

界面选择签名证书库，如图 1-25 所示。由于是第一次开发程序，还没有签名证书库，所以选中“Create new keystore”单选按钮，选择证书库保存位置并设置证书库的密码。之后就不用再创建证书库了，直接选择已存在的证书库即可。

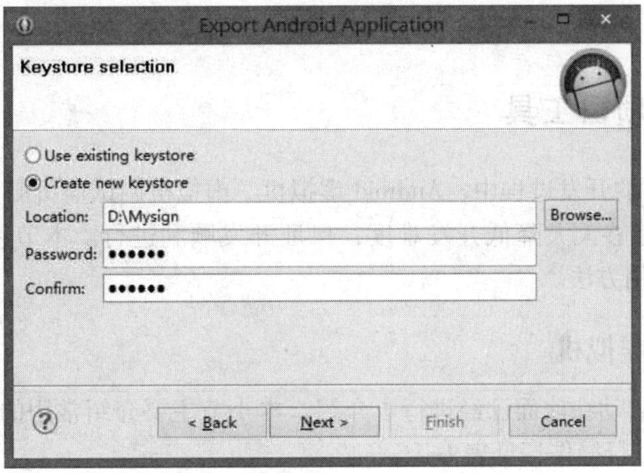

图 1-25　Keystore selection 界面

3）单击“Next”按钮，弹出 Key Creation 界面，如图 1-26 所示。在图 1-26 中填写签名证书的信息，包括 Alias（别名）、Password（密码）、Validity（有效期）、First and Last Name（姓名）、Organization Unit、Organization（组织名称）、City or Location（所在城）、State or Province（所在省份）、Country Code（国家编码）等，然后单击“Next”按钮。

4）在弹出的对话框中，选择要保存 APK 文件的目录，并单击“Finish”按钮，开始进行程序打包。由于项目大小不同，因此打包过程需要等待的时间也会不同。

🕮 如果之前该项目已经存在一个证书，就可以选择已经存在的证书，只需要填写相应的密码即可。

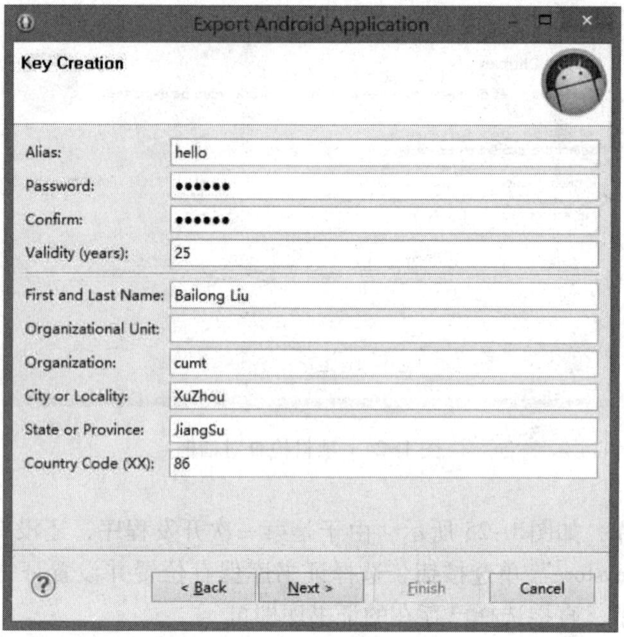

图 1-26　Key Creation 界面

1.4　Android 项目工具

在 Android 项目的开发过程中，Android 虚拟机、虚拟机调试监听服务和 Android 调试桥等工具的灵活使用能够大大降低开发难度，保证开发顺利进行。本节主要介绍这几种 Android 项目工具的使用方法。

1.4.1　Android 虚拟机

AVD 的创建和启动在前面已经进行了介绍，本小节主要介绍常用的 AVD 快捷键，以便读者更加容易对其进行操作，见表 1-1。

表 1-1　常用的 AVD 快捷键

序　号	计算机快捷键	描　述
1	Home	对应手机上的“Home”按钮（ ）
2	Esc	对应手机上的“返回”按钮（ ）
3	F2 / PageUp	对应手机上的“Menu”按钮（ ）
4	F3	对应拨号功能
5	F4	挂断电话或关闭手机屏幕显示
6	F5	对应搜索键
7	F7	对应关闭电源键
8	F8	关闭 GPRS/3G 网络连接，但是不影响 GSM 连接
9	Alt + Eneter	全屏显示切换
10	Ctrl + F11	横竖屏幕显示切换
11	Delete	使用轨迹球（如使用轨迹球浏览网页）操作功能

1.4.2 虚拟机调试监控服务

Dalvik Debug Monitor Service（DDMS）是 Android 开发环境中的 Dalvik 虚拟机调试监控服务。DDMS 作为 IDE、emulator、真机之间的桥梁，将捕捉到终端的 ID 通过 ADB 建立调试桥，从而实现发送指令到测试终端的目的。DDMS 担当了连接 IDE 和运行在设备上的应用程序“中间人”的角色。在 Android 上，每个应用运行在自己的进程中，都拥有自己的虚拟机（VM），而且每个进程从不同的端口侦听调试器。

当 DDMS 启动时，自动连接到 ADB，并与 ADB 之间启动设备监视服务。该服务将监听并通知 DDMS 设备何时被连接、断开。当设备连接时，则在 ADB 和 DDMS 之间创建虚拟机监听服务，该服务将通知 DDMS 设备上的虚拟机何时开始、终止。一旦虚拟机运行，DDMS 通过 ADB 取得虚拟机进程的 ID，并且通过 adb deamon（adbd）建立到虚拟机调试器的连接。

对设备上的每个虚拟机，DDMS 开启了一个端口来侦听调试器。第一个虚拟机，对应 DDMS 侦听端口为 8600，第二个则对应 8601，以此类推。当调试器连接到这些端口的其中一个时，则可以进一步地在调试器和对应的虚拟机之间进行通信，完成调试。

DDMS 包含在 Android SDK 的 tools 目录中。在终端或控制台中进入 tools 目录，输入 ddms（或者在 Mac/Linux 下输入./ddms）就可以运行 DDMS。图 1-27 显示了在 Eclipse 开发环境下的 DDMS 视图窗口。

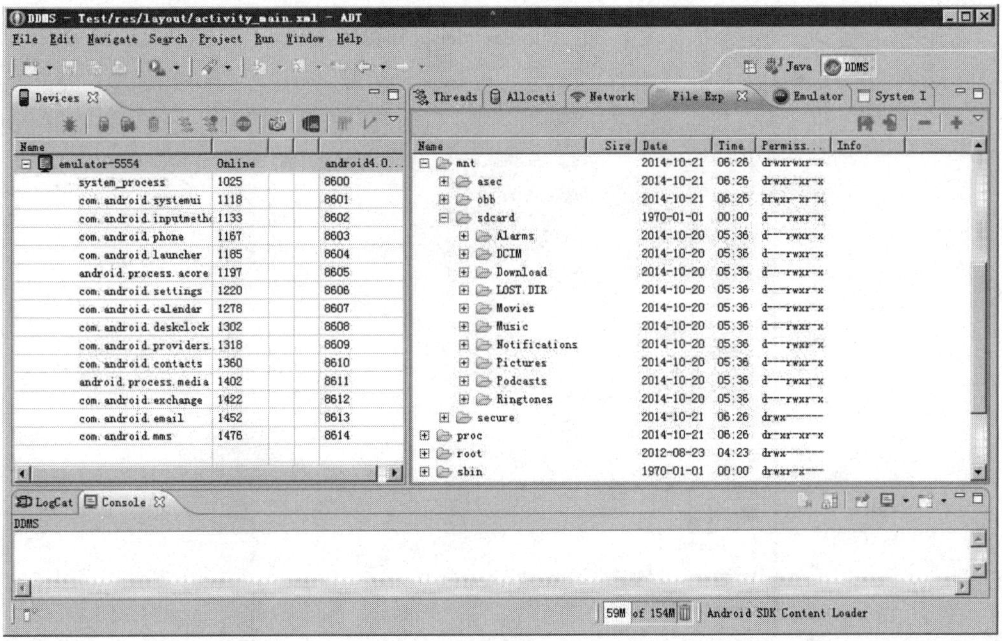

图 1-27　DDMS 视图窗口

DDMS 视图窗口的左侧为 Devices 窗口（见图 1-28），其中列出了打开的所有模拟器以及各自所有的进程，右上角一排按钮的功能分别为调试某个进程、更新某个进程、更新进程堆栈信息、停止某个进程、抓取 Android 当前的屏幕。例如，当选中某个进程，并单击调试进程按钮时，就可以进行源代码级别的调试。而图片抓取按钮可以捕获当前 Android 模拟器的桌面并保存到本地计算机上。

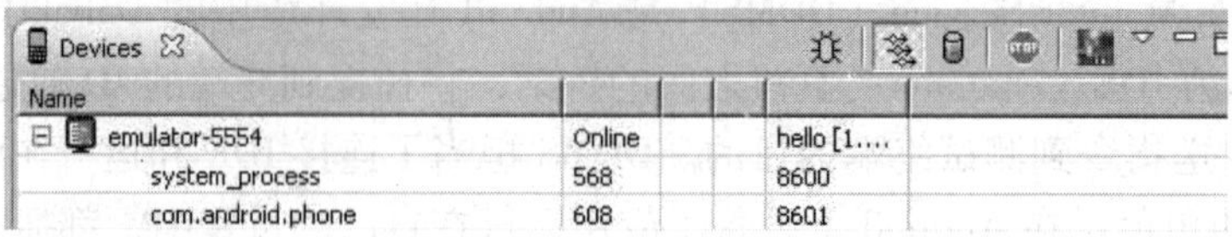

图 1-28　DDMS 的 Devices 窗口

在 DDMS 视图窗口的右侧有“Threads”“Heap”“File Explorer”和“Emulator Control”选项卡，分别用于显示线程统计信息、栈信息、Android 模拟器的文件系统以及控制操作，如图 1-29 所示。File Explorer 可以把 PC 文件上传到 AVD，或者从 AVD 下载文件，也可以进行删除文件操作。选中“File Explorer”选项卡后，会出现如图 1-30 所示的 3 个按钮，分别对应 Android 手机文件的上传、下载和删除操作。Emulator Control 也是非常重要的功能，通过它可以对 AVD 发送短信、拨打电话以及更新手机位置信息，如图 1-31 所示。

图 1-29　DDMS 功能选项卡

图 1-30　File Explorer 操作按钮

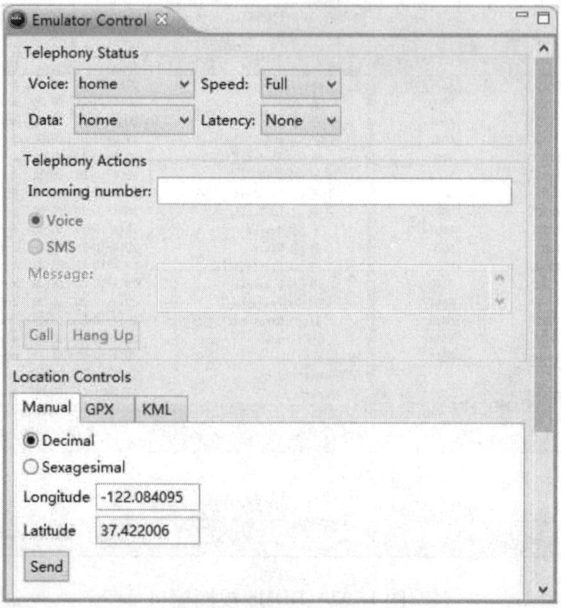

图 1-31　“Emulator Control”选修卡

1.4.3　Android 调试桥

Android 调试桥（Android Debug Bridge，ADB）是用来管理模拟器和真机的通用调试工具。直接打开 cmd 即可使用 adb 命令，前提是需要将 adb. exe 所在的目录配置到 path 环境变量中。通过 adb 可以在 Eclipse 中方便使用 DDMS 来调试 Android 程序。当 Eclipse 运行时就会自动开启 adb 进程，借助 adb 工具可以管理设备或手机模拟器的状态。除此之外，adb 还可以进行很多手机操作，如安装软件、系统升级、运行 shell 命令等。简单地说，adb 就是连接 Android 手机与 PC 端的桥梁，可以让用户在 PC 上对手机进行全面的操作。

ADB 常见的指令见表 1-2。

表 1-2　ADB 常见的指令

命令种类	指令码	命令含义	说明
选项	-d	仅仅通过 USB 接口来管理 adb	如果不只是用 USB 接口来管理，则返回错误
	-e	仅仅通过模拟器实例来管理 adb	如果不是仅通过模拟器实例管理，则返回错误
	-s	通过模拟器或设备允许的命令端口号码发送命令来管理指定 adb	如果没有指定号码，则会报错
普通	devices	查看所有连接模拟器/设备的设施的清单	
	help	查看 adb 所支持的所有命令	
	version	查看 adb 的版本序列号	
调试	logcat	将日志数据输出到屏幕上	
	bugreport	查看 bug 的报告，如 dumpsys、dumpstate 和 logcat 信息	
	jdwp	查看指定设备的可用 JDWP 信息	
数据	install	安装 Android 应用程序	可以为模拟器指定相应的端口
	pull	将指定的文件从模拟器/设备复制到计算机上	
	push	将指定的文件从计算机上复制到模拟器/设备中	
服务	start - server	adb 服务进程	
	kill - server	终止 adb 服务进程	
Shell	shell	通过远程 shell 命令来控制模拟器/设备实例	挂载到 Linux 空间
	Shell[ ]	连接模拟器/设施执行 shell 命令，执行完毕后退出远程 shell 端	

下面介绍 adb 下的 devices 命令和输出。在控制台中输入 adb devices，则会出现如图 1-32 所示的设备列表。如果当前没有模拟器/设备运行，adb 则返回“no device”。

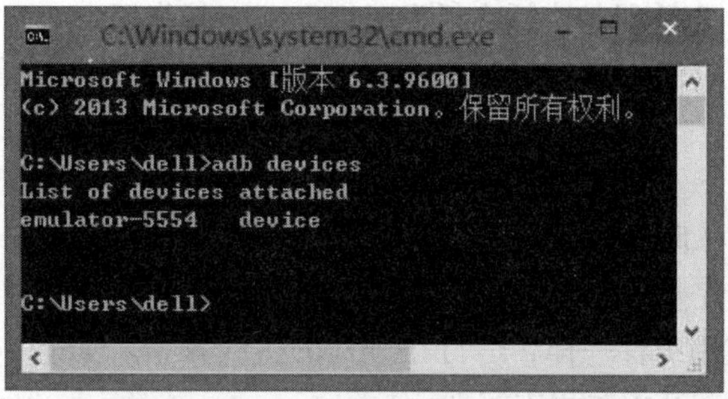

图 1-32　adb devices 命令展示

1.5 Android 四大组件简介

Android 应用程序的开发一般需要四大组件，分别为 Activity、Service、Content Provider、Broadcast Receiver。下面介绍一下四大组件的功能和特点。

1. Activity

一个 Activity（活动）通常就是一个单独的屏幕（窗口）。所有关于界面的响应代码和操作代码都在 Activity 中声明。

一个应用程序一般都是由多个 Activity 组成的，Activity 之间通过 Intent 进行通信。在 Intent 的描述结构中，有两个最重要的部分需要声明：动作和动作对应的数据。每个 Acitivty 都与 res/layout 文件夹下的资源文件（XML 文件）相对应，这样才能响应界面中的操作。另外，Android 应用中每一个 Activity 都必须要在 AndroidManifest. xml 配置文件中声明，否则系统将不识别也不执行。

2. Content Provider

Android 平台提供了 Content Provider（内容提供者），使一个应用程序的指定数据库提供给其他应用程序，即实现了数据共享。只有需要在多个应用程序间共享数据时才需要内容提供者。例如，通信录数据被多个应用程序使用，且必须存储在一个内容提供者中。它的好处是统一了数据的访问方式。

一般来说，Content Provider 使用 URI 来唯一标识其数据集，URI 以“content://”作为前缀，表示该数据由 Content Provider 来管理。开发人员不会直接使用 Content Provider 类的对象，大多数是通过 Content Resolver 对象实现对 Content Provider 的操作。也就是说，其他应用可以通过 Content Resolver 类从该内容提供者中获取或存入数据。内容提供者的典型应用场景有获取手机中的电话列表、获取短信的内容等。

3. Broadcast Reciver

在实际应用中，常需要等待系统或其他应用发出一道指令，使得自己的应用做出及时正确的响应（如电池电量低时做出保存操作）。而这种等待，在很多的平台上都会需要付出不小的代价。Android 充分考虑了这种需求，于是产生了 Broadcast Reciver（广播接收者）。广播接收者的注册有两种方法：程序动态注册和 AndroidManifest 文件中进行静态注册。动态注册广播接收器的特点是，当用来注册的 Activity 关掉后，广播也就失效了。静态注册无须担忧广播接收者是否被关闭，只要设备是开启状态，广播接收者也是打开的即可。也就是说，哪怕 APP 本身未启动，它注册的广播在触发时也会对它起作用。

广播接收者的典型应用场景有电池电量低、电池充电完毕、短信到来了、程序安装卸载、sd 卡卸载和安装等。

4. Service

通俗地说，Service（服务）是长期后台运行的没有界面的 Activity。两者在很多概念上比较接近，都是由一个完整的功能逻辑实现。

Service 和其他的应用组件一样，运行在进程的主线程中。如果 Service 需要很多耗时或者阻塞的操作，则需要在其子线程中实现。

一般来说，Service 有以下两种模式：

● 本地服务（Local Service）用于应用程序内部。
● 远程服务（Remote Service）用于 Android 系统内部的应用程序之间。

服务的典型应用场景有天气预报、股票显示、mp3 播放器等。

Android 四大组件在使用上具有以下特点。

（1）四大组件的注册

四大基本组件都需要注册才能使用，每个 Activity、Service、Content Provider 都需要在 AndroidManifest 文件中进行配置。AndroidManifest 文件中未进行声明的 Activity、Service、Content Provider 将不为系统所见，从而不可用。而 Broadcast Receiver 的注册分为静态注册（在 AndroidManifest 文件中进行配置）和通过代码动态创建并以调用 Context. registerReceiver( ) 的方式注册至系统。需要注意的是，在 AndroidManifest 文件中进行配置的广播接收者会随系统的启动而一直处于活跃状态，只要接收到感兴趣的广播就会触发。

（2）四大组件的激活

Content Provider 的激活：当接收到 Content Resolver 发出的请求后，Content Provider 被激活。而其他 3 种组件被一种叫作 Intent 的异步消息所激活。

（3）四大组件的关闭

Content Provider 仅在响应 Content Resolver 提出请求时被激活。一个 Broadcast Receiver 仅在响应广播信息时被激活。所以，没有必要去显式地关闭这些组件。Activity 可以通过调用它的 finish( ) 方法来关闭。对于通过 startService( ) 方法启动的服务，则需要调用 Context. stopService( ) 方法关闭；对于使用 bindService( ) 方法启动的服务，则需要调用 Contex. unbindService( ) 方法关闭。

1.6 小结

本章主要讲解了 Android 的基础知识，首先介绍了 Android 的发展历程及体系结构，随后介绍了 Android 开发环境的搭建，并通过一个简单的实例来介绍如何创建项目、打包项目，接着介绍了 Android 项目开发中可能用到的工具及命令，如 AVD 快捷键、adb 命令和 DDMS 操作，最后介绍了 Android 开发的四大组件，为后续内容奠定了基础。

1.7 实践与练习

1. 选择题

1）Android 是由（　　）公司领导来维护和持续开发的。

A. Lenovo　　B. Microsoft　　C. Sun　　D. Google

2）（　　）被称为“Android 之父”。

A. Andy Rubin　　B. Bill Gates　　C. Steve Jobs　　D. Tim Cook

3）下面描述错误的是（　　）。

A. Windows Mobile / Phone 是不开放源代码的，Windows Mobile/Phone 使用 C#和 C++作为应用的开发语言

B. iOS 是不开源的，iOS 使用 Objective－C 作为应用的开发语言

C. Symbian 是不开源的，Symbian 使用 C ++ 作为应用的开发语言

D. Android 使用 Java 作为主要的应用开发语言，在更改 Android 的底层功能时，需要使用 C 或 C ++

4）下面关于 Android 版本号描述错误的是（　　）。

A. 2008 年 9 月 23 日发布第一个正式稳定版 Android SDK v1.0，版本号为 Astro（阿童木）

B. 2009 年 4 月 30 日发布 Android SDK v1.5，版本号为 Cupcake（纸杯蛋糕）

C. 2011 年 2 月 2 日发布 Android SDK v3.0，版本号为 Gingerbread（姜饼）

D. 2012 年 10 月 30 日发布 Android SDK v4.2，版本号为 Jelly Bean（果冻豆）

5）下面哪个选项不是 Android 系统的构架（　　）。

A. iOS 内核　　B. 本地库和 Java 运行时环境

C. 应用程序框架　　D. 应用程序

2. 填空题

1）整个 Android 开发环境的搭建过程由______、______、______和______ 4 步组成。

2）Android 的 Linux 内核层包括______、______、______、______、______和______等，这些都依赖于______。

3. 简答题

1）Android 系统架构有几层，分别是哪几层？

2）请写出 Android 的四大组件。

3）简述 R.java 和 AndroidManefiest.xml 文件的用途。

第 2 章　Java 语言基础知识

Android 开发基于 Java 技术。Java 作为一种优秀的语言，具有面向对象、简单、稳定、平台无关、安全及多线程等特点，是目前软件设计中应用最为广泛的编程语言之一。本章要点如下。

- Java 语言的发展史和特点。
- Java 编程的基本语法。
- 类和对象。

2.1　Java 语言概述

在介绍 Java 程序设计基础前，首先对 Java 语言的发展史、特点和体系进行简单介绍。

2.1.1　Java 语言的发展史

Java 是 Sun 公司推出的一种可撰写跨平台应用软件的面向对象的程序设计语言，由 James Gosling 等人共同开发并于 1995 年正式推出。

1991 年，Sun 公司由 James Gosling 负责开发一个名为 Green 的项目该项目最初的目标为在家用电器等小型系统开发一个分布式代码系统，来解决诸如电视机、电话、闹钟、烤面包机等家用电器的控制和通信问题。起初，拟采用 C ++ 语言实现，但是 C ++ 过于复杂，且安全性不理想，最后开发了一种名为 Oak（橡树）的语言。后来，智能化家电的市场需求没有达到预期效果，Sun 公司放弃了该项计划。1994 年，互联网技术已如火如荼发展起来。James 意识到 Oak 语言适合互联网应用，不依赖于任何硬件平台和软件平台。因为“Oak”已被一家公司注册，所以 Oak 语言改名为 Java。Java 伴随着互联网的迅猛发展而逐渐成为重要的网络编程语言。

2.1.2　Java 语言的特点

Java 语言的特点如下。

（1）简单易用

Java 语言是一种相当简洁的“面向对象”程序设计语言。Java 语言省略了 C ++ 语言中很少使用的、很难理解的、令人迷惑的那些特性，如操作符重载、多继承、自动的强制类型转换。Java 语言丢弃了指针，采用了自动垃圾回收机制，简化了内存管理。Java 语言虽然简单，但是很高效，它可以用面向对象的方法来描述用户的每一个动作。

（2）跨平台性

Java 语言开发的程序具有跨平台性。跨平台性是指软件可以不受计算机硬件和操作系统的约束在任意环境下正常运行。Java 源程序代码经编译后，生成与计算机硬件结构无关的二进制的字节码，这些字节代码被定义为不依赖任何硬件平台和操作系统。当 Java 程序在运行时，只需由一个解释程序对生成的字节代码解释执行，这使得 Java 程序可以在任何平台上运行，如 Windows、UNIX 等，因此具有很强的移植性。

（3）面向对象

面向对象是指以对象为基本粒度，其下包含属性和方法，对象的说明用属性表达，通过使用方法来操作这个对象。Java 语言支持使用类、接口和继承等基本概念来开发程序，为了简单起见，保留了面向对象概念中类之间的单继承、接口间的多继承，以及类与接口之间的实现机制。Java 语言全面支持动态绑定，面向对象技术使得应用程序的开发变得简单易用，节省代码。

（4）安全性

Java 通常被用在网络环境中，安全性是个不容忽视的问题。Java 语言的安全性体现在以下几个方面：

1）Java 语言在安全性方面引入了实时内存分配及布局策略，用于防止程序员直接修改物理内存布局。

2）Java 不支持指针，一切对内存的访问都必须通过对象的实例变量来实现，这样就可以防止程序员使用“特洛伊”木马等欺骗手段访问对象的私有成员，同时也避免了指针操作中容易产生的错误。

3）Java 语言采用了许多面向对象的异常处理机制，负责对一些异常事件进行处理，如内存空间不够、程序异常中止等的处理。

4）通过字节代码验证器对字节代码进行检验，以防止网络病毒及其他非法代码侵入。

5）Java 类在网络上使用时，对它的权限进行了设置，保证了被访问用户的安全性。

（5）多线程

Java 语言提供的多线程机制使应用程序能够并发执行，一个应用程序同时存在两个或两个以上的线程，提供的同步机制保证了对共享数据的正确操作。通过使用多线程，程序开发者可以设计不同的线程完成特定的行为，而不需要采用全局的事件循环机制，易于实现交互式操作。Java 除了内置的多线程技术之外，还定义了一些类、方法等来建立和管理用户定义的多线程。

除此之外，它还具有交互式、类库丰富、健壮性、高性能等特点，这些都使得 Java 语言在各个方面得以成熟和完善，成为大众日益青睐的程序设计语言之一。

2.1.3 Java 的体系

Java 分为 Java SE（Java2 Platform Standard Edition，Java 平台标准版）、Java EE（Java 2 Platform，Enterprise Edition，Java 平台企业版）、Java ME（Java 2 Platform Micro Edition，Java 平台微型版）3 个体系。Java SE 版本允许开发和部署在桌面、服务器、嵌入式环境和实时环境中使用的 Java 应用程序。Java EE 版本帮助开发和部署可移植、健壮、可伸缩且安全的服务器端 Java 应用程序，提供 Web 服务、组件模型、管理和通信 API，可以用来实现企业级的面向服务体系结构和 Web 2.0 应用程序。Java ME 为在移动设备和嵌入式设备（如手机、PDA、电视机顶盒和打印机）上运行的应用程序提供一个健壮且灵活的环境。Java ME 包括灵活的用户界面、健壮的安全模型、许多内置的网络协议以及对可以动态下载的联网和离线应用程序的支持。基于 Java ME 规范的应用程序只需编写一次，就可以用于许多设备，而且可以利用每个设备的本机功能。

2.2 Java 基本语法

语法是编程语言的基础，本节主要介绍 Java 语言的基本语法，包括 Java 程序的构成，数据类型、变量和常量，运算符和表达式、数组及流程控制等相关知识。

2.2.1 Java 程序的构成

Java 语言是面向对象的程序设计语言。Java 程序由多个文件组成，每一个文件又包含多个代码行，代码行由多个元素组成。Java 的基本组成单元是类，类又包括属性与方法两部分。每一个应用程序都必须包含一个 main( ) 方法，含有 main( ) 方法的类称为主类。当需要执行一个程序时，在 Java 命令后面输入主类的文件名（也是主类名），因此主类文件是 Java 运行环境建立起来之后第一个被装入虚拟机的用户文件。为了使虚拟机可以找到程序运行的起始入口，主类必须为 public 类，并含有一个在格式上符合约定的入口方法 main( )，其格式如下：

```
public class 主类名{
    …
    public static void main(String[ ] args){
    …
    }
}
```

其中各参数含义如下。

- main：入口方法名称。
- args：命令行参数，这是一个 String 对象数组。
- static：修饰字，说明 main( ) 是一个静态方法。
- public：修饰字，说明 main( ) 具有公有访问属性。

完整的 Java 源程序还应该包括 package 语句和 import 语句。package 语句用于将若干类按包结构进行分类管理，以解决同名但作用不同的类同时存在的问题。一般地，具有相同功能的类放在一个 package 中。Sun 公司建议所有需要的程序和资源都要以 package 的形式来组织和读取。import 语句用于导入本程序需要的包和类。

2.2.2 数据类型、变量和常量

1. 数据类型

Java 的数据类型包含以下两种：一种为基本数据类型，另一种为引用数据类型。

Java 的基本数据类型可以分为 3 类：字符型（char），布尔型（boolean）以及数值类型。数值类型又可以分为整数类型（byte、short、int、long）和浮点数类型（float、double）。

Java 规定了每种简单类型占用内存的大小，这些大小并不随着机器结构的变化而变化。这种大小的不可更改正是 Java 程序具有很强移植能力的原因之一。Java 语言的基本数据类型及对应的封装器类见表 2-1。

表 2-1　Java 语言的基本数据类型及对应的封装器类

类　型	关 键 字	占字节数	封装器类	取值范围
字节型	byte	1	Byte	$-2^{8} \sim 2^{8}-1$
短整型	short	2	Short	$-2^{15} \sim 2^{15}-1$
整型	int	4	Integer	$-2^{31} \sim 2^{31}-1$
长整型	long	8	Long	$-2^{63} - 2^{63}-1$
单精度浮点型	float	4	Float	-3.4E38 ~ +3.4E38
双精度浮点型	double	8	Double	-1.7E308 ~ +1.7E308
字符型	char	2	Character	\u0000 ~ \uFFFF
布尔型	boolean	1	Boolean	True 或 False

引用类型是用户根据自己的需要定义并实现的类型，由基本数据类型组合而成。

2. 变量

变量是用来表示信息的，在程序的运行过程中可以改变的量。系统为每一个变量在内存中分配一定的存储空间。为了方便引用变量的值，在程序中需要为变量设定一个名称。定义变量的标识符为变量名，在内存单元中，所装载的数据就是变量值。

（1）变量的定义

由于 Java 语言是一种强类型的语言，因此变量在使用以前必须首先声明。在程序中声明变量的语法格式如下：

```
<数据类型><变量名称>[,<变量名称>,<变量名称>…]
```

其中，数据类型可以是 Java 语言中任意的类型，包括基本数据类型和引用数据类型；变量名称为定义变量的标识符，需要符合标识符的命名规则标识等的命名规则如下：

- 由字母、数字、下画线或$符号组成。
- 由字母、下画线或$符号开头。
- 标识符区分大小写。
- 标识符不能使用系统的保留字。

Java 规范中使用的保留字见表 2-2。

表 2-2　Java 中的保留字

abstract	assert	boolean	break	byte
case	catch	char	class	const
continue	default	do	double	else
enum	extends	final	finally	float
for	goto	if	implements	import
instanceof	int	interface	long	native

（续）

new	package	private	protected	public
return	strictfp	short	static	super
switch	synchronized	this	throw	throws
transient	try	void	volatile	while

简单数据类型的声明示例：

```
byte sex;
int age;
float salary;
boolean isManager;
```

（2）变量的使用（赋值）

变量声明是为变量申请空间，为表示信息做准备。在变量声明之后，可以通过使用，也就赋值的过程来表示信息，相当于把值存储到为变量申请的空间里。为基本数据类型的变量赋值需要使用赋值符号“=”，语法格式如下：

```
变量名=变量值;
```

变量值的类型应与变量名的类型一致。如果两者不一致，由于数据类型有差异，则需要进行类型转换。Java 语言中的数据类型转换有自动类型转换和强制类型转换两种。

自动类型转换也称隐式类型转换，是指不需要书写代码，由系统自动完成的类型转换。由于实际开发中这样的类型转换很多，因此 Java 语言在设计时，没有为该操作设计语法，而是由 JVM 自动完成。

转换规则：从存储范围小的类型到存储范围大的类型。

具体规则为 byte→short(char)→int→long→float→double。

代码如下：

```
byte age = 10;
short sage = age;
```

这里在给 sage 赋值时，JVM 首先将 age 的值转换成 short 类型，然后再赋值给 sage。当然，在进行类型转换时也可以跳跃，就是 byte 也可以自动转换为 int 类型。注意：在整数之间进行类型转换时数值不会发生变化，但是当将整数类型，特别是比较大的整数类型转换成小数类型时，由于存储精度的不同，可能会存在数据精度的损失。

强制类型转换是指强制编译器进行类型转换，这种转换很可能存在精度的损失，必须在程序中编写代码，用圆括号括起来目标类型，置于变量前。例如：

```
double salary = 3457.23;
int s_salary = (int) salary;
```

📖 强制类型转换通常都会存在精度的损失，所以使用时需要谨慎。

(3) 变量的作用域

变量的作用域指每个变量的有效范围，只能在该范围内使用该变量，否则将提示语法错误。通常情况下，在一个作用范围内部不能声明名称相同的变量。一般情况下，变量的作用范围指从变量声明的位置开始，一直到变量声明所在的语句块结束的大括号为止。例如：

```
1    {
2        {
3            int age;
4            age = 18;
5        }
6        String name;
7    }
```

在上述代码中，变量 age 的作用范围即从第 3 ~ 5 行，变量 name 的作用范围即从第 6 ~ 7 行。

3. 常量

常量代表程序运行过程中不能改变的值。常量可以分为直接常量（字面常量）和标识常量。

(1) 直接常量

直接常量就是直接出现在程序中的常量值，包括以下内容。

- 十六进制整型常量：以 0x 或 0X 开头表示十六进制数，如 0xff、0X9A。
- 八进制整型常量：以 0 开头表示八进制数，如 0123、034。
- 长整型：以 L 作结尾表示长整型，如 9L、342L。
- 浮点数常量：由于小数常量的默认类型是 double 型，因此 float 类型的后面一定要加 f (F)。同样带小数的变量默认为 double 类型。
- 字符常量：将一个数字字母或者符号用单引号（' '）标识，如'c'。
- 字符串常量：将一个或多个字符用双引号（" "）标识，如"Hello"。

(2) 标识常量

标识常量就是以一个标识表示的常量，其定义形式如下：

```
final <数据类型> <常量名称> = <常量值>;
```

例如：

```
final double PI = 3.14;
final char MALE = 'M', FEMALE = 'F';
```

标识常量便于程序的修改（如圆周率的值），增强程序的可读性。例如，常量 UP、DOWN、LEFT 和 RIGHT 分别代表上、下、左、右，其数值分别是 1、2、3 和 4。在 Java 语法中，常量也可以首先声明，然后再进行赋值，但是只能赋值一次。虽然常量名也可以用小写，但为了便于识别，通常使用大写字母表示常量。

2.2.3 运算符和表达式

1. 运算符

运算符是一种特殊符号，用以表示数据的运算、赋值和比较等操作。Java 运算符包括算术运算符、关系运算符、位运算符、逻辑运算符、赋值运算符和条件运算符。

(1) 算术运算符

算术运算符用于实现数学运算，各种算数运算符的功能及其实例见表 2-3（a 的值为 30，b 的值为 20）。

表 2-3　各种算术运算符的功能及其实例

运算符	含　义	实　例	结　果
+	加法，运算符两侧的值相加	a + b	50
-	减法，左操作数减去右操作数	a - b	10
*	乘法，操作符两侧的值相乘	a * b	600
/	除法，左操作数除以右操作数	a/b	1
%	减法，左操作数减去右操作数	a% b	10
++	将自身的值加 1	++a	31
--	将自身的值减 1	--a	29

(2) 关系运算符

关系运算符用于测试两个操作数之间的关系，包括大于（>）、大于等于（>=）、小于（<）、小于等于（<=）、等于（==）、不等于（!=）。运行结果为 Boolean 型变量，即 False 或者 True。各种关系运算符的功能及其实例见表 2-4（A 的值为 30，B 的值为 20）。

表 2-4　各种关系运算符的功能及其实例

运算符	含　义	实　例	结　果
==	检查两个操作数的值是否相等，如果相等，则条件为真	(A == B)	False
!=	检查两个操作数的值是否相等，如果不相等，则条件为真	(A != B)	True
>	检查左操作数的值是否大于右操作数的值，如果是，则条件为真	(A > B)	True
<	检查左操作数的值是否小于右操作数的值，如果是，则条件为真	(A < B)	False
>=	检查左操作数的值是否大于或等于右操作数的值，如果是，则条件为真	(A >= B)	True
<=	检查左操作数的值是否小于或等于右操作数的值，如果是，则条件为真	(A <= B)	False

(3) 逻辑运算符

逻辑运算符用来进行逻辑运算。各种逻辑运算符的功能及其实例见表 2-5（A 为真，B 为假）。

表 2-5　各种逻辑运算符的功能及其实例

运 算 符	含　义	实　例	结　果
&&	逻辑与运算符。当且仅当两个操作数都为真时，条件才为真	(A&&B)	False
‖	逻辑或操作符。如果两个操作数任何一个为真，则条件为真	(A ‖ B)	True
!	逻辑非运算符，用来反转操作数的逻辑状态。如果条件为 True，则逻辑非运算符将得到 False	！(A && B)	True

（4）位运算符

位运算符用于将操作数按位进行计算。各种位运算符的功能及其实例见表 2-6（A 为 60，B 为 13）。

表 2-6　各种位运算符的功能及其实例

运算符	含　义	实　例	结　果
&	按位与操作符，当且仅当两个操作数的某一位都非 0 时，结果的该位才为 1	(A&B)	得到 12，即 0000 1100
|	按位或操作符，只要两个操作数的某一位有一个非 0 时，结果的该位就为 1	(A | B)	得到 61，即 0011 1101
^	按位异或操作符，两个操作数的某一位不相同时，结果的该位就为 1	(A^B)	得到 49，即 0011 0001
~	按位补运算符，翻转操作数的每一位	(~A)	得到 -60，即 1100 0011
<<	按位左移运算符。左操作数按位左移右操作数指定的位数	A << 2	得到 240，即 1111 0000
>>	按位右移运算符。左操作数按位右移右操作数指定的位数	A >>2	得到 15，即 1111
>>>	按位右移补零操作符。左操作数的值按右操作数指定的位数右移，移动得到的空位以零填充	A >>>2	得到 15，即 0000 1111

（5）赋值运算符

赋值运算符是二元运算符，左边的操作数是变量，右边的操作数为表达式，左右两边的类型如果一致，则直接将右边的值赋给左边的变量；如果不一致，则需要转换为左边变量的类型，再赋值。各种赋值运算符的功能及其实例见表 2-7。

表 2-7　各种赋值运算符的功能及其实例

运算符	含　义	实　例	结　果
=	简单的赋值运算符，将右操作数的值赋给左侧操作数	C = A + B	将把 A + B 得到的值赋给 C
+ =	加法赋值操作符，把左操作数和右操作数相加赋值给左操作数	C + = A	等价于 C = C + A
-=	减法赋值操作符，把左操作数和右操作数相减赋值给左操作数	C - = A	等价于 C = C - A
* =	乘法赋值操作符，把左操作数和右操作数相乘赋值给左操作数	C * = A	等价于 C = C * A
/ =	除法赋值操作符，把左操作数和右操作数相除赋值给左操作数	C / = A	等价于 C = C / A
(%) =	取模赋值操作符，把左操作数和右操作数取模后赋值给左操作数	C% = A	等价于 C = C% A
<<=	左移位赋值运算符	C <<=2	等价于 C = C << 2
>>=	右移位赋值运算符	C >>=2	等价于 C = C >> 2
& =	按位与赋值运算符	C& =2	等价于 C = C&2
^=	按位异或赋值操作符	C ^=2	等价于 C = C ^ 2
|=	按位或赋值操作符	C |=2	等价于 C = C | 2

（6）条件运算符

条件运算符也被称为三元运算符。该运算符有 3 个操作数，并且需要判断布尔表达式的值。该运算符的作用主要是决定哪个值应该赋值给变量。这个运算符包括一个关系运算符

(可以是" >" " < " " != "等)、一个“?”、一个“ :”，冒号前后需要有两个表达式（或者是值或者是对象）。其语法格式为

```
a? b:c
```

该语句的含义为先判断表达式 a 的值，如果为 True，则执行 b 语句，反之执行 c 语句。例如:

```
a>b? true:false
```

该语句在 a 大于 b 时，返回值为 True（也就是冒号之前的值），否则为 False。

2. 表达式

表达式是一个或多个运算符和运算数的组合，可以用来完成某运算任务。参与运算的运算数可以是文本、常量、变量或者其他的数据源。表达式的计算与使用方式是编写程序的基础。

当多个运算符出现在一个表达式中时，运算的先后顺序及方向由运算符的优先级及结合性决定。表 2-8 按优先级由高到低的顺序给出了各运算符的优先级和结合性。

表 2-8 运算符的优先级和结合性

<table>
<tr><th>类　别</th><th>操 作 符</th><th>结 合 性</th></tr>
<tr><td>后缀</td><td>() [] .（点操作符）</td><td>从左到右</td></tr>
<tr><td>一元</td><td>++-! ~</td><td>从右到左</td></tr>
<tr><td>乘/除</td><td>*/%</td><td>从左到右</td></tr>
<tr><td>加减</td><td>+ -</td><td>从左到右</td></tr>
<tr><td>移位</td><td>>>>>> <<</td><td>从左到右</td></tr>
<tr><td>关系</td><td>>>= <<=</td><td>从左到右</td></tr>
<tr><td>相等</td><td>==!=</td><td>从左到右</td></tr>
<tr><td>按位与</td><td>&</td><td>从左到右</td></tr>
<tr><td>按位异或</td><td>^</td><td>从左到右</td></tr>
<tr><td>按位或</td><td>|</td><td>从左到右</td></tr>
<tr><td>逻辑与</td><td>&&</td><td>从左到右</td></tr>
<tr><td>逻辑或</td><td>||</td><td>从左到右</td></tr>
<tr><td>条件</td><td>?:</td><td>从右到左</td></tr>
<tr><td>赋值</td><td>=+=-= * =/ =% =>>= <<=& =^ = |=</td><td>从右到左</td></tr>
<tr><td>逗号</td><td>,</td><td>从左到右</td></tr>
</table>

2.2.4 数组

数组是相同类型变量的集合，可以使用共同的名字引用它。数组里的元素可以是基本数据类型，也可以是引用数据类型。

1. 一维数组

一维数组的定义方式有以下两种:

```
dataType[ ]arrayRefVar
或者
dataType arrayRefVar[ ]
```

其中：

- dataType 为 Java 的任意的数据类型，包括基本类型和引用类型。
- arrayRefVar 为数组名，必须是合法的标识符。

Java 在数组定义中并不为元素分配内存，因此[ ]不用指出数组的长度。另外，建议使用 dataType[ ] arrayRefVar 的声明风格声明数组变量。

一维数组的创建方式如下：

```
arrayRefVar = new dataType[arraySize];
```

数组变量的声明可以和创建数组用一条语句完成。

```
dataType[ ]arrayRefVar = {value0, value1, …, valuek};
```

2. 二维数组

二维数组可以看作数组的数组，二维数组的每个元素又是一个一维数组。

二维数组的定义方式有以下两种：

```
dataType[ ][ ]arrayRefVar
或者
dataType arrayRefVar[ ][ ]
```

二维数组的创建方式与一维数组的创建方式相似。

```
arrayRefVar = new dataType[indexSize1][indexSize2];
```

一维数组通过下标访问元素，下标从 0 开始，如：

```
int size =4;
double[ ] price = new double[size];          //定义一维数组
price [0] =5.6;                              //访问第 1 个元素
price [1] =4.5;
price [2] =3.3;
price [3] =4.0;
```

二维数组也可以通过下标访问元素，如：

```
int size1 =2;
int size2 =3;
double[ ] point = new double[size1][size2];        //定义二维数组
price [0][0] =4.0;                                 //访问第 1 行第 1 列元素
price [0][1] =1.5;
price [0][2] =5.3;
price [1][0] =4.0;
price [1][1] =6.0;
price [1][2] =2.8;
```

2.2.5 流程控制

Java 程序通过流程控制语句来执行程序流，从而完成一定的任务。程序流程控制结构分为顺序结构、选择结构、循环结构。

1. 顺序结构

Java 程序按照先后顺序，从第一条语句开始，依次执行到最后一条语句。顺序结构的流程如图 2-1 所示。首先执行语句 1，然后向下执行语句 2。

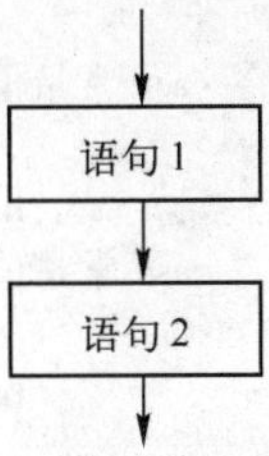

图 2-1　顺序结构的流程

2. 选择结构

选择结构主要使用 if 语句和 switch 语句。

（1）if…else 语句

if…else 语句的结构如下：

```
if (条件表达式){
    代码块 1
}else{
    代码块 2
}
```

首先判断条件表达式的值，如果为真（非零），则执行语句块 1，否则执行语句块 2。选择结构的流程如图 2-2 所示。

- 条件表达式可以是布尔变量、关系运算表达式、逻辑运算表达式。
- 如果代码块 1 或者语句块 2 只有 1 条语句，则可以忽略语句块 1 两端的大括号。
- 有时只考虑条件成功时的情况，也可省略 else 语句。
- if 语句可以嵌套使用。

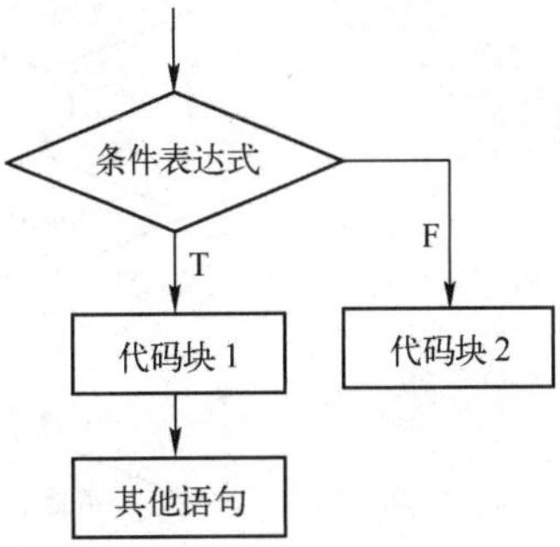

图 2-2　选择结构的流程

使用 if 语句判断是否有风以及是否晴天的代码如下。

```
//设置是否有风
boolean flag1 = false;
//是否晴天
boolean flag2 = true;
System.out.println("开始→");
if (flag1) {
    System.out.println("有风");
} else if (flag2) {
    System.out.println("晴天");
} else {
    System.out.println("无风且晴天");
}
    System.out.println("→结束");
}
```

（2）switch 语句

switch 语句是多分支的开关语句，它的一般语法格式定义如下：

```
switch(表达式)
{
case 常量值 1:
          {代码块 1}
          break;
case 常量值 2:
          {代码块 2}
          break;
...
case 常量值 n:
          {代码块 n}
          break;
default:
          {default 代码块}
}
```

switch 语句的流程如图 2-3 所示。

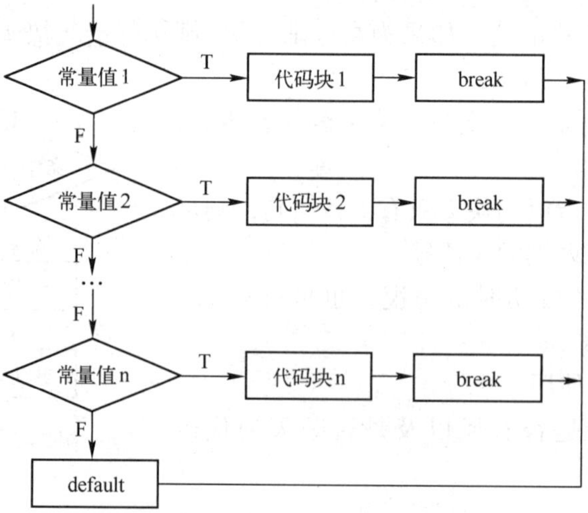

图 2-3　switch 语句的流程

在使用 switch 语句时需要注意以下几个方面：

- 表达式的值必须是整型或者字符型；case 语句中常量值 1 到常量值 n 必须也是整型或者字符型。需要注意的是，在 switch 同一个语句中，case 后的常量值必须互不相同。
- switch 语句首先计算表达式的值，如果表达式的值和某个 case 后面的常量值相同，就执行该 case 里的若干个语句，直到 break 语句为止。如果没有一个常量与表达式的值相同，则执行 default 后面的若干个语句。default 是可有可无的，如果它不存在，并且所有的常量值都和表达式的值不相同，那么 switch 语句就不会进行任何处理。
- break 子句用来执行完一个 case 分支后使程序跳出 switch 语句，即终止 switch 语句的执行。

switch 语句的功能可以用 if...else 语句来实现，但在某些情况下，使用 switch 语句更简洁，可读性更强，而且执行效率更高。

下面给出使用 switch 语句输出成绩的示例代码：

```
//声明变量 score,并为其赋值为'C'
char score ='C';
//执行 swicth 分支语句
switch (score)
{
    case 'A':
        System.out.println("优秀.");
        break;
    case 'B':
        System.out.println("良好.");
        break;
    case 'C':
        System.out.println("中");
        break;
    case 'D':
        System.out.println("及格");
        break;
    case 'F':
        System.out.println("不及格");
        break;
    default:
        System.out.println("成绩输入错误");
}
```

3. 循环结构

循环结构的作用是反复执行一段代码，直到满足终止循环的条件为止。Java 语言提供的循环语句有 while 语句、do...while 语句、for 语句。

（1） while 语句

while 语句的语法格式如下：

```
while(表达式)
{
    循环体代码块
}
```

在循环开始时，计算一次表达式的值。当条件表达式的值为假时，将不执行循环体，直接跳转到循环体外，执行循环体外的后续语句；当表达式的值为真时，执行循环体代码块。每执行完循环体，都会重新计算表达式，直到表达式的值为假，结束循环体。while 语句的流程如图 2-4 所示。

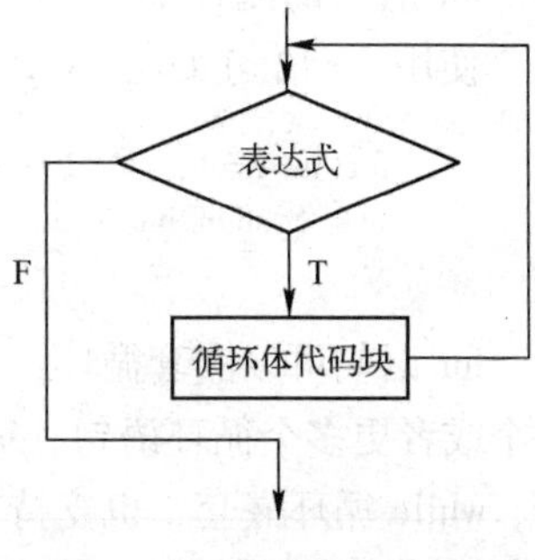

图 2-4　while 语句的流程

使用 while 语句实现 1 ~ 10 递增输出，代码如下所示：

```
int i = 1;
while(i <= 10){
    System.out.println(i);
    i++;
}
```

(2) do...while 语句

do...while 语句的语法格式如下：

```
do{
    循环体代码块
}while(表达式)
```

do...while 语句首先执行循环体代码块，然后计算表达式的值，如果值为真则条件成立，再次执行循环体的代码。所以，do...while 语句至少要执行一遍循环体的代码块。do...while 语句的流程如图 2-5 所示。

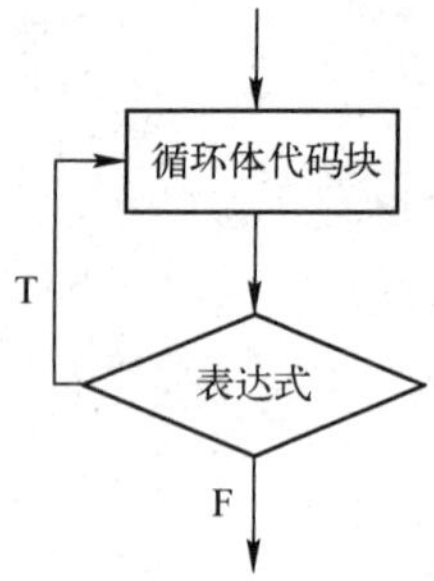

图 2-5　do...while 语句的流程

使用 do...while 语句实现 1～10 递增输出，代码如下所示：

```
int i = 1;
do{
  System.out.println(i);
  i ++;
} while(i < 10)
```

(3) for 语句

for 语句是 Java 语言中用得最多、功能最强大的循环语句。它的语法格式如下：

```
for(表达式 1;表达式 2;表达式 3){
    循环体代码块
}
```

其中，表达式 1 一般为赋值语句，用于实现变量的初始化；表达式 2 是布尔类型的表达式，用于设定循环条件；表达式 3 用来修改循环的变量值，控制变量每循环一次后按什么方式变化，这 3 部分用“;”分隔。

for 语句的执行过程是，首先计算表达式 1，完成必要的初始化工作；然后判断表达式 2 的值，如果表达式的值为 True，则执行循环体代码块；如果为 False，则跳出循环。执行完循环体之后紧接着计算表达式 3，以便改变循环条件，这样一轮循环就结束了。第二轮循环从计算表达式开始，如果表达式的值仍为 True，则继续循环；否则循环结束，执行 for 语句后面的语句。for 语句的流程如图 2-6 所示。

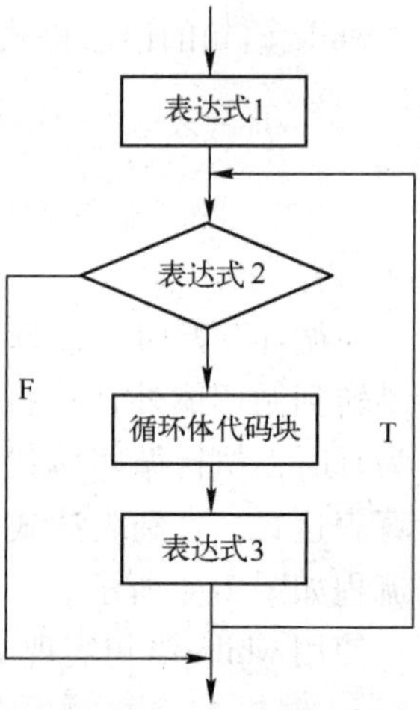

图 2-6　for 语句的流程

使用 for 语句实现 1～10 递增输出，代码如下所示：

```
for(int i = 1; i <= 10; i = i + 1) {
    System.out.print("value of i : " + i );
}
```

for 语句可以嵌套循环，也就是说，一个循环语句中可以包括一个或者更多个循环语句。Java 语言支持循环嵌套，如 for 循环嵌套、while 循环嵌套，也支持二者的混合嵌套。使用嵌套循环语句输出九九乘法表的代码如下：

```
int sum;
for(int i = 1; i <= 9; i ++){
```

```
        for(int j = 1; j <= i; j ++){
            sum = i * j;
            System.out.print(j + " * " + i + " = " + sum + " ");
        }
    System.out.println();
```

在循环体中，如果遇到 break 语句，那么整个循环语句就结束；如果遇到 continue 语句，那么本次循环就结束。也就是说，程序不再执行本次循环中 continue 语句后面的语句，而是转入下一次循环。

2.3 面向对象的编程

Java 语言是基于面向对象的程序设计语言。本节主要介绍 Java 语言中类和对象的声明和定义，在 Java 中实现接口的方法以及 Java 中常用的类。

2.3.1 类和对象

面向对象程序设计（Object Oriented Programming，OOP）是目前广泛使用的程序设计方法，其核心是将事物抽象为对象，然后通过对象间消息传递来完成一定的任务。

在面向对象程序设计中，类是抽象出来的共同特征。Java 程序由类组成，类封装了一类对象的状态和方法。

1. 类的定义

类的定义由两部分构成，即类声明和类体。定义类的语法格式如下：

```
修饰符 class 类名 [extends 父类名][implement 接口名]{
    成员变量声明及初始化;
    方法声明及方法体;
}
```

（1）修饰符

修饰符包括 public、static、abstract、protected。下面逐一介绍各种修饰符的作用。

- public：用于修饰类、接口、成员。无论它所处在的包定义在哪，该类（接口、成员）都是可访问的。
- static：用于修饰类、方法、字段、初始化函数。static 的内部类是一个顶级类，它和包含类的成员是不相关的。静态方法是类方法，是被指向到所属的类，而不是类的实例。静态字段是类字段，无论该字段所在的类创建了多少实例，该字段只存在一个实例被指向到所属的类，而不是类的实例。初始化函数是在装载类时执行的，而不是在创建实例时执行的。
- abstract：用于修饰对象、类、接口、方法。类中包括没有实现的方法，不能被实例化。如果是一个 abstract 方法，则方法体为空。该方法的实现在子类中被定义，并且包含一个 abstract 方法的类必须是一个 abstract 类。
- protected：用于修饰成员。成员只能在定义它的包中被访问，如果在其他包中被访问，则实现这个方法的类必须是该成员所属类的子类。

（2）类名

类名应满足 Java 语言的命名规范，一般首字母大写。

（3）extends

extends 为类扩展的意思，表明该类是从父类（超类）继承而来的。这种情况下，把该类称为子类或者衍生类。一般来说，子类比父类具有更多的功能。

（4）implement

implement 为实现接口的关键词，具体请参看 2.3.2 节。

例如，可以定义一个类叫 Car，对 Car 的描述包括以下属性：车体大小、颜色、轮胎等，而又由车这个类派生出公交车和卡车两个类。

```
public class Car {
    private String name;  //车的名字
    private String color;  //车的颜色
    public StringgetName() {   // 通过 get、set 方法让外部访问并设置属性
        return name;
    }
    public voidsetName(String name) {
        this.name = name;
    }
    public StringgetColor() {
        return color;
    }
    public voidsetColor(String color) {
        this.color = color;
    }
public Car(String name, String color){
        this.name = name;
        this.color = color;
    }
    public void speedUp(){
        System.out.println("运行这里加速 ");
    }
    public voidspeedDown(){
        System.out.println("运行这里减速");
    }
}
```

由车类派生的公交车类的定义如下：

```
public class Bus extends Car{
    public doublegetLength() {
    return length;
    }
    public voidsetLength(double length) {
    this.length = length;
    }
    public doublegetWidth() {
    return width;
    }
    public voidsetWidth(double width) {
    this.width = width;
```

```
    }
    public doublegetAccommodate() {
    return accommodate;
    }
    public voidsetAccommodate(double accommodate) {
    this.accommodate = accommodate;
    }
    private double length;                //车的长度
    private double width;                 //车的宽度
    private double accommodate;
    public Bus(String b_name, String b_color,double b_length,double b_width,float b_accommodate) {
        super(b_name,b_color);
    this.length = b_length;
        this.width = b_width;
    this.accommodate = b_accommodate;
    System.out.println("这是一辆公交车");
    }
}公交车类继承了车类,并增加了 length、width、accommodate 属性
```

2. 对象的创建与使用

对象的创建也称为类的实例化，对象在执行过程中由其所属的类动态产生，一个类可以生成多个不同的对象。创建对象的语法格式如下。

```
类名对象名;
对象名 = new 类名();
```

每一条语句可以实例化一个对象，通过运算符 new 为对象分配存储空间，这时 Java 自动执行类对应的构造方法进行初始化，构造方法可以是系统默认的构造方法，也可以是用户通过重载实现的构造方法。

当对象被创建后，便可以访问对象。对象的使用通过一个引用类型的变量来实现，包括引用对象的成员变量和方法，通过运算符“.”可以实现对变量的访问和方法的调用。引用变量与方法的格式如下：

```
对象名.变量名
对象.方法名([参数列表])
```

定义 Test 类，其中实例化 Bus 类的一个对象 bus1，并通过该实例调用 Bus 类的 show()方法以及 Car 类的 speedUp()和 speedDown()方法。

```
package test;
import test.Car;
import test.Bus;
public class Test {
    public static void main(String[] args) {
    Bus bus1 = new Bus("bus1","yellow",7.5,2.5,35);
    System.out.println("bus1 的长度为:" + bus1.getLength());
    System.out.println("bus1 的宽度为:" + bus1.getWidth());
    bus1.speedUp();
```

```
            bus1. speedDown( );
        }
    }
```

3. 对象的消亡

Java 运行时，系统通过垃圾收集器来周期性收集并释放那些不再有引用的对象所占的空间。

2.3.2 接口的定义与实现

Java 中不支持多重继承，即继承只能继承一个类。如果想要实现多重继承的功能，则可以使用 implements 实现多个接口，之间用逗号分隔。

1. 接口的定义

接口由两部分构成，即接口声明和接口体。定义接口的语法格式如下：

```
[修饰符] interface 接口名 [extends 父接口名列表]{
    [public] [static] [final]常量;
    [public] [abstract]方法;
}
```

- 修饰符：用于指定接口的访问权限。接口可以看作一种特殊的类，修饰符的作用与类的定义相同，可选值为 public，如果省略，则使用默认的访问权限。
- 接口名：应满足 Java 语言的命名规范。一般情况下，要求首字母大写。
- extends：父接口名列表为可选参数，用于指定要定义的接口继承于哪个父接口。当使用 extends 关键字时，父接口名为必选参数。
- 方法：接口中的方法只有定义而没有被实现。在接口中，所有的方法必须都是抽象的，不能有方法体。

例如，定义一个动物的接口类，每个动物都具有吃和行动的动作，但是具体实现根据动物不同，其实现方法也不一样，该接口的定义如下。

```
publicinterface Animal {
    public void eat( );                    //动物具有吃的能力
    public void travel( );                 //动物具有行动的能力
}
```

2. 接口的实现

Java 接口的实现是指用一个类来实现接口，利用 implements 子句来表示一个类使用了某个接口。例如，定义 Cat 类用于实现 Animal 接口：

```
class Cat implement Animal
{
    public static void main(String[ ] args)
    {
        System. out. println("我是一只可爱的小猫");
    }
    public void eat( ) {
        System. out. println("小猫爱吃鱼");
    }
```

```
        public voidtraval() {
            System.out.println("小猫会跑会跳");
        }
    }
```

2.3.3 Java 中常用的类

在 Android 开发中常常用到 Java 中预定义的类，如 Arrays 类等。下面介绍几种在 Android 中常使用到的类。

1. Arrays 类

java.util.Arrays 类能方便地操作数组，它提供的所有方法都是静态的。Arrays 的常用方法及说明见表 2-9。

表 2-9　Arrays 类的常用方法及说明

方　法	方法说明
public static intbinarySearch(Object[] a, Object key)	通过 binarySearch 方法能对排序好的数组进行二分查找法操作
public static boolean equals(long[] a, long[] a2)	比较数组 a 与数组 a2 中元素值是否相等
public static void fill(int[] a, int val)	给数组 a 赋值
public static void sort(Object[] a)	对数组 a 排序

示例代码如下：

```
int[] array = new int[5];      //新建一个数组 array,数组长度为 5,类型为 int
Arrays.fill(array, 8);         //使用 fill()方法对 array 数组填充,其填充值为 8
int[] array1 = {7,8,3,2,12,6,3,5,4};    //新建一个数组 array1 并为其赋初值,数组长度为 9,
类型为 int
Arrays.sort(array1);           //使用 sort 方法对数组 array1 进行升序排序
System.out.println("比较数组元素是否相等:Arrays.equals(array,  array1):" + "\n" + Ar-
rays.equals(array, array1));//使用 equals()比较 array 数组和 array1 数组元素是否相等,若相等
则返回值为 true,否则为 false

System.out.println("元素 3 在 array1 中的位置:Arrays.binarySearch(array1, 3):" + "\n" + Ar-
rays.binarySearch(array1, 3));//使用 binarySearch()(二分搜索算法)查找指定元素所在的下标,
如果不存在,就返回负数
```

2. ArrayList 类

java.util.ArrayList 类提供了可调整大小的数组，并实现了 List 接口。ArrayList 类实现了所有可选的列表操作，并且还允许空值 null 在内的所有元素。ArrayList 类常用的方法及说明见表 2-10。

表 2-10　ArrayList 类常用的方法及说明

方　法	方法说明
boolean add(E e)	将指定元素追加到此列表的末尾
void add(int index, E element)	在此列表中的指定位置插入指定元素
void clear()	删除所有来自此列表中的元素

（续）

方　法	方法说明
boolean contains(Object o)	如果此列表包含指定的元素，则此方法返回 True
int size()	该方法返回该列表中的元素数
intlastIndexOf(Object o)	该方法返回指定元素的最后一个匹配项的索引在该列表中。如果该列表中不包含该元素，则该方法返回 -1

使用 ArrayList 类提供的一些方法可以动态增加、删减数组元素。示例程序如下：

```
ArrayList list1 = new ArrayList();
for( int i =0;i <10;i ++ )                    //给数组增加 10 个 int 元素
    list1. add(i);
list1. add(4,18);                             //将在列表 list1 中的第 5 个元素指定为 18
list1. add(8,20);                             //将在列表 list1 中的第 9 个元素指定为 20
list1. remove(5);
for( int j =0;j <3;j ++ )                     //在列表 list1 的最后增加 3 个元素,值为 20、21、22
list1. add(20 + j);
System. out. println("输出 list1:" + list1);  //输出 list1 的内容
System. out. println("list1 列表中是否包含 20:" + list1. contains(20));
System. out. println("list1 的长度为:" + list1. size());
```

3. Math 类

java. lang. Math 类也称为数学类，用于解决与数学计算有关的一些问题。Math 类包含了一组基本的数学运算的方法和常数。

Math 类定义的两个双精度常量为 e(2. 718 281 828 459) 和 pi(3. 1 415 926 535 898)。Math 类常用的方法及说明见表 2-11。

表 2-11　Math 类常用方法及说明

方　法	方法说明
static double abs(double a)	返回一个 double 值的绝对值
static double asin(double a)	此方法返回一个值的反正弦，返回的角度范围在 - pi/2 ~ pi/2
static double acos(double a)	返回一个值的反余弦值，返回的角度范围从 0. 0 ~ pi
static doublecbrt(double a)	返回一个 double 值的立方根
static double log(double a)	返回一个 double 值的自然对数（以 e 为底）

示例代码如下：

```
System. out. println("返回一个 double 值的绝对值" + Math. abs( - 190. 19));
System. out. println("返回一个值的反正弦" + Math. asin(0. 5));
System. out. println("返回一个值的反正弦" + Math. sin(90));
System. out. println("返回 27 的立方根" + Math. cbrt(27));
System. out. println("一个 double 值的自然对数" + Math. log(10));
System. out. println("常量 E 的值为:" + Math. E);
System. out. println("常量 PI 的值为:" + Math. PI);
```

4. String 类

Java. lang. String 类中封闭了一系列方法来进行字符串处理。Math 类常用的方法及说明见表 2-12。

表 2-12 Math 类的常用方法及说明

方　法	方法说明
Stringconcat(String str)	将指定的字符串连接到该字符串的结尾
boolean contains(CharSequence s)	字符串包含指定的 char 值序列
booleanendsWith(String suffix)	此方法测试此字符串是否以指定后缀结束
intindexOf(int ch)	返回在此字符串中第一次出现的指定字符索引
boolean matches(Stringregex)	这个方法用于返回当前字符串是否匹配给定的正则表达式

示例代码如下：

```
String s1 = new String("hello,java");                //新建字符串 s1,并为其赋值为 hello,java
System.out.println(s1.concat("android"));           //将 s1 字符串与字串"android"相连后输出
System.out.println(s1.contains("java"));            //判断字符串 s1 是否包含子字符串"java"
System.out.println(s1.endsWith("id"));              //判断字符串 s1 是否以 id 结尾
System.out.println(s1.indexOf("e"));                //判断字符串 s1 中字符 e 首次出现的位置
System.out.println(s1.matches("[1-z]*"));//判断字符串 s1 是否与正则表达式[1-z]*匹配
```

2.4 小结

本章介绍了 Java 语言的基础知识，包括 Java 语言的发展史、特点和体系，Java 的基本语法以及面向对象编程的相关知识。

2.5 实践与练习

1. 选择题

1）Java 基本数据类型不包括（　　）

A. 结构型　　B. 整型　　C. 浮点型　　D. 布尔型

2）Java 方法成员需要声明的内容不包括（　　）。

A. 权限访问修饰符　B. 返回值类型　C. 方法成员标志符　D. 返回值变量

3）阅读下列代码，选出该代码段正确的文件名（　　）。

```
class A{
    void method1()
    {
        System.out.println("Method1 in class A");    }
    }
public class B{
    void method2(){
        System.out.println("Method2 in class B");
    }
    public static void main(String[] args){
```

```
            System.out.println("main() in class B");
        }
    }
```

A. A.java　　B. A.class　　C. B.java　　D. B.class

4）已知 a = 2，b = 3，则表达式 a%b * 4%b 的值为（　　）。

A. 2　　B. 1　　C. -1　　D. -2

5）下列（　　）不属于 Java 语言流程控制结构。

A. 分支语句　　B. 跳转语句　　C. 循环语句　　D. 赋值语句

2. 填空题

1）Java 构造类的关键字为________。

2）类的定义由________和________构成。

3）每个 Java 程序可以包括许多方法，但是必须有且只能有一个________方法，统一格式为________，它是程序执行的入口。

4）如果在 Java 程序中需要使用 java.utile 包中的所有类，则应该在程序开始处加上________语句。

5）Java 中不支持多重继承，即继承只能继承一个类，如果想要实现多重继承的功能，则需要使用________。

3. 简答题

1）Java 包含哪几个体系？

2）简述 Java 语言的特点。

3）简述 public、static 、abstract、protected 4 种修饰符的作用。

第3章　Android UI 设计

用户接口（User Interface，UI）是系统和用户之间进行交互和信息交换的媒介。它的主要作用是实现信息内部形式与人类可接受形式之间的转换。用户界面设计包括了对软件的人机交互、操作逻辑、界面美观的整体设计。优秀的 UI 不仅可以让软件变得有个性、有品位，更重要的是可以让软件的操作变得舒适、简单、自由，并且充分地体现软件的定位和特点。UI 设计在 Android 程序设计中尤其重要。本章要点如下。

- Android 常用控件的属性及使用方法。
- Android 常用的布局管理器。
- Android 样式和主题的设置。
- Android 程序调试的常用方法。

3.1　Android UI 简介

Android 为开发人员提供了以下两种声明 UI 元素的方式：

1）在 XML 布局文件中声明 UI 元素（或者控件）。Android 提供了使用 XML 语法来声明 UI 元素，这些 XML 文件存放在项目树下的/res/layout 目录中。Android 为每种视图控件提供了各种属性，通过设置这些属性来达到定制用户界面的目的。开发人员通过这种方式可以很容易地布局界面，这比在源代码中使用的代码和语法更加简单。在实际项目的开发中建议使用这种方式。

2）在 Java 代码中实时地来声明 UI 元素。在 XML 文件中每一个用于定制视图控件的属性，基本上都对应了一个 Java 实现方法。也就是说，开发人员可以在 Java 代码中使用这些方法来声明视图控件并改变其属性值。由于调试起来比较费时，因此这种方法比较适合熟练 Android 开发的程序员。

本章的后续内容主要介绍通过在 XML 文件中声明 UI 元素来设计 UI 界面的方法。一个完整的 UI 界面需要将多个 UI 控件按照一定的样式进行布局。在 Android 中，将用于显示数据、图片或其他信息的控件统称为视图（View）。一个 Android 应用程序的用户界面是由若干个 View 和 ViewGroup（视图群组）及其派生类所组成的。View 类是所有 UI 控件的基类，而 ViewGroup 是容纳这些控件的容器，其本身也是从 View 派生出来的。一般来说，开发 Android 应用程序的 UI 界面都不会直接使用 View 和 ViewGroup，而是使用这两大基类的派生类。

从类的结构上来说，View 和 ViewGroup 都属于 android. view 包，而 View 和 ViewGroup 又派生了很多的子类。ViewGroup 是可以嵌套的，即一个 ViewGroup 中可以包含另一个或多个 ViewGroup。这样，通过 ViewGroup 类可以创建有联系的子 View 组成的复合控件。View 和 ViewGroup 的结构关系如图 3-1 所示。

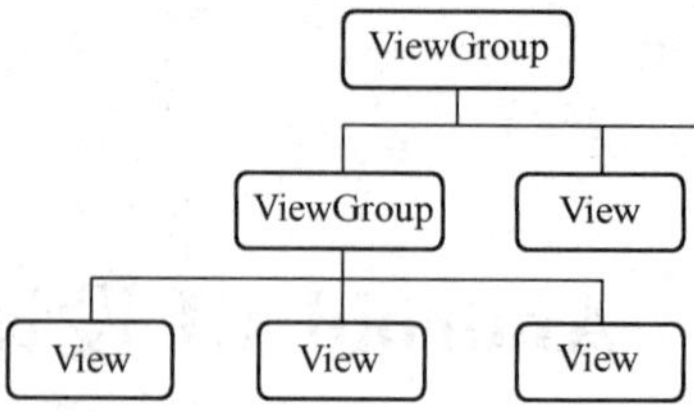

图 3-1　View 和 ViewGroup 的结构关系

View 对象可以处理测距、布局、绘图、焦点变换、滚动条以及屏幕区域的按键和手势等事件。View 的一些子类被统称为 Widgets（工具）。作为基类，View 类为 Widget 服务，Widget 则是一组用于绘制交互屏幕元素的完全实现子类。在 Android 中常常用到的 Widget 包括 TextView、ImageView、EditText、Button、ImageButton、RadioButton、Checkbox 和 ScrollView 等。为了方便理解，在本书中 Widget 统一称为控件。View 子类结构如图 3-2 所示。

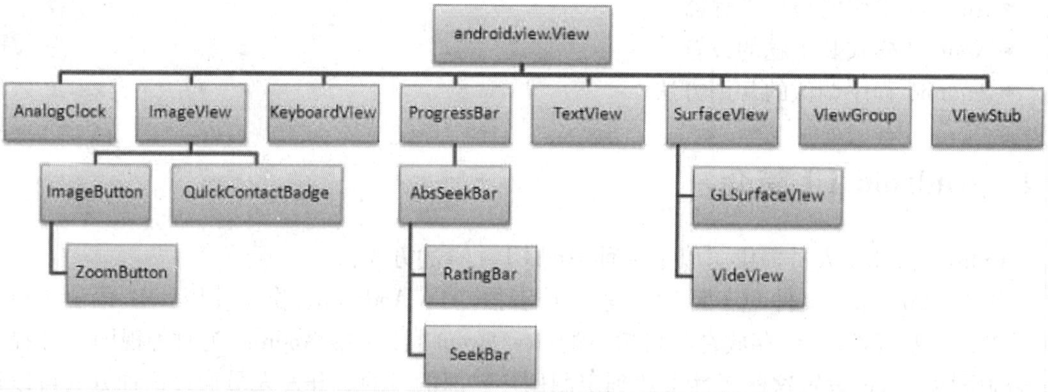

图 3-2　View 子类结构

ViewGroup 是一个特殊的 View 对象，它的功能是装载和管理一组下层的 View 和其他 ViewGroup，为 UI 增加结构并且将复杂的屏幕元素构建成一个独立的实体。作为一个基类，ViewGroup 为 Layout（布局）服务。Layout 则是一组提供屏幕界面通用类型的完全实现子类。ViewGroup 的直接子类是 AbsoluteLayout、FrameLayout、LinearLayout、RelativeLayout、AbsoluteLayout，它们是 Android UI 中最基本的布局元素。ViewGroup 子类结构如图 3-3 所示。

通常来说，使用 XML 文件进行 Android UI 设计可以按照以下步骤进行操作：

① 在项目 res/layout 下创建的某个 XML 文件（如 temp. xml）中声明布局样式和相应控件。

② 在项目 src 的包名文件夹下新建与 XML 文件相对应的活动（Activity）类，并重载该类中的 oncreate( )方法，在该方法中使用 super. setContentView（R. layout. temp）方法来加载 temp. xml 文件声明的界面样式。加载代码如下：

```
public void onCreate( BundlesavedInstanceState) {
    super. onCreate( savedInstanceState) ;
    setContentView( R. layout.  temp) ;
}
```

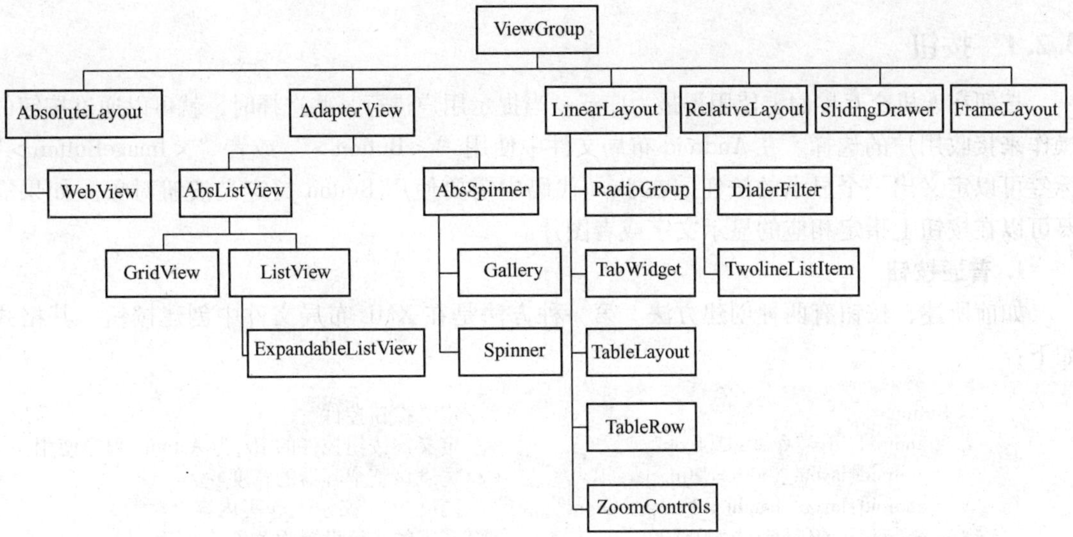

图 3-3　ViewGroup 子类结构

③ 在该 Activity 中获取控件的引用（或者说控制权）需要使用 super. findViewById (R. id. 控件的 ID) 方法。

完成以上 3 步后，才能够利用控件的引用对控件进行相关的响应操作，如添加监听、设置内容、设置属性等。

3.2　Android 常用的 Widgets

Android 中的 View 类包含了几乎所有的 Widgets。表 3-1 列出了 Android 常用的 Widgets 及其功能描述。

表 3-1　Android 常用的 Widgets 及其功能描述

序号	Widgets 名称	描　述	序号	Widgets 名称	描　述
1	TextView	文本的显示控件	10	ProgressBar	进度处理条控件
2	Button	普通的按钮控件	11	SeekBar	拖动条控件
3	EditText	可编辑的文本框控件	12	ImageView	图像视图控件
4	CheckBox	复选框控件	13	ImageButton	图像按钮控件
5	RadioGroup	单选按钮控件	14	AutoCompleteTextView	自动完成文本控件
6	Spinner	下拉列表框控件	15	Dialog	对话框控件
7	DatePicker	日期选择控件	16	Toast	信息提示框控件
8	TimePicker	时间选择控件	17	Menu	菜单显示控件
9	ScrollView	滚动条控件			

为了使得控件满足各种应用需求，Android 中同样定义了它们的常用属性及对应方法。下面介绍不同控件的具体使用方法。

3.2.1 按钮

按钮在人机交互界面上使用得最为广泛。当提示用户进行某些选择时，就可以通过按钮的操作来接收用户的选择。在 Android 布局文件中使用“<Button>”或者“<ImageButton>”标签可以定义出一个显示的按钮。在 Java 代码中需要使用 Button 类定义按钮对象。如果需要可以在按钮上指定相应的显示文字或者图片。

1. 普通按钮

如前所述，按钮有两种创建方法。第一种方法是在 XML 布局文件中创建按钮，其格式如下：

```
<Button                                          //定义按钮控件
    android:id = "@ + id/bt_ok"                  //定义该按钮控件的 ID,为 Activity 程序使用
    android:layout_width = "fill_parent"         //宽度该整个容器的宽度
    android:layout_height = "wrap_content"       //高度为文字高度,包裹内容
    android:textColor = "#00FF00"                //文字的颜色设置为黄色的 RGB 码
    android:textSize = "20px"                    //设置文字大小为 12 像素
    android:text = "确定"/>                      //设置默认的显示文本
```

上述代码得到的按钮样式如图 3-4 所示。

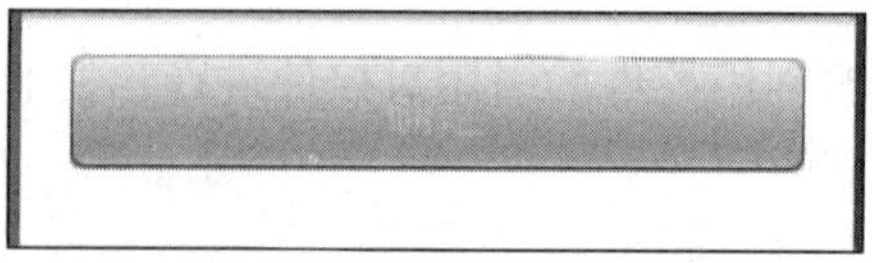

图 3-4　自定义按钮

第二种方法是在程序中使用代码来创建按钮，代码如下：

```
Buttonbutton = newButton(this);                  //定义一个 Button,其中 this 是上下文,此段代码是在
                                                 //一个 Activity 的 onCreate 中创建
button. setWidth(100);                           //需要设置宽和高,不然会出错
button. setHeight(50);
button. setText("确定");                         //按钮上的文本
RelativeLayoutrelativeLayout = (RelativeLayout)findViewById(R. id. buttonLayout); //获取界面布局
relativeLayout. addView(button);                 //将按钮加到界面中
```

在按钮创建完毕后，就需要给按钮加监听器（即当单击按钮时响应的具体代码）。具体做法见 3.6 节。

在 XML 文件中定义控件后，一旦改变界面只需直接修改布局代码即可，不用修改 Java 程序，并且 XML 文件结构层次分明，预览效果好。而在程序中定义控件后，还需要将其加入到界面中，有的还要设置高度、宽度、样式等参数，一方面会使程序变得臃肿，开发和维护都不方便；另一方面无法直接获得预览效果。因此，建议读者使用 XML 文件定义控件。

需要注意的是，控件要显示在界面上必须设置宽和高，分别通过 android:layout_width 和 android:layout_height 属性来确定。一般来说，宽和高的属性有以下几种预定义好的值。

- match_parent：填充其父窗体，即布局文件的剩余空间。在 Android 2.2 版本以前使用 fill_parent，两者含义相同。
- wrap_content：是指该控件大小与其包含的内容有关，即包裹内容。

2. 图片按钮

如果需要在按钮中显示图片，则需要使用 ImageButton 标签，大部分属性设置与普通按钮一致。具体代码格式如下：

```
<ImageButton                                          //定义图片按钮控件
        android:layout_width = "wrap_content"         //设置宽度,包裹内容
        android:layout_height = "wrap_content"        //设置高度,包裹内容
        android:background = "#FF0000"                //设置背景颜色
        android:src = "@drawable/ic_launcher" />      //显示图片资源,在 drawable 文件夹下
                                                        名称为 ic_launcher 的图片
```

上述代码得到的图片按钮样式如图 3-5 所示。

图 3-5　自定义图片按钮

由于本书重点介绍 XML 文件下的 UI 设计，因此这里就不再对图片按钮 Java 代码进行举例。

3.2.2　静态文本框

静态文本框控件（TextView）的主要功能是用于显示文本，其主要作用就是提供了一个标签的显示操作。在 Android 布局文件中使用“< TextView >”标签可以定义出一个静态文本框。Android 中的文本框控件可以显示单行或多行文本，同样也可以显示图像。TextView 控件常用的属性及对应方法见表 3-2。

表 3-2　TextView 控件常用的属性及对应方法

序号	配置属性名称	对 应 方 法	描　述
1	android:text	public final voidsetText (CharSequence text)	定义控件的显示文字
2	android:maxLength	public voidsetFilters (InputFilter[ ] filters)	设置控件最大允许长度
3	android:textColor	public voidsetTextColor (ColorStateList colors)	设置控件的文本颜色
4	android:textSize	public voidsetTextSize (float size)	设置显示的文字大小
5	android:textStyle	public voidsetTypeface (Typeface tf, int style)	设置文字显示的样式，如粗体、斜体等
6	android:selectAllOnFocus	public voidsetSelectAllOnFocus (boolean selectAllOnFocus)	默认选中并获得焦点
7	android:password	public final void setTransformationMethod (TransformationMethod method)	按密文方式显示文本信息

在 XML 文件中声明一个静态文本框的格式如下：

```
<TextView                                     //定义文本显示框控件
    android:id = "@ + id/mytext1"             //定义该文本控件的 ID
    android:layout_width = "fill_parent"      //宽度为整个容器的宽度
```

```
        android:layout_height = "wrap_content"         //高度为文字高度
        android:gravity = "center_horizontal"          //水平居中
        android:textColor = "#FF0000"                  //文字颜色黄色的 RGB 码
        android:textSize = "20pt"                      //设置文字大小为 12 像素
        android:text = "姓名" />                        //设置默认的显示文本
```

上述代码得到的静态文本框样式如图 3-6 所示。

静态文本框同样具有显示图片的功能。只需要在上述代码中增加如下属性即可：

```
    android:drawableTop = "@drawable/ic_launcher"   //在文字上面显示图片
```

此时静态文本框样式如图 3-7 所示。

图 3-6　自定义静态文本框

图 3-7　自定义带图片静态文本框

3.2.3　编辑框

在手机应用中，经常会有需要输入信息的文本框，此功能是通过编辑框控件 EditText 实现的。EditText 的用法和 TextView 类似。在 Android 布局文件中使用“<EditText>”标签可以定义出一个编辑框。EditText 的属性很多，表 3-3 列出了几个常用的属性及其含义。

表 3-3　EditText 常用的属性及其含义

序号	配置属性名称	描　述
1	android:hint	设置显示在控件上的提示信息
2	android:singleLine	设置单行输入，一旦设置为 true，则文字不会自动换行
3	android:textColor	设置控件的文本颜色
4	android:textSize	设置显示的文字大小
5	android:textStyle	设置文字显示的样式，如粗体、斜体等
6	android:layout_weight	权重属性，控制控件之间的尺寸比例
7	android:password	按密文方式显示文本信息
8	android:phoneNumber	输入电话号码
9	android:editable	是否可编辑
10	android:singleLine	是否单行或者多行

在 XML 文件中声明 EditText 控件的代码如下。

```
    <EditText                                      //定义编辑框控件
        android:id = "@ + id/edit_text"            //定义编辑框 id,以便获取其控制权
        android:layout_width = "fill_parent"       //定义宽度,填充父窗体
        android:layout_height = "wrap_content"     //定义高度,包裹内容
        android:hint = "请输入账号" />              //设置未输入内容前的提示信息
```

上述代码得到的编辑框样式如图 3-8 所示。

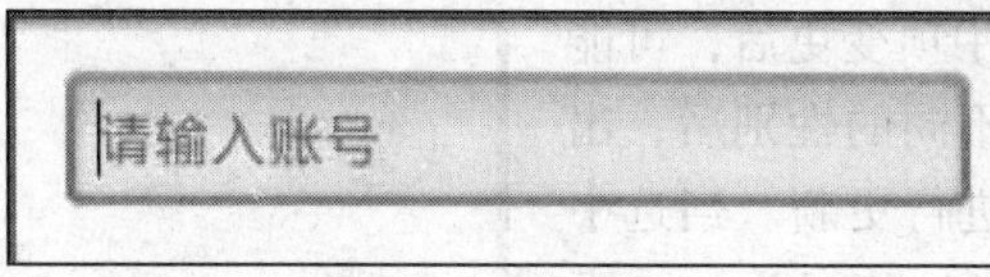

图 3-8　自定义编辑框

3.2.4　单选按钮

在 Android 中，单选按钮（RadioButton）继承自普通按钮，因此它可以使用普通按钮支持的各种属性和方法。不同的是，单选按钮提供了选中的功能。单选按钮在默认情况下为一个圆形图标，在该图标旁边是说明性文字。

通常要完成单选按钮功能，需要联合使用到 RadioGroup（单选按钮容器）和 RadioButton。在 Android 布局文件中使用“ <RadioGroup> ”和“ <RadioButton> ”标签可定义出一组单选按钮。二者之间的关系如下：

- RadioButton 表示单个圆形单选按钮，RadioGroup 是可以容纳多个 RadioButton 的容器，用于对单选按钮进行分组。
- 同一个 RadioGroup 中的 RadioButton 只能有一个被选中。
- 不同的 RadioGroup 中的 RadioButton 互不相干。
- 一个 RadioGroup 中至少有两个 RadioButton。
- 通常一个 RadioGroup 中的 RadioButton 会有一个被默认选中，建议将它放在 RadioGroup 中的起始位置。

在 XML 文件中声明单选按钮的语法格式如下：

```
<RadioGroup                                          //定义单选框容器
    android:id = "@ + id/radioGroup"                 //设置容器 id,以便在程序中调用
    android:layout_width = "wrap_content"
    android:layout_height = "wrap_content" >
    <RadioButton                                     //定义单选按钮
        android:layout_width = "wrap_content"
        android:layout_height = "wrap_content"
        android:id = "@ + id/radioMale"              //设置单选按钮 id
        android:text = "男"                          //设置说明性文字
        android:checked = "true" >                   //设置是否默认选中,true 表示选中
    </RadioButton>
    <RadioButton
        android:layout_width = "wrap_content"
        android:layout_height = "wrap_content"
        android:id = "@ + id/radioFemale"
        android:text = "女" >
    </RadioButton>
</RadioGroup>
```

上述代码得到的单选按钮样式如图 3-9 所示。若需完善 UI 界面，则可以配合 TextView 控件增加该组单选按钮的标题。

当 RadioGroup 中的选中项变更后，可能需要做一些响应，如选择不同的性别后，出现符合该性别的头像列表进行更新。当选中项变更后，将会触发 OnCheckedChange 事件，此时可以对应地使用 OnCheckedChangeListener 来监听这个事件。

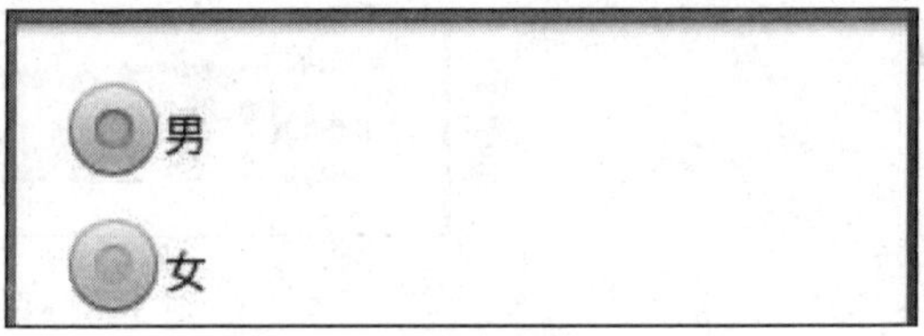

图 3-9　自定义单选按钮

3.2.5 复选框

复选框（CheckBox）同样继承自普通按钮，类似于单选按钮，不用用户去填写具体的信息，只需轻轻单击就可以选择相应的信息。每项信息只有“是”和“否”两种情况。一般情况下使用它的这个特性来获取用户的一些基本信息。在 Android 布局文件中使用“<CheckBox>”标签可以定义出一个复选框。复选框和单选按钮不同，它没有组这个概念，因为每一个都可同时被选中或者不被选中。复选框其实可以看成一个一般的按钮，只是多了选中和没有选中的状态。

RadioButton 和 CheckBox 的区别如下：

- 单个 RadioButton 在选中后，通过单击无法变为未选中；而 CheckBox 在选中后，通过点击可以变为未选中。
- 一组 RadioButton 只能同时选中一个，而一组 CheckBox 能同时选中多个。
- RadioButton 在大部分 UI 框架中默认都以圆形表示，CheckBox 在大部分 UI 框架中默认都以矩形表示。

在 XML 文件中声明复选框的语法格式如下：

```
<CheckBox                                          //定义一个复选框
    android:id = "@ + id/js"
    android:layout_width = "wrap_content"
    android:layout_height = "wrap_content"
    android:checked = "true"                       //设置选中状态,true 为选中
    android:text = "江苏"                          //设置说明文字
/>
<CheckBox
    android:id = "@ + id/zhj"
    android:layout_width = "wrap_content"
    android:layout_height = "wrap_content"
    android:text = "浙江"
/>
<CheckBox
    android:id = "@ + id/gzh"
    android:layout_width = "wrap_content"
    android:layout_height = "wrap_content"
    android:text = "广州"
/>
```

上述代码得到的复选框样式如图 3-10 所示。

在复选框中，Checked 属性是最重要的属性之一，表示选中状态。通常改变它的方式有以下 3 种：①XML 中声明；②代码动态改变；③用户触摸。与单选按钮类似，复选框状态

的改变也会触发 OnCheckedChange 事件，而此时可以使用 OnCheckedChangeListener 来监听这个事件。

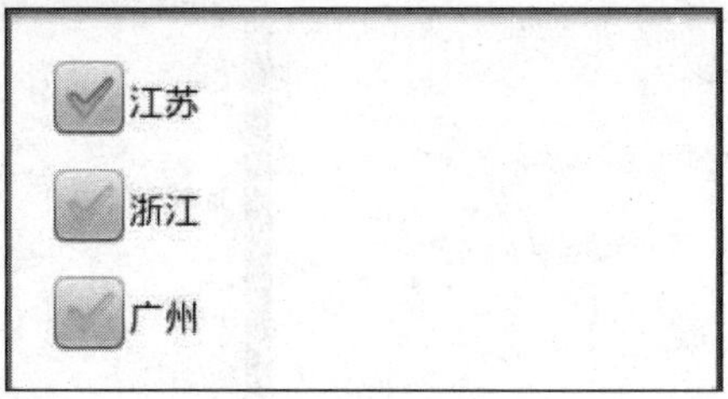

图 3-10　自定义复选框

3.2.6　下拉列表框

列表选择框（Spinner）也叫下拉列表框，可以极大地方便用户的操作。当需要用户选择时，可以提供一个下拉列表将所有可选的项列出来供用户选择。在 Android 布局文件中使用“<Spinner>”标签可以定义出一个列表选择框。

通常情况下，如果下拉列表框中要显示的列表项是可知的，则可以将其保存在数组资源文件中，然后通过数组资源来为下拉列表框指定列表项。这样就可以在不编写 Java 代码的情况下实现一个下拉列表框。具体步骤如下。

1）在布局文件中添加一个 <spinner> 标记，并为其指定 android：entries 属性，具体代码如下：

```
<Spinner                                          //定义下拉列表框
    android:entries = "@ array/language"          //指定列表项资源文件
    android:layout_width = "wrap_content"
    android:layout_height = "wrap_content"
    android:id = "@ + id/spinner"/>               //设置下拉列表框 id
```

其中 android：entries 属性是用来指定列表项的。如果在此处不指定该属性，则可以在 Java 代码中通过为其指定适配器的方式指定。

2）完善用于指定列表项的数组资源文件，并将其保存在 res/values 目录中。由于在下拉列表框的 android：entries 中定义了“@ array/language”，因此这里需要将数组资源命名为 arrays. xml，并在该文件中添加一个字符串数组，名称为“languages”，具体代码如下：

```
<?xmlversion = "1.0" encoding = "utf - 8"?>
<resources>                                       //资源文档根结点,开始标记
    <string - array name = "languages" >          //定义数组类型、名称
        <item>C ++ </item>                        //添加数组中的一项
        <item>java</item>
        <item>php</item>
        <item>xml</item>
        <item>html</item>
        <item>Others</item>
    </string - array>                             //数组结束标记
</resources>                                      //资源文档结束标记
```

上述代码得到的下拉列表框样式如图 3-11 所示，该列表中只显示了默认选择的选项。

如果更改选项，则需要单击右侧的倒三角进行修改，效果如图 3-12 所示。

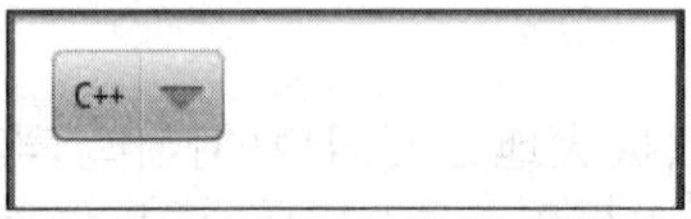

图 3-11　自定义下拉列表框

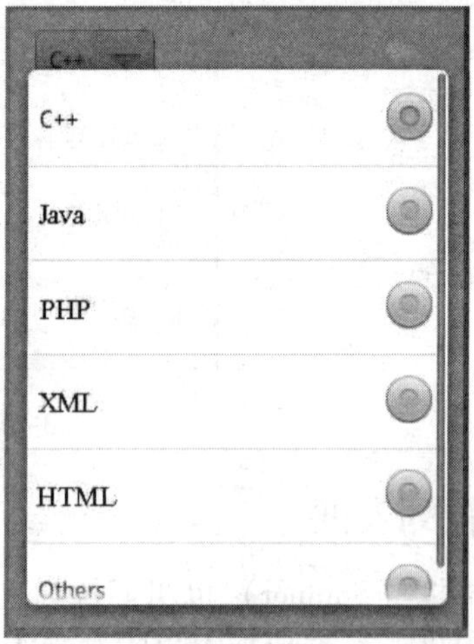

图 3-12　修改选项界面

在屏幕上添加下拉列表框后，可以使用下拉列表框的 getSelectedItem()方法获取下拉列表框的选中值，随后就可以进行相应的操作。如果想要在用户选择其他的列表项后，执行相应的处理操作，则可以为该下拉列表框添加 OnItemSelectedListener 事件监听器，并在 onItemSelected()方法中获取选择项的值，编写相应的响应代码。

下面介绍通过 Java 代码指定适配器的方式添加列表项的步骤：

1）创建一个适配器对象，通常使用 ArrayAdapter 类。在 Android 中，创建适配器通常可以使用以下两种方法：一种是通过数组资源文件创建；另一种是通过 Java 里面的字符串数组创建。

通过数组资源文件创建适配器，需要使用 ArrayAdapter 类的 createFromResource(Context context, int textArrayResId, int textViewResId)方法。该方法 context 参数代表上下文，textArrayResId 表示使用的资源文件及其数组，textViewResId 是 Spinner 未展开菜单时的默认样式，android. R. layout. simple_dropdown_item_1line 是系统自带的内置布局。

具体代码如下：

```
ArrayAdapter < CharSequence >
    adapter = ArrayAdapter. createFromResource ( this, R. array. language, android. R. layout. simple_
    dropdown_item_1line) ;
```

通过 Java 代码字符串数组创建适配器代码如下：

```
String[ ]language = new String[ ] { " C ++ " , " java" , " php " , " xml" , " html" , " Others" } ;
rrayAdapter < String > adapter = new ArrayAdapter < String > ( this, android. R. layout. simple_dropdown
    _item_1line , language) ;
```

2）为适配器设置下拉列表的选项样式：

```
adapter. setDropDownViewResource( android. R. layout. simple_spinner_dropdown_item) ;
```

其中 android. R. layout. simple_spinner_dropdown_item 也是内置布局。

3）将适配器与下拉列表框关联：

```
Spinnerspinner = (Spinner) findViewById(R. id. spinner);
spinner. setAdapter(adapter);
```

上述代码也能得到图 3-11 所示的下拉列表框样式。

3.2.7 图像视图

图像视图（ImageView）可以用来显示任意图像，如图标。该控件类可以加载各种来源的图片（如资源或图片库），并提供缩放和着色（渲染）等各种选项。在使用时需要计算图像的尺寸，以便在其他布局中使用。在 Android 布局文件中使用“<ImageView>”标签可以定义出一个图像视图。

图像视图的常用属性在其他控件中也都有体现，其特有属性见表 3-4。

表 3-4 图像视图的特有属性

属性名称	描述
android:adjustViewBounds	是否保持宽高比。需要与 maxWidth、MaxHeight 一起使用，单独使用没有效果
android:cropToPadding	是否截取指定区域用空白代替。单独设置无效果，需要与 scrollY 一起使用
android:maxHeight	设置 View 的最大高度，单独使用无效，需要与 setAdjustViewBounds 一起使用
android:maxWidth	设置 View 的最大宽度
android:scaleType	设置图片的填充方式 其值为 matrix 表示用矩阵来绘图 fitXY 表示拉伸图片（不按比例）以填充 View 的宽高 fitStart 表示按比例拉伸图片，拉伸后图片的高度为 ImageView 的高度，并显示在 View 的左边，fitCenter 显示在 ImageView 的中间，fitEnd 显示在 ImageView 的右边 center 表示按原图大小显示图片，但图片宽高大于 ImageView 的宽高时，截图图片中间部分显示 centerCrop 表示按比例放大原图直至等于某边 ImageView 的宽高显示 centerInside 表示当原图宽高等于 ImageView 的宽高时，按原图大小居中显示；反之将原图缩放至 ImageView 的宽高居中显示
android:src	设置 ImageView 的 drawable（如图片、颜色）来源
android:tint	将图片渲染成指定的颜色

建议读者将程序中的图片放入资源文件夹（即 res/drawable 文件夹）下，而不是放在 SD 卡中用流的方式去读取，因为该方式在实际应用中比较安全，不容易被篡改。对不同 res/drawable 开头的文件夹下的图片，Android 读取时自动优化，选取合适的图片显示在图像视图中。如高分辨率可以存放 128×128 像素的图片，低分辨率可以存放 32×32 像素的图片。

在 XML 布局文件中声明 ImageView 代码如下。

```
<ImageView                                    //定义图像视图
    android:src = "@drawable/ic_launcher"     //设置图像来源
    android:layout_width = "wrap_content"
    android:layout_height = "wrap_content"/>
```

上述代码得到的图像视图样式如图 3-13 所示。

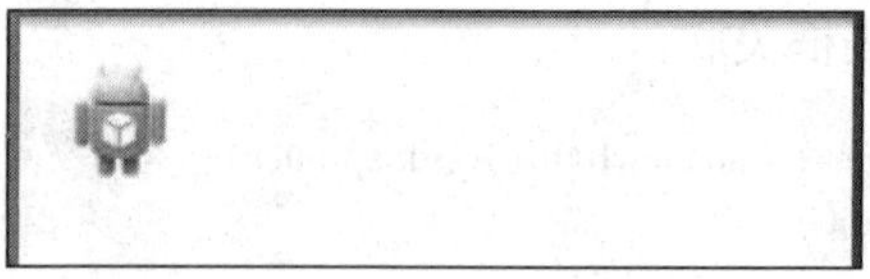

图 3-13　自定义图像视图

3.3　Android 常用的布局管理器

在 Android 程序中，每个界面一般由多个控件共同组成。为了使得整个界面有序、美观，适应各种风格并满足设计需求，每个控件在界面中需要都有自己的位置和尺寸。为了方便控制各个控件的位置和尺寸，Android 在 UI 设计中提供了称为“布局管理器”的对象。本节主要介绍布局管理器的使用方法。

3.3.1　布局文件的创建、修改与加载

Android UI 设计中常用的 6 个基本界面布局管理器包括 FrameLayout（帧布局）、LinearLayout（线性布局）、AbsoluteLayout（绝对布局）、RelativeLayout（相对布局）、TableLayout（表格布局）、GridLayout（网格布局）。通常这些布局管理器在 XML 布局文件中声明。

如前所述，XML 布局文件必须包含在 res/layout 目录中，且每一个布局文件的根结点可以是任意的布局管理器。下面介绍 XML 布局文件的创建及加载过程。

1. 布局文件的创建

当创建一个新的 Android 应用程序时，Eclipse 会自动在 res/layout 目录中生成一个名为 activity_main. xml 的布局文件。双击该文件，进入到该布局文件预览窗口，如图 3-14 所示。

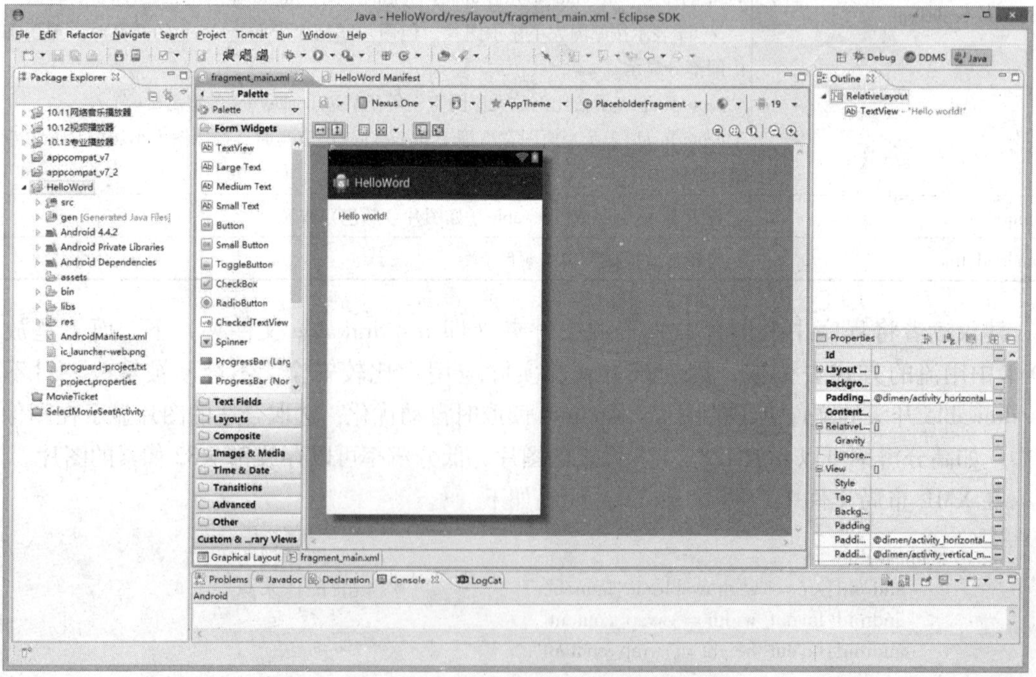

图 3-14　布局文件预览窗口

在预览窗口下方有两个选项卡，分别是 Graphical Layout 和 fragment_main. xml。Graphical Layout 是界面文件的图形化预览视图，在预览窗口左侧列出了各种 widgets，可以通过拖曳的方式加载到界面中。预览窗口右侧的面板里则包含了界面中所有的结点类型及其内容，而根结点一定是某种类型的布局管理器。fragment_main. xml 选项卡中显示布局文件对应的代码，切换后的样式如图 3-15 所示。

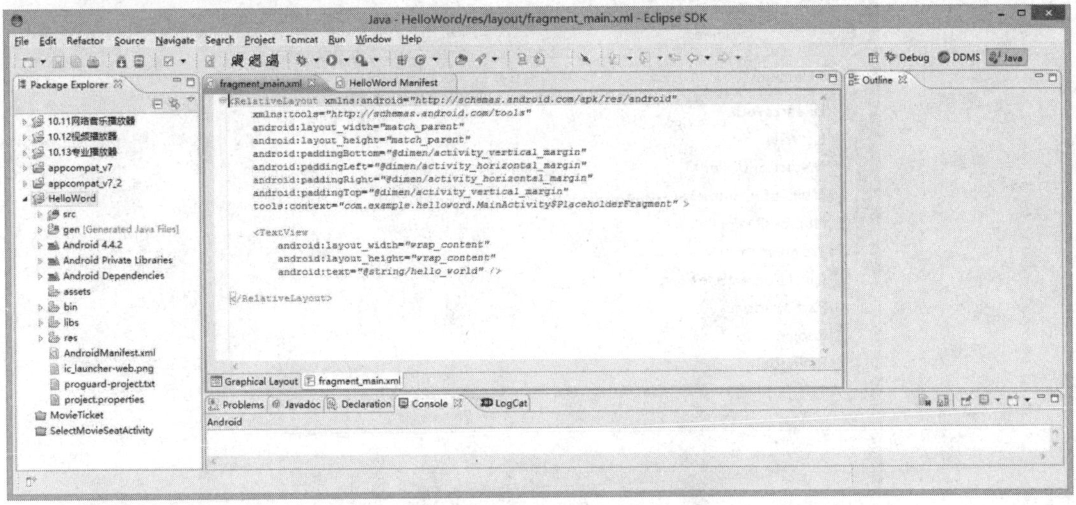

图 3-15　布局文件代码窗口

从图 3-15 可以看出，Android 自动生成的布局管理器类型为相对布局（RelativeLayout），其中包含一个静态文本框（TextView）。与控件一样，布局管理器要产生作用，必须设置其宽和高。

通常情况下，一个 Android 应用程序是由多个界面组成的，因此需要添加其他的布局界面，具体步骤如下。

1）选中 res/layout 文件夹并右击，选择“New”→（Other→Android→）“Android XML File”，弹出如图 3-16 所示的窗口。

2）在“File”文本框中输入布局文件的名称 linear（只能由小写字母、数字和下画线组成），并在下方的列表框中选择根结点布局类型，如 LinearLayout。该布局资源文件自动在 R 文件的 layout 静态类中注册，以便在程序中调用（格式为 R. layout. linear）。

3）单击“Finish”按钮，就得到了名为 linear. xml 的界面布局样式。布局文件的基础代码如下。

```
<LinearLayout xmlns:android = "http://schemas. android. com/apk/res/android"
    android:layout_width = "match_parent"
    android:layout_height = "match_parent"
    android:orientation = "vertical" >
</LinearLayout>
```

2. 布局文件的修改

新建布局文件后，就可以添加控件并进行合理布局，将该页页面进行完善。在 Android 中，一般通过布局文件的标签快速地设计出用户界面的布局。

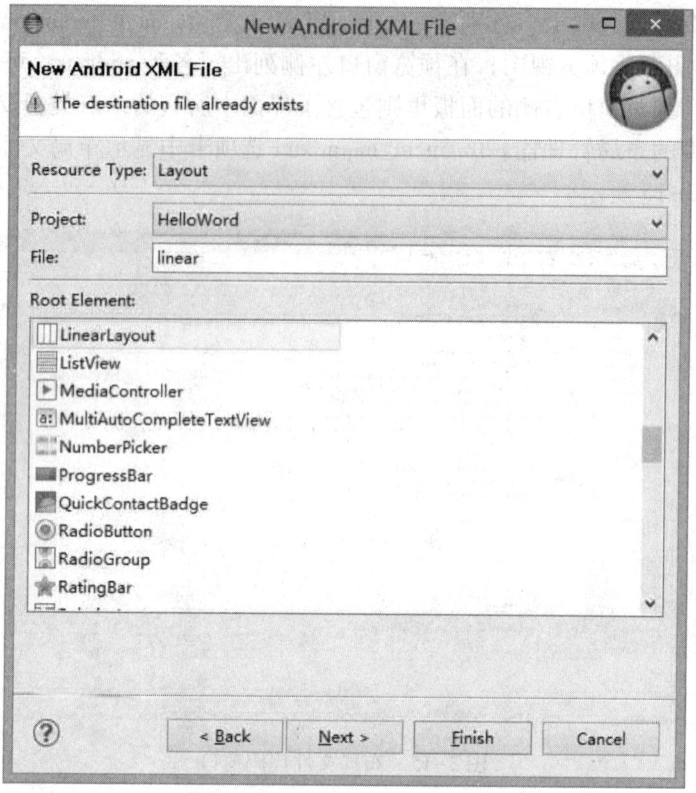

图 3-16　新建 XML 布局文件窗口

例如，在刚刚创建好的 linear 布局文件中添加一个 TextVivew 或者一个 Button，可以通过拖曳的方式，将控件图标加入到布局文件中，也可以通过类似如下代码的方式。

```
<LinearLayout xmlns:android = "http://schemas. android. com/apk/res/android"
    android:layout_width = "match_parent"
    android:layout_height = "match_parent"
    android:orientation = "vertical" >
    <TextView
        android:id = "@ +id/textView1"
        android:layout_width = "wrap_content"
        android:layout_height = "wrap_content"
        android:text = "TextView" />
    <Button
        android:id = "@ +id/button1"
        android:layout_width = "wrap_content"
        android:layout_height = "wrap_content"
        android:text = "Button" />
</LinearLayout>
```

在编写布局文件时，每一个布局管理器或者控件（合称视图资源）都会有与之相匹配的属性，可以按照 3.2 节的内容设置相关属性。

在 Android 中，为了区别其他的视图资源，每一个布局管理器或者控件都有一个与之关联的 int 类型的 ID。当应用被编译完成时，此 ID 会作为一个 int 类型的数值被识别。在 XML

布局文件中该 ID 是 android: id 属性的值，作为一个字符串类型存在。声明某视图资源对象的 ID 属性的语法如下：

```
android:id = "@ +id/视图资源名称"
```

其中，“@ +id” 符号表示 XML 应该将 “ = ” 后面的字符串作为一个 ID 来解析，“ + ” 号表示这是一个新定义的资源，应该被创建并且添加到项目的 R. java 文件中；当需要在 XML 中引用其他资源的 ID 时，不需要使用 + 号，但是需要使用@ 。格式如下：

```
android:id = "@ id/已经声明的视图资源名称"
```

为了能够在 Java 代码中引用并使用到这些资源，通常的编码模板如下。

- 首先定义一个布局文件并且给它的每个资源唯一的 ID。
- 然后在 Java 代码中，创建一个相应的类的实例实现资源的引用。以本例的按钮为例，其引用格式如下：

```
Button myButton = (Button) findViewById(R. id. button1);
```

注意：在后面介绍的相对布局中使用 ID 来区别对象是十分重要的，元素之间确定相对的位置都是用 ID 来引用的。

3. 布局文件的加载

为了使得该界面布局能够显示在应用程序的入口界面的窗口中，需要在 MainActivity 中的 onCreate( ) 方法中，使用 “setContenView (R. layou. linear)” 将布局文件加载到界面的 View 对象中。onCreate( )方法会在该活动启动时被系统调用。具体代码如下：

```
public void onCreate(BundlesavedInstanceState) {
    super. onCreate(savedInstanceState);
    setContentView. (R. layout. linear);
}
```

下面介绍各种布局管理器的特性和使用方法。

3.3.2 线性布局

线性布局（LinearLayout）是程序中最常见的一种布局方式。该布局按照水平或垂直的顺序将子元素（控件或布局）依次按照顺序排列，每一个元素都位于前面一个元素之后。也就是说，水平布局从左到右排列，垂直布局从上到下排列。在 Android 布局文件中使用 “ <LinearLayout> ” 标签可以定义出一个线性布局，且各种布局管理器之间是可以相互嵌套的。

在线性布局中有以下几个重要的属性。

- android:orientation 属性：由于线性布局可以分为水平和垂直方向的布局，因此可以通过该属性来定义排列方向，android:orientation =“horizontal”表示水平方向排列子元素，android:orientation =“vertical”表示垂直方向排列。
- android:layout_width 和 android_layout_height 属性：与控件一样，线性布局等布局管理器必须设定其宽度和高度，其属性值有 wrap_content、fill_parent、match_parent 三种。其中，wrap_content 表示填满父控件的空白，fill_parent 表示大小刚好足够显示当前控件里的内容，match_parent 与 fill_parent 的作用是相同的。

- android:layout_weight 属性：该属性表示控件的权重，即描述了控件所占的比例有多大。所有的视图都有 layout_weight 值，其默认为 0，表示需要显示多大的视图就占据多大的屏幕空间。若 layout_weight 赋一个高于零的值，则将父视图中的可用空间分割，分割大小具体取决于每一个子视图的 layout_weight 值。该值由当前屏幕布局的整体 layout_weight 值和其他视图屏幕布局的 layout_weight 值中所占的比例而定。注意：由于不同设备对应的分辨率不同，因此在设置该属性时，宽度或者高度不会固定。所以一定首先将高度或宽度设置为 0dpi，然后使用该属性设置权重。

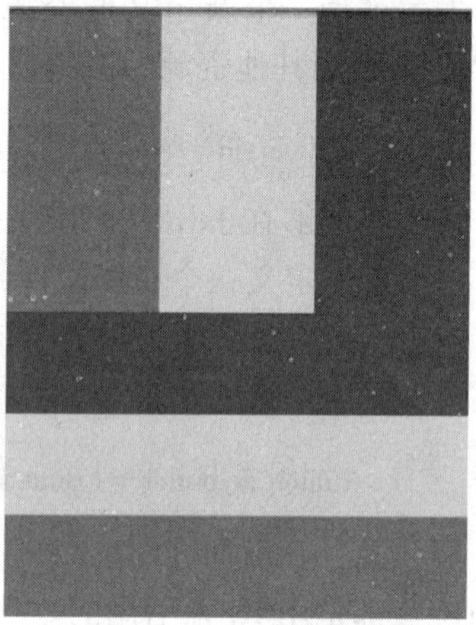
图 3-17　线性布局案例样式

【例 3-1】使用线性布局实现图 3-17 所示的界面样式。

分析：由图 3-17 可以看到，整个界面可以分成上下两个部分，这是一种典型的垂直方向的线性布局。上半部分被平均分割成了红、绿、蓝 3 种颜色，这是一种典型的水平方向的线性布局。每个颜色空间可以使用设置了背景颜色的 TextView 控件来实现。同理，界面的下半部分是一个垂直方向的线性布局。因此，要使用线性布局实现上图结构，必须使用嵌套方式。

具体操作步骤如下：

① 新建项目，名称为“线性布局”，包名为“com. example. LinearLayout”。

② 打开默认生成的布局文件 main. xml（位于 res/layout 目录下），编写如下代码：

```
<LinearLayout                                    //创建外层线性布局
xmlns:android = "http://schemas. android. com/apk/res/android"
    xmlns:tools = "http://schemas. android. com/tools"
    android:layout_width = "fill_parent"         //宽度填充父窗体,即整个界面
    android:layout_height = "fill_parent"        //高度填充父窗体,即整个界面
    android:orientation = "vertical" >           //垂直方向,分成上下两部分
    <LinearLayout                                //定义上半部分,为线性布局
        android:layout_width = "fill_parent"     //宽度填充父窗体,即外层线性布局
        android:layout_height = "0dip"           //高度占整个屏幕的一半,由权重决定
        android:layout_weight = "1"              //权重为 1
        android:orientation = "horizontal" >     //水平方向排列静态文本框
        <TextView                                //定义静态文本框
            android:layout_width = "0dip"        //宽度占父窗体(上半部分)的 1/3,看权重
            android:layout_height = "fill_parent" //高度填充父窗体,即上半部分线性布局
            android:layout_weight = "1"          //权重为 1,与下面两个静态框相关
            android:background = "#ff0000" />    //设置背景颜色
        <TextView
            android:layout_width = "0dip"
            android:layout_height = "fill_parent"
            android:layout_weight = "1"
            android:background = "#00ff00" />
        <TextView
            android:layout_width = "0dip"
```

```
            android:layout_height = "fill_parent"
            android:layout_weight = "1"
            android:background = "#0000ff" />
    </LinearLayout >                                   //上半部分线性布局结束标签
    < LinearLayout                                     //定义下半部分,为线性布局
        android:layout_width = "fill_parent"
        android:layout_height = "0dip"                 //高度由权重决定
        android:layout_weight = "1"                    //权重为1,与上半部线性布局相关
        android:orientation = "vertical" >             //垂直方向排列静态文本框
          < TextView
            android:layout_width = "fill_parent"       //宽度填充父窗体,即下半部分线性布局
            android:layout_height = "0dip"
            android:layout_weight = "1"
            android:background = "#0000ff" />
          < TextView
            android:layout_width = "fill_parent"
            android:layout_height = "0dip"
            android:layout_weight = "1"
            android:background = "#00ff00" />
          < TextView
            android:layout_width = "fill_parent"
            android:layout_height = "0dip"
            android:layout_weight = "1"
            android:background = "#ff0000" />
    </LinearLayout >                                   //下半部分线性布局结束标签
    </LinearLayout >                                   //外层线性布局结束标签
```

从上述代码可以看出，同一级别下的标签权重决定了它们占据空间的比例。在 TextView 中使用属性 android:background 来设置其背景颜色，颜色值是按照十六进制 RGB 格式来定义的，每种基色使用两位十六进制。

布局文件的显示。由于该布局文件为默认的 main. xml，而在 MainActivity. java 文档中已经自动生成了 setContentView(R. layout. main)代码，因此不需要修改其他代码。如果是用户自己创建的布局文件，则将上述代码中的 main 修改为自己的布局文件名称。

③ 右击工程，在弹出的快捷菜单中选择“run as”→“Android Application”选项部署并运行代码，得到期望布局样式。

3.3.3 相对布局

相对布局（RelativeLayout）是实际布局中最常用的布局方式之一。相对布局可以设置某一个视图相对于其他视图的位置，其中控件的位置与其周围控件或者父窗体的位置都是相对的，因此只要确定出了其中一个控件的位置就可以产生其他控件的位置。一般来说，这些相对位置包括上、下、左、右等，相对于其他的布局方式而言，相对布局具有很大的灵活性。Android 布局文件中使用“<RelativeLayout>”标签可以定义出一个相对布局。

RelativeLayout 的常用属性有以下几种形式。

1）相对于父窗体位置的属性及含义见表3-5。

表3-5　相对于父窗体位置的属性及含义

属性名称	功　能	值
android:layout_centerHrizontal	水平居中	True 或 False
android:layout_centerVertical	垂直居中	True 或 False
android:layout_centerInparent	相对于父窗体完全居中	True 或 False
android:layout_alignParentBottom	对齐父窗体的下边界	True 或 False
android:layout_alignParentLeft	对齐父窗体的左边界	True 或 False
android:layout_alignParentRight	对齐父窗体的右边界	True 或 False
android:layout_alignParentTop	对齐父窗体的上边界	True 或 False

2）相对于指定控件位置的属性及含义见表3-6。

表3-6　相对于指定控件位置的属性及含义

属性名称	功　能	值
android:layout_below	在指定控件的下方	"@id/指定控件 id"
android:layout_above	在指定控件的上方	"@id/指定控件 id"
android:layout_toLeftOf	在指定控件的左边	"@id/指定控件 id"
android:layout_toRightOf	在指定控件的右边	"@id/指定控件 id"
android:layout_alignTop	本控件的上边界和指定控件的上边界对齐	"@id/指定控件 id"
android:layout_alignLeft	本控件的左边界和指定控件的左边界对齐	"@id/指定控件 id"
android:layout_alignBottom	本控件的下边界和指定控件的下边界对齐	"@id/指定控件 id"
android:layout_alignRight	本控件的右边界和指定控件的右边界对齐	"@id/指定控件 id"

3）控件内容位置的属性及含义见表3-7。

表3-7　控件内容位置的属性及含义

属性名称	功　能	值
android:layout_marginBottom	该控件边界与下方控件边界的距离	距离具体像素值，如10dpi、10px
android:layout_marginLeft	该控件边界与左方控件边界的距离	距离具体像素值，如10dpi、10px
android:layout_marginRight	该控件边界与右方控件边界的距离	距离具体像素值，如10dpi、10px
android:layout_marginTop	该控件边界与上方控件边界的距离	距离具体像素值，如10dpi、10px
android:layout_margin	该控件边界与各方控件边界的距离	距离具体像素值，如10dpi、10px
android:paddingTop	该控件内容与其上边框的距离	距离具体像素值，如10dpi、10px
android:paddingBottom	该控件内容与其下边框的距离	距离具体像素值，如10dpi、10px
android:paddingLeft	该控件内容与其左边框的距离	距离具体像素值，如10dpi、10px
android:paddingRight	该控件内容与其右边框的距离	距离具体像素值，如10dpi、10px
android:padding	该控件内容与各方边框的距离	距离具体像素值，如10dpi、10px

下面解释一下表3-7中margin和padding的区别。例如，TextView控件在UI界面中可以理解成具有可见的内容和边框以及不可见的边界3部分，如图3-18所示。边界（图中虚

线）和边框（图中实线）之间的部分为margin，内容与边框之间的距离叫padding。所以说，一个控件实际在UI界面中占据的空间大小为不可见的边界所占据的空间，即虚线内部大小空间。在默认情况下，所有方向的margin为0，在包裹内容属性下，所有方向的padding也为0。关于距离的单位，在3.4节会详细讨论。

【例3-2】 使用相对布局实现图3-19所示的界面样式。

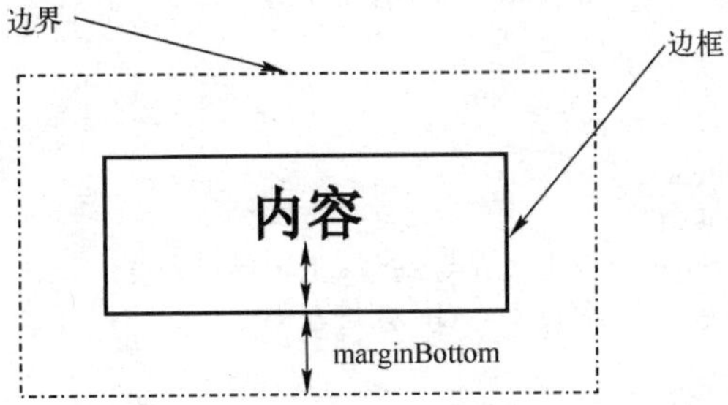

图3-18　margin和padding的区别

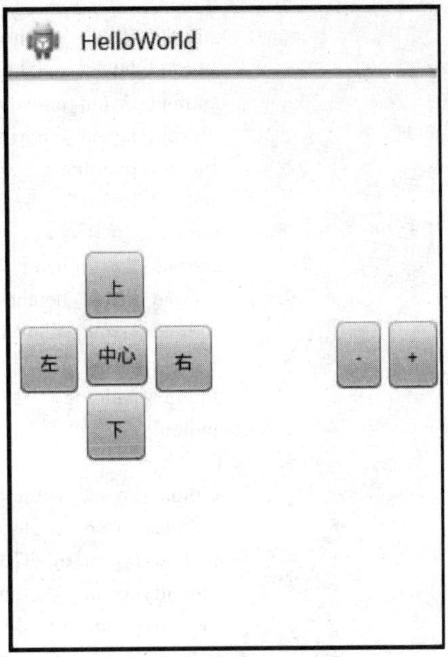

图3-19　相对布局案例样式

分析：由图3-19可以看到，整个界面可以分成左右两个部分，使用线性布局就可以实现。对于每个部分使用相对布局能够较好地得到需要的界面效果。左侧可以使用名称为“中心”的按钮作为相对布局的参考点，右侧使用“+”按钮作为参考点。因此，首先需要为这两个按钮定位。通过观察，“中心”按钮位于左侧部分的正中间（即水平和垂直方向居中），“+”按钮贴近边界右侧。

具体操作步骤如下：

1）新建项目，名称为“相对布局”，包名为“com. exampleRelativeLayout”。

2）打开默认生成的布局文件main. xml（位于res/layout目录下），编写如下代码：

```
<LinearLayout                              //定义水平线性布局,界面分成左右两个部分
    xmlns:android = "http://schemas. android. com/apk/res/android"
    xmlns:tools = "http://schemas. android. com/tools"
    android:layout_width = "fill_parent"
    android:layout_height = "fill_parent"
    android:orientation = "horizontal" >
    <RelativeLayout                        //内部第一个相对布局,位于左侧
        android:layout_width = "0dip"
        android:layout_height = "match_parent"
        android:layout_weight = "1" >  //权重为1,与右侧相对布局平分水平空间
        <Button                            //中心的按钮
```

```
            android:id = "@ +id/center"                    //定义其 ID,相对布局需要使用
            android:layout_width = "wrap_content"
            android:layout_height = "wrap_content"
            android:layout_centerHorizontal = "true"  //父窗体(相对布局)中水平居中
            android:layout_centerVertical = "true"    //垂直居中
            android:text = "中心" />                   //文本内容
          <Button                                      //上方按钮
            android:layout_width = "wrap_content"
            android:layout_height = "wrap_content"
            android:layout_above = "@ id/center"      //位于 ID 为 center 控件上方
            android:layout_alignLeft = "@ id/center"  //左边界与 center 左边界对齐
            android:padding = "17px"                  //内容各个方向设置间距
            android:text = "上" />
          <Button
            android:layout_width = "wrap_content"
            android:layout_height = "wrap_content"
            android:layout_alignLeft = "@ id/center"  //与 center 左边界对齐
            android:layout_below = "@ id/center"      //位于 center 控件下方
            android:padding = "17px"
            android:text = "下" />
          <Button
            android:layout_width = "wrap_content"
            android:layout_height = "wrap_content"
            android:layout_alignTop = "@ id/center"   //上边界与 center 上边界对齐
            android:layout_toLeftOf = "@ id/center"   //位于 center 控件左侧
            android:padding = "17px"
            android:text = "左" />
          <Button
            android:id = "@ +id/button5"
            android:layout_width = "wrap_content"
            android:layout_height = "wrap_content"
            android:layout_alignTop = "@ id/center"   //与 center 上边界对齐
            android:layout_toRightOf = "@ id/center" //位于 center 控件右侧
            android:padding = "17px"
            android:text = "右" />
          </RelativeLayout>
          <RelativeLayout                              //内部第二个相对布局,位于右侧
      android:layout_width = "0dip"
      android:layout_height = "fill_parent"
      android:layout_weight = "1" >
          <Button
            android:id = "@ +id/add"
            android:layout_width = "wrap_content"
            android:layout_height = "wrap_content"
            android:layout_alignParentRight = "true"  //对齐父窗体(右侧相对布局)右边界
            android:layout_centerVertical = "true"    //垂直居中于父窗体
            android:padding = "17px"
            android:text = " + " />
          <Button
            android:layout_width = "wrap_content"
            android:layout_height = "wrap_content"
```

```
            android:layout_layout_alignTop = "@ id/add "
            android:layout_toLeftOf = "@ id/add"          //位于"add"按钮左侧
            android:padding = "17px"
            android:text = " - " />
    </RelativeLayout>
</LinearLayout>
```

这里需要说明的是，相对布局中需要调整控件自身的空间样式，即本例中使用了 padding 属性。如果没有该属性，会出现如图 3-20 所示的效果，界面并不美观。

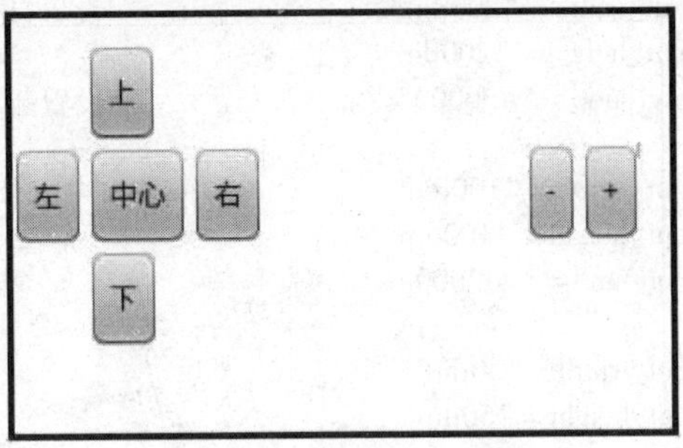

图 3-20　未设置 padding 属性效果

3）右击工程，在弹出的快捷菜单中选择“run as”→“Android Application”选项，部署并运行代码，得到期望的布局样式。

3.3.4　帧布局

帧布局（FrameLayout）是将控件组织在 Android 程序的用户界面中最简单的布局类型之一。默认情况下，该布局中的子视图总是被绘制到父窗体的左上角。所有添加到这个布局中的视图都以层叠的方式显示。第一个添加到布局中的视图显示在最底层，最后一个被放在最顶层，上一层的视图会覆盖下一层的视图。Android 布局文件中使用“<FrameLayout>”标签可以定义出一个帧布局。

在帧布局中，控件可以通过 android:layout_gravity 属性控制自己在父窗体中的位置。其取值如下。

- top：将控件放到父窗体的顶端。
- bottom：将控件放到父窗体的底端。
- left：将控件放到父窗体的左端。
- right：将控件放到父窗体的右端。
- center_vertical：将控件按照垂直方向居中显示。
- center_horizontal：将控件按照水平方向居中显示。
- center：将控件水平和垂直方向居中显示。

一些值在具体使用时可以组合，如 android:layout_gravity = "center_horizontal | bottom"，表示控件位于父窗体的底部且水平居中。需要说明一下，该属性在线性布局中也可以使用。

【例 3-3】使用帧布局实现图 3-21 所示的界面样式。

分析：由图 3-21 可以看到，3 种不同颜色的控件都出现在布局左上角，且重叠放置，使用帧布局就可以实现。

具体操作步骤如下：

1）新建项目，名称为“帧布局”，包名为“com. example. FrameLayout”。

2）打开默认生成的布局文件 main. xml（位于 res/layout 目录下），编写如下代码。

```
<FrameLayout                                                    //建立帧布局
xmlns:android = "http://schemas. android. com/apk/res/android"
    android:layout_width = "fill_parent"
    android:layout_height = "fill_parent" >
    <TextView                                                   //定义底层静态文本框
        android:layout_width = "200dip"                         //设置具体宽度
        android:layout_height = "200dip"
        android:background = "#ff0000" />                       //设置颜色
    <TextView
        android:layout_width = "100dip"
        android:layout_height = "100dip"
        android:background = "#00ff00" />
    <TextView
        android:layout_width = "50dip"
        android:layout_height = "50dip"
        android:background = "#0000ff" />
</FrameLayout>
```

帧布局的编写非常简单，只要按照顺序就可以实现从底向上的控件布局。

3）右击工程，在弹出的快捷菜单中选择“run as”→“Android Application”选项，部署并运行代码，得到期望的结果。

如果将界面设计成如图 3-22 所示的效果，只需要在每个控件内部增加一行代码即可：

```
android:layout_gravity = "center"
```

该代码的作用是使得各个控件相对父窗体居中显示。

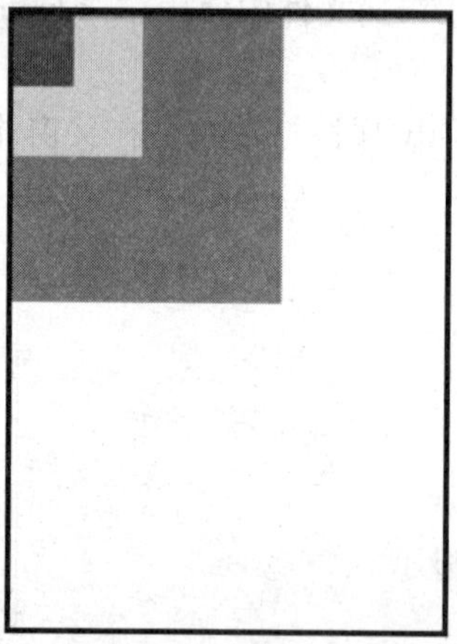

图 3-21　帧布局案例样式

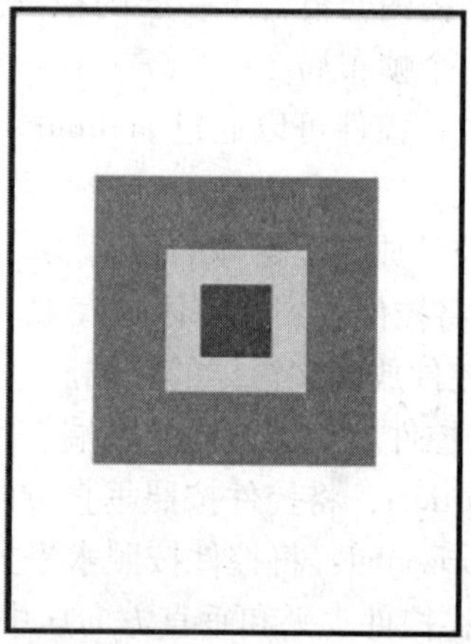

图 3-22　帧布局样式居中显示

3.3.5　表格布局

表格布局（TableLayout）适用于 N 行 N 列的布局格式。Android 布局文件中使用“<TableLayout>”和“<TableRow>”标签共同定义出一个表格布局。一个表格布局由多个 TableRow

组成，而一个 TableRow 就代表布局中的一行。TableRow 是一个容器，在表格布局中需要向 TableRow 里面添加控件，每添加一个控件，表格的该行就增加一列内容。如果在 < TableLayout > 标签中添加控件，则该控件就占用一行。

在表格布局中，列的宽度由该列中最宽的单元格决定，整个表格布局的宽度取决于父容器的宽度（默认是填充父容器本身）。

TableLayout 继承了 LinearLayout，因此它完全可以支持线性布局所支持的全部 XML 属性。除此之外，TableLayout 还支持其他特殊属性，见表 3-8。

表 3-8　TableLayout 的特有属性

属　性	说　明	值
android:collapseColumns	设置需要隐藏的列的编号	列号，从 0 开始编号，多个用逗号隔开
android:stretchColumns	设置允许被拉伸的列的编号	列号，从 0 开始编号，多个用逗号隔开
android:shrinkColumns	设置被收缩的列的编号	列号，从 0 开始编号，多个用逗号隔开
android:layout_span	设置控件占据跨列	列数

【例 3-4】 使用表格布局实现图 3-23 所示的界面样式。

分析：由图 3-23 可知，在该界面中各个空间排列比较整齐，适合使用表格布局。一共有 3 行 4 列。其中编号为 0 和 3 的列是没有内容的，使用一个空白的 TextView 即可，但需要对其进行拉伸以填满剩余空间。第三行的按钮占据了两列，需要特殊设置。

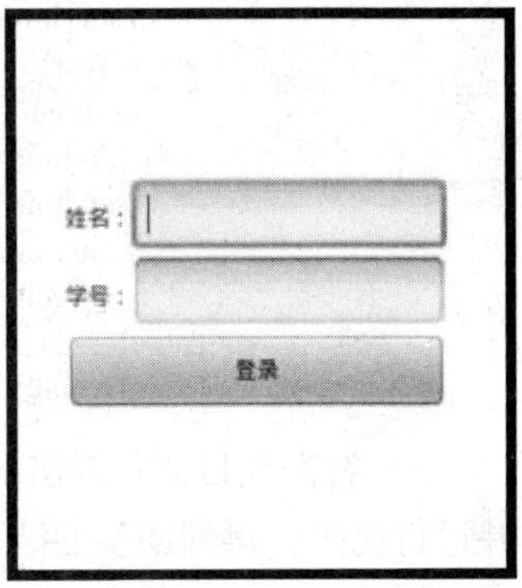

图 3-23　表格布局案例样式

具体操作步骤如下。

1）新建项目，名称为“表格布局”，包名为“com. example. TableLayout”。

2）打开默认生成的布局文件 main. xml（位于 res/layout 目录下），编写如下代码：

```
<TableLayout                                                    //创建表格布局
    xmlns:android = "http://schemas. android. com/apk/res/android"
    xmlns:tools = "http://schemas. android. com/tools"
    android:layout_width = "fill_parent"
    android:layout_height = "fill_parent"
    android:gravity = "center_vertical"                         //表格位于界面的垂直居中位置
    android:stretchColumns = "0,3" >                            //拉伸两列,填满行剩余空间
    <TableRow                                                   //创建第一行
        android:layout_width = "wrap_content"
        android:layout_height = "wrap_content" >
          <TextView />                                          //第 0 列定义空文本框
          <TextView                                             //第 1 列控件
            android:layout_width = "wrap_content"
            android:layout_height = "wrap_content"
            android:text = "姓名:" />
          <EditText                                             //第 2 列编辑框
            android:layout_width = "wrap_content"
            android:layout_height = "wrap_content"
```

```
            android:minWidth = "200px" />             //设置最小宽度
        <TextView />
</TableRow>
        <TableRow                                     //创建第二行
    android:layout_width = "wrap_content"
    android:layout_height = "wrap_content" >
        <TextView />
        <TextView
            android:layout_width = "wrap_content"
            android:layout_height = "wrap_content"
            android:text = "学号:" />
        <EditText
            android:layout_width = "wrap_content"
            android:layout_height = "wrap_content"
            android:minWidth = "200px" />
        <TextView />
</TableRow>
        <TableRow                                     //创建第三行
    android:layout_width = "wrap_content"
    android:layout_height = "wrap_content" >
        <TextView />                                  //第 1 列
        <Button
            android:layout_width = "wrap_content"
            android:layout_height = "wrap_content"
            android:layout_span = "2"                 //按从本列开始跨 2 列
            android:text = "登录" />
</TableRow>
</TableLayout>
```

3）右击项目，在弹出的快捷菜单中选择“run as”→“Android Application”选项，部署并运行代码，得到期望的结果。

说明：在本例将首尾两列分别进行了拉伸设置，如果去掉语句 android:stretchColumns = "0,3"，则其宽度自动变成包裹内容，其他的可调整宽度的控件（一般是最后一个控件）就自动填充了整个行的剩余空间，如图 3-24 所示。如果在该语句下面增加一条 android:collapseColumns = "1"，说明将列号为 1 的内容（即按钮和文本框）隐藏，效果如图 3-25 所示。

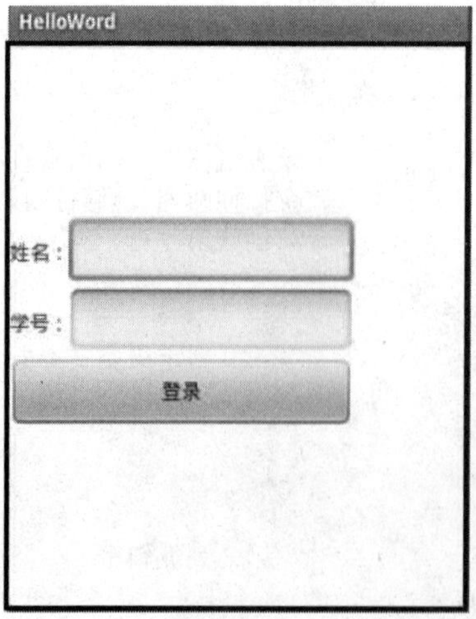

图 3-24　测试延伸属性结果

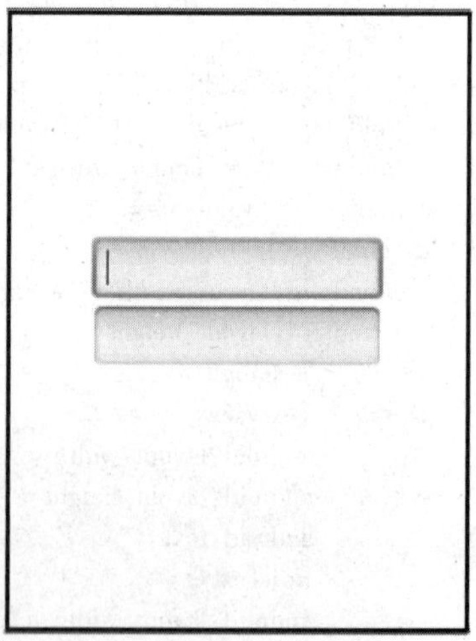

图 3-25　测试隐藏属性结果

3.3.6 网格布局

网格布局（GridLayout）与前面介绍过的 TableLayout 类似，它是 Android 4.0 后新增的一个布局管理器，可以设置布局中控件的对齐方式，控件可以跨行、跨列等。在 Android 布局文件中使用“ <GridLayout >”，可以定义出一个网格布局。网格布局适用于行列较多且结构规整的 UI 需求，如计算器按键、图片管理器等。

网格布局的设置依赖一些新的属性，见表 3-9。

表 3-9 网格布局属性及含义

属性名称	含　义	值
android:orientation	设置控件的排列方式	vertical 或者 horizontal，默认水平布局，一个控件从左到右依次排列，但是通过指定 android: columnCount 设置列数的属性后，控件会自动换行进行排列
android:layout_gravity	设置控件的对齐方式	center、left、right、buttom，如果同时用两种方式，则格式为 buttom | left
android:rowCount	设置总行数	编号，从 0 开始
android:columnCount	设置总列数	编号，从 0 开始
android:layout_row	控件位于第几行	编号，从 0 开始
android:layout_column	控件位于第几列	编号，从 0 开始
android:layout_rowSpan	控件跨几行	数字
android:layout_columnSpan	控件跨几列	数字

【例 3-5】使用网格布局实现图 3-26 所示的计算器按键的界面样式。

分析：在图 3-26 所示的样式中，按键按照行列进行有规律的排列，适合使用 5 行 4 列的网格布局来完成。需要注意的细节就是几个按键的大小实现了跨行或跨列，需配置相应的属性。

具体操作步骤如下。

1）新建项目，名称为“网格布局”，包名为“com. example. GridLayout”。注意，网格布局在 android 4.0 以后才出现，因此 SDK 的最小版本应该是 API 14。

2）打开默认生成的布局文件 main. xml（位于 res/layout 目录下），编写如下代码。

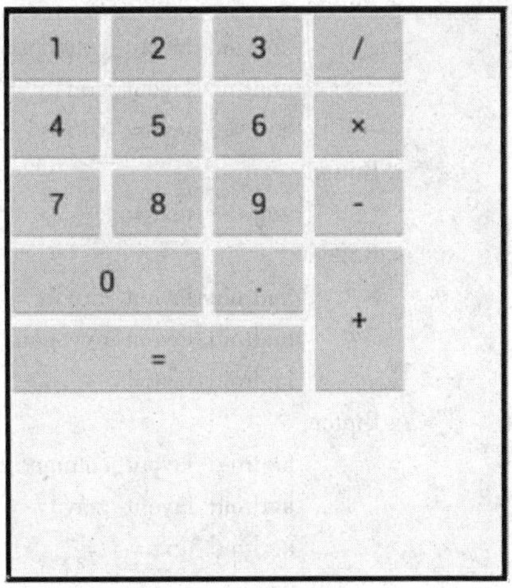

图 3-26 网格布局案例样式

```
 <GridLayout                                                    //创建网格布局
xmlns:android = "http://schemas. android. com/apk/res/android"
      android:layout_width = "wrap_content"
      android:layout_height = "wrap_content"
      android:columnCount = "4"                                 //4 列
      android:orientation = "horizontal"                        //控件水平顺序排列
```

```
    android:rowCount = "5" >                                  //5 行
<Button                                                        //数字"1"按钮
        android:text = "1" />
<Button
        android:text = "2" />
<Button
        android:text = "3" />
<Button
        android:text = "/" />
<Button
        android:text = "4" />
<Button
        android:text = "5" />
<Button
        android:text = "6" />
<Button
        android:text = " × " />
<Button
        android:text = "7" />
<Button
        android:text = "8" />
<Button
        android:text = "9" />
<Button
        android:text = " - " />
<Button                                                        //数字"0"按钮
        android:layout_columnSpan = "2"                        //跨度 2 列
        android:layout_gravity = "fill"                        //填充 2 列
        android:text = "0" />
<Button
        android:text = ". " />
<Button
        android:layout_gravity = "fill"                        //跨度 2 行
        android:layout_rowSpan = "2"                           //填充 2 行
        android:text = " + " />
<Button
        android:layout_columnSpan = "3"                        //跨度 3 列
        android:layout_gravity = "fill"                        //填充 3 列
        android:text = " = " />
</GridLayout>
```

3）右击项目，在弹出的快捷菜单中选择"run as"→"Android Application"选项，部署并运行代码，得到期望的结果。

3.3.7 绝对布局

绝对布局（AbsoluteLayout）又叫做坐标布局。该布局直接指定子元素的绝对位置。在 Android 布局文件中使用"<AbsoluteLayout>"，可以定义出一个网格布局。

该布局中的控件或者布局管理器的 android:layout_x 和 android:layout_y 属性用于描述其具体的坐标位置。屏幕左上角为坐标原点(0,0)，第一个 0 代表横坐标，向右移动此值增大；第二个 0 代表纵坐标，向下移动此值增大。另外，在此布局中的子元素可以相互重叠。

这种布局简单直接、直观性强，但是由于不同的手机屏幕尺寸差别比较大，使用绝对定位的适应性会比较差，因此此种布局方式多用于游戏开发中。绝对布局在 Android 1.5 后被 Google 弃用，应用开发一般情况下不推荐使用绝对布局。

3.4 Android 屏幕中的单位

在控件和布局管理器的使用过程中，需要设置某个 View 的尺寸（宽、高）和 View 之间的距离，经常可以看到不同的度量单位，如 dp、px、pt、sp。在介绍这些单位之前，首先解释一下“屏幕密度”这个概念。假设有一部手机，屏幕的物理尺寸为 1.5 in × 2 in，屏幕分辨率为 240 px × 320 px，可以计算出在手机屏幕每英寸包含的像素点的数量，横向为 240/1.5 = 160 dpi，纵向为 320/2 = 160 dpi，则 160 dpi 就是这部手机的屏幕密度（density），其单位 dpi 是 DotsPerInch 的缩写，即每英寸像素数量。通常横向和纵向上的这个值都是相同的，原因是大部分手机屏幕使用正方形的像素点。下面来介绍 dp、px、pt、sp 等单位的含义。

1）px（pixels）：即屏幕像素，是屏幕的物理像素点。1 px 代表屏幕上一个物理的像素点。一般情况下，不建议使用该单位，因为同样为 100 px 的尺寸，在不同手机上显示的实际大小可能不同。在机顶盒等屏幕分辨率固定需求下可以使用该单位。

2）dp：即 device independent pixels（设备独立像素）。此单位是基于密度比的抽象单位进行度量的，具体和设备硬件有关。Android 屏幕的屏幕密度是以 160 为基准的。如果一台手机的屏幕密度为 160 dpi，则其密度比为 160/160 = 1.0，此时 1 px = 1 dp * 1.0。px 与 dp 的单位换算如下：

$$1\ \text{px} = 1\ \text{dp} \times 密度比 = 1\ \text{dp} \times (\text{density}/160)$$

所以说，此单位与屏幕密度无关，通常在开发中设置一些 View 的宽高推荐用此单位。在此单位的作用下，在不同分辨率屏幕中采用同一个布局文件 View 的大小也不会有缩放的感觉。

3）sp：与刻度无关的像素，主要用于设置字体的大小，同 dp 相似。使用该单位时，Android 会根据用户的字体大小偏好来进行缩放，不会失真。

为了解释 px 和 dp 的不同，举一个简单的实例来观察一下。在任意项目中，创建布局的空 XML 文件。设置线性布局和两个按钮，代码如下。

```
    <LinearLayout
xmlns:android="http://schemas.android.com/apk/res/android"
        android:layout_width="fill_parent"
        android:layout_height="fill_parent"
        android:orientation="vertical" >
        <Button
            android:id="@+id/Button1"
            android:layout_width="160px"
            android:layout_height="wrap_content"
            android:text="160px" />
```

```
        <Button
            android:id="@+id/Button2"
            android:layout_width="160dp"
            android:layout_height="wrap_content"
            android:text="160dp" />
    </LinearLayout>
```

单击代码下方的“Graphical Layout”选项卡，进入预览视图界面。选择视图上方的屏幕类型为 Nexus One 3.7 WVGA(480×800:hdpi)，看到预览的两个按钮大小如图 3-27 所示。当修改预览屏幕为3.3 WQVGA(480×400:1 dpi)时，其预览效果如图3-28 所示。可以看到，使用单位 px 时，按钮的宽度与像素点数有关，不同屏幕所占屏幕的大小比例发生变化。而使用单位 dpi 时，无论屏幕大小如何变化，按钮宽度始终保持相等的比例进行缩放。因此在设计控件尺寸时，建议读者使用 dp 为度量单位。

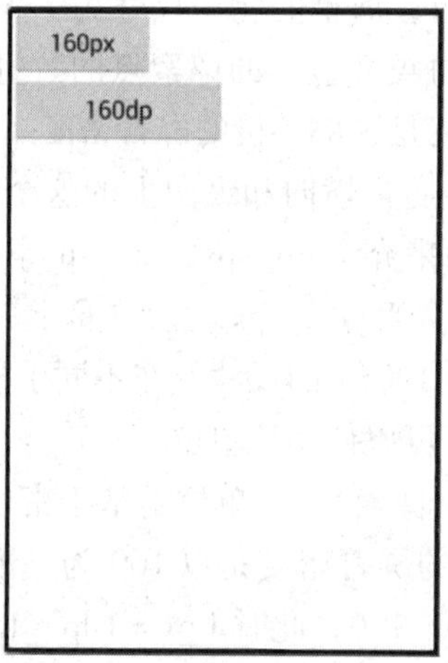

图 3-27　WVGA 屏显示效果

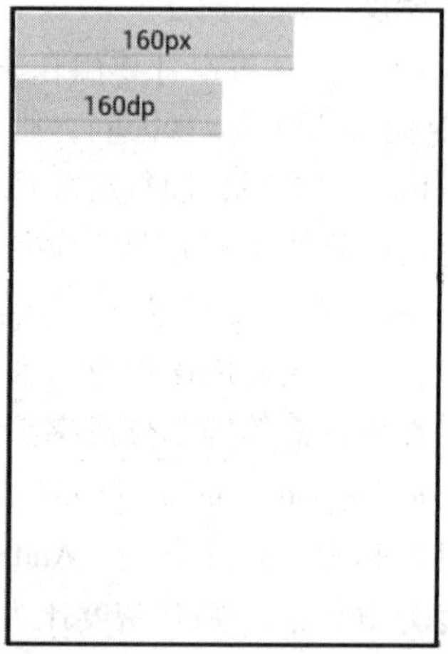

图 3-28　WQVGA 屏显示效果

3.5　Android 入门案例——电话拨号器

完成设计 UI 界面的工作之后，就要考虑用户在手机上的交互操作，即实现 UI 界面上控件的响应事件，如单击按钮会出现什么结果、收到通知如何处理等。为了便于理解，本节利用一个电话拨号器的实例来介绍一个完整的 Android 项目的基本步骤和处理交互事件的方法。在 Android 系统中实现电话拨号的功能项目，要求界面如图 3-29 所示。

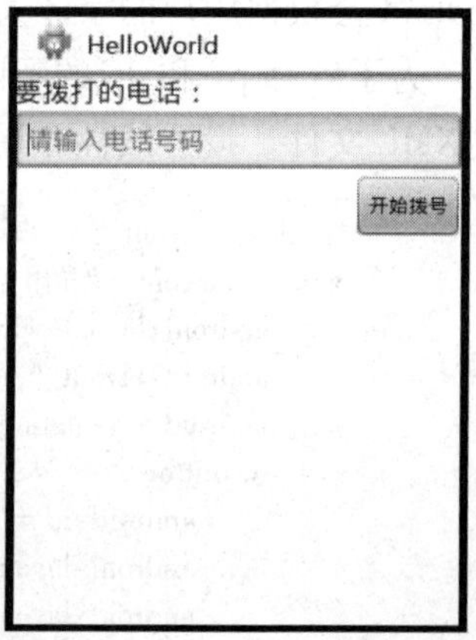

图 3-29　电话拨号器界面

具体步骤如下。

1）新建项目，工程名为“简易电话拨号器”，包名为“com.example.phoneCall”。

2）根据需求，设计 UI 界面。由于本例只有一页界面，因此仅需要一个布局文件即可。这里使用默认生成的 activity_main.xml 文件，位于 res/layout 目录。

按照题目要求，使用纵向的线性布局就可以实现 UI 需求，具体代码修改如下。

```
<LinearLayout xmlns:android="http://schemas.android.com/apk/res/android"
xmlns:tools="http://schemas.android.com/tools"
    android:id="@+id/LinearLayout1"
    android:layout_width="match_parent"
    android:layout_height="match_parent"
    android:orientation="vertical" >
    <TextView                                                //定义静态文本
        android:layout_width="wrap_content"
        android:layout_height="wrap_content"
        android:text="要拨打的电话:"
        android:textSize="20sp" />                           //设置字体大小
    <EditText                                                //定义编辑框
        android:id="@+id/et"                                 //编辑框 ID
        android:layout_width="match_parent"
        android:layout_height="wrap_content"
        android:hint="请输入电话号码"                          //未输入前提示信息
        android:inputType="number" />                        //输入类型,只能是数字
    <Button                                                  //定义按钮
        android:id="@+id/bt"                                 //设置按钮 ID
        android:layout_width="wrap_content"
        android:layout_height="wrap_content"
        android:layout_gravity="right"                       //按钮靠右侧显示
        android:gravity="center"                             //字体居中显示
        android:text="开始拨号" />
</LinearLayout>
```

3）设计 Java 代码，为用户操作做出响应。

由于本例中需要操作的只有编辑框和按钮，因此需要对这两个控件进行控制。对编辑框来说，输入信息来自手机屏幕，不需要编程，但是对其输入的内容需要获取后，才能实现拨号功能。因此，当单击按钮时，第一步就是获取编辑框的内容，接下来才是让手机执行拨号功能。

打开工程 src/包名/MainActivity. java 文件，在 onCreate( ) 方法中，默认生成 setContentView(R. layout. activity_main) 方法，说明该 Java 文件用来响应 activity_main. xml 布局文件的操作，所有的响应代码都在此处编写。

一般来说，编写与控件操作相关的响应代码，首先需要使用 findViewById( ) 方法获取控件的引用，以便在代码中对控件进行控制。

以编辑框为例，其格式如下。

```
EditText eText = (EditText) findViewById(R.id.et);
```

其中，R. id. et 表示该资源的 id 放在 R 文件下的静态类 ID 中，名称为 et。该资源名称在编辑框创建 ID 时会自动加入在 R 文件中。因此，此语句定义了 EditText 类型的变量 eText，通过该变量就可以实现 ID 为 et 的编辑框操作，如使用 eText. getText( ) 就可以获得编辑框中的文本。

按钮需要单击后才能响应，同样也要获取其引用。为了在单击按钮后实现响应，需要开启按钮的监听器，用于监听按钮的单击事件。MainActivity. java 中编写响应代码如下。

```
public classMainActivity extends Activity {
    //声明 Button 类型变量,用于引用按钮
    private Button bt = null;
    @ Override
    protected void onCreate( BundlesavedInstanceState) {
    super. onCreate( savedInstanceState) ;
    setContentView( R. layout. linear) ;
    // 从按钮 ID 获取视图,并强制转换为其子类 Button
    bt = ( Button) findViewById( R. id. bt) ;
    // 设定匿名内部类形式的监听器,编写单击时响应代码
    bt. setOnClickListener( new OnClickListener( ) {
        @ Override
        public void onClick( View v) {
            // 获取编辑框引用
            EditText eText = ( EditText) findViewById( R. id. et) ;
            // 获取内容并转换成字符串,
            String number = eText. getText( ). toString( ) ;// 注意 getText( )返回的类型
            System. out. println( "按钮被单击了" + number) ;
            // 创建意图
            Intent intent = new Intent( ) ;
            // 指示拨号动作
            intent. setAction( Intent. ACTION_CALL) ;
            // 统一资源标示符,指示需要的数据或资源
            Uri dataUri = Uri. parse( "tel://" + number) ;
            // 将数据交给意图
            intent. setData( dataUri) ;
            // 执行动作
            startActivity( intent) ;
        }
    } ) ;//注意监听器语句结束
    }
}
```

上述代码中，setOnClickListener( )用于监听按钮的单击事件。如果发现按钮被单击，则自动执行重载的 onClick( )方法，即实现拨号功能。

4）部署并运行代码，输入号码并单击按钮后提示出错，如图 3-30 所示。进入 LogCat（见图 3-31），发现原因是调用系统拨号功能需要增加用户权限。

图 3-30　运行错误提示

双击“AndroidManifest. xml”，选择“Permissions”选项卡，单击“Add”按钮，在弹出的对话框中双击“Uses Permission”，在“Name”下拉列表中选择“android. permission. CALL_PHONE”，并单击“保存”按钮，即可在 AndroidManifest. xml 选项卡中看到多了一行代码：

```
<uses-permission android:name = "android. permission. CALL_PHONE"/>
```

自此加入拨号权限。

5）部署并运行代码。输入电话号码“5555”并单击“开始拨号”按钮，可以看到拨号界

面如图 3-32 所示，电话拨号器功能完成。

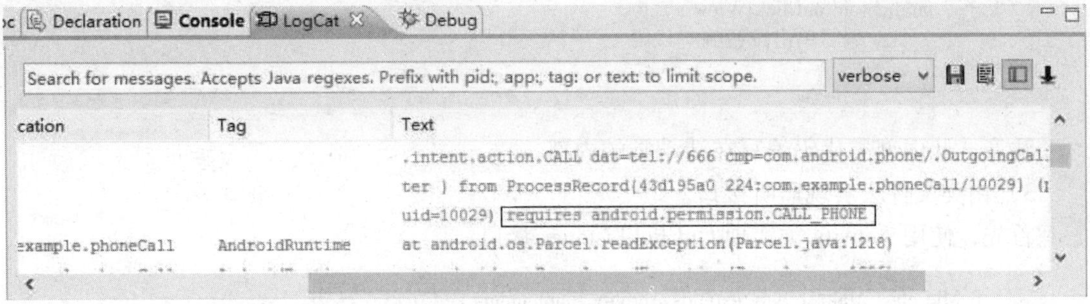

图 3-31　LogCat 错误提示

图 3-32　拨号界面

3.6　Android 单击事件的处理方法

通过 3.5 节的案例，大家应该初步掌握了的开发 Android 项目的基本步骤，同时也看到了 Android 项目开发中经常会捕获按钮或其他控件的响应。其他控件响应在后续过程中会有提到，这里仅以按钮控件为例来介绍如何为其添加单击事件的处理响应代码。Android 中单击事件响应的实现共有以下 4 种。

1）通过匿名内部类来实现。在 3.5 节的案例就是使用这种方式来实现的，这里不再重复。

2）通过内部类来实现。除了写法上的差别，该方法跟第一种方法在本质上没有任何差别，两者都是通过 Button 对象的 setOnClickListener( )方法来绑定实现的。同样，以 3.5 节的案例为例，需要编写如下代码：

```
…
bt. setOnClickListener( new phoneCallListener( ) );
// 实现 OnClickListener 接口的内部类 phoneCallListener
class phoneCallListener implements OnClickListener {
```

```
@ Override
public void onClick( View v) {
    //编写单击按钮响应代码
    …
}
```

注意，此内部类代码编写在活动类的内部。

3）由类文件去实现监听接口。

首先，使用 Activity 类实现 OnClickListener 接口。

```
public class MainActivity extends Activity implements OnClickListener
```

其次，在 MainActivity 类中重写 OnClickListener 接口中定义的 onClick 方法。鼠标放在 MainActivity 上，选择 Add unimplemtes methods（添加未实现的方法），并修改代码：

```
@ Override
public void onClick( View v) {
    switch (v. getId( )) {
        case R. id. bt:
            //添加该按钮对应的响应
            break;
        default:
            break;
    }
}
```

最后，在主活动内直接使用 this 为按钮注册监听事件：

```
bt. setOnClickListener( this);
```

这种方法比较适合控制多个按钮的响应事件。

4）在布局文件中注册事件。

首先，在布局文件中添加 android：onClick 属性：

```
<Button
        android:id = "@ +id/bt"
        android:layout_width = "wrap_content"
        android:layout_height = "wrap_content"
        android:layout_gravity = "right"
        android:gravity = "center"
        android:onClick = "Call"
        android:text = "开始拨号" />
```

其次，在 MainActivity 类中定义 Call( )方法。注意：方法名称与布局文件添加的名称相同，且该方法的形参只有一个 View 对象。

```
public void Call( View v) {
    //编写响应代码
}
```

当单击按钮时，系统自动执行 Call( )方法内的相关代码。

3.7 样式和主题

在 UI 设计中可能出现大量相同或相似属性的控件，为了降低编码复杂性，Android 提供了样式和主题的设计方式。本节主要介绍如何在 Android 应用中自己设计样式和主题。

3.7.1 样式

样式（Style）是作用在控件上的，包含一个或者多个 View 控件属性的集合。例如，定义属性 fontColor、fontSize、layout_width、layout_height 等，以独立的资源文件存放在 XML 文件中，并设置样式的名称。Android 样式类似网页设计中的级联样式 CSS 设计思路，可以让设计与内容分离，并且可以方便地继承、覆盖、重用。

【例 3-6】 使用样式设计如图 3-33 所示的 UI 界面。

按本例需求，样式实现的步骤如下：

1）新创建一个 Android 项目，项目名称为“样式和主题”。直接使用默认布局文件和默认 Activity 类。

2）设计初始的 UI 界面，在垂直线性布局中添加两个普通按钮，如图 3-34 所示。

图 3-33　样式设计案例界面

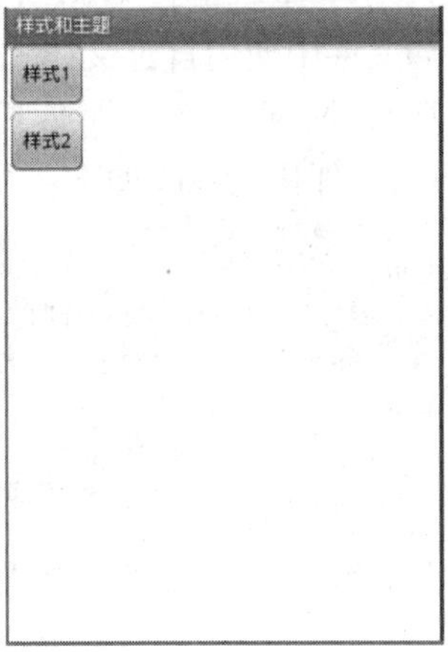

图 3-34　初始 UI 界面

具体代码如下：

```
<LinearLayout xmlns:android = "http://schemas. android. com/apk/res/android"
    android:layout_width = "fill_parent"
    android:layout_height = "fill_parent"
    android:orientation = "vertical" >
    <Button
        android:layout_width = "wrap_content"
        android:layout_height = "wrap_content"
        android:text = "样式 1" />
    <Button
        android:layout_width = "wrap_content"
        android:layout_height = "wrap_content"
```

```
            android:text = "样式 2" />
</LinearLayout>
```

3）设计“样式1”。打开工程中 res/values/styles. xml 文件（也可以自己创建新的样式文件），在 <resource>根结点中添加如下代码：

```
<style name = "style1" >                                              //定义样式名称,以方便引用
    <item name = "android:layout_height" > wrap_content </item >
    <item name = "android:layout_width" > wrap_content </item >
    <item name = "android:textSize" > 20sp </item >                    //设置字体大小
    <item name = "android:textColor" > #ff0000 </item >                //设置字体颜色
</style >
```

4）设计“样式2”。由需求可知，“样式2”按钮除了字体的大小属性外，其他属性都与“样式1”按钮没有区别。因此，可以使用继承的方式设计“样式2”。这时“样式2”其他属性会覆盖父类，只有明确声明的属性才发生变化。在 styles. xml 文件中添加新的结点：

```
<style name = "style2"  parent = "style1" >                        //继承 style1 的样式
    <item name = "android:textSize" > 40sp </item >                //字号发生变化
</style >
```

此段代码表示 style2 继承 style1 下的样式，但字号为自己定义的大小。

5）在布局文件中使用自定义样式。在布局文件中给每个按钮一个 style = "@ style/样式名称"属性，那么对应在资源文件夹下 style. xml 文件中的同名样式所定义的属性都会作用在该按钮上。布局文件代码修改如下：

```
<Button
        style = "@ style/style1"
        android:text = "样式 1" />
<Button
        style = "@ style/style2"
        android:text = "样式 2" />
```

6）部署并运行代码，得到期望结果。

3.7.2 主题

主题与样式都是定义在 styles. xml 文件下，且均可以通过设置 parent 属性来继承一个父样式。两者的不同之处在于，主题的作用是针对应用中所有 Activity 还是某个 Activity 设置样式，可以通过编辑 AndroidManifest. xml 来完成。

主题通过定义 AndroidManifest. xml 文件中 <application>和 <activity>结点下的“android：theme”属性作用在整个应用或者某个 Activity，主题对整个应用或某个 Activity 进行全局性影响。如果一个应用使用了主题，同时应用下的某个 View 使用了样式，则当主题和样式属性发生冲突时，样式的优先级高于主题。

1）设置项目中所有 Activity 活动的主题。同样适用“样式和主题”工程，在 AndroidManifest. xml 文件中找到 <application>结点，编写如下代码：

```
<applicationandroid:theme = "@ style/style1" >
```

这样，应用中所有 Activity 中的所有控件都会默认使用包裹布局，字体为 20 sp，颜色为红色。但是由于“样式 2”按钮具有 style2 样式，其字体大小为 40 sp，与 style1 样式冲突，因此该按钮继续使用 style2 样式。如图 3-35 所示，背景颜色变黑是因为默认的主题是白色背景，修改之后就自动发生变化。

2）设置某个指定的 Activity 主题。在 AndroidManifest. xml 文件中可以看到多个 <activity>结点，按照其 name 属性找到目标 Activity，编写如下代码：

```
<activityandroid:theme="@style/style1">
```

由于本例中只有一个 Activity，这里就不再演示具体效果。

图 3-35　设置主题后运行结果

另外，为了降低开发难度，Android 系统也预定义了一些主题，如 android:theme="@android:style/Theme. Dialog"，该主题可以让 Activity 以对话框形式展现。而透明主题可以使用值"@android:style/Theme. Translucent"。如果需要查阅这些主题，则可以在文档的“reference”→“android”→R. style 中查看。

3. 8　Android 程序的调试

Android 程序开发中，调试也是必不可少的。目前常用调试程序的方法包括以下 3 种：①使用 Eclipse 开发平台调试；②结合 Android SDK 调试；③使用 JUnit 调试。

3. 8. 1　Eclipse 平台调试

在 Eclipse 平台下的程序调试，主要是使用 Debug 功能来实现。具体步骤如下。

1）创建 Android 应用并编码实现基本功能。

2）右击工程名，在弹出的快捷菜单中选择“Debug as”→“Android Application”选项，打开 DDMS，选择运行的应用，开启 Debug 窗口，如图 3-36 所示。在代码窗口中，

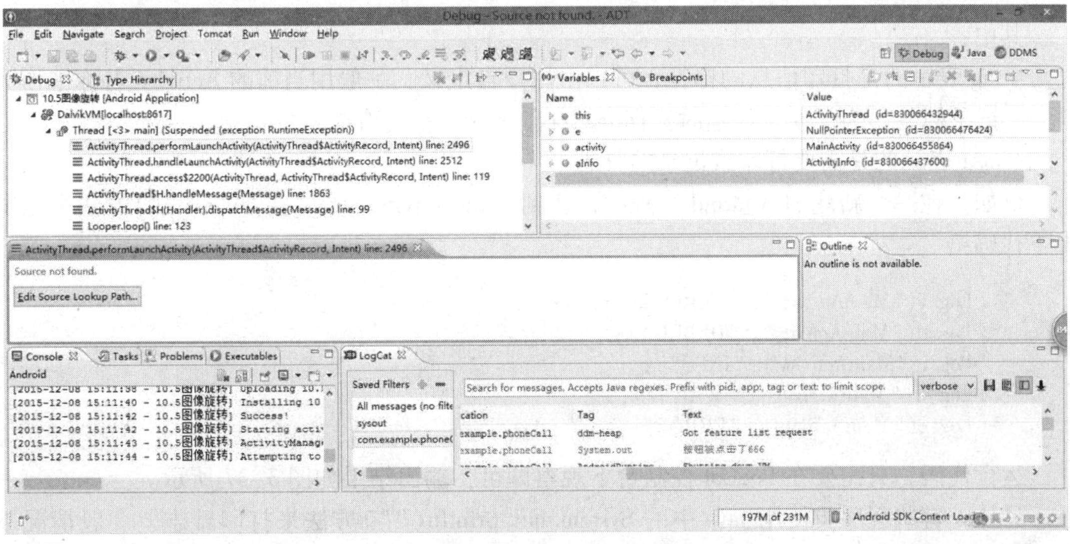

图 3-36　Debug 窗口

选择需要调试的代码并设置断点。当模拟器上的应用运行到断点时，应用中断达到调试目的。

3.8.2 Android SDK 调试

使用 Android SDK 中的方法也可以对项目进行调试，调试结果都是以日志的形式返回的。一般来说有以下两类方法可以使用：Log 和 Toast。

1. Log 的使用

在进行 Android 程序开发时，经常会通过输出日志信息和单步调试来进行程序的调试，以方便开发者定位程序中的问题所在。在 Android 平台上，可以使用“Log”方法在程序码中加入“记录点”或“检查点”，并通过开发环境中的“LogCat”工具来查看记录。当程序流程每次运行到“记录点”时，相应的“记录点”就会在开发工具记录中输出一条查错用的信息。通过分析这些记录，来检查程序执行的过程、使用到的参数是否与期望的结果符合。

android.util.Log 常用的方法有以下 5 个：Log.v()、Log.d()、Log.i()、Log.w()和 Log.e()。根据首字母分别对应 VERBOSE、DEBUG、INFO、WARN、ERROR，级别由低到高。

1）Log.v：输出颜色是黑色的，任何消息都会输出。

2）Log.d：输出颜色是蓝色的，仅输出 debug 调试的信息，但它会输出上层的信息，过滤器可以通过 DDMS 的 Logcat 标签来选择。

3）Log.i：输出颜色为绿色，一般提示性的消息。它不会输出 Log.v 和 Log.d 的信息，但会显示 i、w 和 e 的信息。

4）Log.w：输出颜色为橙色，可以看作警告消息。当它出现时，一般需要开发人员注意优化 Android 代码，同时选择它后还会输出 Log.e 的信息。

5）Log.e：输出颜色红色，这些错误需要开发者认真分析，查看栈的信息。

Log 的使用语法格式如下：

```
Log.不同的打印方法的代号(String tag, String msg);
```

其中：

- tag 表示的是打印信息的标签，可以由用户自定义，一般用当前的 Activity 名称来作为记录标签，为了便于显示时根据 tag 内容进行查看或筛选。
- msg 表示的是需要打印或记录的日志。

例如，在一个新建的 Android 工程中，找到 MainActivity.java，在 onCreate()方法中添加如下代码：

```
Log.v("MainActivity", "VERBOSE");
Log.d("MainActivity", "DEBUG");
Log.i("MainActivity", "INFO");
Log.w("MainActivity", "WARN");
Log.e("MainActivity", "ERROR");
```

运行代码，只需要在 LogCat 控制台下观察即可，输出结果如图 3-37 所示。

另外，有些程序员使用 Java 中的 System.out.println("")方法来打印日志。一般情况下不建议使用这种方式，因为 LogCat 中可能有很多调试信息，很难定位。若需要定位，则可

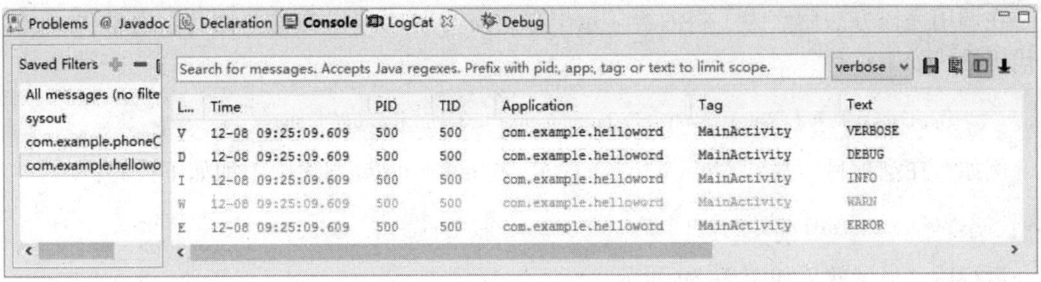

图 3-37　LogCat 打印的日志

以单击图 3-37 中左侧的“ ”按钮，弹出如图 3-38 所示的对话框。若需要过滤 System. out. println("")方法打印的日志，则在对话框的“Filter Name”文本框中输入一个名称(如 sysout)，并且在“by Log Tag”文本框中输入“System. out”，其他可为空。单击“OK”按钮，在此栏中就可以看到打印的 sysout 日志信息。如果需要对 Log 中的方法定位，则只需将 by Log Tag 中的内容和 Log 方法的第一个参数保持一致即可。

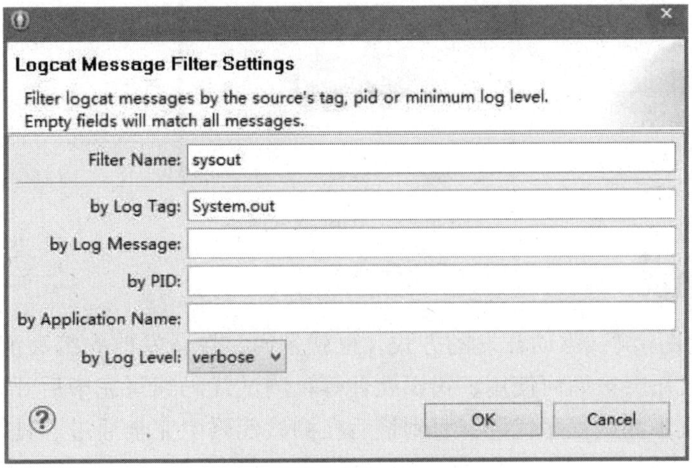

图 3-38　Logcat 过滤器

2. Toast 的使用

在 Android SDK 提供的方法中，除了上述介绍的 Log 方法外，还有一种 Toast 的类。Toast 是一个 View 视图，可以快速地为用户显示少量信息。Toast 在应用程序上浮动显示信息给用户。它永远不会获得焦点，不影响用户的输入等操作，主要用于一些帮助/提示。

Toast 最常见的创建方式是使用静态方法：

```
Toast. makeText (Context context, CharSequence text, int duration) ;
```

其中：

- Context 代表着上下文，通常是工程或活动的对象。
- text 表示弹出提示的内容。
- duration 表示弹出信息的持续时间，其值只有 LENGTH_SHORT（即 0）或者 LENGTH_LONG（即 1），分表代表 2 s 和 3.5 s 的持续时间。

在调用完该方法后，为了将内容显示出来还需调用 show( )方法。因此，通常 Toast 使用的代码格式如下：

```
Toast. makeText (Context context, CharSequence text, int duration). show( );
```

例如，在空项目中找到 MainActivity. java，在 onCreate( )方法中添加如下代码：

```
Toast. makeText( this, "弹出 Toast" , 1). show( );
```

运行后，显示效果如图 3-39 所示。

图 3-39　Toast 效果演示

3.8.3　JUnit 测试

JUnit 测试是采用测试驱动开发的方式，也就是说，在开发前先编写测试代码，主要用来说明被测试的代码会被如何使用、错误处理等；测试代码编写完毕后开始编写程序代码，并在测试代码中逐步测试程序代码，直到最后在测试代码中完全通过。具体的 JUnit 测试过程如下：

1）创建一个项目，名称为“JUnit 测试”，包名为“com. example. junit”。

2）在工程中编写代码。可以创建一个新的包或者在原来的包中写需要测试的代码。为了方便观察，新建包 com. example. junit. service，并且在包中创建一个用于测试的业务类文件 Calculate. java，里面增加了一个加法操作的方法。代码如下：

```
public class Calculate{
    public int add( int x, int y) {
        return x + y;
    }
}
```

3）在工程中新建一个继承 AndroidTestCase 的测试类，并在该类中可以编写测试的具体代码。

创建一个新的包 com. example. junit. test，在包内建立一个 mytest 类，并编写测试方法代码：

```
public class mytest extends AndroidTestCase {
    //测试刚才定义的 add 方法,并把把异常交给测试框架
    public void testadd( ) throws Exception{
    Calculate calcService = new Calculate( );
    int result = calcService. add(3, 5);
    //要知道测试结果,需要做出断言
    assertEquals(8, result);
  }
}
```

4）配置测试指令集，测试当前的应用程序。在 Android 清单文件中追加以下两条信息。

● 在清单文件最外层，与 application 同级，在 manifest 结点里面编写如下代码：

```
<instrumentation
        android:name = "android. test. InstrumentationTestRunner"
        android:targetPackage = "com. example. junit" />
```

注意，instrumentation 标签中的 android:targetPackage 的值可以是项目需要测试的包名。android:name 属性值是由测试框架提供的，值必须为“android. test. InstrumentationTestRunner”。

● 在 application 结点里面添加函数库：

```
<uses - library android:name = "android. test. runner" > </uses - library >
```

uses - library 属性的值也是由测试框架提供的，必须为“android. test. runner”。

5）进行 JUnit 测试时，右击需要执行的测试方法名 testadd( )，在弹出的快捷菜单中选择“Run as”→“Android JUnit Test”选项。如果运行结果与断言结果一致，就会显示如图 3-40 所示的绿色长条。这时将测试类中的断言语句修改为 assertEquals(9,result)并再次进行测试，则会出现如图 3-41 所示的红色条目，并显示出错的方法，定位出出错语句。

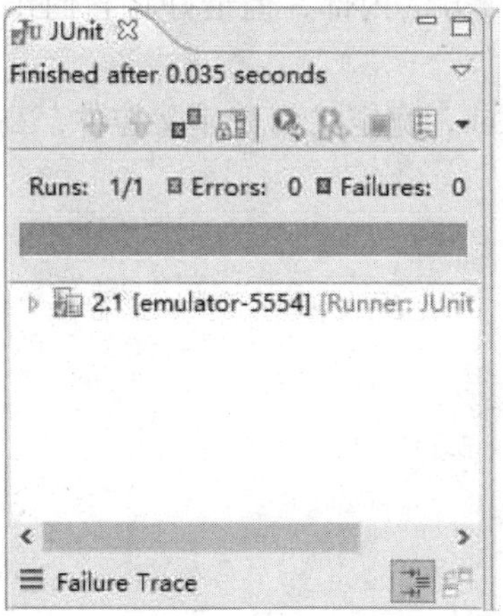

图 3-40　通过测试

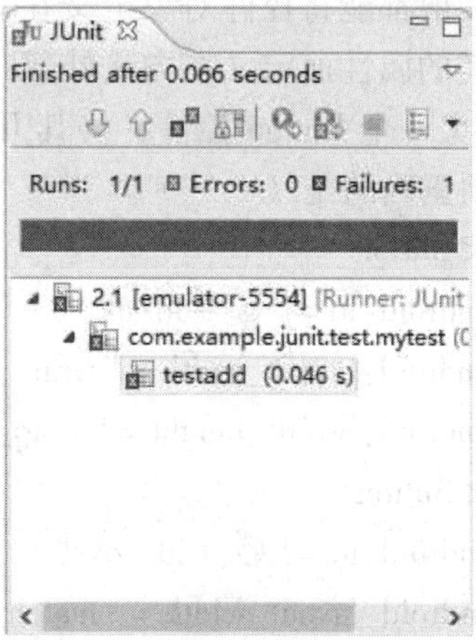

图 3-41　测试未通过

3.9　小结

本章主要介绍了 Android 中的 UI 设计的基本概念，包括常用的控件和常用的布局方式，以一个典型的案例介绍了 Android 编程的基本步骤，讲解了如何使用样式和主题来设计不同

的界面风格，最后讲解了 Android 常用的调试方法。

3.10 实践与练习

1. 选择题

1）下面关于 Android UI 框架描述的选项中有误的一项是（　　）。

A. Android 中所有的 UI（用户界面）元素都是使用 View 和 ViewGroup 对象建立的

B. ViewGroup 是一个可以将一些信息绘制在屏幕上并与用户产生交互的对象

C. ViewGroup 是一个包含多个的 View 和 ViewGroup 的容器，用来定义 UI 布局

D. Android 使用 View 类作为界面开发的超类，所有的界面开发都与 View 有关

2）下面关于 UI 布局描述错误的一项是（　　）。

A. LinearLayout（线性布局）是按照横或竖的线性排列布局

B. RelativeLayout（相对布局）是按照相对位置来布局

C. FrameLayout（帧布局）是一块在屏幕上提前预定好的空白区域，可以填充一些 View 元素到里面

D. AbsoluteLayout（绝对布局）是以表格的形式布局

3）下面关于 Android 中的控件描述不正确的是（　　）。

A. 定义控件的方式大都类似，首先要声明它的类型，然后使用 findViewById（int）方法通过控件的 ID 来索引到它本身

B. 在 XML 布局文件中定义好控件对象后，就可以使用该控件的各种方法了

C. TextView 可以获取到它里面的内容，Button 可以处理单击它的事件，EditText 可以设置它的文本

D. 一般都能将控件对象定义在 onCreate( )方法内部，但最好将它们作为该 Activity 类的属性而定义在方法外部

4）要定义一个 Button 控件，将其 ID 命名为 ok，宽定义为充满父控件，高定义为自适应，下面选项正确的是（　　）。

A.
```
< Button
android:id = "@ +id/ok"
android:layout_width = "wrap _parent"
android:layout_height = "wrap_content"/>
```

B.
```
< Button
android:id = "@ +id/ ok "
android:layout_width = "match_parent"
android:layout_height = "match_content"/>
```

C.
```
< Button
android:id = "@ +id/ ok "
android:layout_width = "fill_parent"
android:layout_height = "wrap_content"/>
```

D.
```
< Button
```

```
android:id = "@ +id/ ok "
android:layout_width = "fill_parent"
android:layout_height = "fill_content"/>
```

5）以下关于界面布局的论述错误的是（　　）。

A. RelativeLayout 中的子元素可以使用 android:layout_weight = "" 属性

B. LinearLayout 中的子元素可以使用 android:layout_weight = "" 属性

C. 在 TableLayout 的 TabRow 中可以添加其他控件

D. RelativeLayout 用来表示相对布局

2. 填空题

1）Android 中所有的 UI（用户界面）元素都是使用________和________对象建立的。

2）EditText 继承自________，专门用来获取用户输入的文本信息。

3）ImageButton 继承自________。

3. 简答题

1）简述 6 种界面布局的特点。

2）请写出主题与样式的区别。

第4章 活 动

活动（Activity）是 Android 中最基本且必不可少的组件。在 Android 应用程序中，Activity 通常指的是单独的、用户可以看到的屏幕界面。每一个活动都被实现为一个独立的类，继承活动基类 android. app. Activity，并通过父类的方法来实现各种功能。活动主要用于处理应用程序的整体性工作，如监听系统事件（按键事件、触摸屏事件等），为用户显示指定的 View 控件，启动其他活动等。本章要点如下。

- 活动的创建、启动和关闭。
- 意图的属性。
- 活动之间的跳转和数据传递。
- 活动的生命周期。
- 活动的启动模式。

4.1 活动概述

Activity 是 Android 中最重要的组件之一，与用户操作关系最为密切。本节主要介绍活动的创建和启动的基本方法。

4.1.1 活动简介

Activity 是 Android 的四大组件之一，用于展示项目的可操作界面。Activity 是一个应用程序组件，提供一个屏幕界面，用户可以用来交互以便完成某项任务。通俗地讲，它是用户与应用程序进行交互的接口，同时也是一个容器。在一个 Activity 中可以放置大量的控件，这些控件决定了用户在该 Activity 中可以做什么。在 Activity 中可以通过 setContentView(View)来显示和控制指定的控件。

在一个 Android 应用中往往有多个界面，不同的界面要对应不同的 Activity。而这些 Activity 之间传递数据时是通过名为“Intent”的类来实现的。在众多的 Acitivity 中，有一个特殊的 Activity—— MainActivity，它对应了应用程序启动时看到的首个界面。

4.1.2 活动的创建

在 Android 应用中，可以创建一个或多个 Activity。创建 Activity 的步骤如下：

1）定义一个类继承自 android. app. Activity 或者其子类。

通常在一个项目创建成功之后，会默认生成一个名为 MainActivity 的类，该类的文件位于目录“src/包名”之下。其源代码如下：

```
public classMainActivity extends Activity {
    @ Override
```

```
protected void onCreate(BundlesavedInstanceState) {
    super.onCreate(savedInstanceState);
    setContentView(R.layout.activity_main);
    }
}
```

为了在一个应用中展示不同界面，就必须创建新的活动类，但是该类一定要继承 Activity。在活动类中必须实现 onCreate()这个方法。该方法在活动第一次创建时调用，在此方法中应该初始化 Activity 的控件。更重要的是，在这里必须调用 setContentView()来可视化 Activity 对应的 UI 界面。setContentView()方法可以传入一个由 XML 编制的 UI 界面，可以使 UI 设计和实现完全分离。

2）在 res/layout 目录中创建一个 XML 布局文件。该布局的显示是通过在 Activity 中调用 setContentView()方法来实现的。

在工程创建后，MainActivity 对应的布局文件自动在该文件夹生成，并有默认的布局样式和代码，其名称默认为"activity_main.xml"。

3）在 AndroidManifest.xml 清单文件中注册该 Activity。

如果 Activity 在没有进行注册时运行程序，当遇到代码启动该 Activity 时就会抛出异常。默认情况下，项目自动生成的 MainActivity 已经进行了注册。需要注意的是，在Android 中的四大组件都需要在清单文件中注册。Activity 注册方法如下：在配置清单中添加一个 <activity> 标签作为 <application>标签的子元素并设置相应的属性。

为了了解活动的注册过程，下面分析清单文件结构。项目默认清单文件的内容代码如下。

```
<?xml version="1.0" encoding="utf-8"?>
<manifestxmlns:android="http://schemas.android.com/apk/res/android"
    package="com.example.hello"
    android:versionCode="1"
    android:versionName="1.0">
<uses-sdk
        android:minSdkVersion="8"
        android:targetSdkVersion="17" />
<application
        android:allowBackup="true"
        android:icon="@drawable/ic_launcher"
        android:label="@string/app_name"
        android:theme="@style/AppTheme">
<activity
        android:name="com.example.hello.MainActivity"
        android:label="@string/app_name">
            <intent-filter>
<action android:name="android.intent.action.MAIN" />
<category android:name="android.intent.category.LAUNCHER" />
            </intent-filter>
</activity>
</application>
</manifest>
```

在清单文件头中，version 是指当前应用程序的版本；encoding 是当前 XML 的字符编码方式，android:versionCode 是指项目版本号，android:versionName 是指版本的名称，android:minSdkVersion 和 android:targetSdkVersion 对应项目创建时的最小 SDK 和目标 SDK 版本，可以手动修改其值以适应不同的开发环境。

<application>标签代表着应用程序清单的开始。其中，android:icon 属性设置图标的图片源，android:label 属性对应应用程序名称，该名称对应于手机的 setting→application 列表中的应用程序名称，并非图标下的名称。

<activity>标签代表一个 Activity 的配置开始。当项目有多个界面时，就有多个<activity>标签对。其中 android:label 属性值代表程序打开后显示的标题名称。如果该 UI 布局界面在桌面上有启动图标，则该属性值同时也代表了启动图标的名称。android:name 属性值对应该活动的类所在的路径，语法格式为“包名.类名”。如果该项目内只有一个包，则可以使用“.类名”的形式。

<activity>标签内部有一个名为<intent-filter>的标签，它表示意图过滤器。该结点可以在新建的活动注册代码中省略。如果增加该结点，就为活动的启动或运行增加了某种功能或者约束。在默认活动的意图过滤器中有两个标签，分别是<action>（动作）和<category>（类别）。而<action>中的 android:name="android.intent.action.MAIN"代表此项所在的活动是整个工程的入口，即工程运行后首先打开该活动对应的界面。<category>中的 android:name="android.intent.category.LAUNCHER"意味着该活动在应用程序列表中加入快捷方式及图标。

如果一个项目有多个活动，则可以为该项目配置多个入口 Activity，同时也可以配置多个图标。此时，只需为每个活动在配置清单中添加上述相同的意图过滤器即可。

4）重写 Activity 的 onCreate()方法，并在该方法中调用 setContentView()方法，加载并显示指定的布局文件。

setContentView()方法的作用是将活动类和布局文件建立联系，活动类中的各种代码才可以获取布局文件的操作，实现人机交互。

默认情况下，在 MainActivity 中所有的代码响应都与 activity_main.xml 布局文件的操作相关。如果使用自定义的布局文件，则只需要在对应的活动中用 setContentView()方法添加该布局文件即可。具体代码如下：

```
setContentView(R.layout.布局文件名称);
```

4.1.3 活动的启动和关闭

如果在 Android 项目中只有一个 Activity，则只需要在配置清单中对该活动进行配置，并将其设置为程序的入口即可，否则需要使用 startActvity()方法来启动其他的活动界面。其语法格式如下：

```
public void startActivity(Intent intent);
```

该方法没有返回值，只有一个 Intent 类型的参数。Activity 是通过该参数表达自己的“意图”，该意图指明了需要启动的活动是哪个。例如，启动“com.example.Hello”包名下名称为“SecondActivity 的活动时”，可以在适当的位置加入如下代码：

```
Intent intent = new Intent( MainActivity. this, SecondActivity. class) ;
startActivity( intent) ;
```

或者

```
Intent intent = new Intent( ) ;
intent. setClassName( this," com. example. Hello. SecondActivity" ) ;//路径为"包名 . 活动的类名"
startActivity( intent) ;
```

如果要关闭当前的活动或界面，则可以使用 Activity 类提供的 finish( )方法。一般该方法放置在相应的触发事件中。例如，在关闭按钮的响应代码中，直接使用 finish( )方法即可关闭该当前活动。

4.1.4 案例——在工程中创建并启动一个新活动

活动是 Android 项目中必须具有的组件，因此创建并启动活动是读者需要掌握的基本技能，其步骤如下。

1）新建项目，名称为“创建并启动新活动”，包名为“com. example. newActivity”。Eclipse 已经默认生成一个入口的活动，名称为 MainActivity，其对应的 UI 布局文件为 activity_main. xml。为了开启新的活动界面，需要通过 UI 布局文件实现交互，为此修改默认布局文件代码，增加一个按钮，其功能就是启动新的 Activity。

2）修改布局文件 activity_main. xml，增加一个按钮，其部分代码如下。

```
< RelativeLayout
    … >
    < Button android:layout_width = " fill_parent"
        android:layout_height = " wrap_content"
        android:text = " 启动新活动"
        android:onClick = " startNewActivity" />
</RelativeLayout >
```

在这里显式地定义了按钮单击事件的响应函数 startNewActivity。

3）修改 MainActivity. java 文件，添加按钮单击事件的响应函数：

```
public void startNewActititivity( View v) {
//添加响应代码
}
```

4）建立新活动对应的 UI 布局。

在 res/layout 目录下，新建 XML 文件，其名称为 newpage（注意不能出现大写字母），根结点为 LinearLayout。单击“Finish”按钮，并在其布局中添加一个静态文本框，部分代码如下。

```
< LinearLayout … >
    < TextView
        android:layout_width = " wrap_content"
    android:layout_height = " wrap_content"
    android:text = " 新活动的页面"
    android:textSize = " 40sp" />
</LinearLayout >
```

5）增加新的活动类。右击包名，在弹出的快捷菜单中选择“New”→“Class”选项，在弹出的如图 4-1 所示的对话框中的“Name”文本框中输入“newActivity”，在 Superclass 后单击“Browse”按钮，弹出如图 4-2 所示的对话框，在文本框中输入“Activity”，选中 android. app 下的 Activity 类并单击“OK”按钮，此时 newActivity 类继承了 Activity 基类。为了使活动启动时就显示相应的布局界面，添加 onCreate ( )方法，需要在其中调用 setContent-View( )方法。

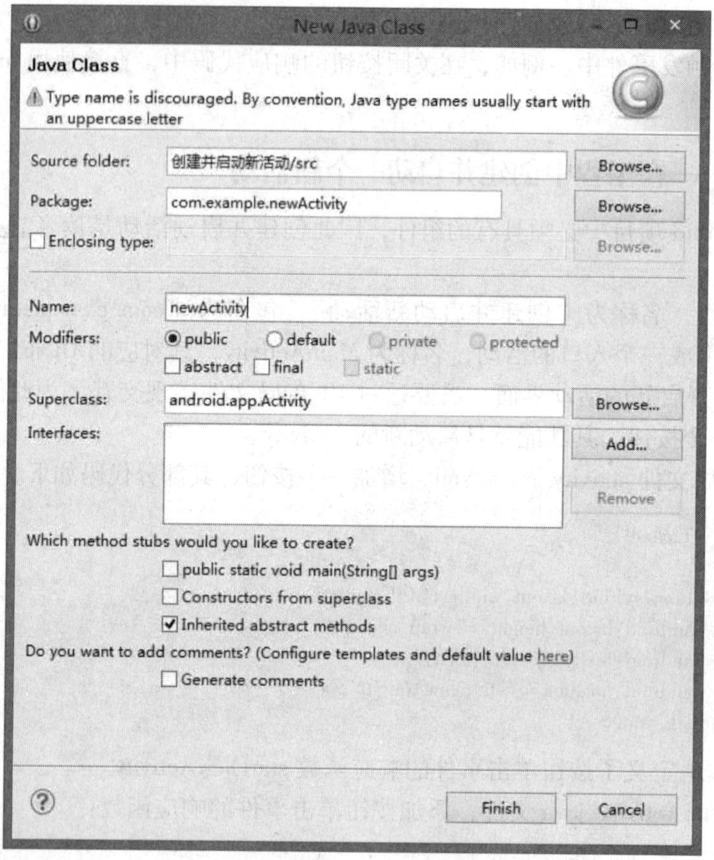

图 4-1　新建类对话框

具体代码如下。

```
public classnewActivity extends Activity {
    @ Override
    protected void onCreate( BundlesavedInstanceState) {
        super. onCreate( savedInstanceState) ;
        setContentView( R. layout. newpage) ;
    }
}
```

6）注册新的活动。在清单文件中添加 <activity>结点，代码如下：

```
< activity android:name = " com. example. newActivity. newActivity" > </activity >
```

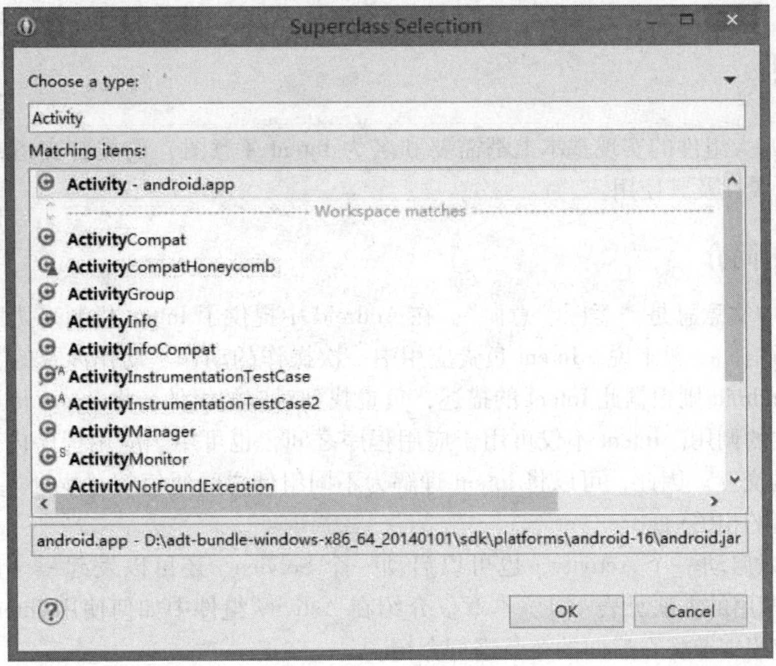

图 4-2　父类选择对话框

7）要启动新活动对应的 UI 布局页面，需要单击“启动新活动”按钮。因此，在按钮的单击事件响应函数中添加如下代码。

```
Intent intent = new Intent(this,newActivity.class);
startActivity(intent);
```

其中，intent 指明了开启的活动类。

8）部署并运行代码。初始界面如图 4-3 所示，单击“启动新活动”按钮，进入新的界面，即成功启动了它所对应的 Activity，如图 4-4 所示。

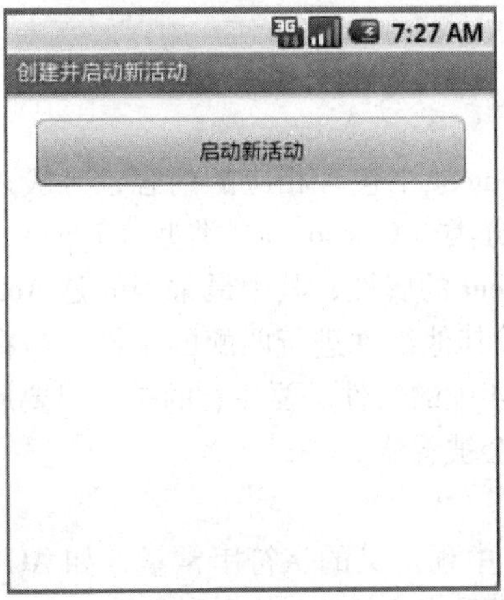

图 4-3　启动界面

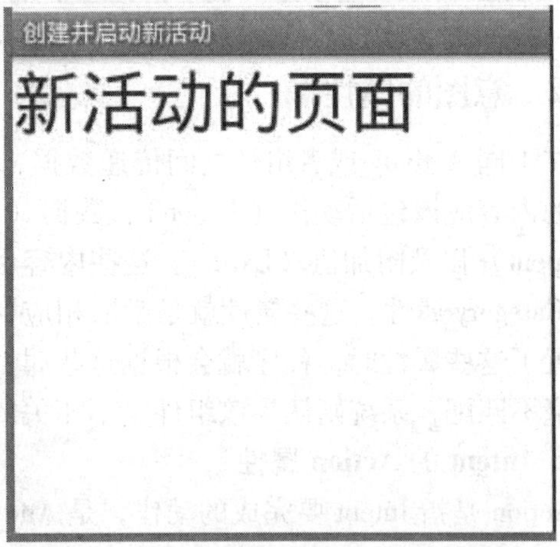

图 4-4　启动新活动对应的页面

4.2 意图

Android 四大组件的实现基本上都需要和名为 Intent（意图）的类打交道，本节主要介绍 Intent 类的属性及其使用。

4.2.1 意图简介

Intent 的中文意思是“意图、意向”。在 Android 中提供了 Intent 机制来协助应用和组件间的交互与通信。一般来说，Intent 负责应用中一次操作的动作、动作涉及的数据、附加数据的描述。Android 则根据此 Intent 的描述，负责找到对应的组件，将 Intent 传递给调用的组件，完成组件的调用。Intent 不仅可用于应用程序之间，也可用于应用程序内部的 Activity/Service 之间的交互。因此，可以将 Intent 理解为不同组件之间通信的“媒介”，它专门提供组件互相调用的相关信息。

Intent 可以启动一个 Activity，也可以启动一个 Service，还可以发起一个广播（Broadcasts）。具体调用的方法见表 4-1。本章仅介绍在 Activity 组件中如何使用 Intent，其他两个组件的具体使用细节将在后面的章节进行介绍。

表 4-1 启动不同组件所用的方法及描述

组件名称	方法名称	描述
Activity	startActivity(Intent)	开启一个新的活动
	startActivityForResult(Intent,int)	开启带返回值的活动
Service	startService(Intent)	开启服务
	bindService(Intent, ServiceConnection, int)	绑定服务
Broadcasts	sendBroadcasts(Intent)	发起无序广播
	sendOrderedBroadcasts(Intent, UserHandle, String, BroadcastReceiver, Handler, int, String, Bundle)	发起有序广播

4.2.2 意图的属性

在不同 Activity 或者组件之间传递数据，需要在 Intent 中包含相应的内容，一般来说最基本的内容应该包括动作（Action）、数据（Data）、分类（Category）、类型（Type）、组件（Compent）以及附加值（Extra）。这些内容也称为 Intent 的属性，其中最常用的是 Action 属性和 Category 属性。这些属性就是激活相应 Activity 或其他组件进行匹配的条件。当在活动中设置了这些属性时，程序就会根据这些属性寻找最匹配的组件。要注意的是，只要属性出现丝毫不匹配，系统则认为该组件是不相关的，最后会被忽略。

1. Intent 的 Action 属性

Action 是指 Intent 要完成的动作，是 Android SDK 中预定义的字符串常量，如 ACTION_VIEW、ACTION_EDIT 等。常用的 Action 常量值及含义见表 4-2。

在 Activity 中也可以使用用户自定义的 Action 属性，实现意图的动作匹配。只有匹配了相同的 Action 属性，才会实现意图的动作。

表 4-2　常用的 Action 常量值及含义

Action 常量	对应字符串	动作含义
ACTION_MAIN	android. intent. action. MAIN	应用程序入口
ACTION_VIEW	android. intent. action. VIEW	显示指定数据
ACTION_ATTACH_DATA	android. intent. action. ATTACH_DATA	指定某块数据将被附加到其他地方
ACTION_EDIT	android. intent. action. EDIT	编辑指定数据
ACTION_PICK	android. intent. action. PICK	从列表中选择某项并返回所选的数据
ACTION_CHOOSER	android. intent. action. CHOOSER	显示一个 Activity 选择器
ACTION_GET_CONTENT	android. intent. action. GET_CONTENT	让用户选择数据，并返回所选数据
ACTION_DIAL	android. intent. action. DIAL	显示拨号面板
ACTION_CALL	android. intent. action. CALL	直接向指定用户打电话
ACTION_SEND	android. intent. action. SEND	向其他人发送数据
ACTION_SENDTO	android. intent. action. SENDTO	向其他人发送消息
ACTION_ANSWER	android. intent. action. ANSWER	应答电话
ACTION_INSERT	android. intent. action. INSERT	插入数据
ACTION_DELETE	android. intent. action. DELETE	删除数据
ACTION_RUN	android. intent. action. RUN	运行维护
ACTION_SYNC	android. intent. action. SYNC	执行数据同步
ACTION_PICK_ACTIVITY	android. intent. action. PICK_ACTIVITY	用于选择 Activity
ACTION_SEARCH	android. intent. action. SEARCH	执行搜索
ACTION_WEB_SEARCH	android. intent. action. WEB_SEARCH	执行 Web 搜索
ACTION_FACTORY_TEST	android. intent. action. FACTORY_TEST	工厂测试的入口点

例如，若使用某个 Action 属性，则可在清单文件的某个 <activity>结点内添加如下代码：

```
<intent-filter>
        <action android:name="自定义动作名称" />
</intent-filter>
```

当开启活动或其他组件时，需要匹配注册清单中系统或者用户自定义动作，其代码如下：

```
Intentintent = newIntent();
intent.setAction(Intent.ACTION_GET_CONTENT);   //匹配系统定义 Action 属性
或者 intent.setAction("自定义动作名称");          //匹配用户自定义 Action 属性
```

然而，仅定义 Action 无法激活某个活动或组件，至少需要增加 Category 属性。

2. Intent 的 Category 属性

Intent 中的 Category 属性是一个执行动作 Action 的附加类别信息，同样也是一个标准的常量。例如，CATEGORY_HOME 表示放回到 Home 界面，ALTERNATIVE_CATEGORY 表示当前的 Intent 是一系列的可选动作中的一个。表 4-3 列出了 Android SDK 文档中常用的 Category 常量值及其含义。

在意图过滤器中没有特殊操作时，Category 的属性值一般设置为 "android. intent. category. DEFAULT"。只有匹配了相同的 Category，才会实现意图的动作，而 Action 和 Category 必须同时配置。

表 4-3　常用的 Category 常量值及含义

Category 常量	对应字符串	含　义
CATEGORY_DEFAULT	android. intent. category. DEFAULT	默认的 Category
CATEGORY_BROWSABLE	android. intent. category. BROWSABLE	指定该 Activity 能被浏览器安全调用
CATEGORY_TAB	android. intent. category. TAB	指定 Activity 作为 TabActivity 的 Tab 页
CATEGORY_LAUNCHER	android. intent. category. LAUNCHER	Activity 显示在顶级程序列表中
CATEGORY_INFO	android. intent. category. INFO	用于提供包信息
CATEGORY_HOME	android. intent. category. HOME	设置该 Activity 随系统 Home 键而运行
CATEGORY_PREFERENCE	android. intent. category. PREFERENCE	该 Activity 是参数面板
CATEGORY_TEST	android. intent. category. TEST	该 Activity 是一个测试
CATEGORY_CAR_DOCK	android. intent. category. CAR_DOCK	指定手机被插入汽车底座（硬件）时运行该 Activity
CATEGORY_DESK_DOCK	android. intent. category. DESK_DOCK	指定手机被插入桌面底座（硬件）时运行该 Activity
CATEGORY_CAR_MODE	android. intent. category. CAR_MODE	设置该 Activity 可在车载环境下使用

例如，在清单文件的某个 Activity 或组件结点内可以添加如下代码：

```
<intent-filter>
        <action android:name="动作名称" />
        <category android:name="android.intent.category.DEFAULT" />
</intent-filter>
```

当开启活动或其他组件时，需要匹配注册清单中系统或者用户自定义的 Category，其代码如下：

```
Intentintent = newIntent();
intent.setAction("动作名称");
intent.addCategory("android.intent.category.DEFAULT");
```

此时，使用 Intent 开启活动或其他组件时，系统会自动在所有的清单文件列表中查找同时匹配了 Action 和 Category 的组件，相应的活动或组件才会被激活。

3. Intent 的 Data 属性

Intent 的 Data 属性表示了执行动作的 URI（Uniform Resource Identifier，统一资源标识符）和 MIME 类型，不同的 Action 具有不同的 Data 数据值。Intent 中的 Data URI 通常用 scheme、host、port、path、mimeType 等属性来匹配。

其中：

- scheme 表示数据前缀，如 content，类似 http 前缀。
- host 表示主机名，常用当前包名。
- port 表示端口号，必须是数字。
- path 表示路径，定义时需要以“/”开头，如“/path2”。
- mimeType 表示数据类型。

这些属性的声明都在清单文件 <intent-filter> 结点中。在 Activity 中配置 data 属性的示例代码如下：

```
<activity … >
    <intent-filter >
        …
        <data android:scheme = "hello" android:host = "aa" android:port = "80" android:path = "/bb"/>
    </intent-filter >
</activity >
```

在实际编程中也可以仅设置 scheme 属性或者省略全部属性。按照上述清单文件中的配置，在使用过程中必须严格遵守的 URI 的格式规范如下。

```
scheme://host:port/path
```

在匹配此 Activity 的 Data 属性时必须使用 Intent 的 setData( )方法，其示例代码如下：

```
Intent intent = new Intent( );
intent.setData(Uri.parse("hello://aa:80/bb"));
```

Data 中的 mimeType 属性比较特殊，可以单独配置。它主要是用来显式指定 Intent 的数据类型（MIME）。通常 Intent 的数据类型能够根据数据本身进行判定，但是通过设置这个属性，可以强制采用显式指定的类型。

例如，当使用 Intent.setType("text/plain")时，系统将会匹配到所有注册 android:mimeType = "text/plain" 的 Activity 或其他组件，如：

```
<activity … >
    <intent-filter >
        …
        <data android:mimeType = " */* "/>
    </intent-filter >
</activity >
```

要匹配包含此属性的 Activity 时必须使用 Intent 的 setType( )方法。实现方法如下：

```
Intent intent = new Intent( );
intent.setType(" */* ");
```

注意：当 <data> 中设置了 mimeType 和 scheme 等属性时，在匹配时必须使用 Intent.setDataAndType( )方法，否则无法匹配正确的组件。

例如，当声明的 data 属性如下时：

```
…
<data android:scheme = "hello"  android:host = "aa"   android:port = "80"  android:path = "/bb"  android:mimeType = " */* "/>
…
```

在 Intent 中进行匹配 Activity 或其他组件时，应当按照如下代码实现：

```
Intent intent = new Intent( );
intent.setDataAndType(Uri.parse("hello://aa:80/bb")," */* " );
```

只有两者同时匹配，才能激活相应的组件。主要是因为使用 setType( )方法设置 mimeType 属性后，会自动将 data 的 URI 值置为 null；而在使用 setData( )方法设置 data 的 URI 值后，会自动将 mimeType 置为 null；只有使用 setDataAndType( )方法，才会同时设置 data 的 URI 值与 mimeType。

4. Intent 的 Extra 属性

Intent 的 Extra 属性是添加一些组件的附加值信息，主要用于组件之间的相互通信。这些信息一般是通过代码来实现的。其常用的方法如下：

- Intent. putExtra(String key,Object value)方法，用于在 Intent 对象中增加附加的数据，其中，key 和 value 为“键 - 值”对，参数 key 为键名，参数 value 为键对应的值，支持常用的数据类型。
- Intent. get ××× Extra(String key)方法用于取出放在 Intent 对象中的附加值，参数 key 为键名。需要注意的是，××× 必须使用与 putExtra( )方法中同名 key 对应 value 相同的数据类型，为 int、String 等基本数据类型。

例如，为某个 Intent 对象添加键名为 name 的字符串类型的附加数据：

```
intent.putExtra("name","lisan");
```

则获取此对象附加信息中的名为 name 数据信息代码为

```
intent.getStringExtra("name");
```

5. Intent 的 Compent 属性

ComponentName 用于显式指定 Intent 所对应的组件。Component 可以用来查找组件，应当根据 setComponent( )、setClass( )、setClassName( )来设置组件的名称。通过 getComponet(ComponetName componetName) 方法获取组件。

4.2.3 意图的投递

在 Android 中，一般有以下两种方式使得 Intent 达成组件之间的交互与信息传递：显式方式和隐式方式。

1）显式方式。该方式直接设置目标组件的 ComponentName，主要适用于在一个项目内部组件之间消息传递，如启动本项目的另一个 Activity。此时，需要通过 Intent 的构造函数或者 setClassName( )方法来指定交互的目标组件名称。具体使用方法参考 4.3 节。

2）隐式方式。该方式不明确指明需要启动的组件名称（类名），一般用于调用其他项目中的组件。但是需要足够的 Intent 属性（如 action、data 或者 category），这样系统根据这些属性使用 intent - filter 在所有的组件中过滤相同的意图来匹配目标组件。

- 如果 Intent 使用 setAction( )方法指明定了 action 值，则目标组件在清单文件 <intent - filter> 中的 <action> 属性列表中就必须包含有相同的 name 值，否则不能匹配。
- 如果 Intent 没有提供 mimeType 属性，则系统将从 data 中得到数据类型。和 action 一样，目标组件 <intent - filter> 的 <mimeType> 属性列表中必须包含相同的数据类型，否则不能匹配。
- 如果 Intent 中的数据不是 content 类型的 URI，而且 Intent 也没有明确指定它的 mimeType 属性，则系统将根据 <intent - filter> 中 data 属性列表的 scheme 值进行匹配。同样，Intent 添加的 scheme 必须出现在目标组件的 scheme 属性中。
- 如果 Intent 指定了一个或多个 category，则这些类别必须全部出现在组建的类别列表中。例如，Intent 中包含了两个类别：LAUNCHER_CATEGORY 和 ALTERNATIVE_

CATEGORY，解析得到的目标组件必须至少包含这两个类别。

4.3 活动之间的跳转

通常一个项目有多个页面，必然对应多个 Activity。在这类项目中，不同 Activity 之间必然需要相互跳转。跳转前的 Activity 称为“源 Activity”，跳转启动的新活动称为“目标 Activity”。如前所述，启动其他的 Activity 通常使用的类就是 Intent。由于 Intent 的投递方式有显式和隐式两种，因此 Activity 之间的跳转也同样分为两种方式。本节主要介绍实现 Activity 的这两种跳转方式的方法。

4.3.1 显式跳转

显式跳转主要用于激活本项目内部的其他 Activity，不可以跳转到其他项目的 Activity，在可以引用到某个活动类，并且可以引用到该类的字节码时使用。

4.3.2 隐式跳转

隐式跳转可以跳转到本项目以及其他程序的 Activity，如开启浏览器、照相机、短信等应用的活动界面。隐式跳转的前提是至少要明确目标 Activity 的动作（action）以及类别信息（category）。因此，能够被隐式跳转的 Activity，在清单文件中声明时必须在 <intent－filter> 中指定动作和类别信息这两个属性。

隐式跳转执行时，系统自动查询所有满足条件的 Activity，即匹配所有 <intent－filter> 中的属性。若有多个 Activity 都匹配成功，则在屏幕上以列表形式列出这些 Activity，以便用户手动选择。例如，打开一个视频文件，系统会弹出菜单选择不同的播放器。所以说，相对显式跳转，隐式跳转执行效率较低。

注意，隐式跳转必须同时配置和匹配 action 和 category。仅设置 action、category 以及 data 中的一种，都会无法匹配活动而使得程序出错。另外，隐式跳转时在清单文件中自定义意图过滤器一定不能设置为系统预定义的属性，如 <category android:name = "android.intent.category.LAUNCHER"/>，否则无法成功跳转。

4.3.3 案例——打开浏览器活动界面

分析：通过题目可知在自己的项目中打开 Android 的浏览器，其实是跳转到浏览器程序的活动界面，因此需要使用隐式跳转，应当匹配浏览器界面 Activity 的意图过滤器。首先要找到 Android 系统自带的浏览器项目，然后在其清单文件中找到主界面对应的 Activity 元素，并分析 <intent－filter> 节点。

为了帮助大家深入理解活动跳转的知识，下面带领大家阅读浏览器程序源代码。打开 Android Kernel 源代码，找到 packages/apps/Browser 目录。该目录对应着 Android 自带浏览器项目的所有源代码。其界面 Activity 的配置在其清单文件 AndroidManifest.xml 中，在其中找到用于浏览器主活动的 <intent－filter> 标签，可以看到如下代码。

```
...
<intent-filter>
        <action android:name="android.intent.action.VIEW" />
        <category android:name="android.intent.category.DEFAULT" />
        <category android:name="android.intent.category.BROWSABLE" />
        <data android:scheme="http" />
        <data android:scheme="https" />
        <data android:scheme="about" />
        <data android:scheme="javascript" />
</intent-filter>
...
```

在这里定义了启动浏览器界面的意图过滤器，其 action、category 和 data 属性都已经配置。由于 data 中配置了多个 scheme，必须使用严格的 URI 格式传递给浏览器界面活动的数据，如“http://××××”，因此要打开浏览器，必须为 Intent 对象配置 action、category 和 data 三个属性。实现的步骤如下。

1）创建新项目，项目名称为“隐式意图打开浏览器”，包名为“com.example.browser”；

2）设计 UI 界面。在本项目中打开浏览器界面，需要一个交互操作。这里在默认的布局文件中添加个按钮作为交互的桥梁，代码如下。

```
<Button
        android:layout_width="wrap_content"
        android:layout_height="wrap_content"
        android:text="打开浏览器"
        android:onClick="openBrowser" />
```

3）在默认的活动类中，编写“打开浏览器”按钮的响应函数 openBrowser()。当单击该按钮时，通过代码使用 Intent 跳转到浏览器程序界面，但是需匹配浏览器活动意图过滤器的属性。按钮单击事件响应函数代码如下。

```
public voidopenBrowser(View v){
        //创建一个 Intent 对象
        Intent intent = new Intent();
        //设置与浏览器活动定义一致的 action
        intent.setAction("android.intent.action.VIEW");
        //设置与浏览器活动定义一致的 category,DEFAULT 可以省略
        intent.addCategory("android.intent.category.BROWSABLE");
        //设置匹配浏览器活动定义的 data 格式的 URI,"scheme://"
        intent.setData(Uri.parse("http://www.baidu.com"));
        //启动 Activity
        startActivity(intent);
}
```

当程序执行 startActivity（intent）时，系统会在所有注册清单中查找与该意图所设置的 action、category 和 data 匹配的 <activity>结点。由于程序是按照浏览器 <activity>结点属性对意图进行设置的，因此只有浏览器的界面 Activity 完全匹配，程序才会自动跳转到浏览器界面，且打开 data 中传递的 URI 所对应的网页。

4）部署并运行代码。单击“打开浏览器”按钮，程序自动开启浏览器页面，并打开传递的网址页面，如图 4-5 所示。

这里需要注意的是，当系统中还有其他项目的清单文件中注册了和上述属性相同的 Activity 时，则会弹出列表框列出所有候选的 Activity，接着由用户来选择执行。

例如，在本项目中新建一个活动名称为 newActivity，并关联一个空的布局文件 new_ui. xml。在清单文件中为此活动添加和浏览器相同的意图过滤器，如下：

```
<activity android:name = "com. example. browser. newActivity" >
    <intent - filter >
        <action android:name = "android. intent. action. VIEW" / >
        <category android:name = "android. intent. category. DEFAULT" / >
        <category android:name = "android. intent. category. BROWSABLE" / >
        <data android:scheme = "http" / >
        <data android:scheme = "https" / >
        <data android:scheme = "about" / >
        <data android:scheme = "javascript" / >
    </intent - filter >
</activity >
```

此时运行程序，单击“打开浏览器”按钮会弹出列表选择框，如图 4-6 所示。此时选择“Browser”选项，则打开浏览器的界面。若选择本项目名称“隐式意图打开浏览器”，则打开本项目创建的空白 UI 布局。

图 4-5　浏览器开启页面

图 4-6　隐式跳转中的选择列表

4.3.4　案例——打开发送短信界面

在上面的例子中，主要实现了系统活动和自定义活动的隐式跳转。这里，为了让大家能够熟悉活动的跳转，再举一个打开发送短信界面的例子。需要注意的是，隐式跳转只是跳转到已经注册在清单文件中的活动，并没有自己实现此活动的功能。

首先，需要知道短信界面 Activity 的意图过滤器配置清单。这就需要打开 Android Kernel 源代码，找到 packages/apps/Mms 目录。该目录对应着 Android 自带短信项目的所有源代码。其界面 Activity 的配置在其清单文件 AndroidManifest. xml 中，在其中找到用于启动发送短信活动界面的 <intent - filter>标签，可以看到如下代码：

```
<intent-filter>
    <action android:name="android.intent.action.VIEW" />
    <action android:name="android.intent.action.SENDTO" />
    <category android:name="android.intent.category.DEFAULT" />
    <category android:name="android.intent.category.BROWSABLE" />
    <data android:scheme="sms" />
    <data android:scheme="smsto" />
</intent-filter>
```

要开启短信界面，必须按照上述的属性配置意图过滤器。打开短信界面的步骤如下：

1）创建新项目，项目名称为“隐式意图打开短信界面”，包名为“com.example.sms”；

2）设计 UI 界面。类似上一个案例，在默认的布局文件中增加一个按钮，代码如下：

```
<Button
        android:layout_width="wrap_content"
        android:layout_height="wrap_content"
        android:text="打开短信界面"
        android:onClick="openSms" />
```

3）在默认的活动类中，编写“打开短信界面”按钮的单击事件响应函数 openSms()。单击该按钮时，在响应函数中使用 Intent 跳转到短信界面，具体代码如下。

```
public voidopenSms(View v){
        //创建一个 Intent 对象
        Intent intent = new Intent();
        intent.setAction("android.intent.action.VIEW");
        intent.addCategory("android.intent.category.BROWSABLE");
        //设置短信的发送对象
        intent.setData(Uri.parse("sms:1100010"));
        //设置短信内容
        intent.putExtra("sms_body","短信发送成功");
        //启动 Activity
        startActivity(intent);
}
```

4）部署并运行代码。单击“打开短信界面”按钮，程序自动跳转到短信编辑页面，并传递了相关的数据，如图 4-7 所示。接下来，只要单击“Send”按钮即可实现短信的发送。

图 4-7　短信发送界面

4.4　活动之间的数据传递

在 Android 应用中，多个 Activity 之间相互交换数据的情况也是非常常见的，如在 QQ 中单击某好友头像，跳转到携带该好友信息的聊天窗口等。本节主要介绍如何实现不同 Activity 之间的传递数据。

4.4.1　使用 Intent 传递数据

在 Android 中，Intent 对象可传递的数据类型有很多种：八大基本数据类型，数组，

Bundle 数据捆 Parcelable（包裹化、邮包）和 Serializable 序列化）。在实际应用中 Intent 传递的数据过多可能会造成跳转速度极慢甚至会产生黑屏，因此为了避免影响到应用程序的使用，不建议用 Intent 传递过多的数据。

使用 Intent 传递少量标识类字符数据时，可以将数据放在意图过滤器的 <data> 结点中。当数据类型比较丰富时，就应当借助于 Intent 类下的 putExtra（String key，Object value）方法将数据传递出去；但必须确定传递数据的 key 值和数据类型。若要在新的活动中取得传递的信息，则通过 get×××Extra（String key）方法根据相应的 key 值就能取得从上一个 Activity 中传递过来的数据。其中 get×××Extra 的 ××× 表示获取的数据类型，应与传递的类型一致。

除了这些基础类型以外，对象能不能够传递呢？因为往往我们都会根据需求自定义一些对象来存储数据，如果每次都从对象中取出属性，然后通过 putExtra( )添加到 Intent 里，将会非常麻烦。传递对象和前面传递基础型的数据是一样的，这里需要注意的是，该对象的类在声明时必须实现 java. io. Serializable 序列化接口，这样调用 Intent 对象的 putExtra( )方法就不会报错。如，声明的类可以为

```
import java.io.Serializable;
public class User implements Serializable {
        private static final long serialVersionUID = 1L;
        private String username;
        private String password;
        public String getUsername( ) {
                return username;
        }
        public void setUsername(String username) {
                this.username = username;
        }
        public String getPassword( ) {
                return password;
        }
        public void setPassword(String password) {
                this.password = password;
        }
        public User(String username,String password) {
                super( );
                this.username = username;
                this.password = password;
        }
}
```

在源活动传递该类对象时，基本代码模板如下。

```
User user =  new User("cumt","121212");  //使用构造函数设置对象基本数据
Intent intent = new Intent( );
Intent.setClass(this,目标活动.class);         //或者使用隐式跳转
intent.putExtra("user",user);
startActivity(intent);
```

在目标活动中获取该对象携带的数据，则使用如下代码：

```
User user_copy = (User) getIntent(). getSerializableExtra("user");
```

user_copy 是 User 对象，getIntent()是 Activity 的方法，用于获取源活动意图对象。值得注意的是，得到的 user_copy 不是引用，而是新建了一个 User 对象并对其赋值。

4.4.2 使用 Bundle 传递数据

除了传递单一类型的数据外，在 Android 中也可以将数据捆绑传递，也就是使用 Bundle 来存储数据，并将其通过 putExtras()方法附加到 Intent。Bundle 使用“键-值”对来存储数据。

使用 Bundle 传递数据，需要在源活动中进行如下的定义。

```
Bundle bundle = new Bundle();
bundle. putString (" name"," Lisan'");          //捆绑键名称为 name 的字符串数据
bundle. putInt ( "ID", "100001");               //捆绑键名称为 ID 的整型数据
Intent intent = new Intent (this, 目标活动 . class);
intent. putExtras (bundle);                     //将捆绑好的数据放在 Intent 对象里
startActivity (intent);
```

在目标活动中将数据从 Intent 中取出：

```
Intent intent = getIntent();                    //获取传递的 Intent 对象
Bundle bundle = intent. getExtras();            //提取捆绑的数据
String name = bundle. getString("name");        //获取键名称为 name 的字符串数据
Int ID = bundle. getInt("ID");                  //获取键名称为 ID 的整型数据
```

4.4.3 案例——使用 Intent 和 Bundle 传递数据

下面通过一个案例来演示 Intent 如何传递数据。需求：单击源 Activity 界面的按钮，将数据传递到目标 Activity，并显示传递的数据。

1）新建项目，名称为“Acitivty 传递数据”，包名为“com. example. acitivtyData”。在默认布局中增加按钮，名称为“打开第二个活动并传递数据”，并给该按钮绑定单击事件方法名称。

```
<Button
        android:layout_width = "wrap_content"
        android:layout_height = "wrap_content"
        android:text = "打开第二个活动并传递数据"
        android:onClick = "open" />
```

2）创建新的活动，名称为“NewActivity”，并在清单文件 AndroidManifest. xml 中注册并修改 NewActivity 的 <intent-filter> 参数：

```
<activity android:name = "com. example. acitivtyData. NewActivity" >
    <intent-filter>
            <action android:name = "com. example. acitivtyData. NewActivity" />
            <category android:name = "android. intent. category. DEFAULT" />
            <data android:scheme = "hello"/>
            <data android:mimeType = "data/myMime"/>
    </intent-filter>
</activity>
```

3）在主活动布局中添加“打开第二个活动并传递数据”按钮单击响应事件代码。通过单击该按钮，将数据封装在 Intent 对象中，并跳转到 NewActivity 对应的 UI 界面。代码如下。

```
public void open(View v) {
    Intent intent = new Intent();
    // 使用隐式意图,并匹配 NewActivity 的意图过滤器
    intent.setAction("com.example.acitivtyData.NewActivity");
    intent.addCategory("android.intent.category.DEFAULT");
    // 同时匹配 URI 和 mimetype
    intent.setDataAndType(Uri.parse("hello://Nice to meet you!"),"data/myMime");
    // 给 Intent 添加 Extra 数据
    intent.putExtra("name","lisan");
    // Intent 也可以传递数组
    ArrayList<String> list = new ArrayList<String>();
    for (int i=0;i<10;i++) {
        list.add("No." + (i+1));
    }
    // 给 Intent 添加字符串类型的数组,自动封装在 Bundle 中
    intent.putStringArrayListExtra("list",list);
    // 声明一个 Bundle 对象,使用 Bundle 传递数据
    Bundle bundle = new Bundle();
    // 在 Bundle 对象中绑定数据
    bundle.putString("pwd","123456");
    // 给 Intent 添加 Bundle 对象
    intent.putExtras(bundle);
    startActivity(intent);
}
```

4）编写 NewActivity 类代码，接收并显示数据。

① 新建空的布局文件，名称为 activity_new.xml，增加一个 TextView 用于显示接收的数据。

```
<TextView
        android:id="@+id/tv"
        android:layout_width="fill_parent"
        android:layout_height="fill_parent"
        android:singleLine="false" />                    //多行显示
```

② 编写 Java 代码，获得传递的数据。

```
public classNewActivity extends Activity {
    @Override
    protected void onCreate(BundlesavedInstanceState) {
        super.onCreate(savedInstanceState);
        setContentView(R.layout.activity_new);
        TextView textView = (TextView) findViewById(R.id.tv);
        //从当前 Context 对象中获取源 Activity 的 Intent 对象
        Intent intent = getIntent();
        //获取 Intent 中传递的 data 属性
        String data = intent.getData().toString() + "\n";
        //获取 Intent 中传递的 Extra 属性数据,键名为“name”
        String name = intent.getStringExtra("name") + "\n";
```

```
            //获取 Intent 中传递的 Bundle 对象
            Bundle bundle = intent. getExtras( ) ;
            //从 Bundle 对象中获取 key 为"pwd"的数据
            String pwd  = bundle. getInt( "pwd" ) + "\n" ;
            //获取 Intent 中传递的 key 为"list"的数组
            List < String >  list = ( List < String > ) intent. getStringArrayListExtra( "list" ) ;
            //显示所有数据
            textView. setText( data + name + pwd + list ) ;
        }
    }
```

5）部署名运行代码。单击“打开第二个活动并传递数据”按钮，运行结果如图 4-8 所示。

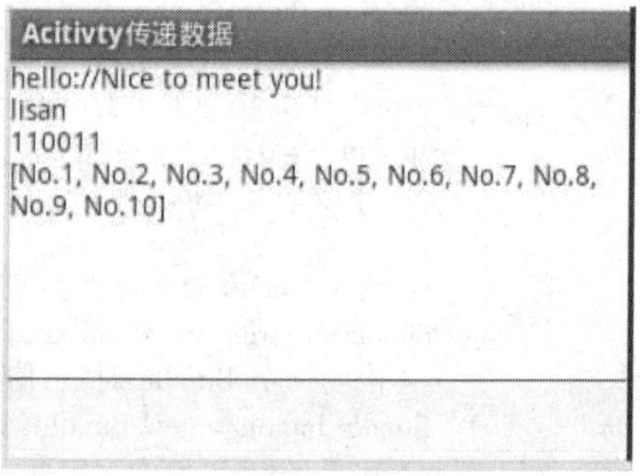

图 4-8　Activity 传递数据

4.4.4　数据的回传

在微信朋友圈中发送照片时，首先启动图片库的 Activity，当选中照片后则返回微信 Activity 界面，这就需要将图片带回到源 Activity。要实现数据的回传仅调用 startActivity（intent）方法是无法满足需求的，Android 提供了 startActivityForResult（Intent, int）方法。其步骤如下：

1）在源 Acitivity 中，跳转到目标 Activity 时，使用 startActivityForResult( )方法开启新页面：

```
Intent intent = new Intent( this,目标活动名 . class) ;
startActivityForResult( intent,1) ;
```

startActivityForResult( )方法的第二个参数是请求码，只有匹配相同的请求码才能保证回传数据的来源，以便做出正确的处理。

2）在目标 Activity 里，调用 setResult( )方法设置回传的数据。注意，回传数据是由 Intent 对象携带的。

```
Intentresult = new Intent( ) ;
result. putExtra( "key" , "value" ) ;
setResult(0,result) ;
finish( ) ;
```

setResult( )方法的第一个参数为返回码，只有匹配相同的返回码才能保证数据的来源，以便做出正确的处理。

📖 设置完回传数据后并不会立刻返回前一个页面，而是在当前页面关闭后，才会回传数据。一般通过触发事件来关闭页面，并且调用活动中的 finish( )方法。

3）当数据回传数据给源 Activity 页面时，自动调用其中的 onActivityResult( )方法，因此在该方法中能够获取回传的数据，并对数据进行处理。代码模板如下：

```
@ Override
```

```
protected voidonActivityResult(int requestCode,int resultCode,Intent data) {
    super.onActivityResult(requestCode,resultCode,data);
    if(data! = null) {
        if(requestCode ==1) {
            //处理请求码为 1 时启动的 Activity 回传的数据
        }
        if(resultCode  ==2) {
            //处理返回码为 2 时启动的 Activity 回传的数据
        }
        …
    }
}
```

在 onActivityResult()方法中，前两个参数分别对应请求码和返回码，第三个参数为传递的 Intent 对象，用于获取回传的数据。

4.4.5 案例——头像选择

在一些 APP 中，注册时面临着选择头像的问题。本例就以此功能为例学习如何实现 Activity 中的数据回传。单击头像打开新的页面，里面包含了系统配置的所有头像列表，从中选择之后更改原有的头像，以便完成注册。因此，项目中应该包含两个布局文件，一个用于注册，一个用于选择并回传头像。

具体实现步骤如下：

1）新建项目，名称为“Activity 数据回传头像选择”，包名为“com.example.activityDataForResult”。

2）在主活动 MainActivity 的 UI 布局文件 activity_main 中，设计注册页面布局。

```
<LinearLayout                                          //全局垂直线性布局
    xmlns:android = "http://schemas.android.com/apk/res/android"
  xmlns:tools = "http://schemas.android.com/tools"
  android:layout_width = "match_parent"
  android:layout_height = "match_parent"
  android:orientation = "vertical"
  tools:context = ".MainActivity"  >
  <ImageView                                           //显示图片
      android:id = "@ +id/iv"
      android:layout_width = "wrap_content"
      android:layout_height = "wrap_content"
      android:layout_gravity = "center_horizontal"     //水平居中
      android:src = "@drawable/ic_launcher" />         //默认图片 Android 图标
  <LinearLayout                                        //水平线性布局
      android:layout_width = "fill_parent"
      android:layout_height = "wrap_content"
      android:orientation = "horizontal"  >
      <TextView                                        //静态文本框
          android:layout_width = "0dp"
          android:layout_height = "wrap_content"
          android:layout_weight = "1"                  //权重
          android:gravity = "right"
```

```
            android:text = "用户名:" />
        <EditText                       //编辑框
            android:layout_width = "0dp"
            android:layout_height = "wrap_content"
            android:layout_weight = "3" />
    </LinearLayout>
    <LinearLayout
        android:layout_width = "fill_parent"
        android:layout_height = "wrap_content"
        android:orientation = "horizontal"  >
        <TextView
            android:layout_width = "0dp"
            android:layout_height = "wrap_content"
            android:layout_weight = "1"
            android:gravity = "right"
            android:text = "密码:" />
        <EditText
            android:layout_width = "0dp"
            android:layout_height = "wrap_content"
            android:layout_weight = "3"/>
    </LinearLayout>
    <Button                             //注册按钮
        android:layout_width = "wrap_content"
        android:layout_height = "wrap_content"
        android:layout_gravity = "center_horizontal"
        android:text = "注册" />
</LinearLayout>
```

在本例中，布局文件的编辑框和按钮都没有作用，因此没有配置 id 属性。为了修改 ImageView 的图片源，需在代码中实现，因此为其配置 id 属性。默认界面视图如图 4-9 所示：

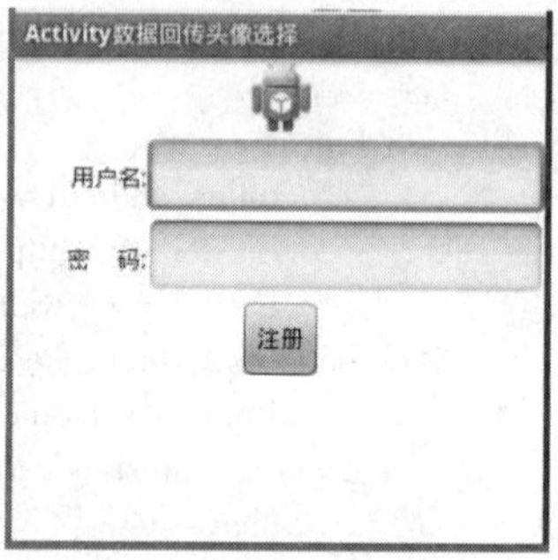

图 4-9　案例初始界面

3）设计头像列表 UI 布局文件 icon. xml。为了简单起见，这里没有使用复杂的 ListView，而是将 4 个 ImageView 纵向排列。为显示不同图像，将头像图片资源复制到 drawable 文件夹下，名称分别为 icon1. png、icon2. png、icon3. png、icon4. png。

```
<LinearLayout                                           //垂直线性布局
    xmlns:android = "http://schemas. android. com/apk/res/android"
    android:layout_width = "match_parent"
    android:layout_height = "match_parent"
    android:orientation = "vertical"  >
    <ImageView                                          //图像视图,显示头像
        android:id = "@ + id/iv1"                       //设置 ID
        android:layout_width = "wrap_content"
        android:layout_height = "wrap_content"
        android:layout_gravity = "center_horizontal"    //水平居中
        android:src = "@ drawable/icon1"/>              //设置默认图片源
```

```
<ImageView
    android:id="@+id/iv2"
    android:layout_width="wrap_content"
    android:layout_height="wrap_content"
    android:layout_gravity="center_horizontal"
    android:src="@drawable/icon2" />
<ImageView
    android:id="@+id/iv3"
    android:layout_width="wrap_content"
    android:layout_height="wrap_content"
    android:layout_gravity="center_horizontal"
    android:src="@drawable/icon3"/>
<ImageView
    android:id="@+id/iv4"
    android:layout_width="wrap_content"
    android:layout_height="wrap_content"
    android:layout_gravity="center_horizontal"
    android:src="@drawable/icon4" />
</LinearLayout>
```

最终，配置的头像选择 UI 界面如图 4-10 所示。

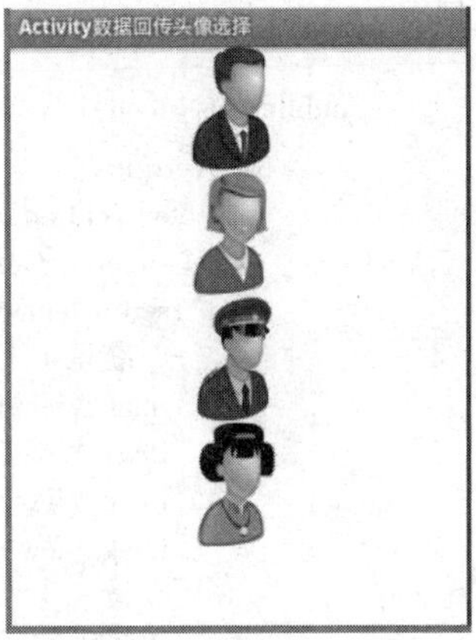

图 4-10　头像选择界面

4）新建 icon. xml 关联的 Activity，名称为 IconActivity，并在清单文件中注册该活动。由于本例使用的是内部活动跳转，因此不需设置意图过滤器。

```
<activity android:name="com.example.activityDataForResult.
IconActivity" >
</activity>
```

5）针对 activity_main. xml 布局文件，设计响应代码。由于单击图片时需要弹出头像列表页面，因此增加图片视图的单击事件响应函数。当选择相应头像后，还需要将其信息回传数据给源活动。在本案例中使用头像所在图像视图的 ID 信息作为回传数据。

```
public classMainActivity extends Activity {
    // ImageView 在不同方法中使用,需定义为成员变量
    privateImageView iView;
    @Override
    protected void onCreate(BundlesavedInstanceState) {
    super.onCreate(savedInstanceState);
    setContentView(R.layout.activity_main);
    //获取 ID 为 iv 的 ImageView 的引用
    iView = (ImageView) findViewById(R.id.iv);
    //使用匿名内部类设置图片的单击监听事件,单击按钮跳转到新的页面
    iView.setOnClickListener(new OnClickListener() {
        @Override
        public void onClick(View v) {
            // 定义显式跳转页面
            Intent intent = new Intent(MainActivity.this,
```

```
                IconActivity. class);
            //需要返回数据,请求码为1
            startActivityForResult(intent,1);
        }
    });
    }
    //重载返回数据的获取方法
    @Override
    protected voidonActivityResult(int requestCode,int resultCode,Intent data) {
    …
}
```

在本段代码中定义 Intent 对象时使用了 Intent intent = new Intent （MainActivity. this，IconActivity. class）方法。该方法的第一个参数为 View 视图的上下文，仅使用 this 并不是指本活动的上下文，而是指内部匿名类 OnClickListener 的对象，因此需要对应视图对应的活动——MainActivity。这在今后的 Android 编程中会经常出现，应多加注意。

6）在 IconActivity 活动中，编写相应的代码。按照需求，当单击不同的图标后，返回相应图像视图控件的 ID 即可。多个图像视图都有单击事件，使用类文件的监听接口。

```
public class IconActivity extends Activity implements OnClickListener {
    @Override
    protected void onCreate(BundlesavedInstanceState) {
        super. onCreate(savedInstanceState);
        setContentView(R. layout. icon);
        //获得4个ImageView的引用,以便对其进行编码操作
        ImageView iView1 = (ImageView) findViewById(R. id. iv1);
        ImageView iView2 = (ImageView) findViewById(R. id. iv2);
        ImageView iView3 = (ImageView) findViewById(R. id. iv3);
        ImageView iView4 = (ImageView) findViewById(R. id. iv4);
        //设置4个ImageView的监听事件,注意参数为上下文
        iView1. setOnClickListener(this);
        iView2. setOnClickListener(this);
        iView3. setOnClickListener(this);
        iView4. setOnClickListener(this);
    }
    //重载单击事件的监听方法,当在4个图像区域内有单击事件时,自动调用该方法
    @Override
    public voidonClick(View v) {
        //声明Intent对象,用于传递数据
        Intent intent = new Intent();
        //将单击位置所在的图像视图ID附加在Intent中
        intent. putExtra("id",v. getId());
        //返回Intent数据,并对应返回码为2
        setResult(2,intent);
        //只有结束该活动才会返回到上一个活动
        finish();
    }
}
```

7）在主活动 onActivityResult( )方法中编写获得数据后的处理代码。获取哪个图像视图的 ID，就在主活动页面的 ImageView 中显示对应的图片信息。

```
@ Override
protected voidonActivityResult( int requestCode,int resultCode,Intent data) {
        //存放返回的图片所在视图控件 ID 信息,数据在 data 参数中
        int resultID = R. id. iv;
        super. onActivityResult( requestCode,resultCode,data);
        if( data! = null) {//数据是否为空
            if( requestCode = = 1&&resultCode = = 2) {//匹配请求码和返回码
                //根据键名称 ID 获取返回的数据,第二个参数为默认值,如果没有键名 ID 的数
据,则返回该页面图像视图的 ID
                resultID = data. getIntExtra( " id" ,R. id. iv);
            }
            switch (resultID) {
            case R. id. iv1:
                //根据返回的 ID,给本界面图像视图设置图像源
                iView. setImageResource( R. drawable. icon1);
                    break;
            case R. id. iv2:
                iView. setImageResource( R. drawable. icon2);
                    break;
            case R. id. iv3:
                iView. setImageResource( R. drawable. icon3);
                    break;
            case R. id. iv4:
                iView. setImageResource( R. drawable. icon4);
                    break;
            default:
                    break;
        }
}
```

📖 如果复制图片到 drawable 文件夹下，则 R 文件就会自动生成这些图片资源的 ID，其值为“R. drawable. 图片文件名称”。

8）部署并运行代码。单击图 4-9 中的头像图片，自动打开图 4-10 所示的界面。单击第一个图标，程序自动返回主页面，更换头像结果如图 4-11 所示。

图 4-11　更改头像结果

4.5　活动的生命周期

生命周期是 Activity 的重要特征，明确了解生命周期可以很好地对 Acitivy 进行控制和管理。本节主要介绍 Activity 生命周期的相关方法和运行过程。

4.5.1 认识活动生命周期

生命周期就是一个对象从创建到销毁的过程。在 Android 中，进程的生命周期大多是由系统管理的。由于手机应用的一些特殊性，用户只能在手机上看到一个程序的一个界面，或者在手机来电时系统会优先显示电话接听界面等，因此更需要去关注各个 Android 组件的运行时生命周期模型。了解这些组件的生命周期模型可以让开发者对软件在手机中的运行情况做到心中有数，更重要的是，生命周期中的每一个关键方法都会有用于重载的事件处理方法。了解各组件的生命周期就是为了在开发程序时去编写各种事件的处理代码。

在系统中的 Activity 被一个 Activity 栈所管理。当一个新的 Activity 启动时，将被放置到栈顶，成为运行中的 Activity，前一个 Activity 保留在栈中，不再放到前台，直到新的 Activity 退出为止。Activity 的生命周期对它的任务、任务栈和与此有关联的 Activity 有着直接的影响。Android 系统根据生命周期的不同阶段唤起对应的回调函数来执行代码。因此想开发出一个健壮的、有弹性的 Android 程序，需要学会如何去管理 Activity 的生命周期（即调用各种回调方法）。

4.5.2 活动生命周期中的方法

活动的生命周期是被该类以下的 7 个方法控制的。

```
public class Activity extendsApplicationContext {
        protected void onCreate(Bundle);
        protected void onStart();
        protected void onRestart();
        protected void onResume();
        protected void onPause();
        protected void onStop();
        protected void onDestroy();
}
```

- onCreate（Bundle）方法：该方法在 Activity 被首次加载时执行。新启动一个程序时，其主窗体的 onCreate()事件就会被执行。如果 Activity 被销毁后（调用 onDestroy()方法后），再重新加载进任务栈时，onCreate()方法也会被重新执行。一般在此方法进行初始化编码，并执行 setContentView（View）方法。
- onStart()方法：该方法在 onCreate()方法之后执行；或者当前窗体被交换到后台后经过一段时间，窗体已经执行了 onStop()方法，但是窗体及其进程并没有被销毁，此时用户再次重新查看窗体时会执行 onRestart()方法，并跳过 onCreate()方法，直接执行窗体 Activity 的 onStart()方法。
- onResume()方法：该方法在 onStart()方法之后执行；或者当前窗体被交换到后台后，在用户重新查看窗体时，若此时窗体还没有被销毁，也没有执行过 onStop()方法，则会跳过窗体 Activity 的 onCreate()方法和 onStart()方法，直接执行 onResume()方法。通俗地说，当窗体恢复可见、可进行交互操作时调用该方法。
- onPause()方法：该方法在窗体被交换到后台时执行，此处是用于编写用户离开当前 Activity 代码的地方。更重要的是，在当前 Activity 中任何状态的改变都要在这个方法中保留。也可以说，当窗体部分可见，但不可进行交互时调用该方法。

- onStop( )方法：该方法在 onPause( )方法之后执行。如果一段时间内用户还没有重新激活该窗体，则该窗体 Activity 的 onStop( )方法将会被执行；或者用户直接按〈Back〉（退出）键，将该窗体从当前任务栈中移除，也会执行 onStop( )方法。也就是说，窗体完全不可见时调用该方法。
- onRestart( )方法：该方法在 onStop( )方法后执行。如果窗体和其所在的进程没有被系统销毁，此时用户又重新查看该窗体，则会执行窗体的 onRestart( )方法。
- onDestroy( )方法：Activity 被销毁时执行。在窗体的 onStop( )方法之后，如果没有再次激活该窗体，Activity 则会被销毁。通常在该方法中把相关数据给释放掉，以节省内存。

Activity 的生命周期如图 4-12 所示。

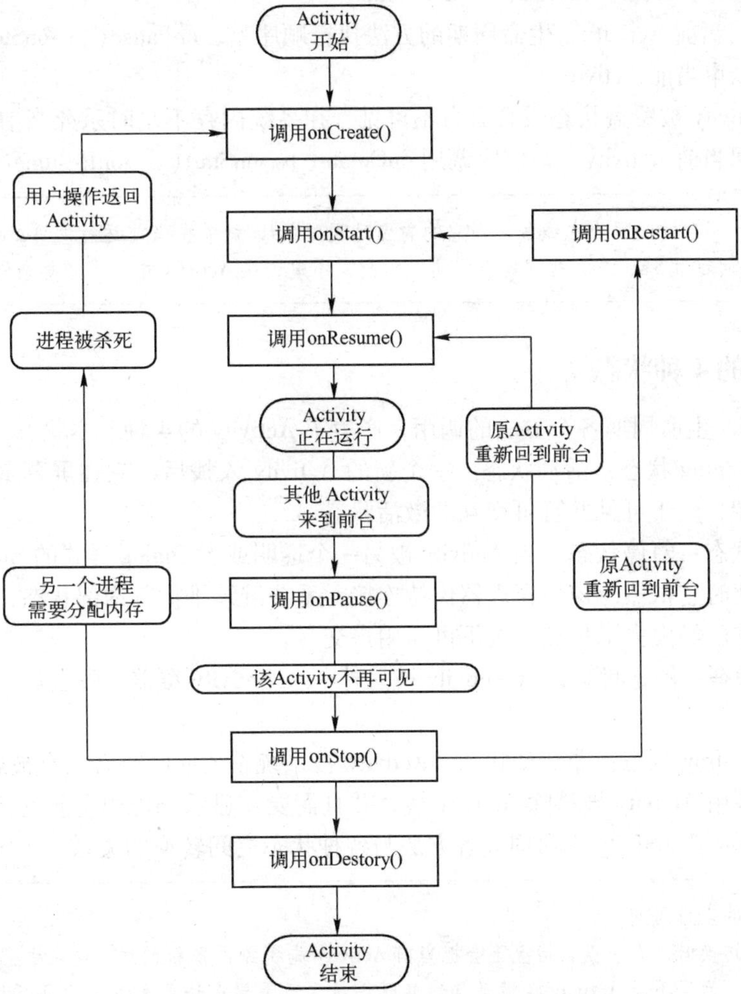

图 4-12　Activity 的生命周期

下面结合图 4-12 解释一下这些方法在操作中调用的顺序。

- 使用 startActivity( )启动一个 Activity 时，其生命周期调用的方法顺序是：onCreate( )→onStart( )→onResume( )。
- 按〈Back〉键关闭一个 Activity 时，生命周期调用的方法顺序是：onPause( )→onStop( )→onDestroy( )。
- 当开启一个新的 Activity 把原来的 Activity 遮挡一部分时，原 Activity 的生命周期调用的方法是 onPause( )。
- 当开启一个新的 Activity 把原来的 Activity 完全盖住或按〈Home〉键时，原 Activity 生命周期的执行顺序是：onPause( )→onStop( )。
- 当把新开启的前台 Activity 关闭时，后台被遮挡一部分的 Activity 的生命周期调用的方法是 onResume( )。
- 当把新开启的前台 Activity 关闭时，后台被完全遮挡的 Activity 生命周期的方法执行顺序是：onRestart( )→onStart( )→onResume( )。
- 用户退出当前 Activity，生命周期的方法执行顺序是：onPause( )→onStop( )→onDestory( )，结束当前 Activity。
- 当前 Activity 被覆盖状态或者后台不可见，在系统内存不足时杀死当前 Activity，而后用户退回当前 Activity，则依次调用 onCreate( )→onStart( )→onResume( )。

📖 若当前 Activity 所在的线程为主线程，则它的响应时间为 5 s。如果在当前运行的 Activity 中进行耗时的操作且响应时间超过 5 s，那么程序就会报错。因此，不建议在 Activity 中写太多复杂代码。

4.5.3 活动的 4 种状态

随着 Activity 生命周期各个方法的调用，产生了 Activity 的 4 种基本状态。

- Active/Runing 状态：活动状态。一个新的 Activity 入栈后，它在屏幕最前端，处于栈的最顶端，处于可见并且可交互的激活状态。
- Paused 状态：暂停状态。当 Activity 被另一个透明或者 Dialog 样式的 Activity 覆盖时的状态。此时它依然与窗口管理器保持连接，系统继续维护其内部状态，所以它仍然可见，但它已经失去了焦点，故不可与用户交互。
- Stoped 状态：停止状态，当 Activity 被另外一个 Activity 覆盖、失去焦点并不可见时的状态。
- Killed/Destroy 状态：非活动状态。Activity 被系统杀死回收或者没有被启动时的状态。此时，待用 Activity 被移除 Activity 栈，并且需要在显示和可用之前重新启动它。

图 4-13 展示了 Activity 生命周期各方法与各种状态之间转换的关系。

📖 横竖屏切换时的生命周期

在横竖屏切换时，系统默认情况下会把当前 Activity 先销毁再重新创建。这在手机游戏的应用中是非常差的体验。为了不让 Activity 在横竖屏切换时销毁，只需要在清单文件声明 Activity 时配置相应的 <activity> 标签下的几个属性即可，其方式如下。

- 在 Android 4.0 以下版本：

```
android:configChanges = "orientation|keyboardHidden"
```

- 在 Android 4.0 以上版本：

```
android:configChanges = "orientation|screenSize"
```

- 为了兼容所有版本，可以直接使用：

```
android:configChanges = "orientation|keyboardHidden|screenSize"
```

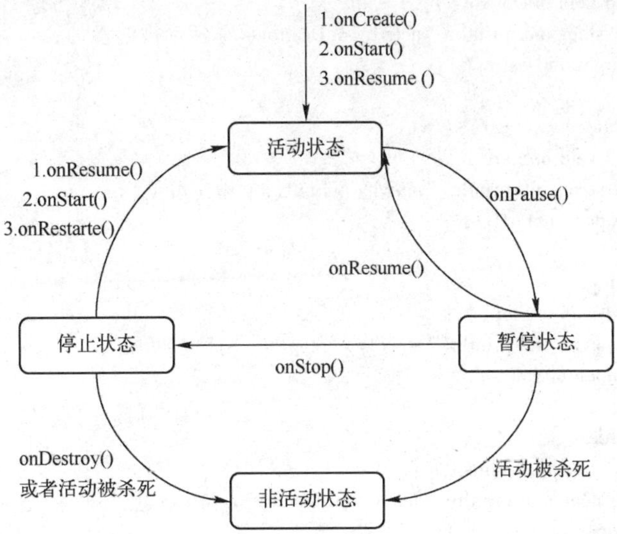

图 4-13　Activity 生命周期各方法与各种状态之间转换的关系

4.5.4　案例——生命周期演示

为了让大家深入理解 Activity 生命周期相关方法的执行过程，下面使用简单的示例代码来解释其原理。

1）创建新的项目，名称为“生命周期演示”，包名为“com.example.lifeCycle”。

2）设计主活动 UI 界面 activity_main.xml。使用垂直线性布局，其中增加两个按钮，一个用于关闭当前活动，一个用于打开对话框样式的活动，以便部分遮挡当前活动。

```
<Button
        android:layout_width = "fill_parent"
        android:layout_height = "wrap_content"
        android:text = "关闭活动"
        android:onClick = "close"/>              //单击该按钮响应方法
<Button
        android:layout_width = "fill_parent"
        android:layout_height = "wrap_content"
        android:text = "打开对话框"
        android:onClick = "openDialog"/>         //单击该按钮响应方法
```

3）编写主活动 Java 代码，在其生命周期各个方法添加打印日志，并增加按钮单击事件响应方法。

```
public class MainActivity extends Activity {
```

```
        @ Override
        protected void onCreate( Bundle savedInstanceState) {
            super. onCreate( savedInstanceState) ;
            setContentView( R. layout. activity_main) ;
            System. out. println( "activity onCreate( ):活动被创建") ;
        }
        @ Override
        protected void onDestroy( ) {
            System. out. println( "activity onDestroy( ): 活动被销毁") ;
            super. onDestroy( ) ;
        }
        @ Override
        protected void onStart( ) {
            System. out. println( "activity onStart( ): 用户可见") ;
            super. onStart( ) ;
        }
        @ Override
        protected void onStop( ) {
            System. out. println( "activity onStop( ): 用户不可见") ;
            super. onStop( ) ;
        }
        @ Override
        protected void onResume( ) {
            System. out. println( "activity onResume( ):获取焦点") ;
            super. onResume( ) ;
        }
        @ Override
        protected void onPause( ) {
            System. out. println( "activity onPause( ):失去焦点") ;
            super. onPause( ) ;
        }
        @ Override
        protected void onRestart( ) {
            System. out. println( "activity onRestart( )") ;
            super. onRestart( ) ;
        }
        //"关闭活动"按钮响应,执行 finish( )结束该活动
        public void close( View view) {
            finish( ) ;
        }
        //"打开对话框"按钮响应,开启新的活动
        public void openDialog( View view) {
            Intent intent = new Intent( this,NewActivity. class) ;
            startActivity( intent) ;
        }
}
```

4）添加第二个活动 NewActivity，在 onCreate( )用代码的方法添加一个 TextView 用于显示文字。由于使用了代码添加控件，因此不需要创建相关的布局文件了。具体代码如下。

```
public class NewActivity extends Activity {
```

```
        @ Override
        protected void onCreate( BundlesavedInstanceState) {
                super. onCreate( savedInstanceState) ;
                TextView tv = new TextView( this) ;
                tv. setText( " 显示了对话框" ) ;
                setContentView( tv) ;      //将视图控件显示在活动中
        }
}
```

5）在清单文件中注册新的活动。为了演示部分遮挡效果，这里将其主题设置成对话框，代码如下。

```
< activity android:name = " com. example. lifeCycle. NewActivity"
            android:theme = " @ android:style/Theme. Dialog" >
</activity >
```

6）部署并运行程序，观察生命周期的方法调用顺序。

① 首次运行程序，调用方法顺序为 onCreate( )→onStart( )→onResume( )，如图 4-14 所示。

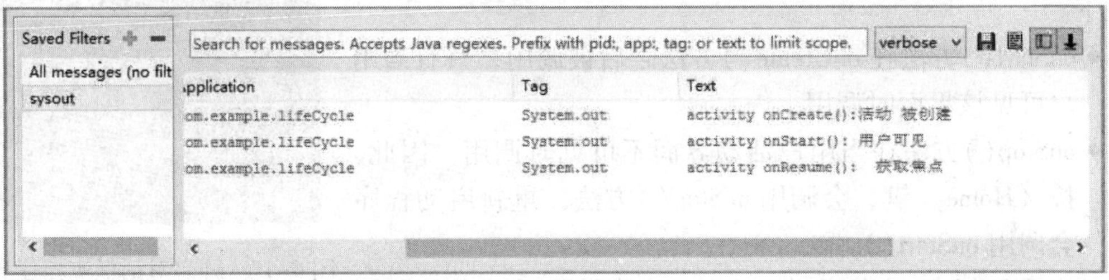

图 4-14　程序运行时调用的方法

② 按〈Home〉键，使活动失去焦点，且用户不可见，因此调用的方法顺序为 onPause( )→onStop( )。重新打开程序后，由于没有结束该进程，因此不会再次调用 onCreate( )方法，但是其他方法仍会执行。执行完上述两步操作后调用的方法结果如图 4-15 所示。

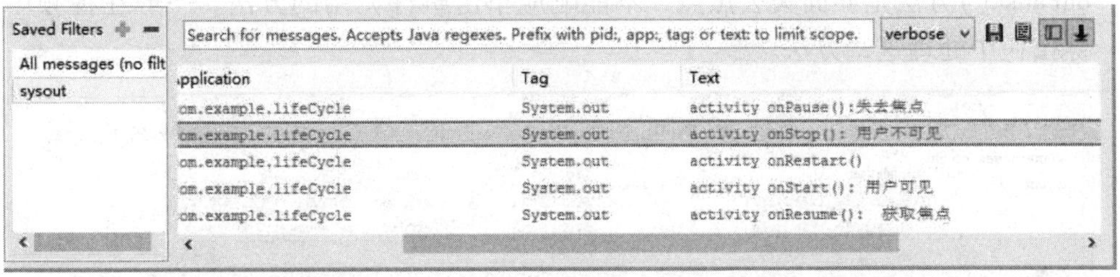

图 4-15　单击“Home”键后恢复活动调用的方法

③ 单击“关闭活动”按钮，执行 finish( )或者按〈Back〉键，结束该活动时调用的方法顺序为 onPause( )→onStop( )→onDestroy( )。此时，再次打开该程序，由于活动被销毁，因此需要重新创建，其调用的方法顺序与首次打开活动过程一致。执行完上述两步操作后调用的方法结果如图 4-16 所示。

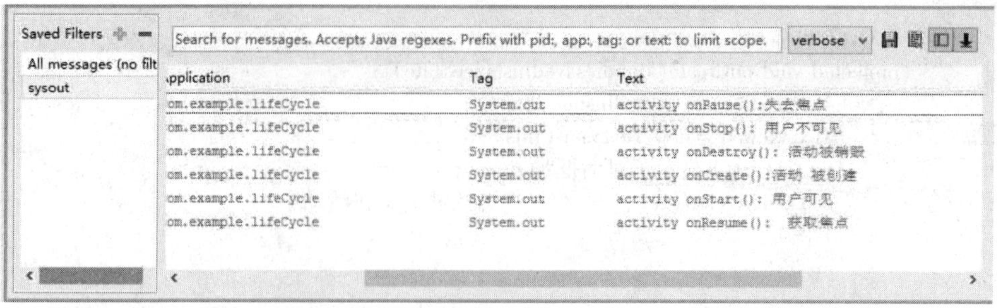

图 4-16　退出活动并打开后调用的方法

④ 单击“打开对话框”按钮，主活动界面部分遮挡并失去焦点，效果如图 4-17 所示。因此，调用的方法为 onPause( )。此时，按〈Back〉键回到主活动界面，主活动界面恢复焦点。执行完上述两步操作后调用的方法结果如图 4-18 所示。

图 4-17　开启对话框遮挡住界面

通过上述的演示操作，活动的生命周期中调用的方法总结如下。

- onStart( )方法在 onCreate( )方法之后被调用，只有当用户可见该界面时调用。
- onStop( )方法在当用户活动界面不可见时调用。因此，按〈Home〉键，会调用 onStop( )方法，重新启动程序会调用 onStart( )方法。
- 执行 finish( )或者按〈Back〉键，首先调用 onStop( )方法，然后调用 onDestroy( )方法。例如，当看视频时突然来电话，程序一般会在 onStart( )方法中处理恢复播放代码，在 onStop( )方法中处理暂停播放代码。
- onResume( )是界面初始化并且可以响应用户单击事件时调用的方法，即获取焦点。onPause( )方法是界面失去焦点，不能响应单击事件调用的方法。一般在视频中的暂停按钮中处理这些方法。

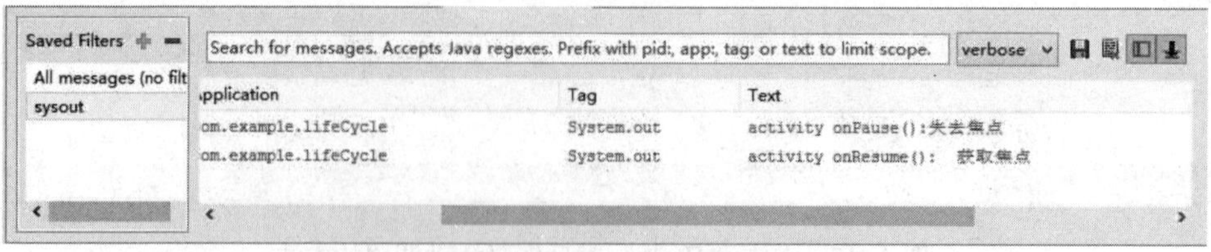

图 4-18　活动部分被遮挡后重新调用的方法

4.6　活动的启动模式

简单地说，启动模式就是 Activity 启动时的策略。合理设置启动模式可以给用户更好的操作体验。本节主要介绍 Activity 的 4 种启动模式及其工作原理。

4.6.1 活动的任务栈

启动模式简单地说就是 Activity 启动时的策略，它在 AndroidManifest. xml 中标签的 android:launchMode 属性设置。在 Android 中，Activity 启动模式有 4 种，分别为 Standard、singleTop、singleTask 和 singleInstance。由于 Activity 启动模式与任务栈具有密切的联系，因此讲解启动模式之前，首先介绍一下“任务栈”的概念。

任务栈（taskstack）又叫后退栈（backstack），用来记录存放用户开启的所有 Activity。在 Android 操作系统里允许存在多个任务栈，Google 引入任务栈的目的就是帮助维持良好的用户体验。当一个应用程序被开启时，系统就自动为它分配一个任务栈，记录其内部所有打开的 Activity。当所有的 Activity 都退出时，任务栈被清空。默认情况下，尽管关闭掉一个应用程序立即清空其任务栈，但是应用程序的进程还会保留。

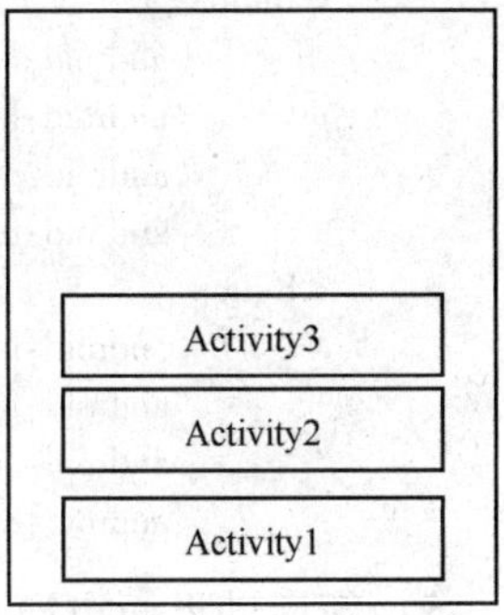

图 4-19　Activity 任务栈

任务栈的功能类似于函数调用的栈，其内部 Activity 的先后顺序代表了对应界面的出现顺序。如图 4-19 所示，在此应用中的任务栈中活动执行的顺序为 Activity3→Activity2→Activity1。

4.6.2 Standard 启动模式

Standard 启动模式是 Android 默认的标准启动模式，如图 4-20 所示。Activity 启动后会被加入任务栈栈顶，该应用显示的界面为栈顶活动对应的界面，该模式对绝大多数 APP 都适用。

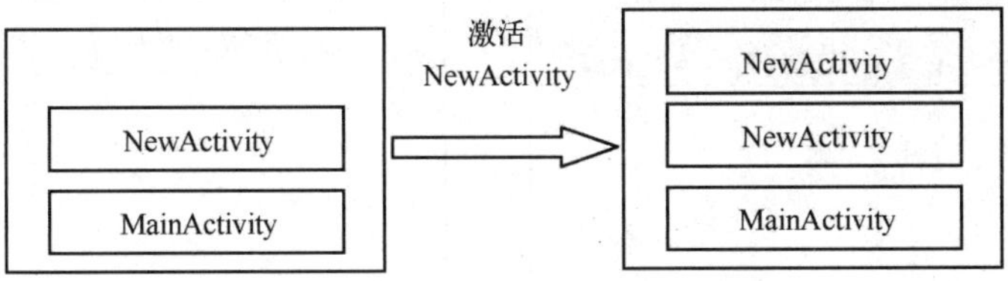

图 4-20　Standard 启动模式

为了让大家了解各种启动模式的工作原理，这里利用实例对启动模式的执行过程进行解释。在案例中创建两个 UI 布局页面，每个页面中包含两个按钮，分别用于启动两个页面对应的活动。具体实施过程如下。

1）新建项目，名称为“Activity 启动模式”，包名为“com. example. activityStartMode”。

2）新建活动，名称为“NewActivity”。新建该活动对应的界面 activity_new. xml。重载活动中的 onCreate( )方法，并在该方法中添加显示该布局文件的代码。

```
setContentView(R. layout. activity_new);
```

3）在清单文件中注册新活动。

```
<activity android:name = "com. example. activityStartMode. NewActivity" > </activity >
```

4）设计主活动 UI 界面 activity_main. xml。布局文件设计为线性布局，增加两个按钮，并定义单击相应的方法名称。主活动界面如图 4-21 所示。

```
<TextView
        android:layout_width = "fill_parent"
        android:layout_height = "wrap_content"
        android:text = "我是主活动界面"
        android:textColor = "#ff0000"
        android:textSize = "30sp" />
<Button
        android:layout_width = "fill_parent"
        android:layout_height = "wrap_content"
        android:onClick = "openMain"
        android:text = "开启主活动界面" />
<Button
        android:layout_width = "fill_parent"
        android:layout_height = "wrap_content"
        android:onClick = "openNew"
        android:text = "开启新活动界面" />
```

5）新活动界面布局同上，不同的是文本框的内容和颜色。新活动界面如图 4-22 所示。部分布局代码如下。

```
android:text = "我是新活动界面"
android:textColor = "#00ff00"
```

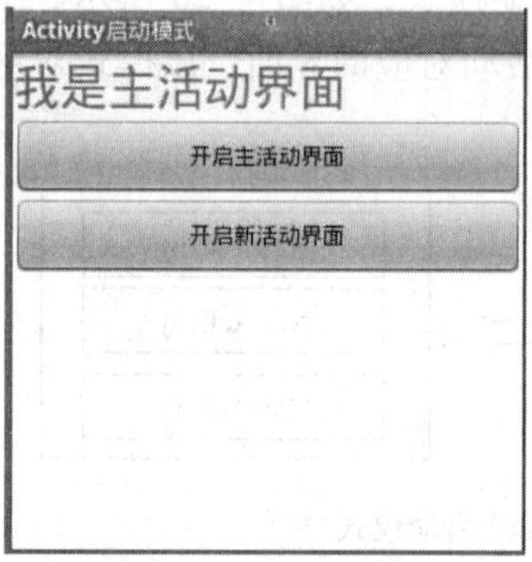

图 4-21　主活动界面

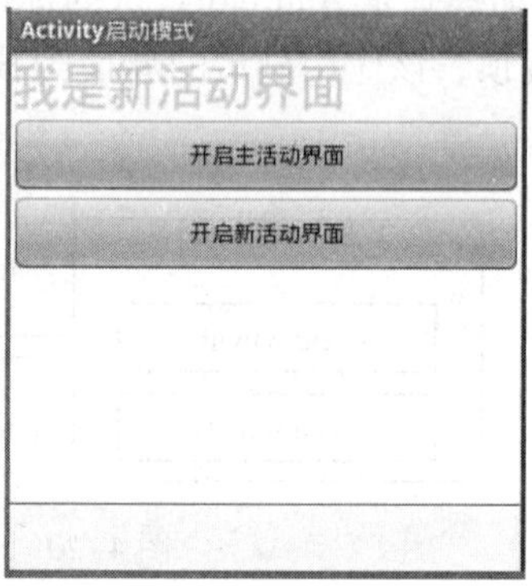

图 4-22　新活动界面

6）编写各按钮单击事件响应代码。为了简化编程难度，两个活动中按钮的响应方法名称相同，编码也相同，其功能是分别打开不同的活动界面。具体代码如下。

```
public void openMain(View view) {                  //开启主活动界面
      Intent intent = new Intent(this, MainActivity.class);
      startActivity(intent);
}
public void openNew(View view) {                   //开启新活动界面
      Intent intent = new Intent(this, NewActivity.class);
      startActivity(intent);
}
```

7）部署并运行代码。

由于没有明确设置 Activity 的启动模式，因此两个活动均是默认的标准启动模式。在该例子中，单击按钮的顺序为“开启主活动界面”→“开启新活动界面”→“开启新活动界面”→“开启主活动界面”。在任务栈中，两个活动界面的排列如图 4-23 所示。

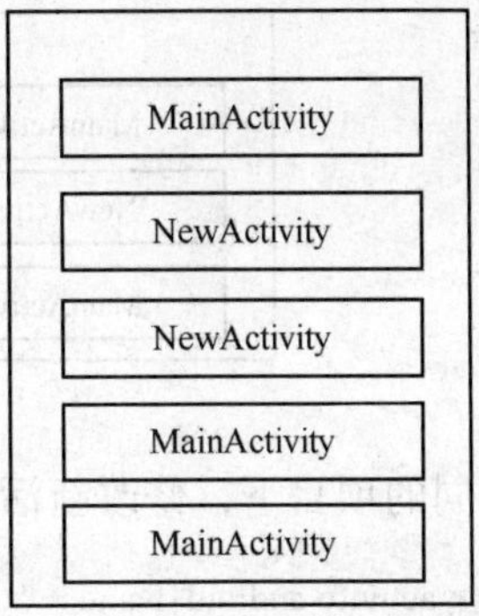

图 4-23　案例中标准模式下任务栈的情况

栈底的 MainActivity 是启动该应用时入口活动的界面。因此，当前显示的界面为最后一次单击按钮时激活的活动界面，即 MainActivity。当连续单击 4 次 Back 按钮时，依次出现在屏幕的界面 Activity 顺序为

NewActivity→NewActivity→MainActivity→MainActivity

此时，栈中仅剩下一个 MainActivity，再次单击〈Back〉按钮，任务栈被清空，随后该程序就会被退出。

4.6.3　singleTop 启动模式

在 singleTop 模式下，只有活动在栈顶被重新启动时，不会创建新的 Activity 实例，其余情况都要重新创建 Activity 实例，如图 4-24 所示。这种模式会防止类似流氓网站收藏对话框，无限弹出相同的活动界面，使得用户体验不好。

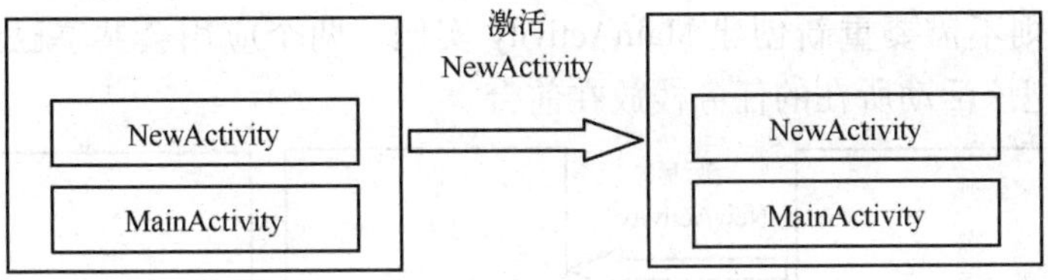

图 4-24　singleTop 启动模式

在上一小节的同一个项目事例下，在清单文件中修改新活动的启动模式如下：

```
<activity android:name = "com. example. activityStartMode. NewActivity"
          android:launchMode = "singleTop" > </activity >
```

部署并运行代码，单击按钮的顺序为“开启主活动界面”→“开启新活动界面”→“开启新活动界面”→“开启新活动界面”。注意，主活动模式仍为默认标准模式。在任务栈中，两个界面 Activity 的排列顺序如图 4-25 所示。此时只需单击 3 次 Back 按钮，就可以清空任务栈，并退出程序。

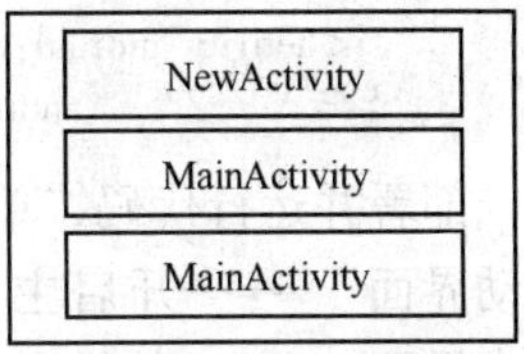

图 4-25　案例中 singleTop 模式下任务栈的情况

4.6.4　singleTask 启动模式

在 singleTask 模式下，开启新的活动后系统去检查任务栈里是否有该活动的实例，如果存在，则清空任务栈中该活动上面所有的活动，否则重新实例化该活动，如图 4-26 所示。该模式适用（如浏览器等）资源开销大的活动。

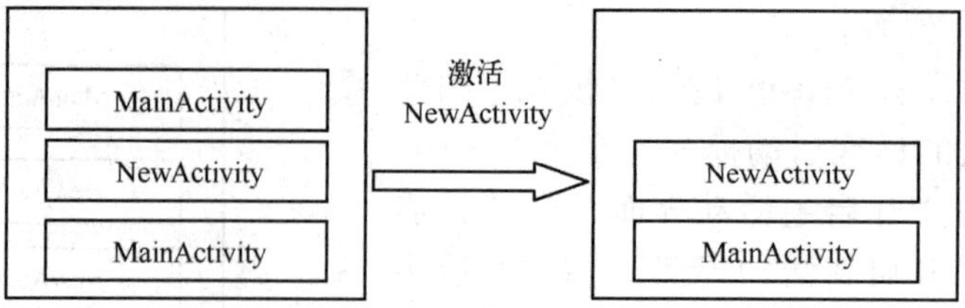

图 4-26　singleTask 启动模式

在相同的项目下，修改新活动的启动模式，在清单文件中进行如下修改：

```
<activity android:name = "com. example. activityStartMode. NewActivity"
        android:launchMode = "singleTask" > </activity >
```

部署并运行代码，单击按钮的顺序为“开启主活动界面”→“开启新活动界面”→“开启主活动界面”→“开启主活动界面”→“开启新活动界面”。在任务栈中，两个界面 Activity 的排列顺序如图 4-27 所示。此时单击 3 次 Back 按钮，就可以清空任务栈，并退出程序。

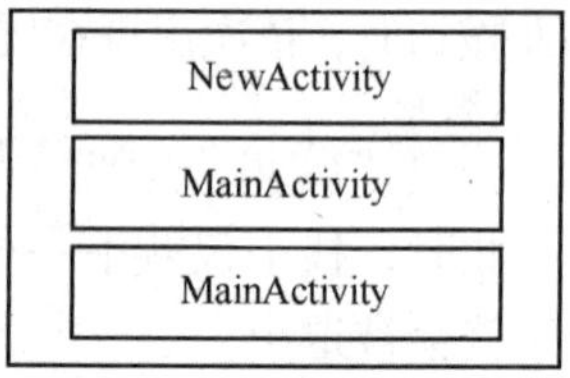

图 4-27　案例中 singleTask 模式下任务栈的情况

4.6.5　singleInstance 启动模式

类似 Java 中的单例模式，singleInstance 模式保证整个手机里只有同一个 Activity 的存在，如图 4-28 所示。如果首次创建该 Activity，则需要使用一个全新的任务栈保存该活动。如果应用 1 的任务栈中创建了 MainActivity 实例，应用 2 也要激活 MainActivity，则不需要重新创建 MainActivity 实例，两个应用会共享已经创建的 Activity 实例，但是需要把该活动所在的任务栈放在前台。

图 4-28　singleInstance 启动模式

在相同的项目下，修改新活动的启动模式，在清单文件中进行如下修改：

```
<activity android:name = "com. example. activityStartMode. NewActivity"
        android:launchMode = "singleInstance" > </activity >
```

部署并运行代码，单击按钮的顺序为“开启新活动界面”→“开启主活动界面”。在任务栈中，两个界面 Activity 的排列顺序如图 4-29 所示。

单击 3 次 Back 按钮时，依次出现在屏幕的 Activity 顺序为

```
MainActivity→MainActivity→NewActivity
```

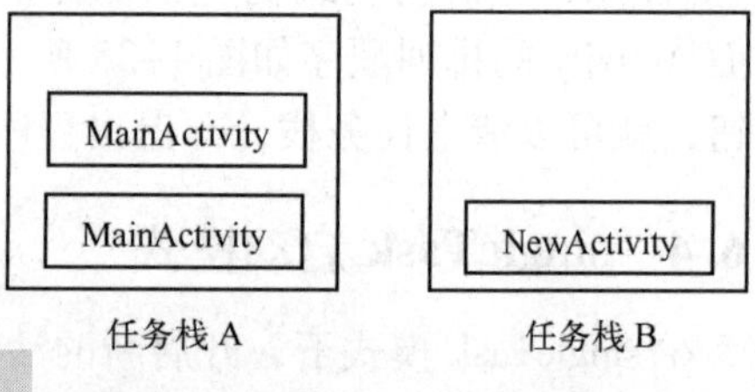

图 4-29　案例中 singleInstance 模式下任务栈的情况

注意，主活动仍为标准启动模式。由于最后单

击的是“开启主活动界面”按钮，因此应用程序的任务栈 A 会排在新建的任务栈 B 之前。当单击 Back 按钮时，先清空任务栈 A，再清空任务栈 B。

4.7 小结

本章介绍了 Android 四大组件之一的 Activity。从 Activity 的概念出发，介绍了 Activity 的启动和关闭过程。结合 Intent 的概念，介绍了 Activity 之间的跳转方式和 Activity 之间传递数据的方法。最后，详细介绍了 Activity 的生命周期和启动模式。

4.8 实践与练习

1. 选择题：

1）下面选项中，Android 的四大组件之一是（　　）。

A. ListView　　B. Activity　　C. Intent　　D. Bundle

2）下面关于 Activity 说法错误的是（　　）。

A. Activity 是 Android 的四大组件之一

B. Activity 在实现中通常作为一个 Java 类出现

C. 每一个 Android 应用都必须要有一个叫作“MainActivity”的入口 Activity

D. 当一个 Activity 启动另一个 Activity 时，就需要使用到 Intent，它起到媒介的作用

3）下面说法正确的是（　　）。

A. Bundle 类与 Map 不一样，它不是一个 key - value 类型

B. 在 onCreate( ) 方法中，可以不调用父类的同名方法

C. onCreate( ) 方法是具有参数的，也有返回值

D. 在四大组件之间传递数据时，Bundle 常被用来封装数据

4）关于 Activity 生命周期说法不正确的是（　　）。

A. Activity 的生命周期是由 onCreate( )、onStart( )、onResume( )、onPause( )、onStop( )、onDestroy( ) 和 onRestart( ) 方法构成的

B. 当 Activity 第一次启动时调用 onCreate( ) 方法

C. 在 onCreate( ) 被调用之后调用，或者当执行完 onRestart( ) 后 Activity 重新被用户可见时调用 onStart( ) 方法

D. 在 Activity 被暂停时调用 onDestroy( ) 方法，完成最后的清理工作

5）在 Activity 生命周期中的各个方法在不同状态下的调用顺序错误的一个选项是（　　）。

A. 一个 Activity 从被创建到进入运行态，需要依次调用 onCreate( )→onStart( )→onResume( )

B. 单击 Home 按钮后，系统回到桌面，然后再找到这个应用并打开，它的执行过程为 onRestart( )→onStart( )→onResume( )

C. 当 Activity 启动后，单击“返回”按钮，这时 Activity 会被终止而重新回到系统桌面，它的执行顺序为 onPause( )→onStop( )→onDestroy( )

D. 重新启动一个应用，在它被启动后，先单击“拨打电话”按钮，之后再单击

“返回”按钮，这时 Activity 的执行顺序是：onPause( )→onStop( )→onRestart( )→onResume( )

2. 填空题：

1）Activity 有两种启动方式：第一种较简单，它会________启动一个或多个 Activity，而没有________；第二种则是在启动一个 Activity 之后向它的________返回一些信息。

2）在关闭 Activity 的操作中有两个常用的方法，一个是______________，另一个是______________。

3）Activity 被启动且显示给用户，它被压入栈中成为________元素，此时它处于________态。

3. 简答题

1）简述 Activity 生命周期的 4 种状态，以及状态之间的变换关系。

2）请写出 Action 的中文名称、数据类型、获取方法和设置方法。

3）描述两个 Activity 之间如何通过 Intent 传递数据。

第5章　文件存取数据

在大多数 Android 应用中，需要将有用的数据存储起来。例如，在 QQ 登录界面中，用户需要将 QQ 账号和密码输入到相应的文本框，然后单击“登录”按钮完成登录。为了下次继续使用该 QQ 账号，避免重复输入，可以将 QQ 账号和密码暂时保存起来，下次登录时自动读取该信息，这样就可以实现自动登录。那么，在 Android 系统中是怎样对数据进行存取操作的呢？本章的实例以仿 QQ 登录为需求，实现 QQ 账号、密码的自动输入功能，解释文件存取数据操作的相关知识。本章要点如下。

- Android 下使用文件存取数据。
- Android 下使用 SharedPreferences 方式存取数据。
- Android 下 XML 文件的序列化和解析。

5.1　数据存储概述

在 Android 平台中进行数据存储的方法如下。

1）使用 SharedPreferences 存储数据：该方式是基于 XML 文件的存储方式，保存“key - value”键值对数据。这些信息的特点是：数据量少、格式非常简单，多数为字符串型等基本类型。通常，该方式主要用来存储一些简单的配置信息，如应用程序的各种配置信息（如是否打开音效、是否使用振动效果、是否反转屏幕等），也可以是系统的解锁口令密码等配置信息。

2）文件存储数据：Activity 类提供了 openFileOutput()方法用于把数据流输出到文件中，具体的实现过程与在 J2SE 环境中保存数据到文件中相同。文件可用来存放大量数据，如文本、图片、音频等。

3）SQLite 数据库存储数据：SQLite 是轻量级嵌入式数据库引擎，它支持 SQL 语言，并且占用很少的内存便可以表现出良好的性能。现在的主流移动设备（如 Android、iPhone 等）都使用 SQLite 作为复杂数据的存储引擎。SQLite 主要用来存储大量的结构化数据。通过利用虚拟机和虚拟数据库引擎（VDBE），使调试、修改和扩展 SQLite 的内核变得更加方便。其特点是：面向资源有限的设备，没有服务器进程，允许所有数据存放在同一文件中跨平台，可以实现自由复制。

4）使用 ContentProvider 存储数据：该方式主要面向对外数据的共享和操作。应用继承 ContentProvider 类，并重写该类用于提供数据和存储数据的方法，就可以向其他应用共享其数据。虽然使用其他方法也可以对外共享数据，但数据访问方式会因数据存储的方式而不同。

5）网络存储数据：这是通过网络来实现数据的存储和获取的方法。因为该方法需要设备保持网络连接状态，所以具有一定的限制。将数据存储到网络上的方法有很多，如将需要保存的数据以文件的方式上传到服务器、发送邮件等。

结合 Android 开发中的实际经验，使用这几种数据存储方式的注意事项如下：

- 简单数据和配置信息存储，首选 SharedPreference 方式。
- 对于数据量大的结构化数据，建议使用 SQLite 数据库。
- 文件方式主要用来存储非配置信息或结构化数据，如文本文件、二进制文件、多媒体文件、下载的文件等。建议尽量少用文件方式存储数据，若是私密文件或重要文件，则建议将数据存储在应用内部。

5.2 Android 下的文件存储

Android 中提供了多种数据存储方式，其中之一是使用文件来进行数据储存，将需要保存的东西通过文件的形式记录下来。当需要这些数据时，通过读取这个文件来获得这些数据即可。在 Android 中，可以在设备本身的存储设备（内存）或者外接的存储设备（SD 卡）中创建用于保存数据的文件。在默认情况下，文件是不能在不同的程序间共享的。需要注意的是，应用程序并不能访问所有的内部存储空间，默认情况下只能访问“/data/data/应用程序包名”路径下的文件。

在 Android 中读取/写入文件时，可以使用与 Java 中实现 I/O 的程序完全一样的代码。Android 提供了 openFileInput( ) 和 openFileOutput( ) 方法获取数据文件里的 I/O 流，并读取设备上的文件。在使用 openFileOutput( ) 方法打开某一文件时，如果该文件不存在就会自动创建。

这两个方法的定义原型如下：

```
FileInputStream openFileInput(String name);
FileOutputStream openFileOutput(String name ,int mode);
```

这两个方法中的第一个参数用于指定打开的文件名称，第二个参数指定打开文件的模式。模式具有以下值可选。

- MODE_PRIVATE：为默认操作模式，代表该文件是私有数据，只能被应用本身访问。在该模式下，写入的内容会覆盖原文件的内容。
- MODE_APPEND：该模式下系统会检查文件是否存在，若存在就向文件追加内容，否则就创建新文件。
- MODE_WORLD_READABLE：表示当前文件可以被其他应用读取。
- MODE_WORLD_WRITEABLE：表示当前文件可以被其他应用写入。

另外，Context 类还提供了以下几个重要的方法，以方便对文件的操作：

- getDir (String name , int mode)：在应用程序的数据文件夹下获取或者创建与 name 对应的文件路径。
- FilegetFilesDir( )：获取该应用程序数据文件夹的绝对路径。应用程序的数据文件默认路径：“/data/data/ <应用包名> /files/文件名 . 扩展名”。该路径可以在 DDMS 界面进行查看。
- String[ ] fileList( )：返回该应用数据文件夹的全部文件。

5.2.1 文件存储到手机内存

手机内置的存储空间称为内置存储空间。它在手机出厂后就无法改变，是手机的硬件指标之一。通常来讲，手机内置存储空间越大意味着手机价格越高。在市场中很多地方把它称为手机内存，但这种说法并不准确，真正的内存是指手机运行时存储程序、数据和指令的地方。需要注意的是，这里将手机内置存储空间简称为内存，而并非严格意义上的内存。

由于内部存储空间十分有限，所以读者在实际操作中要尽可能避免使用。另外，它也是系统本身和系统应用程序主要的数据存储空间，一旦内部存储空间耗尽，手机也就无法使用了。

在 Java 程序中，创建文件并编写数据的代码如下。

```
File file = new File("info.txt");
FileOutputStream fos = new FileOutputStream(file);
String info = "Hello";
fos.write(info.getBytes());
Toast.makeText(this,"baocunchenggong",Toast.LENGTH_SHORT).show();
fos.close();
```

该段文件操作代码移植在 Android 平台上也可以执行。通常文件操作会有异常，只需选中上述代码，然后单击鼠标右键，在弹出的快捷菜单中选择“surround with”→“Try/catch Block”选项，对相关语句包裹捕获异常即可。需要注意的是，此段代码的功能默认将文件放在 Android 系统根目录，但 Android 系统不允许该操作。如果仅使用文件名对文件进行操作，则只能将其存储在程序内部。使用的代码如下：

```
FileOutputStream fos = openFileOutput("data.txt",Context.MODE_APPEND);  //获取文件的输出流
String info = "Hello";
fos.write(info.getBytes());  //将 info 的内容通过输出流写入文件中
fos.close();
```

上述代码的功能将文件自动生成在“/data/data/ <应用包名>/files/”的路径下并将数据存储在文件中。注意，openFileOutput()方法的第一个参数必须是文件名的字符串，不能为 File 对象。当需要读取对应的文件信息时，使用如下代码。

```
FileInputStream fis;
fis = openFileInput("data.txt");                   //根据程序默认文件路径获取文件的输入流
byte[] buffer = new byte[fis.available()];         //根据输入流大小申请存储空间
fis.read (buffer);                                 //将数据读出
fis.close ();
```

将文件存储在程序文件夹内部，也可以使用 Java 中的方法，但是要将 File 对象指明访问文件正确的路径。

```
File file = new File("/data/data/com.example.myfile/info.txt");
```

这里并不推荐这种编码方式，主要是因为路径较长容易书写出错，且不易维护。为了防止输入错误路径，可以使用 getFilesDir()方法获取应用程序文件夹路径。向文件中存储数据代码如下。

```
File file = new File(this.getFilesDir()," 文件名");
FileOutputStream fos = new FileOutputStream (file);
...
```

同样，从文件中读取数据的操作代码如下。

```
File file = new File(this.getFilesDir()," 文件名")
FileInputStream fis = new FileInputStream (file);
...
```

为了方便清空数据，节约内存空间，通常将一些临时数据文件存放在缓存中，代码如下。

```
File file = new File(this.getCasheDir()," 文件名")
```

其中，getCasheDir()方法得到的缓存路径为“/data/data/包名/caches”。当需要清空数据时，只需点击手机的设置按钮，进入到应用程序列表并选择相关的应用程序，点击“清除数据”按钮即可。

5.2.2 文件存储到 SD 卡

与内部存储空间相对，外部存储空间是指手机出厂时不存在，用户在使用时可以自由添加的外部存储介质，如 SD 卡等闪存介质。现在，几乎每个支持外部存储的手机上面都有大容量的闪存卡。Android 也不例外，它完全支持外部存储介质。

对于 Android 系统来说，如果没有外部存储卡，则很多的系统应用无法使用，如与多媒体相关的应用程序。与内部存储不同的是，当程序卸载时，它在外部存储所创建的文件数据是不会被清除的。所以，清理外部存储空间的责任就转交给用户自己，需要每隔一段时间就去查看 SD 卡，并将无用数据立刻删除。外部存储的缺点也很明显，它相对于 Android 手机内部存储器来讲不稳定。闪存介质容易出现故障，经常使得 SD 卡处于不能正常使用的状态。Android 手机支持把外部存储卡嵌入计算机作为 U 盘。当手机连接数据线时，SD 卡变成了 U 盘连接到了计算机操作系统中。此时，在 Android 系统中，文件属性（隐藏、私有等）在计算机上不一定有效，用户可以随意操作文件，但会带来极大的隐患。

下面详细介绍在 SD 卡上存储文件相关的 API 方法和注意事项。

1）使用前应检查 SD 卡的可用性。因为外部存储介质的稳定性较差，所以在使用之前一定要先检查它的可用性，如果可用再进行相应操作。在 Android 开发中，通常使用 Environment.getExternalStorageState()方法来获取外部存储器（SD 卡）的状态。该方法的返回值有多个，其含义如下。

- Environment.MEDIA_MOUNTED：表示 SD 卡在手机上正常使用的状态。
- Environment.MEDIA_UNMOUNTED：表示用户手动到手机设置中卸载 SD 卡之后的状态。
- Environment.MEDIA_REMOVED：表示用户手动到手机设置中卸载 SD 卡，然后将 SD 卡从手机中取出之后的状态。
- Environment.MEDIA_BAD_REMOVAL：表示用户未到手机设置中手动卸载 SD 卡，直接拔出之后的状态。

- Environment. MEDIA_SHARED：表示手机直接连接到计算机作为 U 盘使用时的状态。
- Environment. MEDIA_CHECKINGS：表示手机正在扫描 SD 卡的状态。

在 Android 开发对 SD 卡进行操作时，SD 卡最好处于 Environment. MEDIA_MOUNTED 状态，其他状态不宜进行操作。因此，对 SD 卡操作时首先要搭建好如下编码模板。

```
if (Environment. getExternalStorageState(). equals (Environment. MEDIA_MOUNTED)) {
        //对 SD 卡的操作代码
} else {
        //当前 SD 不可用时的处理代码
}
```

2）获取外部存储卡的路径。在 Android 2. 2 版本之前，手机根目录下有名为 sdcard 的文件夹。该文件夹代表了 SD 卡的目录。对 SD 卡的文件存取操作使用绝对路径即可。

```
File file = new File("/sdcard/info. txt");
```

而当前的手机系统版本都在 Android 2. 2 之后，大多数系统的根目录下虽然有 sdcard 文件夹，但它只是一个链接方式，直接链接到了 mnt 文件夹下的 sdcard。所以，使用原有的绝对路径访问 SD 卡就不是那么适用了，应根据版本改变路径。

```
File file = new File("/mnt/sdcard/info. txt");
```

另外，不同的手机生产商会将 SD 卡的目录进行调整，也就是说，不同厂家生产的手机 SD 卡的路径也有可能不同。因此，访问 SD 卡时使用绝对路径的做法是不可取的。鉴于程序的可读性和可移植性考虑，建议按照如下的方法来获取 SD 卡路径。

```
File sdcardDir = Environment. getExternalStorageDirectory();
```

3）为 SD 卡的读/写操作增加权限。

为了安全性考虑，SD 卡操作时应当增加相应权限，否则无法在 SD 创建文件、读/写数据。应当在清单文件中加入如下权限声明：

```
<uses-permission android:name="android. permission. WRITE_EXTERNAL_STORAGE" />
<uses-permission android: name=" android. permission. READ_EXTERNAL_STORAGE" />
```

4）如果使用 SD 卡保存数据，则一定要额外做好异常处理。例如，SD 卡不可用时，把数据存入哪里；当恢复可用时如何同步数据等。

总之，在 SD 卡上的文件进行存储或者读取操作时，可以按照如下的步骤来实施。

① 调用 Environment. getExternalStorageState()方法判断手机上是否插入了可用的 SD 卡。

② 调用 Environment. getExternalStorageDirectory()方法来获取外部存储器路径，也就是 SD 卡的目录。

③ 余下的操作类似内存上的文件操作，使用 I/O 流操作 SD 卡上的文件。

④ 在 AndroidManifest. xml 上配置读/写 SD 卡的权限。

5. 2. 3 案例——使用文件存储实现仿 QQ 登录界面

基于本章的任务需求，实现仿 QQ 登录界面。本节主要是使用文件存储的方式将 QQ 的账号和密码保存在文件中，并在下次启动后，直接读取保存的内容。为此，设计操作功能如下：程序启动后，需要输入账号和密码，选中“记住密码”复选框，单击“登录”按钮，将用户名和密码保存在 SD 卡的文件中。下次启动时，程序自动读取 SD 卡中的该文件信息，并将账号和密码显示出来。具体操作步骤如下：

1）创建一个名称为“文件存储仿 QQ”、包名为“com. example. fileSaveQQ”的新项目。

2）按照需求，设计仿 QQ 登录界面，包含两个文本框（用于输入账号及密码）、1 个“登录”按钮和一个“记住密码”复选框。代码如下：

```
<LinearLayout                                                   //垂直线性布局
    xmlns:android = "http://schemas.android.com/apk/res/android"
    xmlns:tools = "http://schemas.android.com/tools"
    android:layout_width = "match_parent"
    android:layout_height = "match_parent"
    android:orientation = "vertical"
    tools:context = ".MainActivity" >
    <LinearLayout                                               //水平线性布局
        android:layout_width = "fill_parent"
        android:layout_height = "wrap_content"
        android:orientation = "horizontal" >
        <TextView
            android:layout_width = "wrap_content"
            android:layout_height = "wrap_content"
            android:text = "请输入账号" />
        <EditText
            android:id = "@+id/et_qq"
            android:layout_width = "match_parent"
            android:layout_height = "wrap_content"
            android:ems = "10" />                               //宽度为 10 个字符的宽度
    </LinearLayout>
    <LinearLayout
        android:layout_width = "fill_parent"
        android:layout_height = "wrap_content"
        android:orientation = "horizontal" >
        <TextView
            android:layout_width = "wrap_content"
            android:layout_height = "wrap_content"
            android:text = "请输入密码" />
        <EditText
            android:id = "@+id/et_pwd"
            android:layout_width = "match_parent"
            android:layout_height = "wrap_content"
            android:ems = "10"
            android:inputType = "textPassword" />               //显示格式为密码格式
    </LinearLayout>
    <CheckBox
        android:id = "@+id/cb_remember"
        android:layout_width = "wrap_content"
        android:layout_height = "wrap_content"
        android:layout_gravity = "center_horizontal"
        android:text = "记住密码" />
```

```
        <Button
            android:layout_width = "fill_parent"
            android:layout_height = "wrap_content"
            android:onClick = "login"
            android:text = "登录" />
    </LinearLayout>
```

在布局文件中，文本框的 android:inputType = "textPassword"设置了它的显示格式为密码形式，当输入内容时会以“·”形式表现出来。该案例的页面布局如图 5-1 所示。

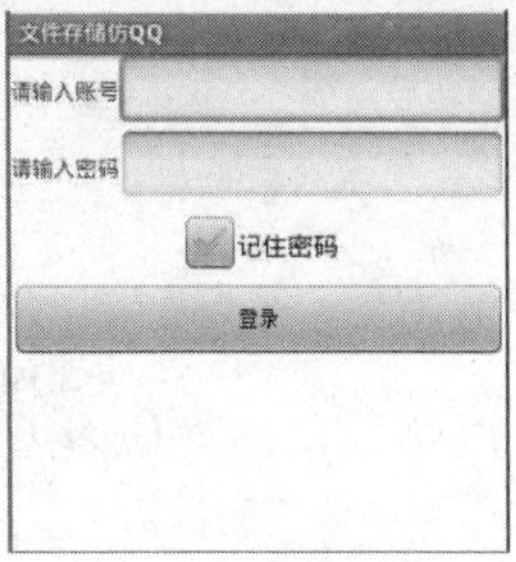

图 5-1　案例页面布局

3）编写 UI 布局的操作响应代码。获取控件的引用，以便对各个控件进行操作。这里需要读取文本框的内容、查询复选框是否被选中。按钮的响应事件方法在布局文件中已经声明，不需要对其建立对象引用。在主活动中添加成员：

```
private EditText et_qq;           //私有成员变量
private EditText et_pwd;
private CheckBox cb_remember;
```

在 onCreate( )方法中获取相关控件的引用：

```
et_qq = (EditText) findViewById(R. id. et_qq);
et_pwd = (EditText) findViewById(R. id. et_pwd);
cb_remember = (CheckBox) findViewById(R. id. cb_remember);
```

编写按钮单击事件响应的 longin( )方法。该方法的作用是，在选中“记住密码”复选框时，将文本框的信息保存在 SD 卡目录的 info. txt 文件中。

```
public void login(View view) {
    //获取文本框内容,转成字符串
    String qq = et_qq. getText( ). toString( );
    String pwd = et_pwd. getText( ). toString( );
    // TextUtils 工具类，相当于 qq. length( ) ==0 | | qq == null,
    if (TextUtils. isEmpty (qq) | | TextUtils. isEmpty (pwd)) {
        Toast. makeText (this," 用户名密码不能为空", Toast. LENGTH_LONG) . show( );
    } else {
    if (cb_remember. isChecked( )) {
        //标志进入保存密码操作
        Log. i (" MainActivity"," 记住密码");
        //1. 获取 SD 卡状态
        String state = Environment. getExternalStorageState( );
        if (state. equals (Environment. MEDIA_MOUNTED))
         {
            //2. 获取 SD 卡路径
            File filepath = Environment. getExternalStorageDirectory( );
            File file = new File (filepath," info. txt");
            //对文件进行写操作
            try {
                FileOutputStream fos = new FileOutputStream (file);
```

```
                    String info = qq + "##" + pwd;
                    fos.write(info.getBytes());
                    Toast.makeText (this," 保存成功",
                            Toast.LENGTH_SHORT) .show();
                    fos.close();
                } catch (FileNotFoundException e) {
                    // 处理异常
                } catch (IOException e) {
                    // 处理异常
                }
            }
        } else {
            //取消记住密码的操作, 打印日志
            Log.i (" MainActivity"," 不需要记住密码");
        }
    }
```

从上述代码可以看到，当选中“记住密码”复选框后，单击“登录”按钮，如果密码保存成功，则会弹出“保存成功”，否则说明没有保存成功。在对文件的操作中，注意需要捕获异常。多数情况下可以将捕获的异常简单化处理为如下统一格式：

```
    try {
            //正常操作代码
    } catch (Exception e) {
            // 处理异常代码
    }
```

4）部署并运行代码。选中“记住密码”复选框，并单击“登录”按钮，没有弹出“保存成功”，则说明操作失败。其原因在于没有添加 SD 卡写权限。在清单文件中加入读/写权限并运行代码，输入账号为“123”、密码为“456”，结果如图 5-2 所示。

进入 DDMS 下的 File Explorer 选项卡，打开 sdcard 文件夹（本例使用的 Android 版本号为 2.1），其内部增加了 info.txt 文件。在 DDMS 窗口中单击“ ”按钮，将文件导入到计算机中。打开文件后的内容如图 5-3 所示，可以看到，账号和密码正确。

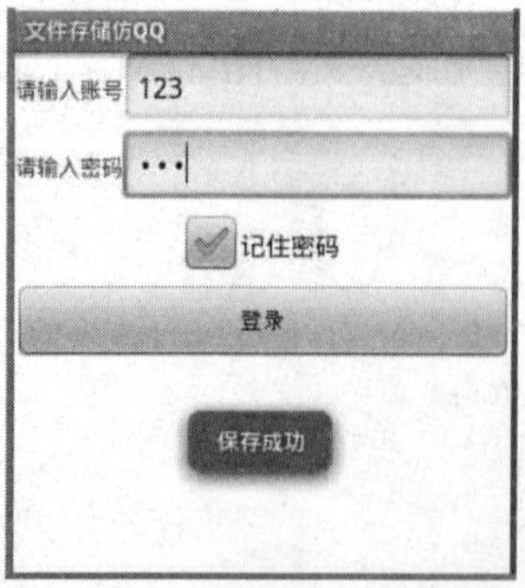

图 5-2　数据保存成功

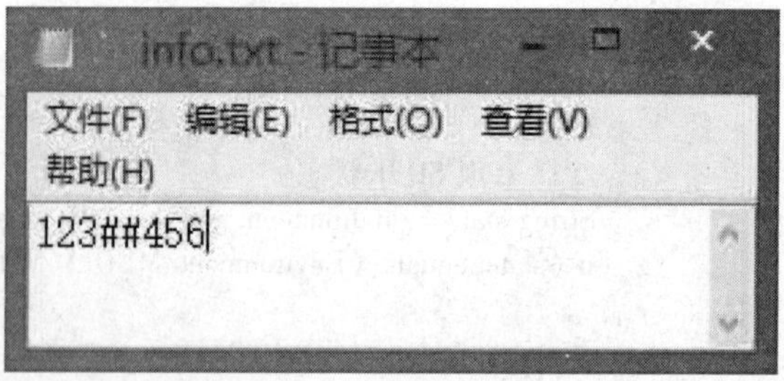

图 5-3　数据文件内容

5）退出程序并重新打开，在界面的文本框中没有立即显示保存的密码。这是因为在打开程序时并没有直接读取 info.txt 文件的操作，所以在 onCreate()方法中增加如下操作代码，注意包裹异常：

```
try {
        String state = Environment. getExternalStorageState( );
        if (state. equals( Environment. MEDIA_MOUNTED) ) {
            File filepath = Environment. getExternalStorageDirectory( );
            File file = new File( filepath," info. txt" );
            //读文件内容
            FileInputStream fis = new FileInputStream( file);
            BufferedReader bReader = new BufferedReader(
                    new InputStreamReader( fis) );
            String info = bReader. readLine( );
            //以##作为分界线将字符串划分成多个数组
            String qq = info. split( "##" )[0];  //获取账号
            String pwd = info. split( "##" )[1]; //获取密码
            et_qq. setText( qq);
            et_pwd. setText( pwd);
        } else {
            Toast. makeText( this,"sd 卡不可写",Toast. LENGTH_SHORT). show( );
        }
    } catch (FileNotFoundException e) {
        e. printStackTrace( );
        Toast. makeText( this,"SD 卡不存在",Toast. LENGTH_SHORT). show( );
    } catch (IOException e) {
        e. printStackTrace( );
    }
```

6）重新部署代码，运行程序打开后的界面如图 5-4 所示。

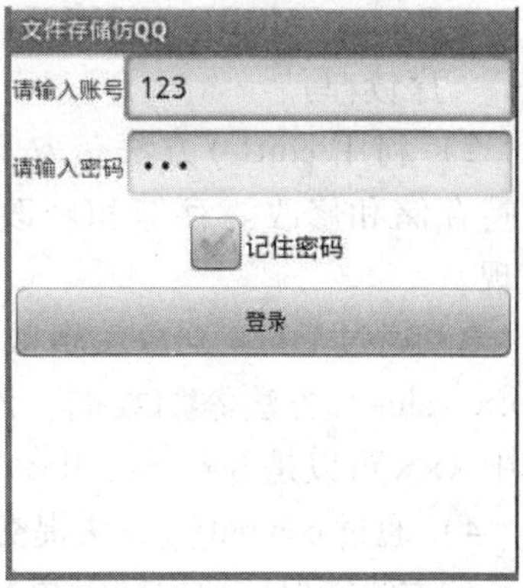

图 5-4　重新开启程序界面

如果需要将文件存储在内存中，则只需删除 SD 卡的状态和路径获取操作以及读/写权限，并将写文件代码改为

```
FileOutputStream fos = openFileOutput ( " info. txt" , Con-
text. MODE_PRIVATE);
```

将读文件代码改为

```
FileInputStream fis = openFileInput(“info. txt”)。
```

5.3　使用 SharedPreferences 存储数据

Android 中提供了多种数据存储方式，第二种常用的方法是使用 SharedPreferences 存储数据。本节主要介绍 SharedPreferences 存储数据的方法。

Android 中的 SharedPreferences 主要用来存储“key - value”格式的数据，是一个轻量级的键值存储机制，只可以存储基本数据类型。SharedPreferences 类似于 Windows 中常用的 ini 文件，用来保存应用程序的一些属性设置，在 Android 平台常用于储存较简单的参数设置。因为 Android 系统的界面采用任务栈的形式管理，所以在系统资源不足时会回收一些界面活动。因此，有些操作需要在活动暂停时保留下来，以便等再次激活时能显示出来。SharedPreferences 主要是针对这种系统配置信息的保存。例如，给播放器程序界面设置了声音大小和播放进度，若期望在下一次启动时还能够保留上次设置的参数，则可以使用此方式。

SharedPreferences 对象与 SQLite 数据库相比，免去了创建数据库、创建表、写 SQL 语句等诸多操作，相对而言更加方便、简洁。但是 SharedPreferences 也有其自身的缺陷，如其只能存储 boolean、int、float、long 和 String 五种简单的数据类型，无法进行条件查询等。所以，不论 SharedPreferences 的数据存储操作如何简单，它也只能是存储方式的一种补充，无法完全替代（如 SQLite 数据库等）其他数据存储方式。

因为 SharedPreferences 通常用于存储应用程序系统配置相关的数据，所以通过 Shared Preferences 存储的数据只能供本应用程序使用。通过 DDMS 的 File Explorer 面板展开文件浏览树，SharedPreferences 数据总是存储在/data/data/ <应用包名>/shared_prefs 目录下。

实现 SharedPreferences 存储的步骤如下：

1）根据 Context 获取 SharedPreferences 对象。SharedPreferences 本身是一个接口，程序无法直接创建其实例，只能通过 Context 提供的 getSharedPreferences（String name，int mode）方法来获取 SharedPreferences 实例。该方法中的 name 表示要操作的 xml 文件名，第二个参数具体介绍如下。

- Context. MODE_PRIVATE：指定该 SharedPreferences 数据只能被本应用程序读/写。
- Context. MODE_WORLD_READABLE：指定该 SharedPreferences 数据能被其他应用程序读，但不能写。
- Context. MODE_WORLD_WRITEABLE：指定该 SharedPreferences 数据能被其他应用程序读/写。

2）利用 edit( ) 方法获取 Editor 对象。SharedPreferences 对象本身只能获取数据，不支持存储和修改。存储和修改通过 SharedPreferences. edit( ) 获取的内部接口 Editor 对象实现。

3）通过 Editor 对象编辑数据。取得 Editor 对象后，通过 Editor. put ×××（String key，××× value）方法添加数据。该方法是向 SharedPreferences 对象存入指定 key 对应的数据。其中 ××× 可以是 boolean、float、int、String 等各种基本类型据

4）通过 commit( ) 方法提交编辑数据。当 Editor 编辑完成后，使用 commit( ) 方法提交修改。该方法能保证数据同时提交成功或同时失败。

5）读取 SharedPreferences 对象内容时，只需要使用 SharedPreferences. get ×××（String key，××× value）方法即可返回相应类型的数据。

需要注意的是，无法直接在多个程序间共享 Preferences 数据。需要读/写其他应用的 SharedPreferences 的步骤如下：

1）在创建 SharedPreferences 对象时，指定 MODE_WORLD_READABLE 模式，表明该 SharedPreferences 数据可以被其他程序读取。

2）创建其他应用程序对应的 Context 对象：

```
Contextother_context = createPackageContext（" 其他程序包名"，Context. CONTEXT_IGNORE_SE-
CURITY）;
```

3）使用其他程序的 Context 获取对应的 SharedPreferences：

```
SharedPreferences sp = other_context. getSharedPreferences （" 文件名", Context. MODE_WORLD_
READABLE)；
```

4）如果是写入数据，则需指定 MODE_WORLD_WRITEABLE 模式，并使用 Editor 接口，所有其他代码均和本地操作一致。

5.3.1 案例——使用 SharedPreferences 实现仿 QQ 登录界面

为了让读者深入理解使用 SharedPreferences 实现数据存储的方法，同样以仿 QQ 登录实例作为本节案例需求。具体操作步骤如下：

1）本例的功能与上一案例相同，只是实现的方法不同。为了方便起见，复制并粘贴项目，重命名为“SharedPreferences 存储仿 QQ”。此时，项目中的所有 UI 和 Java 代码与上一案例完全相同。用鼠标右键单击“src”文件夹下的包名，在弹出的快捷菜单中选择“Refactor”→“Rename”选项，可以修改包名为“com. example. SharedPreferencesSaveQQ”（注意，如果没有必要，则可以不修改包名）。同样，在清单文件中需要修改包名 package = "com. example. SharedPreferencesSaveQQ"。如果不修改，则在 DDMS 中的查看文件包名仍是原来的项目名称。

2）由于 UI 设计不需要修改，因此不做处理。这里仅对存取文件的方式代码进行修改即可。

① 删除文件存取操作的相关代码。

② 在主活动类中定义共享参数成员变量：

```
private SharedPreferences sp;
```

③ 活动启动时需要找到共享文件，因此在 onCreate( )方法中利用上下文得到共享文件

```
sp = this. getSharedPreferences( "info" ,Context. MODE_PRIVATE);
```

注意，这里 this 代表主活动类的上下文。第一个参数为共享文件的名称，不需要加入“. xml”扩展名，由系统默认生成。

④ 编写单击“登录”按钮的响应事件，代码如下。

```
public void login( View view) {
        String qq = et_qq. getText( ). toString( ) ;
        String pwd = et_pwd. getText( ). toString( ) ;
        if (TextUtils. isEmpty （qq） | | TextUtils. isEmpty （pwd)) {
            Toast. makeText （this," 用户名密码不能为空", Toast. LENGTH_LONG) . show( ) ;
        } else {
            if (cb_remember. isChecked( ) ) {
                Log. i （" MainActivity"," 记住密码") ;
                Editor editor = sp. edit( ) ;
                //存入数据
                editor . putString （" qq", qq) ;
                editor . putString （" pwd", pwd) ;
                //必须执行 commit( )方法才能提交
```

```
            editor.commit();
        } else {
            Log.i (" MainActivity"," 不需要记住密码");
        }
    }
}
```

3）部署并运行代码，输入账号“111”、密码“222”，选中“记住密码”复选框并单击“登录”按钮，弹出“保存成功”，如图5-5所示。在DDMS中的文件树中，存储的文件位于“data/data/ com.example.SharedPreferencesSaveQQ /shared_prefs”，名称为“info.xml”，如图5-6所示。将文件导出到计算机中，文件内容如图5-7所示。

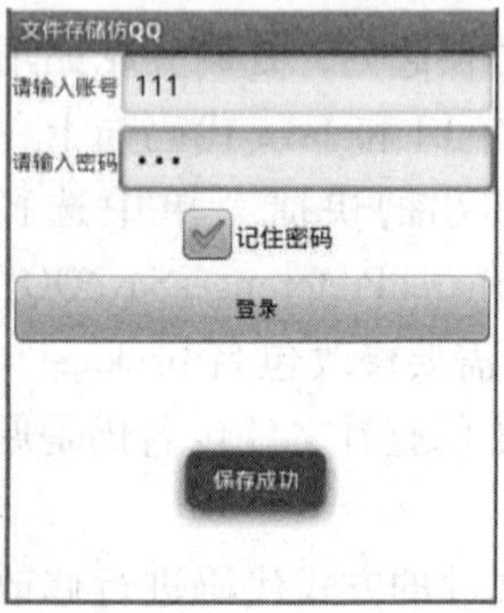

图5-5　数据保存成功

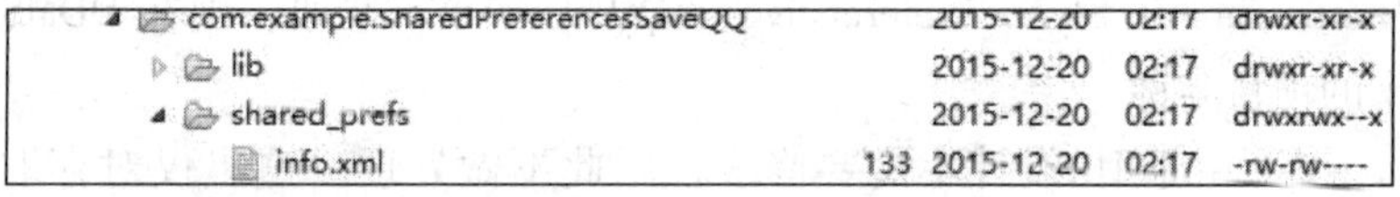

图5-6　DDMS文件树

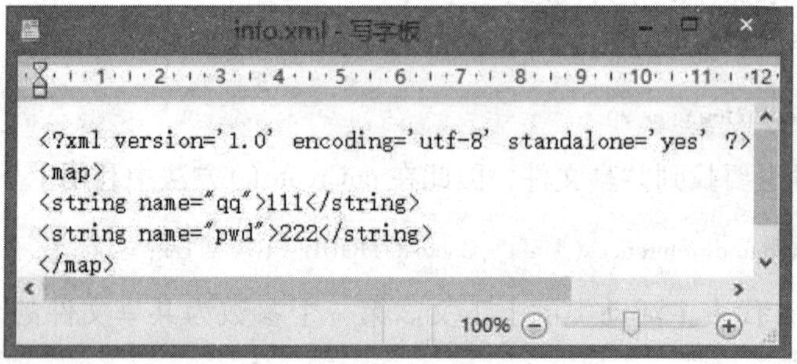

图5-7　文件内容

从图5-5中可以看到，程序的名称还是“文件存储仿QQ”。如果为了与本例名称保持一致，则需要在“res”→“values”→“string.xml”文件中修改结点：

```
<string name="app_name">SharedPreferences 存储仿 QQ</string>。
```

修改完毕后运行程序，可以看到程序标题名称变为“SharedPreferences 存储仿 QQ”，如图5-8所示。

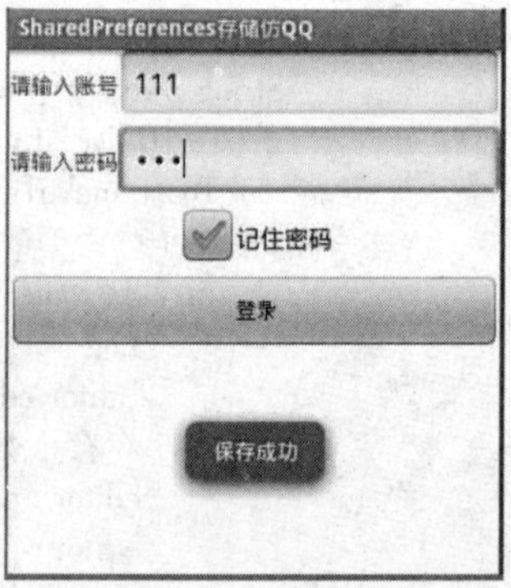

图5-8　修改标题名称

4）启动程序时自动获取账号及密码的内容代码，在onCreate()方法中添加如下代码：

```
et_qq.setText(sp.getString("qq",""));
et_pwd.setText(sp.getString("pwd",""));
```

在上述代码中，getString("qq","")中的第一个参数为对应的键名称，第二个参数为返回的默认值。如果 XML 文件中没有名为“qq”的标签，则返回空字符串。

5）为了完善功能，可以对复选框做一些细节上的修改：

保存复选框是否被选中的信息，使用布尔型变量：

```
editor.putBoolean("ischecked",true);
```

启动程序自动读取 sp 中 ischecked 标签的信息（默认没有被选中）：

```
cb_remember.setChecked (sp.getBoolean (" ischecked", false));
```

由于文件存储在应用内部，因此把原有的 SD 卡读/写权限删除即可。

5.4 XML 文件的序列化和解析

在 Android 中，XML 是常用的封装数据形式，从服务器中获取数据也常常是这种形式。上一节介绍的 SharedPreferences 方式存储的数据就是一种简易形式的 XML 文件，UI 布局文件也是 XML 文件类型。

5.4.1 XML 文件

XML（Extensible Markup Language，可扩展标记语言）用于标记电子文件使其具有结构性的标记语言。它可以用来标记数据、定义数据类型，是一种允许用户对自己的标记语言进行定义的源语言。XML 是一种在 Internet 中传输数据的常见格式，与 HTML 一样，都是 SGML（标准通用标记语言）。无论通过 Internet 访问数据，还是发送数据给 Web 服务，都可能需要用到 XML 的知识。因为 Android 应用程序需要和网络交互，所以很可能在 Android 应用程序开发的过程中使用到 XML。

由于 XML 的扩展性强，因此它需要有稳定的基础规则来支持扩展。该语法规则的注意事项如下：

- 开始和结束标签匹配。
- 标签不能相互嵌套。
- 区分大小写。

下面是一个典型的关于城市天气信息的 XML 文件格式：

```
<?xml version="1.0" encoding="UTF-8"?>
<city id="2">
    <name>郑州</name>
    <weather>多云</weather>
    <temp>20°C</temp>
    <info>请注意####</info>
</city>
```

其中，<?xml version="1.0" encoding="UTF-8"?>为 XML 文件的数据头，而开始标签为“<>”，结束标签为“</>”，其内部应当填写标签的名称。

由于 XML 文件的结构特征，使用 XML 文件对数据进行操作，面临着与一般文件存储和读取不同的操作的过程，在这里对应地称之为 XML 文件的序列化和解析。

5.4.2 XML 文件的序列化

把获取的数据序列化成 XML 的格式，通常有以下两种办法：①使用拼接字符串的形式序列化 XML 数据；②使用 XmlSerializer 类序列化 XML 数据。

使用拼接字符串方式的原理很简单，其实就是固定格式，把需要序列化的对象依照一定的格式存储起来即可。下面仍以 QQ 登录界面为例，介绍如何使用拼接字符串的方式将账号和密码存储起来，部分代码如下：

```
//获取程序内存中的路径,并指定文件名和文件类型
File file = new File( this. getFilesDir( )," info. xml" );
FileOutputStream fos = new FileOutputStream (file);
StringBuilder sbuilder = new StringBuilder( );
// 设置 XML 文件的数据头
sbuilder. append (" <? xml version = \ " 1.0 \ " encoding = \ " utf - 8 \ "? >");
sbuilder. append (" <info >");                  //追加 info 开始标签
sbuilder. append (" <qq >");                    //追加 QQ 开始标签
sbuilder. append (qq);                          //追加 QQ 号内容
sbuilder. append (" </qq >");                   //追加 QQ 结束标签
sbuilder. append (" <pwd >");                   //追加 pwd 开始标签
sbuilder. append (pwd);                         //追加 pwd 内容
sbuilder. append (" </pwd >");                  //追加 pwd 结束标签
sbuilder. append (" </info >");                 //追加 info 结束标签
fos. write (sbuilder. toString( ). getBytes( )); //写入数据
fos. close( );
```

注意，一般在对字符串进行频繁修改或操作时，使用 StringBuilder 类的方法可以提高操作性能。另外，需要在代码中加入 Try/Catch 捕获异常。上述操作成功后，则导出 info. xml 文件，可以看到如下内容：

```
<? xml version = "1.0" encoding = "UTF - 8"? >
<info >
        <qq >123 </ qq >
        <pwd >456 </ pwd >
</info >
```

从编写过程可以看出，拼接字符串很容易出错，尤其是如果每个标签内还存在属性值，就更加需要注意了。如果其内容存在特殊的符号（如 <、/、> 等），就会导致序列化后的 XML 文件出错。而使用 XmlSerializer 类来序列化 XML 文件就不存在这些问题。

在介绍使用 XmlSerializer 类来序列化 XML 的方法之前，首先了解一下 XmlSerializer。XmlSerializer 主要是以数据流的形式序列化 XML。它是一个接口类型，无法直接实例化，需要通过一个静态方法 Xml. newSerializer( )获取对象。下面介绍该类的常用一些方法。

- setOutput（OutputStream，String）：初始化序列化器对象，设置输出流及编码格式。
- startDocument（String，boolean）：标记文档头，第一个参数设置文档的编码格式；第二个参数设置是否是一个独立的文档，一般设置为 True。
- endDocument( )：标记 XML 文档的结束，XML 文档标签均为成对出现，有始有终。
- startTag（String，String）：标记一个 XML 标签的开始，第一个参数为命名空间，一般为 null 即可；第二个参数为标签名。

- endTag（String，String）：标记一个 XML 标签的结束，第一个参数为命名空间，一般为 null 即可；第二个参数为标签名，有始有终。
- attribute（String，String，String）：设置一个标签的属性，第一个参数为命名空间，第二个参数为属性名，第三个参数为属性值，如前面的 <city id = "2" >中“id”即为属性名。

使用 XmlSerializer 序列化 XML 文件的基本步骤如下。

1）创建一个 XML 文件的序列化器：

```
XmlSerializer serializer = Xml. newSerializer( ) ;
```

2）初始化 XML 序列化器，设置文件的输出流和编码方式：

```
serializer. setOutput( fos, " utf - 8" ) ;
```

3）按照对应关系写 XML 文件的信息。

① 文档的开头和结尾对应

```
serializer. startDocument( " utf - 8" ,true) ;
serializer. endDocument( ) ;
```

② 在文档的开头和结尾之间加入一对标签的开头和结尾

```
serializer. startTag( null, " info" ) ;
serializer. endTag( null, " info" ) ;
```

③ 在一对标签开头和结尾之间写文本内容

```
serializer. text( " 123456" ) ;
```

4）释放输出流资源。

5.4.3 案例——使用 XML 序列化存储仿 QQ 登录

为了让读者能够理解 XML 序列化过程，这里同样以 QQ 登录案例作为需求背景。

1）复制并粘贴“SharedPreferences 存储仿 QQ”案例，修改名称为“XML 序列化存储仿 QQ”、包名为“XMLSerializeSaveQQ”。删除不相关的代码，并修改包名、标题内容细节。

2）修改单击“登录”按钮事件的响应代码，判定复选框选择后加入如下代码：

```
try {
        File file = new File( this. getCacheDir( ) ," info. xml" ) ;
        FileOutputStream fos = new FileOutputStream (file) ;
        XmlSerializer   serializer = Xml. newSerializer( ) ;
        serializer. setOutput (fos," utf - 8" ) ;
        serializer. startDocument (" utf - 8", true) ;
        serializer. startTag (null," info") ;                //info 开始标签
        serializer. startTag (null," qq") ;                  //QQ 标签开始
        serializer. text (qq) ;                              //QQ 标签的内容
        serializer. endTag (null," qq") ;                    //QQ 标签结束
        serializer. startTag (null," pwd") ;
        serializer. text (pwd) ;
        serializer. endTag (null," pwd") ;
        serializer. endTag (null," info") ;                  //info 结束标签
```

```
    serializer.endDocument();  //文档结束
        fos.close();  //关闭输出流
} catch (Exception e) {
        e.printStackTrace();
}
```

上述代码中的 this.getCacheDir()方法将 XML 文件存储在缓存文件夹中。

3）部署并运行代码，输入账号“1122”、密码“2211”，选中“记住密码”复选框，单击“登录”按钮，弹出“保存成功”。在 DDMS 文件浏览器中的“/data/data/com.example.XMLSerializeSaveQQ/cache”路径下找到 info.xml 文件，导出到计算机中，查看文件内容如图 5-9 所示。可以看到序列化后的文件自动增加了 XML 文件数据头。

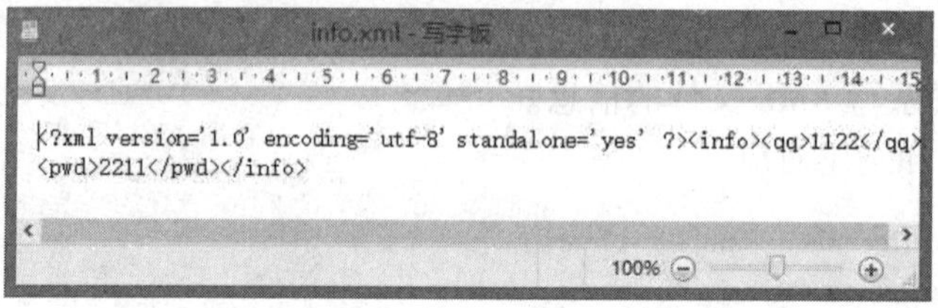

图 5-9　文件内容

5.4.4　XML 文件的解析

使用 XML 文件存储数据，主要是为了需要时能够读取。在 Android 中，常见的 XML 解析器有 SAX 解析器、DOM 解析器和 PULL 解析器。

1. SAX 解析器

SAX（Simple API for XML）解析器是一种基于事件的解析器。它的核心是事件处理模式，主要是围绕着事件源以及事件处理器来工作的。当事件源产生事件后，调用事件处理器相应的处理方法，该事件就可以得到处理。在事件源调用事件处理器中的特定方法时，还要传递给事件处理器相应事件的状态信息，这样事件处理器才能够根据提供的事件信息来决定自己的行为。

SAX 解析器的优点是解析速度快、占用内存少，非常适合在 Android 等移动设备中使用。

2. DOM 解析器

DOM 是基于树形结构的结点或信息片段的集合，允许开发人员使用 DOM API 遍历 XML 树、检索所需数据。分析该结构通常需要加载整个文档和构造树形结构，然后才可以检索和更新结点信息。

由于 DOM 在内存中以树形结构存放，因此检索和更新效率会更高。但是对于特别大的文档，解析和加载整个文档将会耗费资源。

3. PULL 解析器

PULL 解析器的运行方式和 SAX 类似，都是基于事件的模式。不同的是，在 PULL 解析过程中，需要自己获取产生的事件，然后做相应的操作，而不像 SAX 那样由处理器触发一种事件的方法，执行相关的代码。PULL 解析器小巧轻便、解析速度快、简单易用，非常适合在 Android 等移动设备中使用。Android 系统内部在解析各种 XML 时也是用 PULL 解析器。

在 XML 文件中有很多结点，PULL 解析器相当于指针，一步步指向不同结点及其对应的数据。为了正确获得不同结点和数据，需要通过 XmlPullParser. getEventType( ) 获取当前 PULL 解析器返回的事件类型：

```
int type = parser. getEventType( ) ;
```

该方法返回的类型有 START_TAG、END_TAG、TEXT 等，分别对应标签的开始、结束和标签内的文本。这些类型也可以使用整数来标识：0 代表文档的开始，1 代表文档的结束，2 代表某个标签的开始，3 代表标签结束，4 代表文本内容。

若访问完本结点或者标签，需要获取下一个结点或者标签，则使用 XmlPullParser. next( ) 方法直接获取下一个结点的类型。如果 PULL 解析器指向开始标签，则通过 XmlPullParser. nextText( ) 获取该标签下的内容。

使用 PULL 解析器解析 XML 文件的步骤如下。

1） 获取 XML 的 PULL 解析器对象：

```
XmlPullParser parser = Xml. newPullParser( ) ;
```

2） 与序列化步骤一致，首先初始化 XML 解析器，设置文件输入流和编码方式：

```
parser. setInput( is, " utf - 8" ) ;
```

3） 循环解析 XML 文件里面的每个标签，直到文档的结束：

```
int type = parser. getEventType( ) ;                    //返回 PULL 解析器指向结点类型
while （type! = XmlPullParser. END_DOCUMENT）{           //若文档没结束，则继续循环
    if （type == XmlPullParser. START_TAG）{
        //根据业务类型，获取标签的数据
    }
    type = parser. next( ) ;                            //移动到下一个结点
}
```

4） 释放输入流资源。

5. 4. 5　案例——使用 PULL 解析仿 QQ 登录界面

本案例比较简单，只需在上一个案例的主活动的 onCreate( ) 方法中添加相应的解析代码即可。具体代码如下：

```
try {
    File file = new File( this. getCacheDir( ) ," info. xml" ) ;
    FileInputStream fis = new FileInputStream （file) ;
    XmlPullParser parser = Xml. newPullParser( ) ;
    parser. setInput （fis," utf - 8" ) ;
    int type = parser. getEventType( ) ;
    while ( type ! = XmlPullParser. END_DOCUMENT）{
        if ( type == XmlPullParser. START_TAG）{
            if ( " qq" . equals （parser. getName( ) ) ) {
                et_qq. setText （parser. nextText( ) ) ;
            } else if ( " pwd" . equals （parser. getName( ) ) ) {
```

```
                        et_pwd. setText (parser. nextText());
                    }
                }
                type = parser. next(); // 移动到下一个结点
            }
        } catch (Exception e) {
            e. printStackTrace();
        }
```

部署并运行代码，得到的界面如图 5-10 所示。

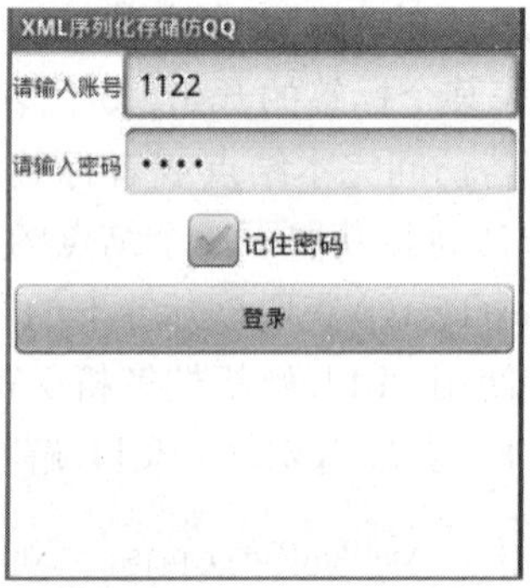

图 5-10　重新打开程序界面

在实际的开发中，当 XML 文件中的一个结点包含多个信息时，一般需要创建一个业务用例的类来管理。如本例的 QQ 信息只包含账号和密码，可以创建新的包 com. example. XMLSerializeSaveQQ. domain，新建 QQInfo. java 文档，创建用于存储 QQ 信息的类。在代码中单击鼠标右键，在弹出的快捷菜单中选择"source"→"Generate Getters and Setters"选项，添加 get/set 方法，以便及时调用。具体生成的代码如下：

```
public classQQInfo {
    private StringqqString;
    private StringpwdString;
    public StringgetQqString() {
        return qqString;
    }
    public voidsetQqString (String qqString) {
        this. qqString = qqString;
    }
    public StringgetPwdString() {
        return pwdString;
    }
    public voidsetPwdString (String pwdString) {
        this. pwdString = pwdString;
    }
}
```

5.5 小结

本章主要讲解了在 Android 中文件数据存取的方法。首先介绍了 Android 中数据存储的方式，然后讲解了 Android 中常用的文件存储和读取数据的方法，接着介绍了 SharedPreferences 方式的存取数据，最后详细介绍了 XML 序列化和解析的过程。

5.6 实践与练习

1. 选择题

1）下列属于 SAX 解析 XML 文件的优点的是（　　）。

A. 将整个文档树在内存中，便于操作，支持删除、修改、重新排列等多种功能

B. 不用事先调入整个文档，占用资源少

C. 整个文档调入内存，浪费时间和空间

D. 不是长久驻留在内存，数据不是持久的，事件过后，若没有保存数据，则数据就会消失

2）SharedPreferences 保存文件的路径和扩展名是（　　）。

A. /data/data/shared_prefs/，*. txt

B. /data/data/package name/shared_prefs/，*. xml

C. /mnt/sdcard/指定文件夹，指定扩展名

D. 任意路径，指定扩展名

2. 填空题

1）在 Android 中读取、写入文件的方法与 Java 中实现 I/O 的程序是完全一样的，提供了________、________来读取与写入设备中的文件。

2）Android 用来存储一些简单的配置信息，采用 XML 格式将数据存储到设备中，通过________获得 SharedPreferences 接口，再通过对象进行提交保存。

3. 简答题

1）简述 Android 的数据存储方式。

2）Android 中有哪几种解析 XML 的类？它们的原理和区别是什么？

第 6 章　SQLite 数据库

Android 中提供了 5 种数据存储方式，第 5 章已经详细介绍了前两种（文件存储和 SharedPreferences 方式），它们面向一些类型简单、数据量较小的数据存储需求。如果需要对大量的、结构类似的数据进行存储、管理以及升级维护等操作，就需要使用数据库了。Android 中提供了 SQLite 数据库。为了介绍 SQLite 数据库开发的原理和方法，本章的案例均以某学校学生信息管理系统为背景，设计如何在 Android 开发环境下实现学生信息的查询、添加、修改、删除，如何将这些信息整齐、美观地显示在手机的屏幕上。本章要点如下。

- SQLite 数据库的相关操作。
- 数据库的事务操作。
- 数据库通过 ListView 显示。

6.1　SQLite 数据库简介

SQLite 是一个轻量级数据库，第一个版本诞生于 2000 年 5 月。它最初是为嵌入式系统设计的，在内存中只需要占用几百 KB 的存储空间。SQLite 是遵守 ACID 关联式的数据库管理系统。ACID 是指数据库事务正确执行的基本要素，即原子性（Atomicity）、一致性（Consistency）、隔离性（Isolation）、持久性（Durability）。它支持绝大多数标准的 SQL 语法，文件名以“. db”作为扩展名。

SQLite 没有服务器进程，而是通过文件保存数据。该文件是跨平台的，可以放在其他平台中使用。SQLite 支持 Null、Integer、Real（浮点数字）、Text（字符串文本）和 Blob（二进制对象）5 种数据类型。尽管 SQLite 支持很多数据格式，但是为了减小编写代码的难度，这些数据都以字符串的形式保存。

SQLite 具有以下特点：

1）轻量级。使用 SQLite 只需要携带一个动态库，就可以享受它的全部功能，而且动态库的尺寸相当小。

2）独立性。SQLite 数据库的核心引擎不需要依赖第三方软件，也不需要所谓的“安装”。

3）隔离性。SQLite 数据库中所有的信息（表、视图、触发器等）都包含在一个文件夹内，方便管理和维护。

4）跨平台。SQLite 目前支持大部分操作系统，如 Android、iOS 等。

5）多语言接口。SQLite 数据库支持多种编程语言接口。

6）安全性。SQLite 数据库通过数据库级上的独占性和共享锁来实现独立事务处理。这意味着多个进程可以在同一时间从同一数据库读取数据，但只能有一个可以写入数据。

6.2 SQLite 数据库的管理

Android 中数据的操作是通过帮助类来实现的。本节主要介绍如何创建数据库、如何对数据库进行相关的操作。

6.2.1 帮助类 SQLiteOpenHelper 及数据库的创建

SQLite 数据库的一般操作包括创建数据库、打开数据库、创建表、向表中添加数据、从表中删除数据、修改表中的数据、关闭数据库、删除指定表、删除数据库和查询表中的某条数据。由于在数据库中操作的仍然是个文件，因此需要指明路径和文件名。为了方便对数据库文件的管理和操作，Android 提供了一种特殊的方法类来访问和管理数据库，即帮助类 SQLiteOpenHelper。它是一个 SQLiteOpenHelper 抽象类，用于对数据库进行访问和管理。该类中常用的方法如下。

- onCreate( )方法：在数据库创建时执行，即第一次连接获取数据库对象时执行。
- onUpgrade( )方法：在数据库更新时执行，即版本号参数改变时执行。
- onOpen( )方法：在数据库每次打开时执行，其调用时机在 onCreate( )和 onUpgrade( )方法之后。

由于 SQLiteOpenHelper 是一个抽象类，因此在使用时可以声明一个 SQLiteOpenHelper 类的子类来对数据库进行操作。下面以学生信息管理系统为需求，来学习 SQLiteOpenHelper 的使用。

1. 数据库帮助类的配置

配置 SQLiteOpenHelper 类的第一步就是要创建数据库。创建存储学生信息的数据库，步骤如下：

1）新建名称为“数据库创建”、包名为“com. example. DBCreate”的项目。

2）在包名文件夹下，添加一个继承 SQLiteOpenHelper 的帮助类 StudentDBOpenHelper，它是访问 SQLite 数据库的必备类。在该类中自动生成了 onCreate( )和 onUpgrade( )方法。

为其添加预定义构造函数，代码如下。

```
publicStudentDBOpenHelper(Context context,String name,CursorFactory factory,int version)
{
    super(context,name,factory,version);
}
```

在该构造函数中，各参数分别表示使用数据库的上下文、数据库的名称、游标工厂、数据库的版本号。其中，游标工厂可以产生游标指针，该指针指向数据表的某行，创建数据库时默认值为 Null。数据库的版本号默认从 1 开始。数据库创建成功后其文件默认位于“/data/data/ <项目包名>/databases”目录下。

3）重写 onCreate( )方法。由于该方法在数据库第一次被创建时调用，因此主要用于数据库表结构的初始化，代码如下：

```
public void onCreate(SQLiteDatabase db) {
        System. out. println("onCreate() 被调用");
        db. execSQL (" create table Studentinfo (_id integer primary " +
          " key autoincrement, num varchar (20), name varchar (20)," +
          " class varchar (20)), phone varchar (20))");
}
```

在该方法中调用 SQLiteDatabase. execSQL( )方法执行 SQL 语句，用于在参数 db 对应的数据库上创建一个名称为 Studentinfo 的关系表，db 为 SQLite 数据库对象。由于 Android 中一般将主键以“_”开始，因此属性中主键为“_id”，定义为自增长的。需要注意的是，由于在 Android 中 SQLite 并不检查每个字段的长度，因此代码中字符串长度可以自定义。关系表的其他字段对应分别表示学号、姓名、班级和电话。至此，数据库文件中的一个空表就已经创建。

4）重写 onUpgrade( )方法。由于该方法在数据库版本更新时调用，因此可以进行相关的编码。如果当前数据库版本比新版本低，则 onUpgrade( )方法将用于升级数据库；如果当前数据库版本比新版本高，则 onDowngrade( )方法会被用于降级数据库。需要注意的是，在旧版本 Android 中该方法为 onUpdate( )。相关代码如下。

```
public voidonUpgrade(SQLiteDatabase db,int oldVersion,int newVersion) {
        System. out. println("onupgrade()数据库被升级了");
}
```

按照以上 4 步进行操作就可以将数据库创建的帮助类配置完成，接下来的工作就是创建并打开数据库文件。

2. 数据库的打开

创建和打开数据库需要新建一个帮助类的实现类，此时会自动调用帮助类的构造函数创建数据库。具体步骤如下。

在项目主活动的 onCreate( )方法中初始化 DB 帮助类（也可以是其他活动需要使用数据库的位置）。

```
StudentDBOpenHelper helper = new StudentDBOpenHelper(this,"Student. db",null,1);
```

上述代码通过帮助类声明名为 Student. db 的数据库。此时若部署并运行代码，在 LogCat 中不会打印帮助类方法中的日志，同样在项目数据库文件夹中没有数据文件生成。这是因为数据库文件的创建和 File 相同，只有新建操作而没有使用输入/输出流操作，数据库文件是无法创建的。

创建并使用数据库。只有使用如下语句才可以创建并使用数据库文件：

```
SQLiteDatabase db = helper . getWritableDatabase(); 或者
SQLiteDatabase db = helper . getReadableDatabase();
```

上述代码分别表示获取可写的和可读的数据库。此时部署并运行程序，会在 LogCat 中看到调用了 StudentDBOpenHelper 类的 onCreate( )方法，如图 6-1 所示。通过 DDMS 下的 File Explorer 选项卡，在数据库文件夹下可以看到创建的数据库，如图 6-2 所示。当再次运行程序时，由于已经生成了数据库文件，因此不会再次调用 onCreate( )方法。

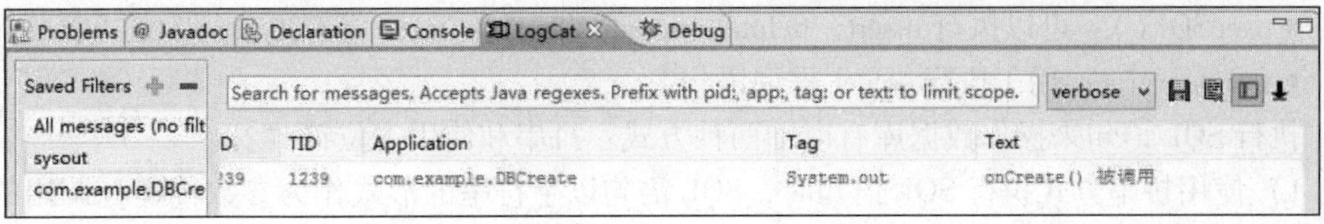

图 6-1　帮助类 onCreate( )方法被调用

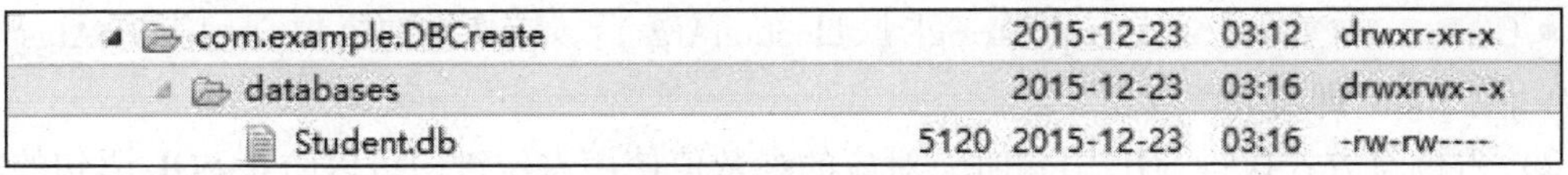

图 6-2　DDMS 查看数据库文件

在一些版本较高的 ADT 中，在 databases 文件夹下会生成两个文件：Student. db 和 Student. db -journal。其中 Student. db 为实际创建的数据库文件。当进行第一次数据库操作时，Student. db - journal 文件会被自动创建。该文件是 SQLite 的一个临时的副本文件，主要用于 SQLite 数据库的事务操作。

3. 数据库文件的升级

将 StudentDBOpenHelper helper = new StudentDBOpenHelper(this, " Student. db" , null, 1) 中的版本号参数变成 2，运行代码后，LogCat 输出日志结果如图 6-3 所示。修改版本号后自动调用帮助类的 onUpgrade( ) 方法。

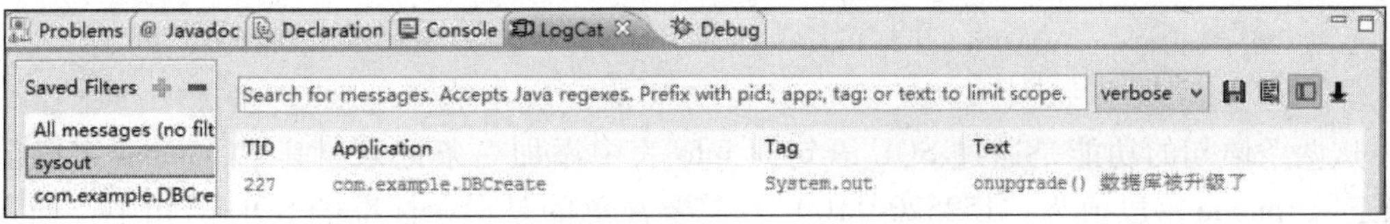

图 6-3　帮助类 onUpgrade ( ) 方法被调用

4. 观察数据库

从 DDMS 导出 Student. db 文件，使用数据库管理工具（如 SQLite Expert Professional）打开，可以看到该数据库文件中存在两个表，如图 6-4 所示。其中 android_metadata 是系统自动生成的表，存放的是系统语言环境，如果是英文，则在其 locale 字段的值为 “en_US”。打开新创建的表 Studentinfo，可以看到一个空的表格，因为还没有写入相关数据。至此，数据库已经打开并连接成功。

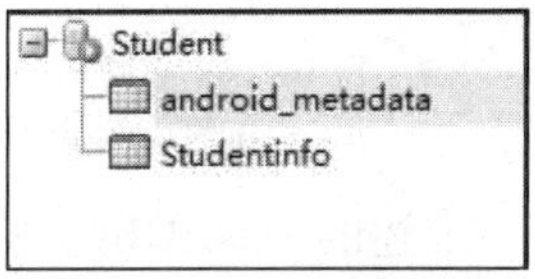

图 6-4　初始数据库文件内部表

6. 2. 2　SQL 语句操作数据库

Android 的 SQLiteDatabase 类封装了一些操作数据库的 API，使用该类的对象可以对数据进行添加（Insert）、查询（Retrieve）、更新（Update）和删除（Delete）操作。一般来说，只有在 SQLiteDatabase 对象创建时使用帮助类的 getReadableDatabase( ) 或者 getWritableDatabase( ) 方法后，才能够通过处理 SQL 语句对数据进行操作。操作数据库常用的方法如下。

- execSQL( )：可以执行 insert、delete、update 和 create table 等有更改行为的 SQL 语句。
- rawQuery( )：用于执行 select 查询语句。

执行 SQL 语句来操作数据库有以下两种方式：拼串和使用占位符“?”。

1）使用拼串方式执行 SQL 语句时，SQL 语句以字符串的形式作为参数传递，调用的方法及参数如下。

- execSQL（String sql）。
- Cursor rawQuery(String sql,String[ ] selectionArgs)：sql 为查询语句，selectionArgs 参数使用 null 即可。

2）占位符方式执行 SQL 语句时，对应的参数值使用占位符，可以防止 SQL 语句的注入攻击，增加代码安全。调用的方法及参数如下。

- execSQL(String sql,Object[ ] bindArgs)：bindArgs 用来传递插入、删除、更新的具体值。
- Cursor rawQuery(String sql,String[ ] selectionArgs)：selectionArgs 用来传递查询的条件。

下面对数据库信息的添加、删除、更新和查询的操作进行详细说明。

1. 数据库信息的添加

1）首先要获取相关数据库文件的 SQLiteDatabase 对象，然后利用 execSQL( )方法向数据表添加数据。

2）使用拼串方式向某个数据表添加数据的代码如下：

```
String sql_add = "insert into info (name,phone) values(\"张三\",\"15252001100\")" ;
db.execSQL(sql_add);
```

这两条语句的功能是通过 SQL 语句向 info 表中添加一条记录。其中，name 字段值为“张三”，phone 字段值为“15252001100”。需要注意的是，在标准的 SQL 语句中，插入的值需要使用“”包裹，而这里又将该语句作为字符串参数传递给 execSQL( )方法，故将在原 SQL 语句中出现的引号修改成转义字符。从上面的语句可以看出，使用拼串的方式操作 SQL 语句结构较为复杂，容易书写错误。

3）使用占位符方式向某个数据表添加数据的代码如下：

```
String sql_add = "insert into info (name,phone) values(?,?)";
db.execSQL(sql_add,new Object[] {"张三","15252001100" });
```

上述的 execSQL( )方法的第一个参数为带有占位符的 SQL 语句，其中“?”为占位符。第二个参数表示根据占位符位置顺序所对应数值组成的数组，其类型为 Object。相对于拼串方式，占位符省去了转义字符操作，不用担心出现复杂字符串，大大降低了编程难度。

2. 数据库信息的删除

1）首先要获取相关数据库文件的 SQLiteDatabase 对象，然后利用 execSQL( )方法删除数据表数据。

2）使用拼串方式删除数据表数据的代码如下：

```
String sql_delete = "delete from info where name = \"张三\"";
db.execSQL(sql_delete);
```

上述语句的功能是删除 info 表中 name 字段为“张三”的所有行。

3）使用占位符方式删除数据表数据的代码如下：

```
String sql_delete = "delete from info where name = ?";
db.execSQL(sql_delete, new Object[] { "张三" });
```

3. 数据库信息的更新

1）首先要获取相关数据库文件的 SQLiteDatabase 对象，然后利用 execSQL()方法更新数据表数据。

2）使用拼串方式更新数据表数据的代码如下：

```
String sql_update = "update info set phone = \"111\" where name = \"张三\"";
db.execSQL(sql_update);
```

上述语句的功能是将 name 为“张三”的所有记录 phone 字段修改为“111”。

3）使用占位符方式更新数据表数据的代码如下：

```
String sql = "update info set phone = ? where name = ?";
db.execSQL(sql,new String[]{"111","张三"});
```

4. 数据库信息的查询

在 SQLite 中查询数据是通过 Cursor 类来实现的，当使用 SQLiteDatabase. rawQuery()方法时，会得到一个 Cursor 对象。Cursor 是结果集游标，用于对结果集进行随机访问。Cursor 可以理解为指针，指向查询结果的某一条记录。查询语句返回的初始位置是在表头，即值为 -1。Cursor 中常用的方法如下。

- moveToNext()：将游标从当前行移动到下一行，如果已经移过了结果集的最后一行，则返回结果为 False，否则为 True。
- moveToPrevious()：用于将游标从当前行移动到上一行，如果已经移过了结果集的第一行，则返回值为 False，否则为 True。
- moveToFirst()：用于将游标移动到结果集的第一行，如果结果集为空，则返回值为 False，否则为 True。
- moveToLast()：用于将游标移动到结果集的最后一行，如果结果集为空，则返回值为 False，否则为 True。

1）查询数据首先要获取相关数据库文件的 SQLiteDatabase 对象，然后利用 rawQuery()方法查询数据表数据。

2）使用拼串方式查询数据表数据的代码如下：

```
Sql_query = "select * from info"
Cursor cursor = db.rawQuery(Sql_query,null);
```

上述语句的功能是查询 info 表中的所有数据，并将游标放在结果集的起始位置 -1 处。

3）使用占位符方式查询数据表数据的代码如下：

```
Cursor cursor = db.rawQuery("select * from info where name = ?",new String[]{"张三"});
```

上述语句的功能是查询 info 表中的所有 name 值为“张三”的数据，并将游标放在结果集的起始位置 -1 处。

在查询操作中为了处理每一个查询结果，需要利用cursor套用以下循环不断获取每条记录信息，并对结果进行处理：

```
while( cursor. moveToNext( ) ) {
    //获取当前游标对应行的相关信息操作
}
```

在循环内部，可以使用cursor. getInt(0)获取当前游标对应的记录中第一列的整型数据，cursor. getString(1)获取当前记录中第二列的字符类型数据。为了使得代码具有较强的可读性，可以通过属性名获得当前记录下的某列内容，如语句 cursor. getInt (cursor. getColumnIndex("_id"))表示获取当前记录下_id 列对应的整型字段值。

对游标操作的最后要释放掉标信息，以防止内存泄露：

```
cursor. close( ) ;
```

另外，若打开数据超过一定次数不去释放，则数据库会无法正常打开。因此每次数据库的操作结束后都要关闭数据库：

```
db. close( ) ;
```

6.2.3 案例——使用SQL语句实现学生信息管理

按照本章所提的需求，下面介绍如何使用SQL语句来对学生信息表进行管理。具体步骤如下：

1）复制并粘贴“数据库创建”项目，将其重命名为“学生信息管理SQL”，将包名改为“com. example. StudentInfoSQL”。SQLite帮助类的相关代码保持不变。程序运行时即创建好了Student. db数据库，且内部有Studentinfo表。

2）修改UI界面。为了方便操作，使用按钮来对Studentinfo表进行增、删、改、查的操作。

```
< Button
        android:layout_width = "fill_parent"
        android:layout_height = " wrap_content"
        android:onClick = " add"
        android:text = "添加一条记录" / >
< Button
        android:layout_width = "fill_parent"
        android:layout_height = " wrap_content"
        android:onClick = " update"
        android:text = "修改一条记录" / >
< Button
        android:layout_width = "fill_parent"
        android:layout_height = " wrap_content"
        android:onClick = " delete"
        android:text = "删除记录" / >
< Button
        android:layout_width = "fill_parent"
        android:layout_height = " wrap_content"
        android:onClick = " select"
        android:text = "查询所有记录" / >
```

通过上述代码得到的界面布局如图 6-5 所示。

3）为了方便管理数据，添加 Student 业务用例类。新建一个包 com. example. StudentInfoSQL. domain，在其中新建一个 Student 类，用于传递、存储学生信息，代码如下：

```
public class Student {
    private int id;
    private int num;
    private StringnameString;
    private StringclassString;
    private StringphoneString;
}
```

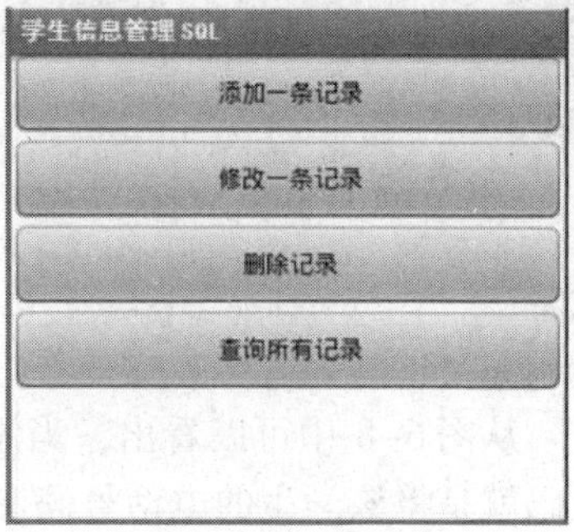

图 6-5　案例界面布局

在上述代码的右键快捷菜单中的 source 下单击生成 getter/setter 方法和 toString( )方法，具体代码省略。

4）编写各个按钮的单击事件响应代码。

① 为了方便对数据库进行操作，将 helper 作为私有成员变量。

② 编写“添加一条记录”按钮单击事件响应代码。

```
public void add( View v) {
SQLiteDatabase db = helper. getWritableDatabase( ) ;
Random random = new Random( ) ;
            //执行 SQL 语句使用占位符
db. execSQL( " insert into Studentinfo( num,class,name,phone)" +
        " values(?,?,?,?)",new Object[ ] {1000 + random. nextInt(1000), random. nextInt
(3) +1,"张三" + random. nextInt(100),"1521000" + random. nextInt(1000)} );
Toast. makeText( this,"数据添加成功",1). show( );
db. close( ) ;
}
```

代码中的 Random 对象用于模拟生产随机数，此举为了每次添加不同数据以方便代码的调试。此时，部署并运行代码，单击“添加一条记录”按钮，运行结果如图 6-6 所示。从 DDMS 中导出 Student. db 文件，打开后，可以看到成功添加一条记录如图 6-7 所示。如果想多添加记录，则多单击几次该按钮即可，结果如图 6-8 所示。

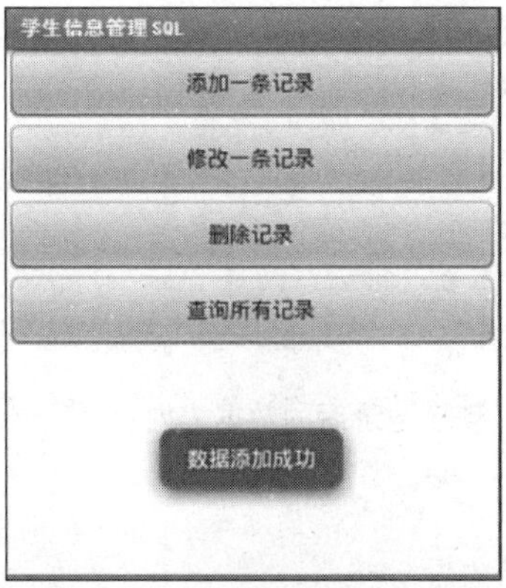

图 6-6　数据添加成功

RecNo	_id	num	name	class	phone
Click here to define a filter					
1	1	1095	张三58	2	1521000813

图 6-7　添加一条记录

RecNo	_id	num	name	class	phone
Click here to define a filter					
1	1	1095	张三58	2	1521000813
2	2	1397	张三97	1	152100085
3	3	1569	张三29	3	15210006
4	4	1509	张三71	1	1521000150
5	5	1817	张三97	3	1521000762
6	6	1236	张三72	1	1521000728

图 6-8　添加多条记录

③ 编写“修改一条记录”按钮单击事件响应代码。

```
public void update(View v) {
    SQLiteDatabase db = helper. getWritableDatabase();
    db. execSQL(" update Studentinfo set phone = ?, class = ? where name = ?", new Object[] {"
110011001",5,"张三 29"});
    Toast. makeText(this,"数据修改成功",1). show();
    db. close();
}
```

从图 6-8 中可以看出，当添加多次数据后，有一条记录中的 name 为“张三 29”，上述代码就是将该学生的电话号码和班级号分别修改为“110011001”和“5”。此时部署并运行代码，单击“修改一条记录”按钮，结果如图 6-9 所示。导出数据文件并打开 Studentinfo 表可以看到相关数据被修改成功，如图 6-10 所示。

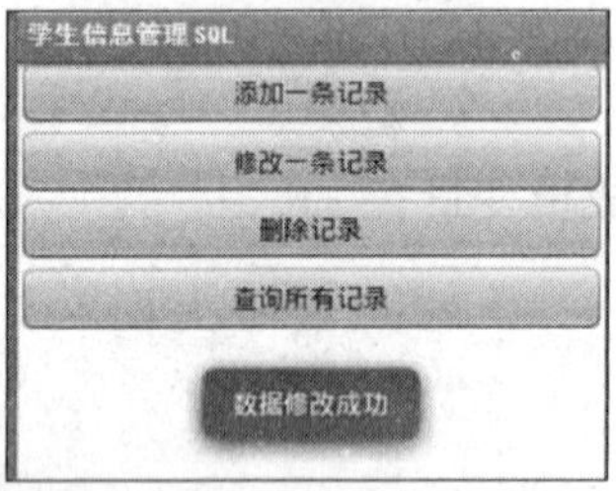

图 6-9　数据修改成功

RecNo	_id	num	name	class	phone
	Click here to define a filter				
1	1	1095	张三58	2	1521000813
2	2	1397	张三97	1	152100085
3	3	1569	张三29	5	110011001
4	4	1509	张三71	1	1521000150
5	5	1817	张三97	3	1521000762
6	6	1236	张三72	1	1521000728

图 6-10　修改一条记录

④ 编写“删除记录”按钮单击事件响应代码。

```
public void delete(View v) {
        SQLiteDatabase db = helper. getWritableDatabase();
        db. execSQL("delete from Studentinfo where name = ?",new Object[] { "张三 97" });
        Toast. makeText(this,"数据删除成功",1). show();
        db. close();
}
```

上述代码是删除名称为“张三 97”的记录。从图 6-10 可以看出，有两条记录的 name 值为“张三 97”，故单击“删除记录”按钮应该删除两行记录，结果如图 6-11 所示。导出数据库文件并打开 Studentinfo 表可以看到相关数据被删除，如图 6-12 所示。

图 6-11　数据删除成功

RecNo	_id	num	name	class	phone
	Click here to define a filter				
1	1	1095	张三58	2	1521000813
2	3	1569	张三29	5	110011001
3	4	1509	张三71	1	1521000150
4	6	1236	张三72	1	1521000728

图 6-12　删除记录后的数据表内容

⑤ 编写“查询所有记录”按钮单击事件响应代码。

```
public void select(View v) {
    SQLiteDatabase db = helper. getReadableDatabase();
    //使用原始查询,直接使用 SQL 语句,得到结果集的游标或者指针
```

```
Cursor cursor = db. rawQuery( " select * from Studentinfo" , null) ;
//建立 Student 的列表数组
List < Student > studentinfos = new ArrayList < Student > ( ) ;
while( cursor. moveToNext( ) ) {
    //新建一个 student 对象
      Student student = new Student( ) ;
    //使用属性名获取游标对应行的各个列
      student. setId( cursor. getInt( cursor. getColumnIndex( " _id" ) ) ) ;
      student. setNum( cursor. getInt( cursor. getColumnIndex( " num" ) ) ) ;
      student. setClassString( cursor. getString( cursor. getColumnIndex( " class" ) ) ) ;
      student. setNameString( cursor. getString( cursor. getColumnIndex( " name" ) ) ) ;
      student. setPhoneString( cursor. getString( cursor. getColumnIndex( " phone" ) ) ) ;
    //将数据增加在列表中
      studentinfos. add( student) ;
    //回收空间效率较高
      student = null;
}
//释放掉游标
cursor. close( ) ;
//关闭数据库
db. close( ) ;
for( Student p:studentinfos) {
      System. out. println( p. toString( ) ) ;
}
```

上述代码将每一条记录放在 Student 类的对象数组中，并将每个字段值都转化成字符串打印输出。此时部署并运行代码，单击“查询所有记录按钮”，LogCat 中的输出结果如图 6-13 所示。

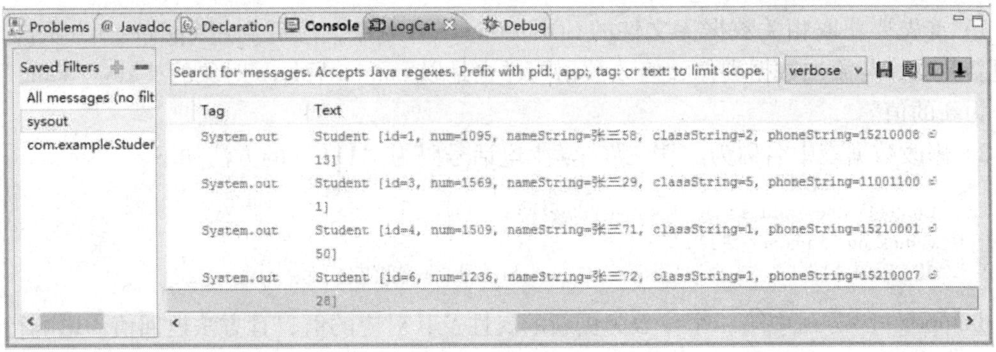

图 6-13　查询输出结果

6.2.4　SQLite 操作 API

对于熟悉 SQL 语法的程序员而言，直接使用前面介绍的 execSQL( ) 和 rawQuery( ) 方法执行 SQL 语句就能完成数据的添加、删除、更新、查询操作。对于对 SQL 语法不太了解的程序员来说，直接使用 SQL 语句时可能会产生各种各样的错误。为此，在 SQLiteDatabase 类中专门提供了对应于添加（insert）、删除（delete）、更新（update）和查询（query）操作的 API 方法。

1. 数据库信息的添加

1）首先要获取相关数据库文件的 SQLiteDatabase 对象，然后利用 insert( )方法向数据库添加数据。与 execSQL( )方法不同的是：添加的数据是以 ContentValues 对象的“Key - Value”形式加入。

2）向数据表中添加名称为“张三”、电话号码为“1525200110”的数据的代码如下：

```
ContentValues values = new ContentValues( );
values. put( "name" , "张三" );
values. put( "phone" , "15252001100" );
Long row = db. insert( "info" , null , values) ;
```

db. insert( )方法中的第一个参数是数据表名称；第二个参数用于指定空值字段的名称，为了满足 SQL 语法的要求，insert( )方法要求必须添加一条除了主键之外其他字段为 Null 值的记录；第三个参数是一个“键 - 值”对的 MAP 集合，对应关系表的属性名和数据值。如果添加数据成功，则返回添加记录所在的行号，否则返回 -1。

2. 数据库信息的删除

1）首先要获取相关数据库文件的 SQLiteDatabase 对象，然后利用 delete( )方法从数据库中删除数据。

2）向数据表中删除名称为“张三”的所有数据的代码如下：

```
long number = db. delete( "Studentinfo" , "name = ?" , new String[ ]{ "张三" } ) ;
```

db. delete( )方法的使用与占位符的方法类似，只是省略了 SQL 语法的固有结构。第一个参数为访问的数据表名，第二个参数为删除条件，第三个参数为占位符对应数据具体的值。方法的返回值表示影响了多少行，即符合条件的行数。

3. 数据库信息的修改

1）首先要获取相关数据库文件的 SQLiteDatabase 对象，然后利用 update( )方法向数据表更新数据。与添加数据类似，修改数据同样也是以 ContentValues 对象的“key - Value”形式作为新的值。

2）修改数据表中名称为“张三”、学生电话号码为“111”的方法如下：

```
ContentValues values = new ContentValues( );
values. put( "phone" , "111" );
db. update( "info" , values , "name = ?" , new String[ ]{ "张三" } );
```

db. update( )方法中第二个参数为更新的属性及其对应的值，且方法返回值为影响行数。

4. 数据库信息的查询

1）首先要获取相关数据库文件的 SQLiteDatabase 对象，然后利用 query( )方法查询数据表中的数据。

2）查询数据表中所有数据的方法如下。

```
    Cursor cursor = db. query( "info" , null , null , null , null , null , null) ;
    while( cursor. moveToNext( ) ) {
//查询相关处理代码
    }
```

上述代码中，db. query (String table, String]] Columns, String selection, String[ ] selection-

Args,String groupBy,String having,stringorderBy)方法中参数较多，其中：

- table 为查询的表名。
- columns 为要查询的列名，可以是多列，null 表示查询所有列。
- selection 为带占位符的查询条件，如“id = ? andname = ?”，也可以为 null。
- selectionArgs 为对查询条件占位符按顺序赋值，可以为 null。
- groupBy 表示队列分组，可以为 null。
- having 表示分组条件，可以为 null。
- orderBy 表示排序，可以为 null。

该方法同样返回一个 Cursor 对象。

6.2.5 案例——使用 SQLite 操作 API 实现学生信息管理

为了加深理解 Android SQLite 数据库 API 编程，本例仍以学生信息管理系统为例实现前面的例子。具体步骤如下：

1）复制并粘贴“学生信息管理 SQL”项目，重命名为“学生信息管理 API”，包名改为“com. example. StudentInfoAPI”。SQLite 帮助类、UI 界面布局、Student 业务用例类的相关代码保持不变。因此，程序运行时即创建好了 Student. db 数据库，且内部有 Studentinfo 表。

2）修改页面布局按钮的相关响应代码（实现的功能与 6. 2. 3 案例的一致）。

① 编写“添加一条记录”按钮单击事件响应代码。

```
public void add(View v){
        SQLiteDatabase db = helper. getWritableDatabase();
        Random random = new Random();
        ContentValues values = new ContentValues();
        values. put("name","张三");
        values. put("phone","15252001100");
        Long row = db. insert("info",null,values);
        Toast. makeText(this,"数据添加成功",1). show();
        db. close();
}
```

部署并运行代码，单击 3 次“添加一条记录”按钮，导出 Student. db 文件，打开后查看其内容如图 6-14所示，可以看到成功添加 3 条记录。此时观察 LogCat 日志，每次打印出新增记录的编号，如图 6-15 所示。

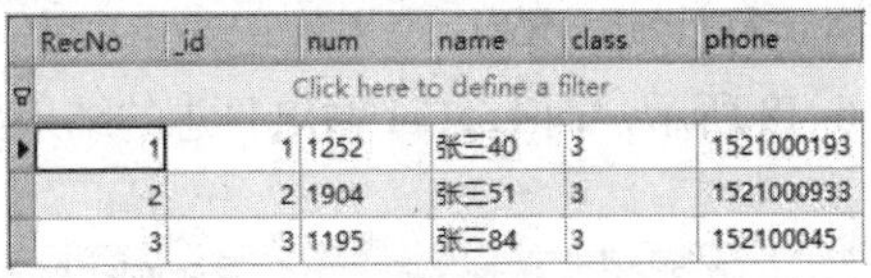

图 6-14　添加 3 条记录

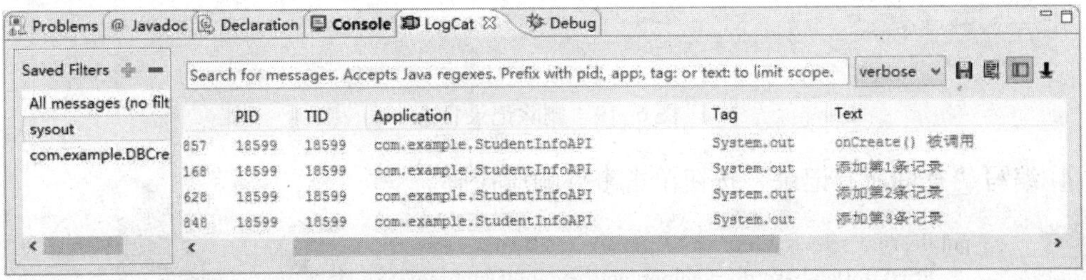

图 6-15　添加记录日志

② 编写“修改一条记录”按钮单击事件响应代码。

```
public void update(View v){
    ContentValues values = new ContentValues();
    values.put("phone","110011001");
    values.put("class",5);
    int number = db.update("Studentinfo",values,"name = ?",new String[]{"张三51"})
}
```

从图6-14可以看出，当添加多条记录后，数据表中有一条记录“name”值为“张三51”，上述代码的功能是将其电话号码和班级号分别修改为“110011001”和“5”。此时运行代码，单击“修改一条记录”按钮，数据表结果如图6-16所示，而LogCat的输出结果如图6-17所示。

RecNo	_id	num	name	class	phone
		Click here to define a filter			
1	1	1252	张三40	3	1521000193
2	2	1904	张三51	5	110011001
3	3	1195	张三84	3	152100045

图6-16　修改一条记录

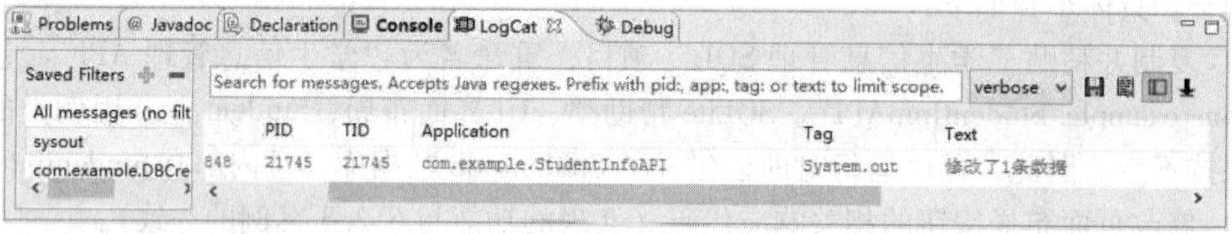

图6-17　修改记录日志

③ 编写“删除记录”按钮单击事件响应代码。

```
public void delete(View v){
        SQLiteDatabase db = helper.getWritableDatabase();
        long number = db.delete("Studentinfo","name = ?",new String[]{"张三51"});
        System.out.println("删除了" + number + "条数据");
        Toast.makeText(this,"数据删除成功",1).show();
        db.close();
}
```

上述代码的功能是删除名称为“张三51”的记录。此时运行代码，单击“删除记录”按钮，数据表结果如图6-18所示，而LogCat输出日志的结果如图6-19所示。

RecNo	_id	num	name	class	phone
		Click here to define a filter			
1	1	1252	张三40	3	1521000193
2	3	1195	张三84	3	152100045

图6-18　删除一条记录

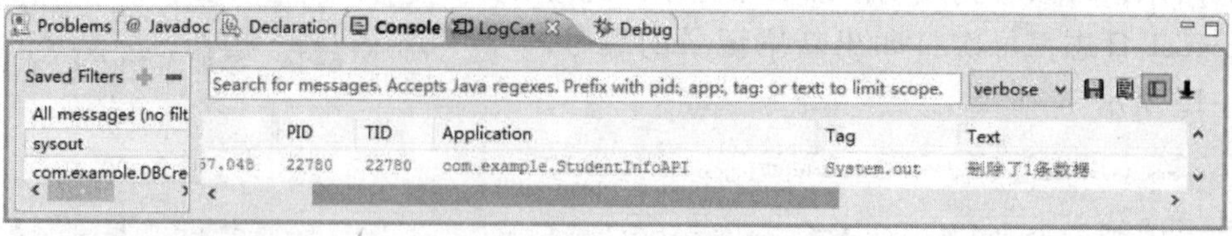

图6-19　删除记录日志

④ 编写“查询所有记录”按钮单击事件响应代码。

```
public void select(View v){
    SQLiteDatabase db = helper.getReadableDatabase();
```

```
        Cursor cursor = db.query("Studentinfo",null,null,null,null,null,null);
        //其他代码保持不变……
    }
```

⑤ 部署并运行代码，单击“查询所有记录”按钮，LogCat 输出结果如图 6-20 所示。

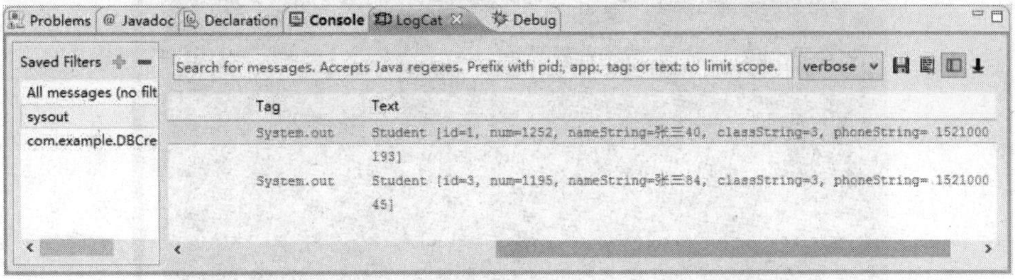

图 6-20　查询所有数据结果

6.3　SQLite3 工具

查看 SQLite 数据库有多种方法，前面章节介绍的演示查询过程是通过 Android API 的方式查看和使用 SQLite Expert 工具。下面介绍另外一种常用的方式：通过 Android SQLite3 工具查看数据表内容。

Android 提供的 sqlite3. exe 程序位于/sdk/tools 目录下，其作用是操作 SQLite 数据库，其常用命令如下。

- sqlite3 数据库名称：进入数据库操作模式，如 sqlite3 Student. db。
- tables：查看所有的表，如 . tables。
- schema：查看数据库中所有表的 DDL 语句，如 . schema。
- help：查看帮助，如 . help。
- headers on/off：显示表头，默认值为 off，: headers on。
- mode list|column|insert|line|tabs|tcl|csv：改变输出格式，如 . mode column。
- nullValue：Null 空值数据显示问题，如 . nullValue Null。
- dump 表名：生成形成表的 SQL 脚本，如 . dump person。
- exit：退出 sqlite 操作模式，如 . exit。

使用 sqlite3. exe 对数据库进行操作，需要设置 Android SDK 的环境变量，具体可以参考 1. 2. 1 节的内容。以项目“学生信息管理 API”为例，操作数据库的步骤如下。

1）进入 linux 内核：adb shell。

2）进入虚拟机数据库文件所在项目目录：cd/data/data/com. example. StudentInfoAPI（注意空格）。

3）浏览文件夹内容：ls -1。

4）进入其中的 databases 文件夹：cd databases。

5）观察文件夹内容：ls -1。

6）使用命令行打开数据库文件：sqlite3 Student. db，此时光标变成 sqlite > 。

7）使用 SQL 语句查询所有记录：select * from Studentinfo；（注意分号）。

8）也可以执行其他 SQL 操作。

上述操作过程截图如图 6-21 所示。

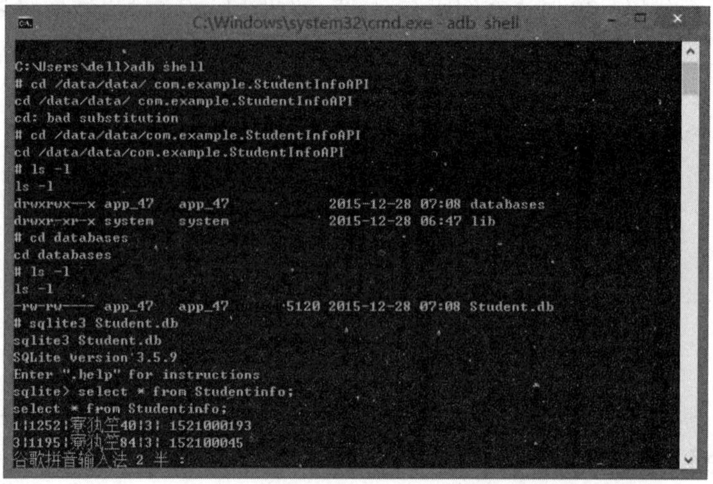

图 6-21　SQLite3 工具查询数据库

从图 6-21 可以看出，SQLite3 执行 SQL 查询语句后，返回数据集包含中文对应字符就会变成乱码。这是由于 SQLite 数据库使用的是 UTF-8 编码方式，而传入的字符串是 ASCII 编码或 Unicode 编码，因此导致字符串格式错误。解决办法如下：退出或者重新开启 CMD 窗口，在其中输入“chcp 65001”并按〈Enter〉键。65001 是 Unicode（UTF-8）65001 的编码设置，Chinese Simplified（GB2312）的设置为 936。上述命令是修改 CMD 窗口的编码方式，接下来按照上述步骤使用 SQLite3 工具操作数据即可。

6.4　数据库的事务操作

在 Android 应用程序开发中需要用到数据库时，事务处理是非常重要的。在批量修改数据时，由于事务是在进行事务提交时，将需要执行的 SQL 操作一次性打开数据库连接执行，其执行速度比逐条执行 SQL 语句的速度快了很多倍。因此当开发中遇到对数据库的批量操作时，使用事务是提高效率的重要手段。为了保证数据的一致性，需保证事务中的所有操作都成功执行，或者失败，或者所有操作回滚。数据库的事务在现实世界中好比转账操作，从 A 账户转出金额给 B 账户这个过程由两条语句实现，若任何一条语句出错都会使得两个账户的金额不同步。事务就是保证了两者数据能够同步。数据库事务操作使用的方法如下。

- beginTransaction()：开启一个事务。
- setTransactionSuccessful()：设置成功点。
- endTransaction()：结束事务，包括数据提交和操作回滚。

数据库的事务执行过程如下：首先使用 beginTransaction()方法开启一个事务，程序执行到 endTransaction()方法时会检查事务的标志是否为成功。如果程序执行到 endTransaction()方法之前调用了 setTransactionSuccessful()方法设置事务的标志为成功，则提交事务；如果没有调用

setTransactionSuccessful()方法，则回滚事务。具体的代码模板如下。

```
bankDBOpenHelper helper = new bankDBOpenHelper(this);
    SQLiteDatabase dbDatabase = helper.getWritableDatabase();//创建数据库
    dbDatabase.beginTransaction();
    try {
//数据库读/写操作代码,从张三账户转出 5000 元给李四
        dbDatabase.execSQL("update info set money = money - 5000 where name = ?",new String
[]{"张三"});
        dbDatabase.execSQL("update info set money = money + 5000 where name = ?",new String
[]{"李四"});
dbDatabase.setTransactionSuccessful();//标识事务执行成功,如果该语句因异常中断没有执行,则
上述的两条操作语句回滚
    } finally {
        //提交事物代码。如果 dbDatabase.setTransactionSuccessful 执行,则 SQL 代码执行,否则
回滚
    dbDatabase.endTransaction();
    dbDatabase.close();
    }
```

在上述代码中，所有的操作都是在副本文件"×××.db-journal"中完成的，目的就是防止在原文件直接操作。只有执行了 dbDatabase.endTransaction()后，该副本文件才会更新覆盖原文件。有兴趣的同学可以在两条 SQL 语句之间引入一个异常操作，看看两个用户的金额是不是保持同步。

6.5 数据库的可视化

在 Android 应用中，如微信朋友圈、新闻客户端等应用需要将展示的数据库条目显示在页面中，实现这种功能需要创建大量的相同布局。在学生信息管理项目中将每项学生信息显示在屏幕中，可以使用依次添加 TextView 控件的方法来实现。具体步骤如下。

1）复制并粘贴项目"学生信息管理 API"，修改名称为"学生信息管理 TextView"、包名为"com.example.StudentInfoTextView"。

2）为了显示学生信息，修改主活动 UI，在按钮下方添加带有滚动条的线性布局，新增代码如下。

```
<ScrollView                                    //滚动条
    android:layout_width="match_parent"
    android:layout_height="match_parent" >
        <LinearLayout
          android:id="@+id/ll_container"
          android:layout_width="match_parent"
          android:layout_height="match_parent"
          android:orientation="vertical" >
          </LinearLayout>
</ScrollView>
```

由于数据库中数据量不断变化，无法确定创建的 TextView 数量，因此需要用代码的方式在线性布局中动态显示出来。为达成目标，需给新添加的 LinearLayout 定义 ID 属性。

3）编写响应的 Java 代码，即当单击“查询所有记录”按钮时，需要将每条数据放在新建的 TextView 中，显示在新增的线性布局中。

- 获取线性布局容器的引用。

```
private LinearLayout ll_containerLayout;
…
ll_containerLayout = (LinearLayout)findViewById(R. id. ll_container );
```

- 在“查询所有记录”单击事件响应代码中，每获取一个新的数据都放在一个 TextView 中：

```
for(Student p:studentinfos){                              //遍历返回的所有记录
    System. out. println(p. toString());
    TextView tView = new TextView(this);                  //创建 TextView 对象
    tView . setText(p. toString());                       //将数据显示在 TextView 中
    tView . setTextSize(20);
    tView . setTextColor(Color. RED);
    ll_containerLayout . addView(tView );                 //将 TextView 加载到布局中
    tView = new TextView(this);                           //显示分割线
    tView. setHeight(1);                                  //设置高度为 1 像素
    tView. setBackgroundColor(Color. BLACK);
    ll_containerLayout. addView(tView );
}
```

4）部署并运行代码，单击两次“添加一条记录”按钮，单击“查询所有记录”按钮，得到可视化结果如图 6-22 所示。

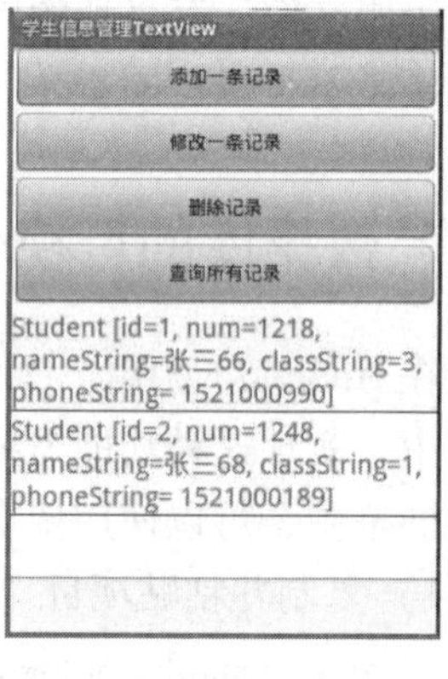

图 6-22　TextView 可视化查询结果

虽然上述案例成功地显示了数据库中的内容，但是上述方法并不科学。因为在实际应用中，数据库记录的数目会非常多，尽管 Android 系统可以忍受使用数组存储每个学生信息，但是当加载了大量的 TextView 时，Android 系统资源便很难承受。为了解决这种问题，Android 提供了 ListView 控件，该控件的特点是在有限的屏幕界面内只显示数条数据，而不显示的、被滚动掉的条目资源会被专门的控制器自动回收掉，即使数据库中有大量数据，在内存中也只需保留要显示的数据。

6.5.1　ListView 控件

ListView 是 Android 中最重要的控件之一，是用于对数据进行列表展示的控件。ListView 的特点如下：

- 屏幕上可以展示多少条目，ListView 就初始化多少条目的资源，这样可以节省内存，防止内存溢出。
- 通过使用 convertView 对创建的视图对象进行复用，ListView 始终保持创建的对象个数为屏幕显示的条目的个数加 1。
- ListView 自带 ScrollView 的功能，可以实现界面滚动。

ListView 控件的使用需要遵循 MVC（Model View Controller）设计模式，是基于“模型－视图－控制器”结构的软件设计典范。它是用一种业务逻辑、数据、界面显示分离的方法组织代码，将业务逻辑聚集到一个部件里面，在改进和个性化定制界面及用户交互的同时，不需要重新编写业务逻辑。其中，M 层处理数据、业务逻辑等；V 层处理界面的显示结果；C 层起到桥梁的作用，来控制 V 层和 M 层通信以此来达到分离视图显示和业务逻辑层。在 ListView 中，各层具体的内容如下：

- M 层为需要被显示到 ListView 上的数据集合和业务逻辑，如 Student 业务用例类。
- V 层为 ListView 控件视图。
- C 层用于把数据展示到控件上，在 ListView 中使用适配器（Adapter）来完成这项工作。

为了能够使用 ListView 控件，首先来了解一下适配器的工作原理。

6.5.2 常用的数据适配器

适配器（Adapter）就是把一些数据适当组织，以便于适合在 View 上显示。它所操作的数据一般都是一些比较复杂的数据，如数组、链表、数据库、集合等。适配器如同显示器，把复杂的数据按用户可以接受的方式来展现。Android 引入 Adapter 机制作为复杂数据展示的转换载体，而各种 Adapter 只是转换的方式和能力不同。Adapter 与 ListView 的关系如图 6-23 所示。适配器是数据和视图之间的桥梁。

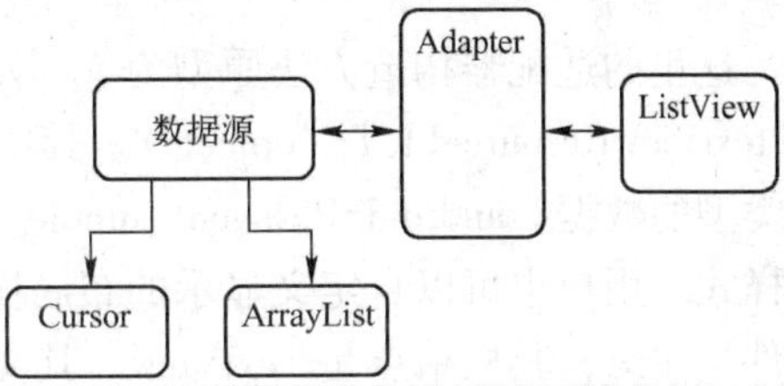

图 6-23　Adapter 与 ListView 的关系

Android 中提供了很多 Adapter，表 6-1 列出了在 ListView 中常用的几个。

表 6-1　常用适配器

Adapter	描　述
ArrayAdapter <T>	用来绑定一个数组，支持泛型操作
SimpleAdapter	用来绑定在 XML 中定义的控件对应的数据
BaseAdapter	通用的基础适配器

1. ArrayAdapter 的使用

ArrayAdapter 数组适配器比较简单，适合纯文本。布局文件可以自己编写，也可以用系统自带的布局样式。其操作步骤如下。

1）准备数据源。

2）新建 ArrayAdapter 适配器并绑定数据源。

需要说明的是，ArrayAdapter 有多个构造函数，最常用的一种是 ArrayAdapter(Context context,int textViewResourceId,T[ ]objects)。其中，第一个参数为上下文，第二个参数为一个根结点为 TextView 的布局文件，第三个参数为 ListView 需要显示的数据内容。

3）使用视图加载适配器，显示相关内容。

举个简单的例子，在 ListView 中下显示数组中的人名列表，实现过程如下。

① 新建一个名称为“ListView 使用 ArrayAdatper”、包名为“com. example. listviewArrayAdatper”的项目。

② 为了显示数据，需要在默认布局文件中添加一个 ListView 控件：

```
<ListView android:id="@+id/list"
    android:layout_width="match_parent"
    android:layout_height="wrap_content"
/>
```

在预览窗口可以看到 ListView 控件和其相关的条目列表，如图 6-24所示。

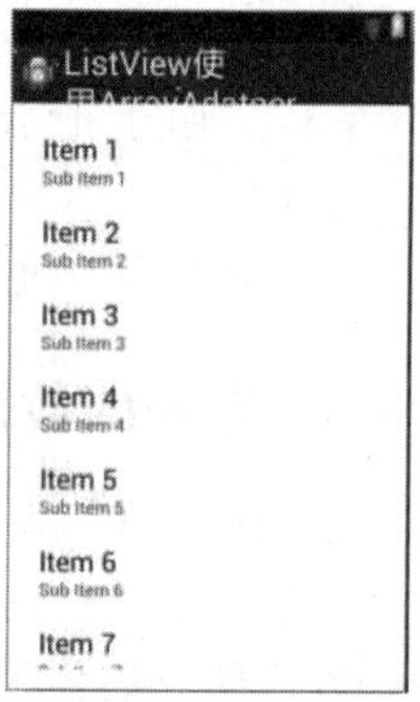

图 6-24　ListView 预览界面

准备数据源作为 ListView 内容，这里使用固定的数组作为数据源。

```
String[] array_data = {"张三 1","张三 2","张三 3","张三 4"};
```

③ 新建一个数组适配器 ArrayAdapter 绑定数据源，代码如下。

```
ArrayAdapter array_adapter = new ArrayAdapter<String>(this,
android.R.layout.simple_list_item_1,array_data);
```

这里的适配器构造方法原型为 ArrayAdapter<T>(Context context, int textViewResourceId,T[]objects)。其中 T 是泛型，可以加入各种基本类型的数据。android. R. layout. simple_list_item_1 为系统预定义的布局样式。用户也可以自定义显示的布局样式，此时需要新建一个 XML 文件。注意，其根结点是 TextView，其文件名命名为 tv_item. xml。布局文件代码如下：

```
<?xml version="1.0" encoding="utf-8"?>
<TextView xmlns:android="http://schemas.android.com/apk/res/android"
    android:layout_width="match_parent"
    android:layout_height="match_parent">
</TextView>
```

当使用自定义的布局文件显示条目信息时，其代码变为

```
ArrayAdapter array_adapter = new ArrayAdapter<String>(this,R.layout.tv_item,array_data);
```

使用 ListView 加载适配器显示相关内容，代码如下：

```
ListView listView = (ListView)findViewById(R.id.list);
listView.setAdapter(array_adapter);
```

运行代码得到的效果如图 6-25 所示。

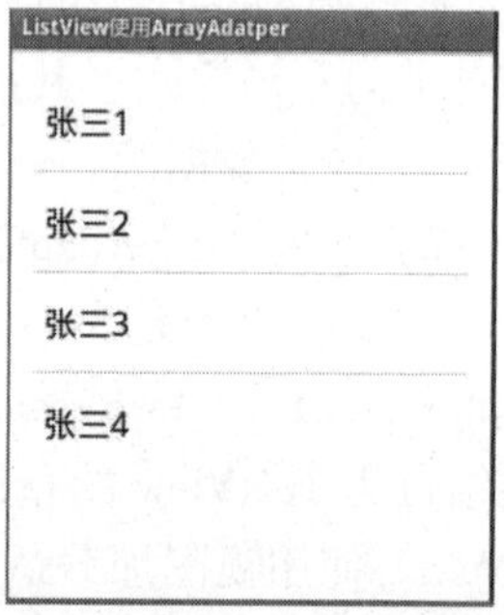

图 6-25　ListView 使用 ArrayAdapter 显示结果

如果需要显示图片，则可以使用另一种参数形式的构造函数：ArrayAdapter<String>(Context context,int resource,int textViewResourceId,T[]objects)。其中第二个参数为显示图像的视图控件 ID。此时需创建名称为 item. xml 的布局文件：

```
<LinearLayout xmlns:android="http://schemas.android.com/
apk/res/android"
    android:layout_width="match_parent"
    android:layout_height="match_parent"
    android:orientation="horizontal">
```

```
        <ImageView android:layout_width = "wrap_content"
            android:layout_height = "wrap_content"
            android:src = "@drawable/ic_launcher"/>
        <TextView android:layout_width = "wrap_content"
            android:layout_height = "wrap_content"
            android:id = "@ +id/tv"/>
    </LinearLayout>
```

建立新的适配器的代码如下：

```
ArrayAdapter array_adapter = new ArrayAdapter<String>(this,R.layout.item,R.id.tv,array_data);
```

此时数据显示在第三个参数对应的 TextView 控件中。其运行结果如图 6-26 所示。注意，ArrayAdapter 只能将文本数据灵活显示在 ListView 中，无法灵活调整其他类型的资源。

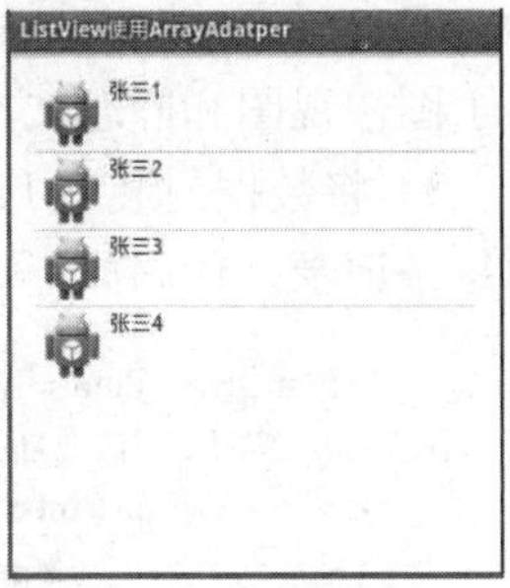

图 6-26　带视图的 ArrayAdapter 运行结果

2. SimpleAdapter

SimpleAdapter 也称简单适配器，相比较 ArrayAdapter 而言，它有很强的扩展性，可以自定义出各种复杂的界面效果。使用简单适配器的步骤如下。

1）准备数据源：指定由 Map 组成的 List 数据源。

2）新建适配器，设置键值名和对应控件 ID，绑定数据。

3）视图加载适配器。

首先介绍一下 SimpleAdapter 的构造函数：

```
SimpleAdapter(context,data,resource,from,to);
```

其中：

- context 为 SimpleAdapter 关联的 View 的运行环境上下文。
- data 为一个 Map 组成的 List，其结构为 List < Map < String,Object >>。Map 的 key 是一个字符串，值为各种类型的数据。使用这种数据结构，使得每个条目可以用 Map 包含不同类型的数据。在 ListView 中的每个条目对应 List 中的一行，每一个 Map 中应该包含所有在 from 参数中指明的键名。
- resource 用于定义 ListView 条目对应的布局文件资源 ID。布局文件至少应包含在 to 参数中指明的 ID。
- from 为 String 类型数组，为被添加到 Map 映射上的键名称，即需要显示的列。
- to 是 int 数组，为绑定数据的视图的 ID，与 from 参数对应。

使用 SimpleAdapter 实现在 ListView 显示人名的步骤如下：

1）新建一个名称为“ListView 使用 SimpleAdatper”、包名为“com.example.listviewSimpleAdatper”的项目，在布局文件中加入 ID 为 list 的 ListView 控件。

2）在 Layout 文件夹下新建 XML 文件，名称为 item.xml。布局代码如下。

```
<LinearLayout xmlns:android = "http://schemas.android.com/apk/res/android"
    android:layout_width = "match_parent"
    android:layout_height = "match_parent"
    android:orientation = "horizontal" >
```

```
    <ImageView
        android:id="@+id/iv"
        android:layout_width="wrap_content"
        android:layout_height="wrap_content" />
    <TextView
        android:id="@+id/tv"
        android:layout_width="wrap_content"
        android:layout_height="wrap_content" />
</LinearLayout>
```

该布局文件对应ListView中每个条目的布局结构，必须在布局文件中增加每个控件的ID，通过该ID才能建立数据与控件的关系。上述代码最终使得ListView的每个条目横向布局了图像视图和静态文本框，分别用于显示图片和文本。

3）将数据封装成List集合，且集合中的每个元素是一个Map集合，对应了ListView中的每条记录，代码如下。

```
List array_data = newArrayList<Map<String,Object>>();
// 向List中添加10组数据
        for(int i=0;i<10;i++){
            Map map = newHashMap<String,Object>();
            //向Map中放入键值对,键名与from对应,键值为to中控件所显示的数据
            map.put("icon",R.drawable.ic_launcher);
            map.put("name","张三"+i);
            //添加一行Map到List集合中
            array_data.add(map);
        }
```

从上述代码中可以看出，array_data由10个Map元素组成，每个Map元素包含了两种数据，键名分别是icon和name。适配器需要获取每个Map元素中icon和name对应的值，将其匹配给item.xml布局文件中的相应控件。

4）新建SimpleAdapter适配器，并绑定数据：

```
    //定义在ListView中显示List中的Map的键名
    String[]from={"icon","name"};
    //根据声明,对应的键名显示在item.xml的哪些控件中,注意from和to中的元素要一一
对应
    int[]to={R.id.iv,R.id.tv};
    SimpleAdapter simple_adapter = new SimpleAdapter(this,array_data,R.layout.item,from,to);
```

上述代码的作用是从array_data获取每行的Map表，将Map中的键名（在from中给出）所对应的值显示在to中定义的控件中，即10组数据的icon属性对应的值显示在条目的ImageView中，name属性对应的值显示在TextView中。

5）为ListView加载适配器，显示相关内容。

```
ListView listView = (ListView)findViewById(R.id.list);
listView.setAdapter(simple_adapter);
```

部署并运行代码，结果如图6-27所示。

3. BaseAdapter

在ListView的使用中，有时还需要在里面加入按钮等控件，实现单独的操作。也就是

说，这个 ListView 不再只是展示数据，也不仅仅要用这一行来处理用户的操作，而是其中包含的控件要获得用户的焦点。读者使用 SimpleAdapter 添加一个按钮到 ListView 的条目中，便会发现尽管可以添加按钮，但是无法获得焦点，这是因为单击操作被 ListView 的 Item 所覆盖。此时，最方便的方法就是使用灵活的适配器 BaseAdapter 了。前面介绍的 ArrayAdapter 和 SimpleAdapter 都继承自 BaseAdapter。一般对于前两个适配器，它们的数据来源无非就是 String 数组或者 List，而 BaseAdapter 具有更高的灵活性。

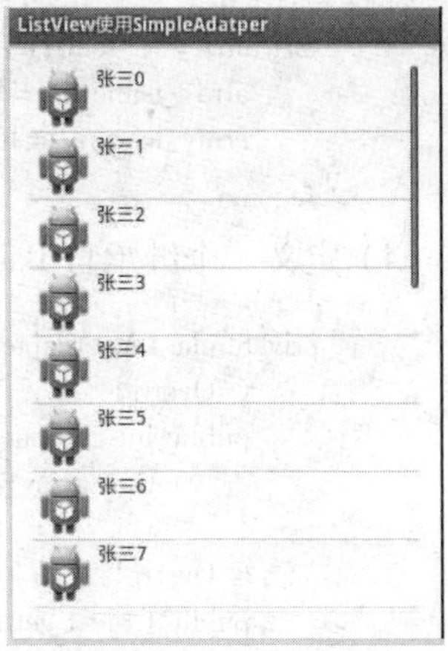

图 6-27　ListView 使用 ArrayAdapter 显示结果

适配器也是一个类，在 ArrayAdapter 和 SimpleAdapter 类里面系统自己实现了 BaseAdapter 的以下方法。

- public int getCount()：指出数据的总行数，以便在 ListView 中显示时不会越界。
- public ObjectgetItem（int position）：根据 position 得到某一行的记录。
- public longgetItemId（int position）：得到某一条记录的 ID。
- public View getView（int position，View convertView，ViewGroup parent）：显式地定义了适配器将要以什么样的方式去显示所填充的数据，因此在 BaseAdapter 里通常会编写全新的布局文件。

在使用 BaseAdapter 时，首先需要定义一个继承自 BaseAdapter 的类，然后对上述方法进行重写。BaseAdapter 在工作时，这些方法调用的顺序如下：

1）在为 ListView 加载 BaseAdapter 时，系统首先调用 getCount()方法，根据其返回值得到 ListView 需要显示的长度。如果 getCount()的返回值是 0，则 ListView 将不显示任何内容；若返回值为 1 时，则仅显示一行，以此类推。一般来说，需要开发人员为其返回所有数据的条目数。

2）根据 getCount()返回的长度值，调用 getView()逐一绘制每一行条目。系统显示 ListView 时，首先实例化一个适配器。如果需要手动完成适配时，则必须编写代码映射数据，因此需重写 getView()方法。getView()有 3 个参数，position 表示数据在集合中的位置，covertView 是将布局文件 inflate 为视图，parent 为父窗体。在该方法中应首先使用 View. inflate()的方法将定义好的 XML 布局文件提取成 View 实例。接着，将 XML 布局文件中的各个控件实例化（使用 findViewById()方法）。此时，数据集合中的某个数据就可以作用于各个控件。

综上所述，使用 BaseAdapter 的步骤如下。

1）准备数据源：指定由 Map 组成的 List 数据源。

2）定义一个继承自 BaseAdapter 的类，并重写 getCount()和 getView()方法。

3）实例化 BaseAdapter，使用 ListView 视图加载适配器

下面介绍如何使用 BaseAdapter 实现在 ListView 中显示带图片的人名列表。

1）新建一个名称为“ListView 使用 BaseAdatper”、包名为“com. example. listviewBaseAdatper”的项目，在布局文件中加入 ID 为 list 的 ListView 控件。

2）在 Layout 文件夹下新建一个名称为 item. xml 的 XML 文件，布局代码与 SimpleAdapter 一致。

3）准备数据源，由两个数组分别存放 10 个人的名称和头像资源 ID。

```
for(int i =0;i<20;i++) {
    array_name[i] = "张三" +i;            //存放人名
    array_icon[i] = R. drawable. ic_launcher;//存放默认 Android 图标 ID
}
```

4）定义一个继承自 BaseAdapter 的类 MyAdapter，并重写相关方法。

```
private class MyAdapter extends BaseAdapter {
    @ Override
    public int getCount( ) {
        return array_name. length;  //返回记录数量,即数组长度
    }
    @ Override
    public Object getItem( int position) {
        return null;
    }
    @ Override
    public long getItemId( int position) {
        return 0;
    }
    @ Override
    public View getView( int position,View convertView,ViewGroup parent) {
        //将 item. xml 布局文件转化成视图,作为每一个条目显示出来
        View view = View. inflate( MainActivity. this,R. layout. item,null) ;
        //获取相应控件引用
        ImageView ivImageView = ( ImageView) view. findViewById( R. id. iv) ;
        TextView tv_name = ( TextView) view. findViewById( R. id. tv) ;
        //为每个控件添加第 position 个数据
        ivImageView. setImageResource( array_icon[ position] ) ;
        tv_name. setText( array_name]position] ) ;
        //注意,返回条目生成的视图
        return view;
    }
}
```

实例化自定义适配器，并为 ListView 视图加载适配器，代码如下。

```
ListView listView = ( ListView) findViewById( R. id. list) ;
listView. setAdapter( new MyAdapter( ) ) ;
```

部署并运行代码，结果如图 6-28 所示。

从前面介绍的不同适配器实现过程可以看出，BaseAdapter 使用最为灵活，而 ArrayAdapter 和 SimpleAdapter 的使用比较简单。读者可以根据需求选取不同的适配器。

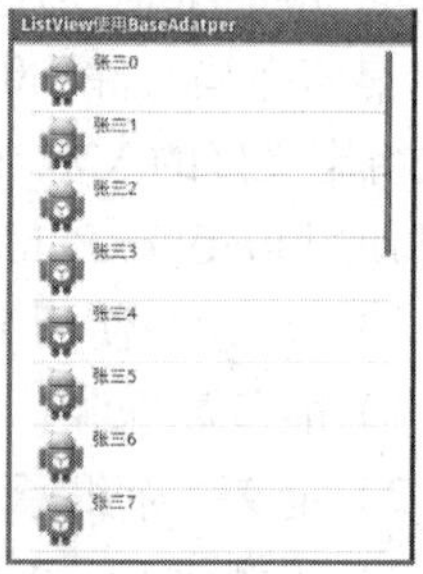

图 6-28　ListView 使用 ArrayAdapter 显示结果

6.5.3　案例——使用 ArrayAdapter 配置 ListView 显示学生信息

下面就来完善学生信息管理系统的功能，用 ListView 结合 ArrayAdapter 显示出查询学生的名单。具体步骤如下。

1）复制并粘贴“学生信息管理 API”，将其重命名为“学生信息管理 ArrayAdapter”，

修改包名为“com. example. StudentInfoArrayAdapter”。

2）为了显示学生信息，在原所有按钮下方增加 ListView 控件，代码如下。

```
<ListView
        android:id = "@ +id/lv"
        android:layout_width = "fill_parent"
        android:layout_height = "fill_parent" >
</ListView >
```

通过预览窗口得到主界面如图 6-29 所示。

3）建立 ListView 的数据集。由于数据集的查询结果已经存储在 studentinfos 集合中，因此不需要重新建立数据集。

4）创建 ArrayAdapter 适配器，并绑定数据。这里创建的适配器代码如下：

```
ArrayAdapter array_adapter = new ArrayAdapter < Student > (this,
    android. R. layout. simple_list_item_1, studentinfos);
```

由于 ArrayAdapter 适合文本的显示，因此直接显示 studentinfos 中的每条记录，并自动转化为 String 类型。

5）为 ListView 设置适配器。在“查询所有记录”按钮单击事件响应代码中增加如下代码。

```
private ListView lv;//设置为私有成员
…
lv = (ListView) findViewById(R. id. lv);
lv. setAdapter(array_adapter);
```

6）部署并运行代码。多次单击“添加一条数据”按钮，然后单击“查询所有记录”按钮，得到的结果如图 6-30 所示。从图 6-30 中可以看出，使用 ArrayAdatper 显示的效果并不美观、界面并不友好，只能将复杂的数据转化为字符串，因此适用于特定场合。

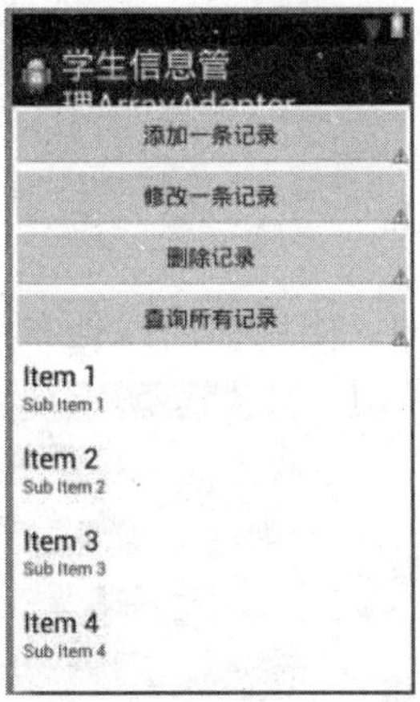

图 6-29　案例预览界面

图 6-30　ListView 配置 ArrayAdapter 显示学生信息

6. 5. 4　案例——使用 SimpleAdapter 配置 ListView 显示学生信息

在上一案例中可以看到，ArrayAdapter 处理的数据类型单一，显示界面并不是很友好。

下面介绍使用 SimpleAdatper 将学生信息显示在 ListView 中。具体步骤如下。

1）复制并粘贴“学生信息管理 ArrayAdapter”，将其重命名为“学生信息管理 SimpleAdapter”，修改包名为“com. example. StudentInfoSimpleAdapter”。

2）为了使界面更加友好，在 activity_main. xml 的按钮与 ListView 之间，添加横向线性布局，引入 TextView 作为每列的标题，具体代码如下。

```
<LinearLayout
        android:layout_width = "fill_parent"
        android:layout_height = "wrap_content" >
    <TextView
            android:layout_width = "0dp"
            android:layout_height = "wrap_content"
            android:layout_weight = "1"
            android:gravity = "center_horizontal"
            android:text = "学号" />
    <TextView
            android:layout_width = "0dp"
            android:layout_height = "wrap_content"
            android:layout_weight = "1"
            android:gravity = "center_horizontal"//内容水平居中
            android:text = "姓名" />

    <TextView
            android:layout_width = "0dp"
            android:layout_height = "wrap_content"
            android:layout_weight = "1"
            android:gravity = "center_horizontal"
            android:text = "班级" />
    <TextView
            android:layout_width = "0dp"
            android:layout_height = "wrap_content"
            android:layout_weight = "2"
            android:gravity = "center_horizontal"
            android:text = "电话" />
</LinearLayout>
```

程序运行后，得到的界面如图 6-31 所示。

3）设计 ListView 每个 item 的布局样式，新建 item. xml，使用横向线性布局添加 4 个 TextView 分别显示学生的不同信息，并给每个 TextView 声明 ID 属性。

```
<LinearLayout xmlns:android = "http://schemas. android. com/
apk/res/android"
    android:layout_width = "match_parent"
    android:layout_height = "match_parent"
    android:orientation = "horizontal" >
    <TextView
            android:layout_width = "0dp"
            android:layout_height = "wrap_content"
            android:layout_weight = "1"
```

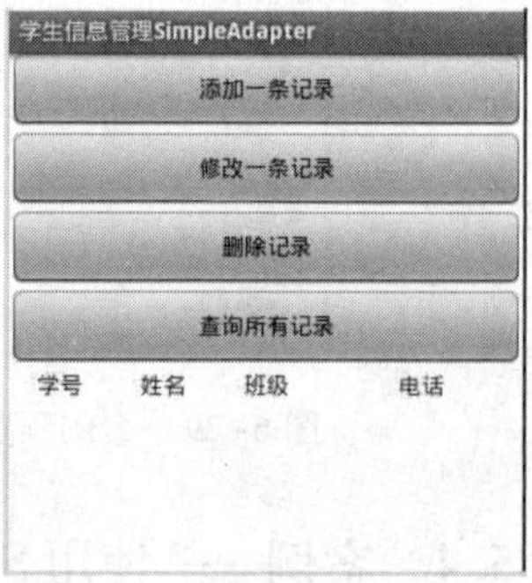

图 6-31　案例初始界面

```
            android:gravity = "center_horizontal"
            android:id = "@ +id/tv_num"
            />
    <TextView
            android:layout_width = "0dp"
            android:layout_height = "wrap_content"
            android:layout_weight = "1"
            android:gravity = "center_horizontal"
            android:id = "@ +id/tv_name"/>
    <TextView
            android:layout_width = "0dp"
            android:layout_height = "wrap_content"
            android:gravity = "center_horizontal"
            android:layout_weight = "1"
            android:id = "@ +id/tv_class"/>
    <TextView
            android:layout_width = "0dp"
            android:layout_height = "wrap_content"
            android:gravity = "center_horizontal"
            android:layout_weight = "2"
            android:id = "@ +id/tv_phone"/>
</LinearLayout>
```

4）数据集已经建立，需要将数据集封装成 Map 的 List 集合。在“查询所有记录”按钮响应代码中添加如下代码。

```
List<Map<String,Object>> data = newArrayList<Map<String,Object>>();
        for(Student p:studentinfos){
            System.out.println(p.toString());
            Map<String,Object> map = newHashMap<String,Object>();
            map.put("num",p.getNum());
            map.put("name",p.getNameString());
            map.put("class",p.getClassString());
            map.put("phone",p.getPhoneString());
            data.add(map);
        }
```

此时，将每个学生的学号、姓名、班级和电话都保存在 data 集合中。

5）将数据集和 SimpleAdapter 绑定，需要指明显示 data 中每行的属性名称以及这些属性值分别显示的控件 ID。

```
String[]from = {"num","name","class","phone"};  //用于显示的属性名称
int[]to = {R.id.tv_num,R.id.tv_name,R.id.tv_class,R.id.tv_phone};  //将 from 的属性值对
//应地显示在控件中
SimpleAdapter simple_adapter = new SimpleAdapter(this,data,R.layout.item,from,to);
```

6）为 ListView 配置适配器。

```
ListView lView = (ListView)findViewById(R.id.lv);
lView.setAdapter(simple_adapter);
```

7）部署并运行代码，得到的结果如图 6-32 所示。从图 6-32 中可以看出，使用 SimpleAdapter 能够较为灵活地组织 ListView 中的每个 item 样式，具有较为友好的用户界面。

图 6-32　ListView 配置 SimpleAdapter 显示学生信息

6.5.5　案例——使用自定义的适配器配置 ListView 显示学生信息

使用 SimpleAdatper 具有较为灵活的界面风格，但是当遇到更加复杂的界面时，使用继承 BaseAdapter 的自定义适配器会更加灵活多变。实现上述功能显示学生信息的具体操作步骤如下。

1）复制并粘贴“学生信息管理 SimpleAdapter”，将其重命名为“学生信息管理 BaseAdapter”，修改包名为“com. example. StudentInfoBaseAdapter”。

2）UI 界面已经设置完毕，暂时不需要修改。

3）数据集已经配置完毕，不需要修改。

4）在主活动类内，自定义一个继承 BaseAdapter 的类，并重写相关的方法。

```
private class MyAdapter extends BaseAdapter {
    @ Override
    public int getCount( ) {
        return studentinfos. size( ); //返回数据库中存放学生信息的总人数
    }
    @ Override
    public Object getItem( int position) {
        return null;
    }
    @ Override
    public long getItemId( int position) {
        return 0;
    }
    @ Override
    public View getView( int position, View convertView, ViewGroup parent) {
        //将 item 布局文件转换为视图
        View view = View. inflate( MainActivity. this, R. layout. item, null);
        //获取控件的引用,方便对其进行控制
        TextView tv_num = ( TextView) view. findViewById( R. id. tv_num);
```

```
        TextView tv_name = (TextView) view. findViewById(R. id. tv_name);
        TextView tv_class = (TextView) view. findViewById(R. id. tv_class);
        TextView tv_phone = (TextView) view. findViewById(R. id. tv_phone);
        Student student = studentinfos. get(position);
        tv_num. setText("" + student. getNum());   //tv_num 控件显示学号
        tv_name. setText(student. getNameString());
        tv_class. setText(student. getClassString());
        tv_phone. setText(student. getPhoneString());
        return view;   //返回视图
    }
}
```

5）为 ListView 设置自定义适配器，在“查询所有记录”按钮响应代码处添加如下代码：

```
ListView lView = (ListView)findViewById(R. id. lv);
lView. setAdapter(new MyAdapter());
```

6）部署并运行代码，得到的结果如图 6-33 所示。

为了体现出 BaseAdapter 的灵活性。下面在 getView( )方法中加入如下代码。

```
tv_num. setTextSize(10 + 2 * position);
tv_name. setTextSize(10 + 2 * position);
tv_class. setTextSize(10 + 2 * position);
tv_phone. setTextSize(10 + 2 * position);
```

这些代码使得显示不同的行时字体大小根据行号发生变化，运行结果如图 6-34 所示。由图 6-34 可以看出，该方法可以灵活调整每一行的样式。

图 6-33　ListView 配置 BaseAdapter 显示学生信息

图 6-34　ListView 中灵活调整效果

6.5.6　ListView 的单击事件和长按事件

微信、QQ 等 APP 的好友列表一般使用 ListView 来实现，单击每个好友就会弹出相应的聊天窗口，这就需要为 ListView 添加单击事件。如果长按某个好友就会弹出控制菜单，这就需要为 ListView 添加长按事件。

1. ListView 的单击事件

ListView 的单击事件使用 setOnItemClickListener( )方法实现，其格式与按钮单击事件类似。在“学生信息管理 BaseAdapter”项目中添加单击监听代码如下：

```
lView. setOnItemClickListener( new OnItemClickListener( ) {
    @ Override
    public void onItemClick( AdapterView < ?  > arg0 , View arg1 , int arg2 , long arg3 ) {
        //单击事件处理代码
        Toast. makeText( MainActivity. this , "第" + arg2 + "条 Item 被单击了" ,1 ). show( ) ;
    }
} ) ;
```

上述 onItemClick( )方法中的参数 arg2 表示单击条目的编号，从 0 开始。部署并运行代码，单击 ListView 中的第 4 个条目，运行结果如图 6-35 所示。

2. ListView 的长按事件

ListView 的长按事件使用 setOnItemLongClickListener( )方法实现，其格式与按钮单击事件类似。在“学生信息管理 BaseAdapter”项目中添加长按监听代码如下：

```
lView. setOnItemLongClickListener( new OnItemLongClickListener( ) {
        @ Override
        public boolean onItemLongClick( AdapterView < ?  > arg0 , View arg1 , int arg2 , long arg3 ) {
            Toast. makeText( MainActivity. this , "第" + arg2 + "条 Item 被长按了" ,1 ). show( ) ;
            return false ;
        }
} ) ;
```

上述 onItemLongClick( )方法中的参数 arg2 表示长按条目的编号，从 0 开始。部署并运行代码，长按 ListView 中的第 4 个条目，运行结果如图 6-36 所示。

图 6-35　ListView 单击事件

图 6-36　ListView 长按事件

6.6　小结

本章首先介绍了 SQLite 数据库的特点，然后介绍了如何使用帮助类管理并操作 SQLite

数据库，接着简单介绍了 Android 的 SQLite3 工具和数据库的事务操作，最后详细介绍了如何使用 ListView 将数据库的内容可视化。

6.7 实践与练习

1. 选择题

1）下列关于 ListView 使用的描述中，不正确的是（　　）

A. 要使用 ListView，必须为该 ListView 使用 Adpater 方式传递数据

B. 要使用 ListView，该布局文件对应的 Activity 必须继承 ListActivity

C. ListView 中每一项的视图布局既可以使用内置的布局，也可以使用自定义的布局方式

D. ListView 中每一项被选中时，将会触发 ListView 对象的 ItemClick 事件

2）在 Android 中使用 SQLiteOpenHelper 这个辅助类时，可以生成一个数据库，并可以对数据库版本进行管理的方法可以是（　　）

A. getDatabase()

B. getWriteableDatabase()

C. getReadableDatabase()

D. getAbleDatabase()

3）在使用 SQLiteOpenHelper 类时，它的（　　）用来实现版本升级。

A. onCreate()

B. onCreade()

C. onUpdate()

D. onUpgrade()

2. 填空题

1）常用的 ListView 适配器有________、________和________。

2）创建和管理 SQLite 数据库需要继承________类。

3）操作数据库有________和________两种方式。

3. 简答题

1）简述 SQLite 数据库的优势。

2）简述 BaseAdapter 适配器的 4 个抽象方法及其作用。

第7章 内容提供者实现数据共享

在上一章中，设计学生信息管理系统的APP实例非常成功，但是当有另一个APP需要录入这些学生成绩或者管理学生选课时，同样需要读取学生信息的数据库。由于Android的安全机制，APP之间不可以相互访问私有数据。那么该如何处理呢？另外，在一些Android项目中，需要访问电话的联系人、短信内容，这些都属于相关应用的私有数据，那么该如何获取这些数据呢？内容提供者（ContentProvider）可以解决上述这些问题。

ContentProvider是所有应用程序之间数据存储和检索的一个桥梁，其作用就是使得各个应用程序之间实现数据共享。在Android中，ContentProvider是一个特殊的存储数据的类型，它提供了一套标准的接口用来获取、操作数据库。系统提供了音频、视频、图像、个人联系信息等几个常用的ContentProvider。如果开发人员想公开自己的私有数据，则可以通过创建自己的ContentProvider类，或者当他们对数据拥有控制、写入的权限时将这些数据添加到ContentProvider中来实现共享。本章介绍如何使用ContentProvider实现数据共享。本章要点如下。

- URI的组成和解析。
- 访问系统预定义内容提供者。
- 自定义内容提供者共享数据。
- 内容观察者观察数据。

7.1 内容提供者简介

ContentProvider（内容提供者）是Android的四大组件之一，也是一种数据存储方法。内容提供者是应用程序之间共享数据的接口，Android系统将这种机制应用到许方面。例如，联系人内容提供者专为不同应用程序提供联系人数据；设置内容提供者专为不同应用程序提供系统配置信息，包括内置的设置应用程序等。所以说，内容提供者的主要作用是对外共享数据。如果数据通过内容提供者对外共享，那么其他应用就可以从内容提供者提供的API中查询到数据，并且可以更新数据、删除数据、添加数据。虽然使用其他方法也可以对外共享数据，但数据访问方式会因数据存储的方式而不同。例如，采用文件方式对外共享数据，需要进行文件操作读/写数据；采用SharedPreferences共享数据，需要使用SharedPreferences API读/写数据。如果采用内容提供者对外共享数据就会统一数据的访问方式，即采用内容提供者中统一的API访问共享数据。ContentProvider的功用示意图如图7-1所示。外部应用如果需要访问其他应用提供的数据，不论这些数据以何种形式存储，都要使用此应用提供的内容提供者API来访问，而在这些API接口方法中已经封装实现了访问数据的方法。

应用应当继承ContentProvider类，并重写该类用于提供数据和存储数据的方法，这样就可以向其他应用共享其数据。当应用需要通过ContentProvider对外共享数据时，需要按照以下步骤进行：

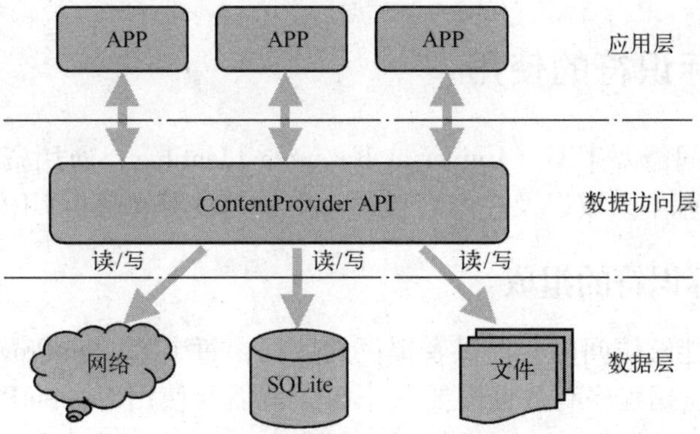

图 7-1　ContentProvider 的功用示意图

1）继承 ContentProvider 类并重写相关方法。这些方法为 ContentProvider 预定义但没有实现的方法。当需要对 ContentProvider 暴露的数据进行操作时，必须借助这些方法。

2）在 AndroidManifest. xml 使用 <provider> 标签对该 ContentProvider 进行作注册。

3）使用 ContentResolver（内容解释者）对内容提供者进行访问。由于 ContentResolver 自身就提供了和 ContentProvider 方法名称及参数一致的方法，因此可以用 ContentResolver 提供的这些方法来操作定义的 ContentProvider。也就是说，其他的 Android 应用可以使用 ContentResolver 对象通过与 ContentProvider 同名的方法请求执行，实际上被执行的就是 ContentProvider 中的同名方法。ContentProvider 有很多对外可以访问的方法，在 ContentResolver 中均有同名的方法是一一对应的，如图 7-2 所示。其中 UriMatcher 类用于封装共享规则。通过 ContentResolver 对内容提供者访问的原理如图 7-3 所示。

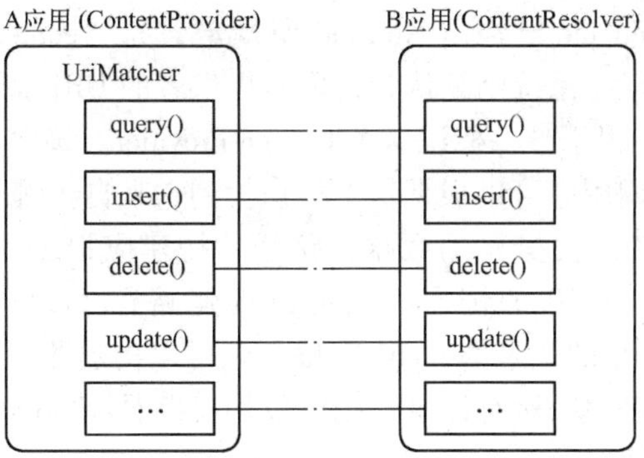

图 7-2　ContentProvider 与 ContentResolver

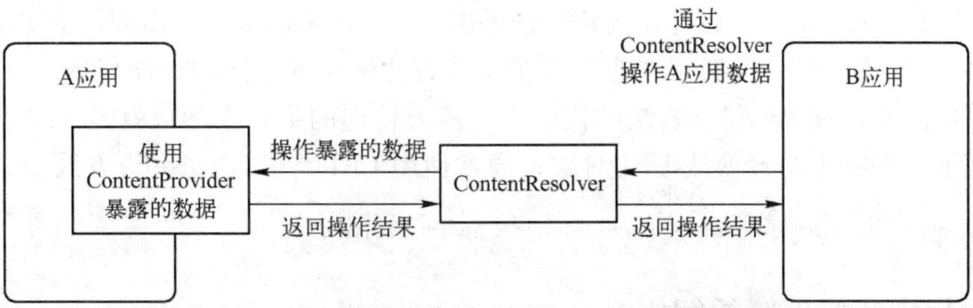

图 7-3　ContentResolver 访问 ContentProvider 的原理

7.2 通用资源标识符的使用

内容提供者的访问需要 URI（Universal Resource Identifier，通用资源标识符）的配合。本节主要介绍 URI 的基本组成以及在内容提供者中如何注册和解析 URI 的方法。

7.2.1 通用资源标识符的组成

为了让其他应用能够访问内容提供者提供的数据，每个 ContentProvider 都会对外提供一个公共的 URI。如果应用程序有数据需要共享时，就需要使用 ContentProvider 传入这个 URI 对数据进行操作。URI 常用于与内容提供者进行所有的交互，可以看作 ContentProvider 预先声明的数据共享指令规则。只有满足一定的语法结构，ContentProvider 才能够理解其含义并执行相应的操作。而在数据的另一端，每个 ContentResolver 所调用的方法都把 URI 作为第一个参数。它指定了 ContentResolver 与哪个内容提供者对话，操作什么数据。因此，在声明内容提供者时必须定义好 URI。

URI 代表了要操作的数据，主要包含以下两部分信息。

- 需要操作的 ContentProvider：用于指明访问哪个应用共享的数据。
- 具体的操作规则（或者路径）：用于指明对 ContentProvider 中的什么数据进行何种操作。

通常来说，一个标准的 URI 语法结构由以下几部分组成：

content://com.example.mytest/StudentInfo/5

scheme　　主机名（authority）　　路径

- ContentProvider 的 scheme 已经由 Android 所规定，为“content://”。若访问以“content://”开始的 URI，系统则默认为是内容提供者的 URI。
- 主机名（authority）用于唯一标识这个 ContentProvider。该参数已经在提供者清单文件中注册，因此外部调用者可以根据这个标识找到它来自于哪个应用。
- 路径（path）用来表示要操作的数据，路径的构建应根据具体操作而定。如果操作 StudentInfo 表中 ID 为 10 的记录，则可以构建路径/StudentInfo/10；如果操作 StudentInfo 表中 ID 为 10 的记录的 name 字段，则可以构建路径 StudentInfo/10/name；如果操作 StudentInfo 表中的所有记录，则可以构建路径/StudentInfo；如果要操作 xxx 表中的记录，可以构建路径/xxx。

要操作的数据不一定来自数据库，也可以是文件等他存储方式，如要操作 XML 文件中 person 结点下的 name 结点，则可以构建这样的路径：/person/name。需要注意的是，URI 中的路径和 ID 可以不设置，但必须在重载各个操作方法中实现不同的操作代码。

在编写访问 ContentProvider 方法的代码中，需要传递的第一个参数就是 URI 类型，一般的处理方式就是将字符串转换成 URI 对象，通常使用 URI 类中的 parse( )方法。

```
Uri uri = Uri. parse( " content://com. example. mytest /student" )
```

7.2.2 通用资源标识符的解析

当外部应用使用 ContentResolver 访问共享数据时，Android 系统需要判断该 URI 的主机名是否与在清单文件中注册的一致。如果一致，则可以访问 ContentProvider 同名的方法，否则拒绝执行操作并报错。当 ContentProvider 类提供的接口方法接收到 URI 对象时，需要判断该 URI 的路径代表什么含义，因此需要在 ContentProvider 中预先注册 URI 路径。最终将接收的 URI 对象与预先注册的 URI 路径进行匹配，根据匹配结果执行不同的操作。在 Android 中该 URI 匹配的过程也称为 URI 的解析。

在 Android 中，需使用 UriMatcher 类解析接收到的 URI 对象，该过程包括注册 URI 路径和匹配 URI 路径。

1. 注册 URI 路径

为了正确访问 ContentProvider 提供的接口方法，必须注册 URI 路径，具体代码如下：

```
UriMatcher   sMatcher = new UriMatcher( UriMatcher. NO_MATCH) ;
sMatcher. addURI( " com. example. mytest" , " student" ,1) ;
sMatcher. addURI( " com. example. mytest" , " student/#" ,2) ;
…
```

其中，sMatcher 为 UriMatcher 对象，其构造方法中的常量 UriMatcher. NO_ MATCH 表示不匹配任何 URI 时的返回码，其值为 -1。在上述代码中注册了两条 URI 路径。其中第一条注册了 “content://com. example. mytest/student” 路径，返回匹配码为 1。第二条代码注册了 “content://com. example. mytest/student/100” 形式的路径，返回匹配码为 2，#号为通配符。

2. 匹配 URI 路径

注册需要匹配的 URI 后，就可以在 ContentProvider 的接口方法中使用 sMatcher. match (uri) 方法对传进来的 URI 进行匹配。如果匹配成功，则返回相应的匹配码。

例如，在注册了上述的 URI 后，调用 sMatcher. match(Uri. parse(" com. example. mytest/student/10")) 方法得到的返回值为 2。此时，开发人员可以根据返回值来区别接收 URI 后对应的不同数据操作。

若通过不同路径进行相似的操作，则可以在相应的方法中使用如下结构。

```
switch( sMatcher. match( uri) ) {
    case 1:
        //编写返回码为 1 对应的 URI 含义的处理代码
        break;
    case 2:
        //编写返回码为 2 对应的 URI 含义的处理代码
        break;
      …
    default:
        //编写不匹配该 URI 的处理代码
        break;
}
```

7.3 自定义内容提供者

本节通过自定义内容提供者讲解其工作原理，包括如何创建、访问已经定义好的内容提供者，实现数据的共享。

7.3.1 内容提供者的创建

为了让读者理解内容提供者的工作原理，下面介绍如何创建自己的 ContentProvider。在使用 ContentProvider 时，必须要有自己的数据库或共享数据文件。本章案例所使用的数据都存放在 SQLite 数据库中。关于数据库的操作在上一章中已进行了详细介绍，请参阅第 6 章内容。创建内容提供者的步骤如下：

1）在任一项目中，新建继承 ContentProvider 的类，Eclipse 会自动生成常用的接口方法，代码如下。

```
public classMyProvider extends ContentProvider {
    @ Override
    public int delete( Uri uri,String selection,String[ ] selectionArgs) {
        return 0;
    }
    @ Override
    public String getType( Uri uri) {
        return null;
    }
    @ Override
    public Uri insert( Uri uri,ContentValues values) {
        return null;
    }
    @ Override
    public boolean onCreate( ) {
        return false;
    }
    @ Override
    public Cursor query( Uri uri,String[ ]projection,String selection,String[ ] selectionArgs,String sor-
tOrder) {
        return null;
    }
    @ Override
    public int update( Uri uri,ContentValues values,String selection,String[ ] selectionArgs) {
        return 0;
    }
}
```

其中：

- onCreate( )方法在内容提供者初始化时被调用，当其他应用第一次访问内容提供者时才会被创建，通常在该方法里面完成部分初始化操作。
- query( )方法用于供外部应用从 ContentProvider 中获取数据。参数代表着获取的 URI 完整路径，查询数据的条件、顺序等。
- insert( )方法供外部应用向 ContentProvider 中的数据插入新内容。
- update( )方法供外部应用更新 ContentProvider 中的数据。
- delete( )用于供外部应用从 ContentProvider 删除数据，其参数指明了删除数据的条件。
- getType( )用于返回内容提供者的 MIME Type。

当继承 ContentProvider 类时，尽管 Eclipse 会自动地将这些方法添加进来，但是这并不代表每个方法都需要自定义实现。若只希望给其他应用提供数据，而不允许其他应用修改数据，则只需要实现 onCreate( )和 query( )这两个方法即可。当 ContentResolver 从外部应用访问 ContentProvider 时，必须按照重载的方法及其参数结构进行访问。而从这些方法的参数中可以看出，有关数据添加、删除、更新、查询方法的第一个参数为 URI 类型的数据，用于标识进行的操作类型。

2）注册内容提供者。为了能让其他应用找到该 ContentProvider 提供的数据及各种操作方法，ContentProvider 采用了 authorities（主机名或域名）对自身进行唯一标识。当 ContentResolver 访问数据时，会给出 URI 的具体形式，如“content://…….”，并交给 ContentProvider 下的同名方法执行。此时，系统就会搜索注册过的 ContentProvider，匹配 URI 中的主机名，如果成功，则调用相关方法，否则滤掉该请求。为了便于理解，读者可以把 ContentProvider 看作一个服务器，authorities 就是它的域名。在 AndroidManifest. xml 使用 <provider> 标签对内容提供者进行注册，实例代码如下。

```
<provider
    android:name = "com. example. StudentInfoContentProvider. MyProvider"
    android:authorities = "com. example. StudentInfoContentProvider. MyProvider" >
</provider>
```

内容提供者和 Activity 同属于 Android 四大组件，因此在注册清单的位置和 Activity 同级。其 name 属性必须与内容提供者包名一致，而 authorities 属性可以自己定义，一般情况下使用“包名. 文件”，可读性较好。注意，一旦应用继承了 ContentProvider 类，在后面内容中就将这个应用称为 ContentProvider（内容提供者）。如果需要访问该内容提供者的各种共享数据操作，则其 URI 的形式必须包含“content://com. example. StudentInfoContentProvider. MyProvider”。用户也可以定义 URI 为“content://com. example. StudentInfoContentProvider. MyProvider/ * * * ”等形式，但必须保证 URI 的主机名设置为相应内容提供者的 authorities 属性值。

3）在内容提供者中注册 URI。注册 URI 的形式可以多样，开发人员可以根据具体形式组合成不同含义的 URI，具体内容在 7. 2. 2 小节有介绍。

4）使用 ContentProvider 共享数据。ContentProvider 要共享数据，必须重写提供的接口方法。在这里以 insert( )方法为例介绍具体的操作代码结构：

```
public Uri insert(Uri uri,ContentValues values){
    //1. 判断传递来的 URI 是否与自定义的插入数据操作 URI 一致,即是否是期望的返回码
    //2. 若是,则编写插入 values 数据的代码;若不是,则不执行操作,或返回提示
    return null;
}
```

该方法的所有参数都来自于外部应用。也就是说，外部应用只有知道 ContentProvider 的主机名、各种注册好的 URI 形式和数据格式，才能完成正确的操作。

7.3.2　访问内容提供者

所有的 ContentProvider 都会实现一些常用的操作数据的接口方法，包括数据的查询、添加、更改和删除。在其他 APP 中通过 ContentProvider 对其共享数据进行操作，必须通过

ContentResolver 中唯一的同名接口方法来实现。为此，首先需要通过 getContentResolver( ) 方法来取得一个 ContentResolver 对象：

```
ContentResolver resolver = getContentResolver( );
```

读者可以将 ContentProvider 类中重写的方法看作友元函数，只有通过 ContentResolver 中的同名方法，才可以访问 ContentProvider 类的这些方法。

ContentResolver 类提供了与 ContentProvider 类相同签名的 4 个方法如下。

- public Uri insert （Uri uri，ContentValues values）：该方法用于向 ContentProvider 中添加数据。
- public int delete （Uri uri，String selection，String [ ] selectionArgs）：该方法用于删除 ContentProvider 中符合条件的数据，返回影响的数据行数。
- public int update （Uri uri，ContentValues values，String selection，String [ ] selectionArgs）：该方法用于更新 ContentProvider 中符合条件的数据，返回影响的数据行数。
- public Cursor query （Uri uri，String [ ] projection，String selection，String [ ] selectionArgs，String sortOrder）：该方法用于从 ContentProvider 中获取符合条件的数据，返回查询结果的游标集。

上述方法的第一个参数为 URI，指明了要操作的是哪个 ContentProvider 和对其中的什么数据进行操作。例如，给定的 URI 值为

Uri. parse(" content://com. example. StudentInfoContentProvider. MyProvider/insert ")，应用会对主机名为“com. example. StudentInfoContentProvider. MyProvider”的 ContentProvider 进行操作，路径中的 insert 表示 URI 路径，通常对应执行 ContentProvider 的 insert( ) 方法。当在 ContentProvider 的 URI 规则中声明了该 URI 值的含义后，便可以处理相应的方法代码。例如，使用上述 URI 向 ContentProvider 共享数据中插入内容时，在外部应用实现代码如下：

```
ContentResolver resolver = getContentResolver( );
Uri uri = Uri. parse( " content://com. example. StudentInfoContentProvider. MyProvider/insert" );
ContentValues values = new ContentValues( );      //存放插入内容
values. put( " name1" ,value1);                   //添加“键 - 值”对形式的内容
values. put( " name2" ,value2);
…
resolver. insert( uri,values);                    //访问 insert( )方法
```

通过上述代码，ContentResolver 会根据 URI 值将 values 传递到 ContentProvider 的 insert( ) 方法中，执行该方法内部代码，实现插入数据的操作。

7. 3. 3　案例——使用 ContentProvider 实现学生信息的操作

下面以第 6 章的学生信息管理项目作为基础案例（该案例中已经创建好了数据库和相关操作），详细介绍如何使用 ContentProvider 在其他项目中访问该私有的数据库。具体步骤如下。

1）复制并粘贴项目“学生信息管理 BaseAdapter”，修改名称为“学生信息管理 ContentProvider”、包名为“com. example. StudentInfoContentProvider”。该项目的业务类 Student 和

数据库操作帮助类 StudentDBOpenHelper 都已经定义好，不需要修改。在该项目中包含私有的数据库 Student. db，外部应用无法访问。

2）为了使用 ContentProvider 在外部应用中访问该数据库，创建一个新的类继承 ContentProvider。

```
public class MyProvider extends ContentProvider{
}
```

Eclipse 会自动添加未实现的方法。

3）在清单文件注册该内容提供者，代码如下。

```
<provider
    android:name = "com. example. StudentInfoContentProvider. MyProvider"
    android:authorities = "com. example. StudentInfoContentProvider. Student" >
</provider >
```

4）在提供者类中注册操作数据的 URI，利用 UriMatcher 指定完整的路径，添加匹配规则。

```
private staticUriMatcher mUriMatcher = new UriMatcher( -1);
//添加静态代码串
static{
    mUriMatcher. addURI( "com. example. StudentInfoContentProvider. Student" ,"query" ,1);
    mUriMatcher. addURI( "com. example. StudentInfoContentProvider. Student" ,"insert" ,2);
    mUriMatcher. addURI( "com. example. StudentInfoContentProvider. Student" ,"delete" ,3);
    mUriMatcher. addURI( "com. example. StudentInfoContentProvider. Student" ,"update" ,4);
}
```

添加 URI 的匹配规则，第一个参数必须与清单文件 authorities 属性一致，第三个参数是匹配码。在这里约定：“content://com. example. StudentInfoContentProvider. Student/query”表示数据查询操作，其他三个 URI 分别代表插入、删除和更新数据操作。本例为了演示效果，将数据库的各种操作全部实现，在编写时根据业务需求可以选择实现部分方法。为了使所定义的 URI 含义生效，接下来就需要在 ContentProvider 生成的各种方法中进行 URI 的匹配判定。

5）实现内容提供者里面生成的添加、删除、查询的方法。在使用 ContentResolver 调用相应的方法名时，执行对应的方法。

```
public boolean onCreate(){
    //进行初始化编码,可以省略
    return false;
}
public String getType(Uri uri){
    //获取类型,可以省略
    return null;
}
```

① 编写查询数据操作代码。

```
    public Cursor query(Uri uri,String[ ]projection,String selection,String[ ]selectionArgs,String sor-
tOrder){
```

```
        if(mUriMatcher.match(uri) ==1){  //返回值为1时为查询操作
            StudentDBOpenHelper helper = new StudentDBOpenHelper(getContext(),
                "Student.db",null,1);
            SQLiteDatabase db = helper.getReadableDatabase();
            return db.query("Studentinfo",projection,selection,selectionArgs,null,null,sortOrder);
        }else{
            throw new RuntimeException("URI 不匹配,请核实");
        }
    }
```

该方法返回查询结果的游标集。调用该方法时，判断 URI 是否符合 mUriMatcher 添加的规则，如果符合，则返回相应的返回码，否则返回 -1。该方法的参数分别接收来自外部应用的 ContentResolver 传递的值。其中，projection 表示返回的列名数组，selection 表示查询条件，selectionArgs 表示条件中占位符对应的参数，sortOrder 表示排序标准。注意与 db.query() 方法的参数对应，没有参数用 null。在代码中的其他操作和查询操作基本一致，不同的是，创建帮助类时使用 getContext() 方法来获取上下文。

② 编写添加数据操作代码。

```
    public Uri insert(Uri uri,ContentValues values){
        if(mUriMatcher.match(uri) ==2){
            StudentDBOpenHelper helper = new StudentDBOpenHelper(getContext(),
                    "Student.db",null,1);
            SQLiteDatabase db = helper.getReadableDatabase();
            db.insert("Studentinfo",null,values);
            System.out.println("添加数据成功");
        } else {
            throw new RuntimeException("URI 不匹配,请核实");
        }
        return null;
    }
```

当 ContentResolver 调用同名方法时，若 URI 值与插入操作的 URI 规则匹配，则执行添加数据代码将 values 对应的键值对插入到数据库，并打印日志“添加数据成功”。

③ 编写删除数据操作代码。

```
    public int delete(Uri uri,String selection,String[] selectionArgs)  {
        int rows =-1;
        if(mUriMatcher.match(uri) ==3){
            StudentDBOpenHelper helper = new StudentDBOpenHelper(getContext(),
                    "Student.db",null,1);
            SQLiteDatabase db = helper.getReadableDatabase();
            rows = db.delete("Studentinfo",selection,selectionArgs);
            System.out.println("数据删除成功");
        } else {
            throw new RuntimeException("URI 不匹配,请核实");
        }
        return rows;
    }
```

该方法返回删除数据影响的行数。上述的代码只有在外部应用中使用 ContentResolver 调用同名方法，才会对本应用的数据进行操作，实现了数据的共享。

④ 编写更新数据操作代码。

```
public int update(Uri uri,ContentValues values,String selection,
        String[] selectionArgs) {
    int rows =-1;
    if(mUriMatcher.match(uri) ==4) {
        StudentDBOpenHelper helper = new StudentDBOpenHelper(getContext(),
                "Student.db",null,1);
        SQLiteDatabase db = helper.getReadableDatabase();
        rows = db.update("Studentinfo",values,selection,selectionArgs);
        System.out.println("更新数据成功");
    } else {
        throw new RuntimeException("URI 不匹配,请核实");
    }
    return rows;
}
```

该方法返回更新数据影响的行数。上述代码只有在外部应用中使用 ContentResolver 调用同名方法，才会对本应用的数据进行操作，实现了数据的共享。

6）部署并运行代码，界面中没有任何变化，因为 ContentProvider 所实现的方法中没有任何关于视图类的代码。在 LogCat 中会看到如图 7-4 所示的记录。“Publishing provider com. example. StudentInfoContentProvider. Student： com. example. StudentInfoContentProvider. MyProvider ”说明系统中已经发布了定义好的内容提供者。如果没有输出该段日志，则说明内容提供者发布失败，无法共享数据。

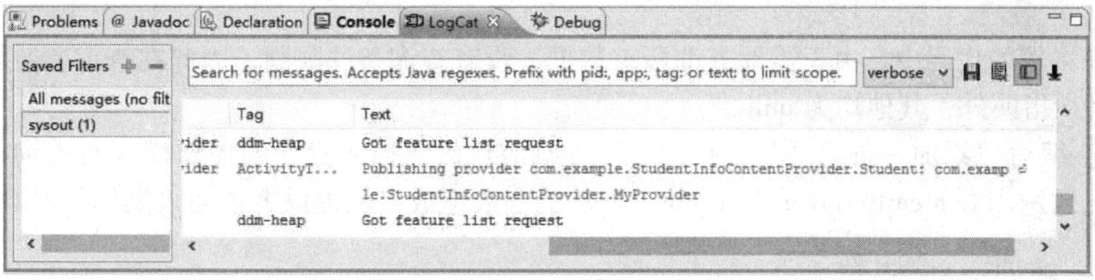

图 7-4　系统发布内容提供者

7）接下来实现在外部应用中访问私有的数据库。新建项目“学生信息管理外部访问 ContentProvider”，包名为“com. example. StudentInfoAccessContentProvider”。为方便操作，同样需要添加 Student 业务类。读者也可以将“学生信息管理 BaseAdapter”项目直接修改成“学生信息管理外部访问 ContentProvider”。

8）UI 界面与前面项目一致：4 个按钮和一个 ListView 用于显示获得的结果，以及包含 item. xml 和 activity_ main. xml 布局文件。但是需要在各个按钮响应事件中修改访问数据库的代码。

① 编写“查询所有记录”按钮单击事件响应代码。访问提供者必须使用 ContentResolver 对象和 URI 对象。其中 URI 必须为内容提供者中添加的 URI 规则。由于这里进行查询操作，因此必须使用正确的查询操作 URI 格式。由于在 ContentResolver 中 query( )方法的参数与 ContentProvider 生成的 query( )方法的参数一致，因此只需要按照参数正确传递相应的值

就实现了对 ContentProvider 数据的查询操作。读者要注意 ContentProvider 生成的 query( )方法及其参数形式。具体代码如下。

```
        public void select(View v){
        ContentResolver resolver = getContentResolver();
        Uri uri = Uri.parse("content://com.example.StudentInfoContentProvider.Student/query");//与
                                                        //ContentProvider 查询操作 URI 值一致
        Cursor cursor = resolver.query(uri,null,null,null,null);//执行 ContentProvider 查询操作代码,
                                                        //获取数据集游标
        studentinfos = new ArrayList<Student>();
        while(cursor.moveToNext()){
            Student student = new Student();
            student.setId(cursor.getInt(cursor.getColumnIndex("_id")));
            student.setNum(cursor.getInt(cursor.getColumnIndex("num")));
            student.setClassString(cursor.getString(cursor
                    .getColumnIndex("class")));
            student.setNameString(cursor.getString(cursor
                    .getColumnIndex("name")));
            student.setPhoneString(cursor.getString(cursor
                    .getColumnIndex("phone")));
            studentinfos.add(student);
            student = null;
        }
        cursor.close();
        //在 ListView 中显示,使用自定义适配器,具体代码省略,可参考第 6 章案例
        ListView lView = (ListView)findViewById(R.id.lv);
        lView.setAdapter(new MyAdapter());
    }
```

在本例的代码中，由于需要查询所有数据，没有查询条件限制，因此在查询参数中除了 URI 必须指明外，其他均为 null。

② 编写“添加一条记录”按钮单击事件响应代码。插入操作的操作模式与查询操作相同，注意调用 ContentResolver 中 insert( )方法的参数组成以及提供者中插入操作的 URI 格式。

```
    public void add(View v){
        ContentResolver resolver = getContentResolver();
        Uri uri = Uri.parse("content://com.example.StudentInfoContentProvider.Student/insert");
        Random random = new Random();
        ContentValues values = new ContentValues();
        values.put("name","张三" + random.nextInt(100));
        values.put("num",1000 + random.nextInt(1000));
        values.put("class",random.nextInt(3) + 1);
        values.put("phone"," 1521000" + random.nextInt(1000));
        resolver.insert(uri,values);
    }
```

上述代码在提供者共享的数据库中插入了一行信息，信息封装在了 ContentValues 对象中。

③ 编写“删除记录”按钮单击事件响应代码。删除操作的操作模式与查询操作相同，注意调用 ContentResolver 中 delete( )方法的参数组成以及提供者中删除数据操作的 URI 格式。

```
public void delete(View v) {
    ContentResolver resolver = getContentResolver();
    Uri uri = Uri.parse("content://com.example.StudentInfoContentProvider.Student/delete");
    int number = resolver.delete(uri,"name = ?",new String[]{"张三51"});
    System.out.println("删除了" + number + "条数据");
}
```

resolver.delete()方法的返回值与 ContentProvider 中 delete()方法的返回值一致，即删除数据时影响的数据行数。

④ 编写“修改一条记录”按钮单击事件响应代码。更新操作的操作模式与查询操作相同，注意调用 ContentResolver 中 update()方法的参数组成以及提供者中更新操作的 URI 格式。

```
public void update(View v) {
ContentResolver resolver = getContentResolver();
Uri uri = Uri.parse("content://com.example.StudentInfoContentProvider.Student/update");
ContentValues values = new ContentValues();
values.put("phone","110011001");
values.put("class",5);
int number = resolver.update(uri,values,"name = ?",
        new String[]{"张三51"});
System.out.println("修改了" + number + "条数据");
}
```

resolver.update()方法的返回值与 ContentProvider 中 update()方法的返回值一致，即更新数据时影响的数据行数。

9）运行结果演示。为了让大家能够更加明确内容提供者的使用原理，这里对两个项目运行测试。

① 首次运行两个项目代码，“学生信息管理 ContentProvider”中数据库为空，在两个项目下都单击“查询所有记录”按钮，不会在 ListView 中显示任何数据，如图 7-5 所示。

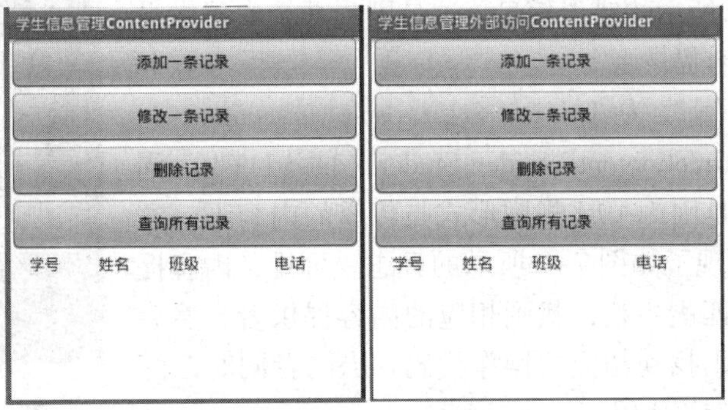

图 7-5　两个项目查询空表结果

② 添加并查询数据。在“学生信息管理外部访问 ContentProvider”应用中单击多次“添加一条记录”，并在两个项目下都单击“查询所有记录”按钮，结果如图 7-6 所示。可见两者数据库内容完全一致，实现了外部添加和查询数据。由于在原应用提供者中会调用相应的同名方法，因此 LogCat 中会输出相关日志，如图 7-7 所示。

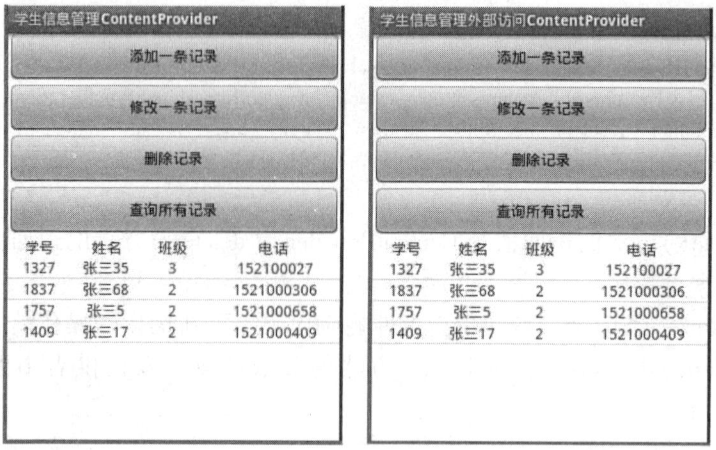

图 7-6　两个项目查询添加数据结果

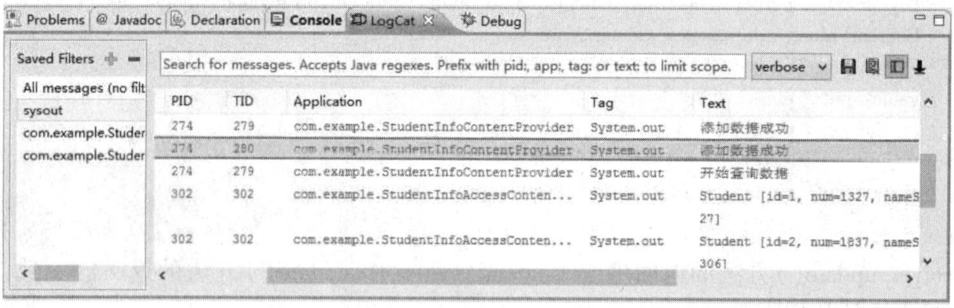

图 7-7　查询输出日志

③ 在“学生信息管理外部访问 ContentProvider”应用中的查询按钮代码中，修改 URI 对象值为 Uri uri = Uri. parse(" content://com. example. StudentInfoContentProvider. Student1111/query");会出现如图 7-8 所示的错误信息。这是因为系统中根本没有注册此主机名的内容提供者。

图 7-8　错误的内容提供者主机

若将 URI 对象值改为 Uri uri = Uri. parse (" content://com. example. StudentInfoContentProvider. Student/query111 ") ; 同样也会出现错误，这是因为 URI 规则形式与传递的内容不一致（多了个“111”），出现了如图 7-9 所示的日志。可见，内容提供者的工作原理是先匹配主机，找到相应的内容提供者，然后匹配路径，根据返回码找到相应的操作代码。当两者同时匹配成功时，则会执行相应的代码。

④ 删除并查询数据操作。在图 7-6 中，ListView 中显示学生名为“张三 35”，修改“删除记录”按钮单击事件响应代码，将该学生信息删除。单击“学生信息管理外部访问 ContentProvider”应用中的“删除记录”按钮，并在两个项目中单击“查询所有记录”按钮，得到两个应用的查询结果，如图 7-10 所示。在两个应用中也会出现相应的打印日志，如图 7-11 所示。注意，LogCat 中 Application 列中对应的应用名称。

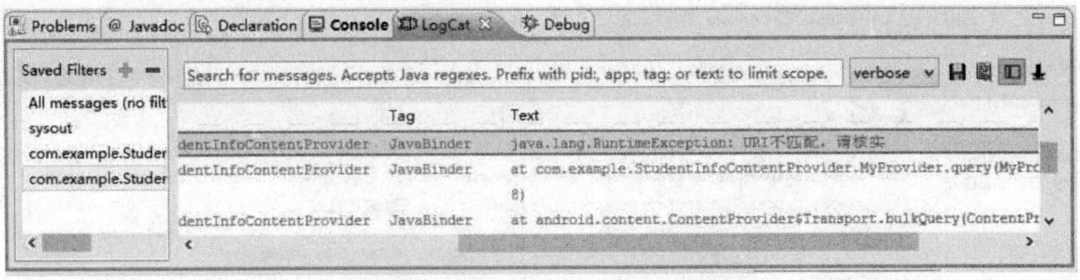

图 7-9　错误的内容提供者路径

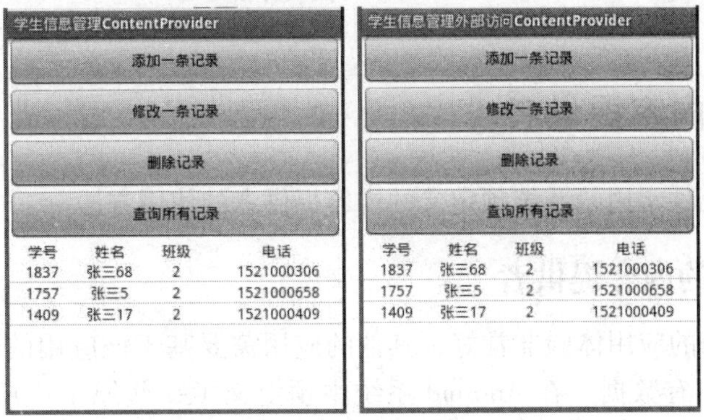

图 7-10　两个项目查询删除数据后的结果

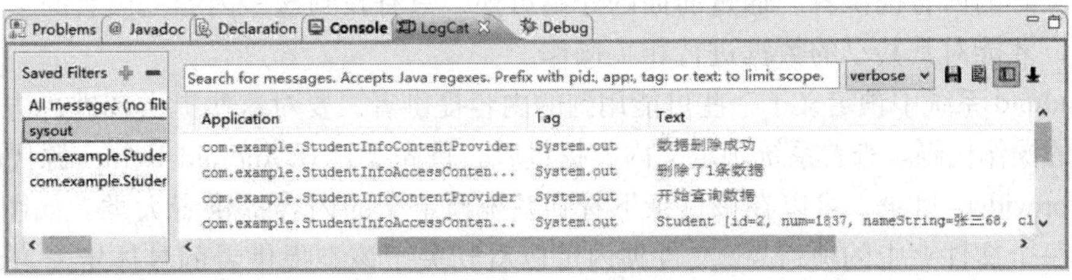

图 7-11　删除并查询操作日志

⑤ 修改并查询数据。根据图 7-10 的结果，在“学生信息管理外部访问 ContentProvider”应用中修改更新数据代码，将“张三 17”的电话号码改为“1111111”、班级改为“5”，单击应用中的“修改一条记录”按钮，并在两个项目中单击“查询所有记录”按钮，得到两个应用的查询结果如图 7-12 所示。在两个应用中也会出现相应的打印日志，如图 7-13 所示。

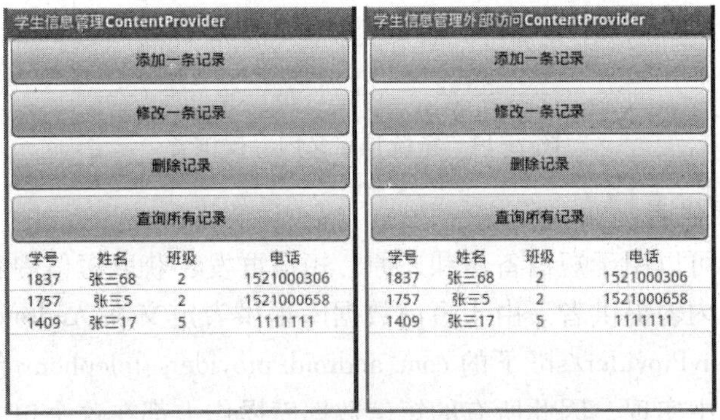

图 7-12　两个项目查询修改数据后的结果

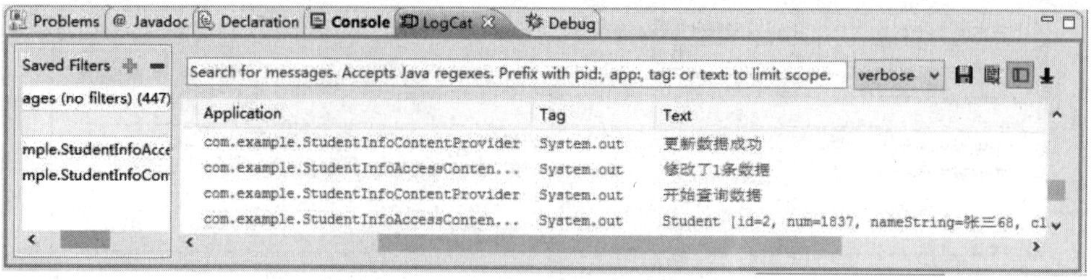

图 7-13　修改并查询操作日志

7.4　预定义的内容提供者

本节主要介绍几种常用的系统预定义的内容提供者的使用方法。

7.4.1　系统常用的内容提供者

若一款开发出来的应用体验非常好，其他的应用需要基于该应用的数据进行再次开发，则需要该应用暴露私有数据。在 Android 系统中预定义了一些原生应用，如短信、联系人等，这些应用的数据经常会出现在其他 APP 中（如手机管家等），此时就需要使用这些应用中预先定义好的内容提供者。通过前面的介绍可知，只有找到这些内容提供者的主机、路径或者规则，才能对其共享的数据进行相关操作。

在 Android 系统中预定义了一些可能用到的内容提供者，要对这些提供者进行访问，必须了解相关的操作代码。查看系统预定义内容提供者，首先要打开 Android Kernel 源代码，找到 packages/providers 目录，可以在该目录下看到系统预定义的内容提供者大类，如图 7-14 所示。进入每个文件夹中的项目 src 文件夹内可以看到关于该类提供者的具体定义。例如，进入到 ContactsProvider/src/com/android/providers/contacts，表示联系人数据库相关的内容提供者里面包含了通话记录提供者（CallLogProvider）、联系人提供者（ContactsProvider2）等，具体内容可以查看清单文件。

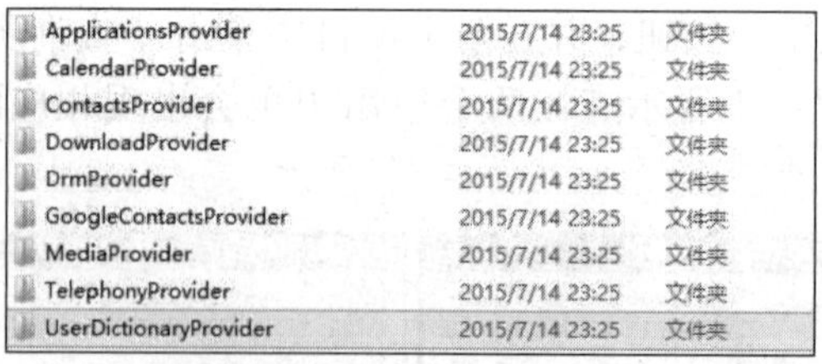

图 7-14　系统预定义内容提供者

1. 短信的内容提供者

短信内容提供者可以用于短信备份和还原、短信群发、获取短信内容等应用场景，对短信数据库的操作需要内容提供者。由于短信数据库提供者定义在 Android 源代码中的 packages/providers/TelephonyProvider/src 下的 com. android. providers. telephony 包里，同样短信数据库帮助类也在这个包中实现，因此所有的短信数据库操作也都在这个包中。

Android 自带的短信内容提供者类名为 SmsProvider，在 TelephonyProvider 项目清单中找到 name 为 SmsProvider 的提供者，其注册代码如下。

```
<provider android:name = "SmsProvider"
          android:authorities = "sms"
          android:multiprocess = "true"
          android:readPermission = "android. permission. READ_SMS"
          android:writePermission = "android. permission. WRITE_SMS" />
```

从上述代码可知，短信内容提供者的主机名为 android:authorities = "sms"，访问短信数据库 URI 路径至少包含“content://sms/”。如果则需要知道各种数据库操作的完整 URI，则需要在包名下的 SmsProvider 类中查看 UriMatcher 对象中添加的规则。从中截取的部分代码如下。

```
private static final UriMatcher sURLMatcher = new UriMatcher(UriMatcher. NO_MATCH);
    static {
        sURLMatcher. addURI("sms",null,SMS_ALL);
        sURLMatcher. addURI("sms","#",SMS_ALL_ID);
        …
    }
```

从添加的 URI 规则返回码可以看出，如果获取所有的短信息，则 URI 路径为“content://sms/”。如果要返回某 ID 的短信息，则路径为“content://sms/#”，其中“#”为短信 ID 编号值。还有其他 URI 路径格式，读者可以参考 SmsProvider 类的具体源代码。

当使用内容提供者获取短信数据时，数据格式到底代表什么含义呢？这需要观察保存短信息的数据库内部表格结构。进入 DDMS 中，短信息数据库文件路径为“/data/data/com. android. providers. telephony/databases/mmssms. db”。

由于模拟器中没有短信息，因此可以使用 DDMS 向 AVD 发送短信，也可以使用 AVD 直接发送短信，使得短信数据库中有数据存在。将 mmssms. db 导出到计算机，并使用 SQLite Expert Professional 打开，如图 7-15 所示。在数据库文件中有多个表，通常开发人员所关心的表名为 sms，该表中常用的字段如下：address 表示存储的对方号码；date 表示存储发送或接收短信的时间；type 表示短信类型，1 为接收的短信，2 为发送出去的短信；body 表示发送或接收的短信内容。在对短信数据库操作时，只需要使用上述的列名读取或写入相应的数据即可。

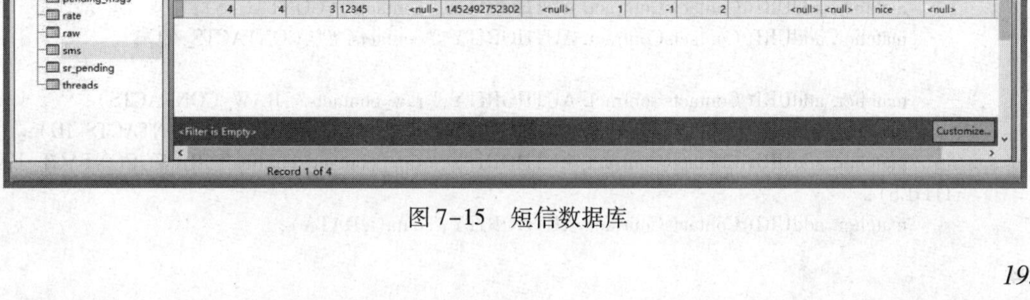

图 7-15　短信数据库

最后需要注意，读/写短信侵犯用户的隐私权限，需要添加相关权限：

```
<uses-permission android:name="android.permission.READ_SMS"/>
<uses-permission android:name="android.permission.WRITE_SMS"/>
```

使用短信的内容提供者操作数据的步骤非常简单，获取内容提供者的解析器后，直接对 sms 表格进行操作即可。

2. 联系人内容提供者

在一些应用中需要管理系统的联系人实现数据的备份，而短信群发器需要读取联系人信息。因此 Android 系统也提供了联系人内容提供者，用于共享联系人信息。联系人数据库提供者定义在 Android Kernel 源代码中的 packages/providers/ContactsProvider/src 下的 com. android. providers. contacts 包里。Android 预定义的联系人内容提供者类名为 ContactsProvider2，在项目清单中找到 name 为 ContactsProvider2 的提供者，其注册代码如下。

```
<provider android:name="ContactsProvider2"
            android:authorities="contacts;com.android.contacts"
            android:label="@string/provider_label"
            android:multiprocess="false"
            android:readPermission="android.permission.READ_CONTACTS"
            android:writePermission="android.permission.WRITE_CONTACTS">
    <path-permission
            android:pathPrefix="/search_suggest_query"
            android:readPermission="android.permission.GLOBAL_SEARCH"/>
    <path-permission
            android:pathPrefix="/search_suggest_shortcut"
            android:readPermission="android.permission.GLOBAL_SEARCH"/>
    <path-permission
            android:pathPattern="/contacts/.*/photo"
            android:readPermission="android.permission.GLOBAL_SEARCH"/>
    <grant-uri-permission android:pathPattern=".*"/>
</provider>
```

从上述代码可以看到，联系人内容提供者的主机名为 android: authorities = "contacts; com. android. contacts"，其中中间的“;”表示两种主机名都合法。Android 2.2 版本之前一直用前一种，后一种格式比较规范。访问联系人数据库 URI 路径至少包含“content:// com. android. contacts/”。如果需要了解各种数据库操作的完整 URI，则需要在包名下的 ContactsProvider2 类中查看 UriMatcher 对象中添加的规则。从中截取的部分代码如下。

```
static {
    // Contacts URI matching table
    finalUriMatcher matcher = sUriMatcher;
    matcher.addURI(ContactsContract.AUTHORITY,"contacts",CONTACTS);
    matcher.addURI(ContactsContract.AUTHORITY,"contacts/#",CONTACTS_ID);
   ...
    matcher.addURI(ContactsContract.AUTHORITY,"raw_contacts",RAW_CONTACTS);
    matcher.addURI(ContactsContract.AUTHORITY,"raw_contacts/#",RAW_CONTACTS_ID);
    matcher.addURI(ContactsContract.AUTHORITY,"raw_contact_entities",RAW_CONTACT_EN-
TITIES);
    matcher.addURI(ContactsContract.AUTHORITY,"data",DATA);
```

```
        matcher.addURI(ContactsContract.AUTHORITY,"data/#",DATA_ID);
    ...
    }
```

与短信提供者不同，获取联系人信息需要数据库文件中的多个关系表，因此 URI 路径要表明访问的是哪个表，如“content://com.android.contacts/raw_contacts”表示访问 raw_contacts 表所有数据，“content://com.android.contacts/data/2”表示访问 data 表中的 ID 号为 2 的数据。

进入 DDMS 并找到联系人数据库路径/data/data/com.android.providers.contacts/databases/contacts2.db，将其导出到计算机并使用 SQLite Expert Professional 打开。虽然该数据库文件中列出了很多关系表，但是最重要的表有以下 3 个。

- raw_contact 表：用于保存或查询联系人 ID，对应其中的_id 属性，一个联系人信息用一行表示，如图 7-16 所示。

RecNo	_id	display_name	photo_id	custom_ringtone	send_to_voicemail	times_contacted	last_time_contacted	starred	in_visible_group	has_phone_number	lookup	status_up
Click here to define a filter												
1	1	one	<null>	<null>	0	0	0	0	1	1	0n454331	
2	2	two	<null>	<null>	0	0	0	0	1	1	0n4F5545	

图 7-16　raw_contact 表

- data 表：用于保存每个联系人的信息。这里将每个人的信息分成多条表示，分别对应了电话、邮箱、名称等数据类型。如图 7-17 所示，每个框所包含的为同一个联系人的信息。其中 raw_contact_id 对应 raw_contact 表的_id，相同 raw_contact_id 值的行保存同一个人的信息。mimetype_id 代表该表 data1 属性下存储的信息类型编号，如 4 表示该行中 data1 列存储的为电话号码，5 表示联系人名称等，具体的含义可以查找 mimetypes 表。

RecNo	_id	package_id	mimetype_id	raw_contact_id	is_primary	is_super_primary	data_version	data1	data2	data3	data4	data5	data6	data7
Click here to define a filter														
1	1	<null>	4	1	0	0	0	1-234-56	1	<null>	654321	<null>	<null>	<null>
2	2	<null>	5	1	0	0	0	one	one	<null>	<null>	<null>	<null>	<null>
3	3	<null>	1	1	0	0	0	one@163.com	1	<null>	<null>	<null>	<null>	<null>
4	4	<null>	4	2	0	0	0	222-233-33	1	<null>	33332222	<null>	<null>	<null>
5	5	<null>	5	2	0	0	0	two	two	<null>	<null>	<null>	<null>	<null>
6	6	<null>	1	2	0	0	0	two@cumt.edu.cn	1	<null>	<null>	<null>	<null>	<null>

图 7-17　data 表

- mimetypes 表：保存联系人数据类型，如表示电话、邮箱、头像等。该表对于某个系统来说是固定不变的，如图 7-18 所示。该表的_id 与 data 表的 mimetype_id 是一致的。

注意，为了方便在多个表格中快速查询，Android 系统在 contacts2.db 中实现了将多个表联合在一起的视图（View），这些表都以 View_开头。例如，读取 data 表的命令并不是直接读取，而是对 view_data 视图表进行读取，而该表中没有 mimetype_id 属性，只有 mimetype 属性，相对的 data 表中只有 mimetype_id，因此在读写时需要特别注意。

RecNo	_id	mimetype
Click here to define a filter		
1	1	vnd.android.cursor.item/email_v2
2	2	vnd.android.cursor.item/im
3	3	vnd.android.cursor.item/postal-address_v2
4	4	vnd.android.cursor.item/phone_v2
5	5	vnd.android.cursor.item/name
6	6	vnd.android.cursor.item/photo
7	7	vnd.android.cursor.item/group_membership

图 7-18　mimetypes 表

使用内容提供者访问联系人数据库，要在获取内容提供者解析器的前提下对多个表格进行操作，具体过程如下。

- 查询 raw_contact 表，取出联系人的_id。
- 查询 data 表，取出 raw_contact_id 与_id 值相等的多行信息，并获得每行的 data1 字段值。
- 查询 mimetypes 表，根据定义类型，判断 data1 数据是否是电话、邮箱、姓名等。

最后需要注意，读/写联系人侵犯用户的隐私权限，需要添加相关权限。

```
<uses-permission android:name="android.permission.READ_CONTACTS"/>
<uses-permission android:name="android.permission.WRITE_CONTACTS"/>
```

7.4.2 案例——短信备份和还原

经过分析短信内容提供者的源代码，接下来就使用它来实现“短信的备份和还原”功能。本例的功能已经简化，希望读者能够根据本案例开发出更加完善的 APP。具体步骤如下。

1）新建一个名称为“短信的备份和还原”、包名为“com. example. smsContent”的项目。

2）设计 UI 界面。在线性布局中增加两个按钮，分别实现读取和还原用户的短信。

```
<Button
        android:layout_width="match_parent"
        android:layout_height="wrap_content"
        android:onClick="readsms"
        android:text="读取用户的短信" />
<Button
        android:layout_width="match_parent"
        android:layout_height="wrap_content"
        android:onClick="writesms"
        android:text="还原用户的短信" />
```

3）为了备份短信内容，这里将短信内容存放在自定义的数据库 MySms. db 中，因此需要创建一个 SQLite 数据库帮助类 MySmsDBHelper。在 onCreate( )方法中创建包含短信关键信息的表 Smsinfo，代码如下。

```
public void onCreate(SQLiteDatabase db) {
    db.execSQL("create table Smsinfo(_id integer primary " +
            "key autoincrement,address varchar(20),date varchar(20)," +
            "type varchar(20),body varchar(100))");
}
```

帮助类中的其他方法不需要修改。

4）设计各个按钮单击事件响应代码。

① 编写“读取用户的短信”按钮单击事件响应代码。备份短信需要从短信数据库中获取相应数据，并存储到手机的数据库中。这里有关数据库的操作有以下两种：一种是本地数据库操作使用帮助类用于保存数据，另一种是使用短信内容提供者获取短信应用的相关数据库信息。

```
public void readsms(View view) {
    //本地数据库创建,指明文件名 MySms.db
```

```
    MySmsDBHelper helper = new MySmsDBHelper( this, " MySms. db" , null, 1) ;
    SQLiteDatabase db = helper. getWritableDatabase( ) ;
    //建立提供者的解析器
    ContentResolver resolver = getContentResolver( ) ;
    //使用短信提供者查询操作 URI 访问短信数据库
    Uri uri = Uri. parse( " content://sms/" ) ;
    //请求查询短信数据库所有内容,不限制条件,返回数据集游标
    Cursor cursor = resolver. query( uri, null, null, null, null) ;
    while( cursor. moveToNext( ) ) {//保存每行数据信息
        String address = cursor. getString( cursor. getColumnIndex( " address" ) ) ;
        String date = cursor. getString( cursor. getColumnIndex( " date" ) ) ;
        String type = cursor. getString( cursor. getColumnIndex( " type" ) ) ;
        String body = cursor. getString( cursor. getColumnIndex( " body" ) ) ;
        System. out. println( address + " :" + body + " :" + date + " :" + type) ;
        ContentValues values = new ContentValues( ) ;
        values. put( " address" , address) ;
        values. put( " date" , date) ;
        values. put( " type" , type) ;
        values. put( " body" , body) ;
        //将获取的短信插入到备份数据库中,严格按照数据库的列名建立键值对
        db. insert( " Smsinfo" , null, values) ;
    }
    cursor. close( ) ;
    db. close( ) ;
}
```

② 编写“保存用户的短信”按钮单击事件响应代码。还原短信和备份操作正相反，从本地数据库获取关键数据插入到短信数据库中。

```
public void writesms( View view) {
    MySmsDBHelper helper = new MySmsDBHelper( this, " MySms. db" , null, 1) ;
    SQLiteDatabase db = helper. getReadableDatabase( ) ;
    ContentResolver resolver = getContentResolver( ) ;
    Uri uri = Uri. parse( " content://sms/" ) ;
    //获取自定义数据库所有内容,返回数据集游标
    Cursor cursor = db. query( " Smsinfo" , null, null, null, null, null, null) ;
    while( cursor. moveToNext( ) ) {//保留每条记录关键信息
        String address = cursor. getString( cursor. getColumnIndex( " address" ) ) ;
        String date = cursor. getString( cursor. getColumnIndex( " date" ) ) ;
        String type = cursor. getString( cursor. getColumnIndex( " type" ) ) ;
        String body = cursor. getString( cursor. getColumnIndex( " body" ) ) ;
        ContentValues values = new ContentValues( ) ;
        values. put( " address" , address) ;
        values. put( " date" , date) ;
        values. put( " type" , type) ;
        values. put( " body" , body) ;
        //通过 ContentResolver 将获取的备份短信插入到短信数据库中
        resolver. insert( uri, values) ;
    }
    cursor. close( ) ;
    db. close( ) ;
}
```

5）在清单文件增加短信读/写权限。

```
<uses-permission android:name="android.permission.READ_SMS"/>
<uses-permission android:name="android.permission.WRITE_SMS"/>
```

6）运行程序。

① 部署并运行代码，单击“备份用户的短信”按钮，进入 DDMS 的/data/data/com.example.smsContent/databases 路径，导出 MySms.db 数据库，可以看到备份的短信关键信息。如图 7-20 所示，共有 3 条发出的信息和 1 条接收的信息，发送给“12345”号码的 3 条信息内容都是“nice”，接收“10086”的一条信息内容为“hello”。打开系统的短信界面可以看到短信列表，如图 7-20所示。

RecNo	_id	address	date	type	body
1	1	12345	1452492752302	2	nice
2	2	12345	1452492742359	2	nice
3	3	12345	1452492742330	2	nice
4	4	10086	1452492704609	1	hello

图 7-19　备份数据表

② 部署并运行代码，单击“还原用户的短信”按钮。由于本例代码没有清空短信内容，因此将备份的短信再次还原到短信数据库中后，短信数量翻倍，如图 7-21 所示。原来发送给“12345”号码共 3 条信息，此时变成 6 条且内容完全一样，如图 7-22 所示。接收来自“10086”的短信变成两条且内容一样，如图 7-23 所示。

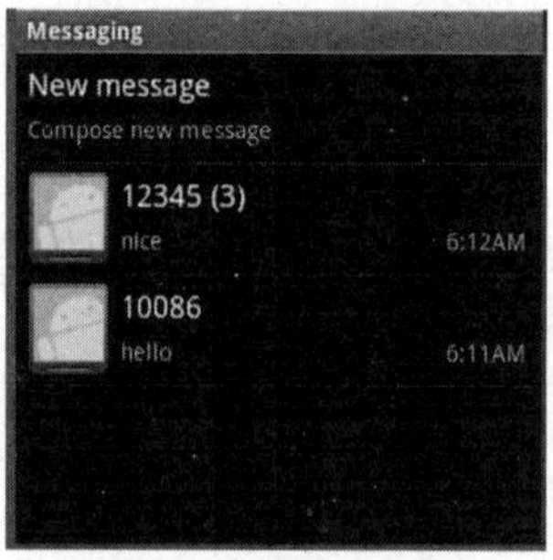

图 7-20　短信列表

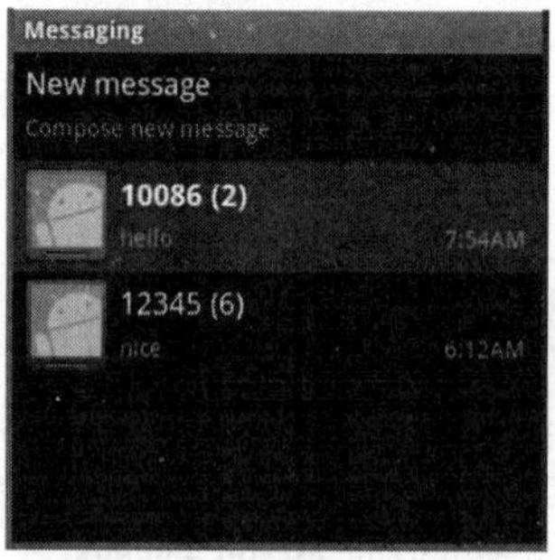

图 7-21　备份后的短信列表

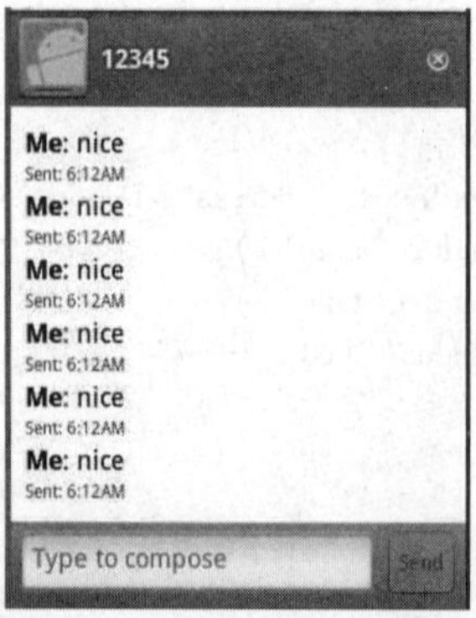

图 7-22　发出的短信内容列表

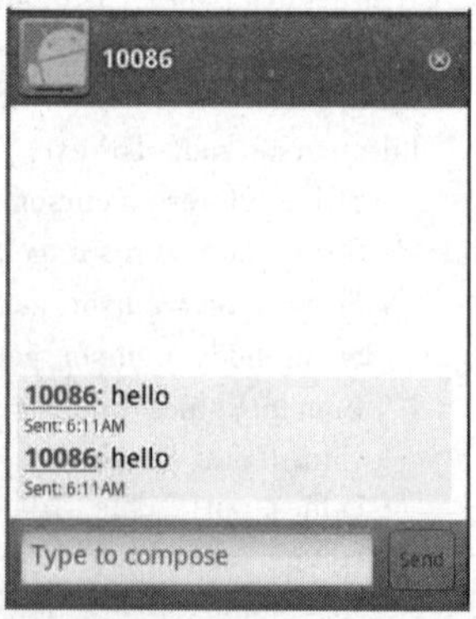

图 7-23　接收的短信内容列表

7.4.3　案例——联系人信息管理器

实现联系人的信息管理过程也是非常简单的，只需要操作联系人应用的相关数据库就可以对联系人信息进行管理，其功能类似于学生信息管理系统。在本节仅实现功能简单的联系人管理器，让读者对联系人内容提供者的使用方法有个初步的认识。具体实现步骤如下。

1）新建一个名称为“联系人信息管理器”、包名为“com. example. ContactManager”的项目。

2）设计 UI 界面，增加两个按钮，分别用于读取所有联系人信息和插入新的联系人信息。具体代码如下。

```
<Button
    android:layout_width = "match_parent"
    android:layout_height = "wrap_content"
    android:onClick = "readContact"
    android:text = "读取所有联系人信息" />
<Button
    android:layout_width = "match_parent"
    android:layout_height = "wrap_content"
    android:onClick = "insertContact"
    android:text = "插入一条联系人信息" />
```

运行程序后得到的 UI 界面如图 7-24 所示。

图 7-24　案例 UI 界面

3）为了保存联系人的各种类型信息，新建业务类 ContactInfo。该类可在新的包名 com. example. ContactManager. domain 下创建，并加入 getters/setters 和 toString( )方法，部分代码如下。

```
public class ContactInfo {
    private String nameString;
    private String emailString;
    private String phoneString;
    …
}
```

4）为了方便以后对读取联系人信息代码直接调用，设计读取信息的业务类 ContactInfoReadUtil、包名“com. example. ContactManager. service”。具体实现代码如下。

```
public class ContactInfoReadUtil {
    public static List < ContactInfo >  getAllContacts( Context context) {
        //1. 查询 raw_contact 表,取出联系人的 ID;
        //Uri:content://com. android. contacts/raw_contacts
        ContentResolver resolver = context. getContentResolver( ) ;
        Uri uri = Uri. parse( " content://com. android. contacts/raw_contacts" ) ;
        //联系人 ID 信息放在数据集中
        Cursor cursor = resolver. query( uri,null,null,null,null) ;
        //要查询 data 表,需获取 data 表的 uri;content://com. android. contacts/data
        UridataUri = Uri. parse( " content://com. android. contacts/data" ) ;
        while( cursor. moveToNext( ) ) {//遍历所有联系人的 ID
            //在 raw_contact 表中,联系人 ID 信息在 contact_id 列
            StringidString = cursor. getString( cursor. getColumnIndex( " contact_id" ) ) ;
            System. out. println( " 联系人 id 是" + idString) ;
        //2. 查询 data 表,取出 raw_contact_id 值为 idString 的所有数据,获得同一 ID 下的所有
数据,因为 data 表中 raw_contact_id 存放的是联系人 ID 信息
            CursordataCursor = resolver. query( dataUri, null, " raw_contact_id = ?" , new String[ ]
{ idString} , null) ;
```

```
                while(dataCursor. moveToNext()){//遍历某 ID 的所有数据和数据类型
    //data1 列存放的是数据具体值
                            String data1 = dataCursor. getString(dataCursor. getColumnIndex("data1"));
                            //注意,查询 data 表是对 view_data 操作,该表中只有 mimetype 列
                            StringmimeString = dataCursor. getString(dataCursor. getColumnIndex("mi-
                            metype"));
                            System. out. println("data1:" + data1);
                            System. out. println("mimetype:" + mimeString);
                }
                dataCursor. close();
            }
            cursor. close();
            return null;
        }
    }
```

上述代码中的 getAllContacts（Context context）方法实现了获取系统里面全部联系人信息的功能。由于方法中调用了 getContentResovler()，而它是 Context 类的方法，因此为了让某个活动能够执行上述代码并获取解析器，需要传递上下文参数。另外，由于该方法没有使用该类的任何成员变量，因此这里将其设置成静态的。

5）编写单击“读取所有联系人信息”按钮的响应代码。直接调用读取联系人的方法，代码如下。

```
public void readContact(View v){
    ContactInfoReadUtil. getAllContacts(this);
}
```

6）读取联系人需要权限，因此要添加权限：

```
<uses-permission android:name="android. permission. READ_CONTACTS"/>
```

7）运行代码，单击“读取所有联系人信息”按钮，可以在 LogCat 的输出中看到系统只有两个联系人，其中每个联系人包含了电话、姓名和邮箱 3 条信息，并分别对应了各自的 mimetype 值，如图 7-25 所示。当打开联系人应用时，可以看到确实只有两个联系人和各自的信息，如图 7-26 所示。

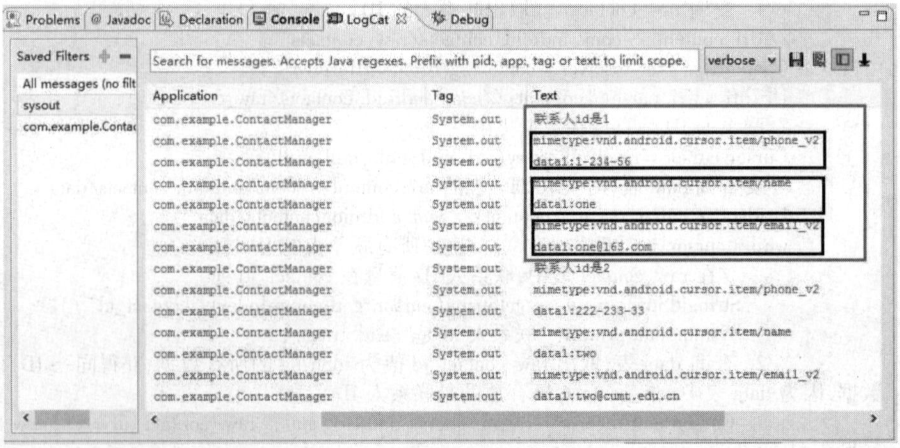

图 7-25　LogCat 输出联系人信息

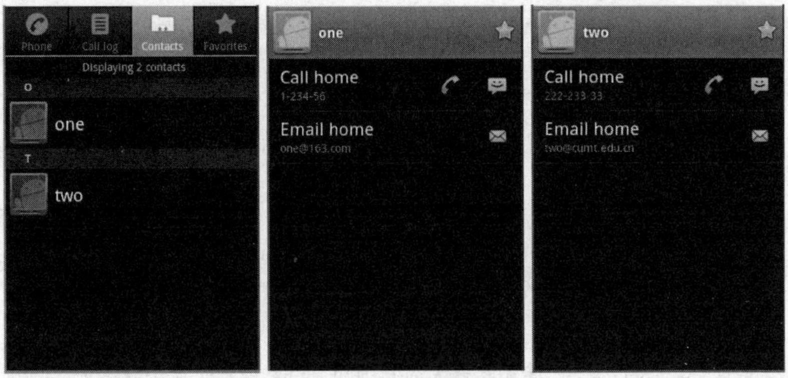

图 7-26　联系人列表及详细信息

8）完善代码。如果要将信息在 ListView 中显示，则需要 ContactInfoUtil 类使用数据集合保存各种类型的数据。

```
List < ContactInfo > contactInfos = new ArrayList < ContactInfo > ( ) ;
ContactInfo info = new ContactInfo( ) ;
```

在获取 mimetype 类型后，根据数据的类型存储相应的数据。

```
if( " vnd. android. cursor. item/phone_v2". equals( mimeString) ) {
        info. setPhoneString( data1) ;                    //数据代表电话号码
} else if( " vnd. android. cursor. item/name". equals( mimeString) ) {
        info. setNameString( data1) ;                     //数据代表联系人名
} else if( " vnd. android. cursor. item/email_v2". equals( mimeString) ) {
        info. setEmailString( data1) ;                    //数据代表电子邮件
}
```

获得某人的所有数据后，加入到联系人集合中。

```
contactInfos. add( info) ;
```

最终返回数据集合。

```
return contactInfos;
```

此时在主活动调用 ContactInfoReadUtil. getAllContacts( ) 方法代码，将返回的集合数据保存下来即可使其在 ListView 中显示。使用 ListView 内容在第 6 章中已经介绍过，设置适合的适配器即可，这里不再赘述，读者可以自行完善相关代码。这里给出打印输出获取的联系人结果代码如下。

```
List < ContactInfo > infos = ContactInfoReadUtil. getAllContacts( this) ;
for( ContactInfo info : infos) {
    System. out. println( info. toString( ) ) ;
}
```

运行程序后，单击“读取所有联系人信息”按钮，LogCat 输出联系人信息如图 7-27 所示。

9）编写“插入一条联系人信息”按钮单击事件响应代码。这里的操作与读取类似，特别需要注意的是，必须使用正确的列名。

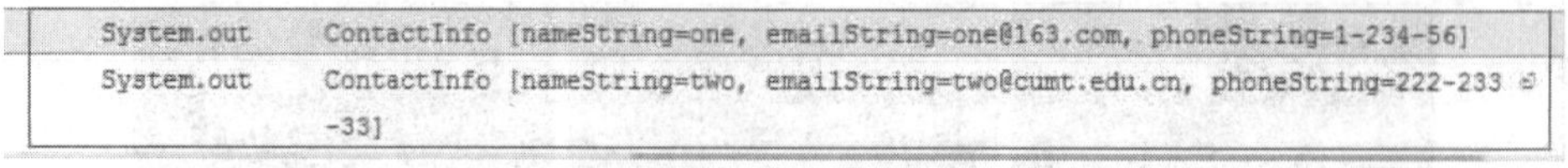

图 7-27　LogCat 输出联系人信息

```
public void insertContact( View v) {
    Uri uri = Uri. parse( "content://com. android. contacts/raw_contacts" ) ;
    Uri dataUri = Uri. parse( "content://com. android. contacts/data" ) ;
    ContentResolver resolver = getContentResolver( ) ;
    ContentValues values = new ContentValues( ) ;
    // 读取 raw_contacts 表,插入联系人前必须知道已经保存了多少联系人
    Cursor cursor = resolver. query( uri, null, null, null, null) ;
    // 找到最后一行
    cursor. moveToLast( ) ;
    // 读取_id,插入的新的联系人的 ID 号就应为_id + 1。。注意,这里必须使用_id 列来统计当
前联系人数量,因为该列是自增长的,而 contact_id 列的内容可能为空
    int id = cursor. getInt( cursor. getColumnIndex( "_id" ) ) + 1;
    values. put( "contact_id", id) ;
    resolver. insert( uri, values) ;                    //添加新的联系人 id
    System. out. println( "添加 raw_contact 表的信息完毕:" + id) ;
    //将新联系人的所有信息保存起来,以便存放在 view_data 表中,进而更新到 data 表中,注意
data 表中同一个联系人的每类信息存放一行,但必须对应同一个 ID
    ContentValues namevalues = new ContentValues( ) ;  //保存姓名
    namevalues. put( "raw_contact_id", id) ;            //每行都要有 ID 信息
    //view_data 视图表的列名为 mimetype,内容为完整的字符串
    namevalues. put( "mimetype", "vnd. android. cursor. item/name" ) ;
    namevalues. put( "data1", "three" ) ;
    //姓名插入到 data 表
    resolver. insert( dataUri, namevalues) ;
    System. out. println( "在 data 表中添加姓名信息完毕" ) ;
    ContentValues emailvalues = new ContentValues( ) ;
    emailvalues. put( "raw_contact_id", id) ;
    emailvalues. put( "mimetype", "vnd. android. cursor. item/email_v2" ) ;
    emailvalues. put( "data1", "three@ cumt. edu. cn" ) ;
    // email 插入到 data 表
    resolver. insert( dataUri, emailvalues) ;
    System. out. println( "在 data 表中添加 email 信息完毕" ) ;
    ContentValues phonevalues = new ContentValues( ) ;
    phonevalues. put( "raw_contact_id", id) ;
    phonevalues. put( "mimetype", "vnd. android. cursor. item/phone_v2" ) ;
    phonevalues. put( "data1", "1234" ) ;
    // 电话号码插入到 data 表
    resolver. insert( dataUri, phonevalues) ;
    System. out. println( "在 data 表中添加电话号码信息完毕" ) ;
    cursor. close( ) ;
}
```

这里需要注意的是，新增加的联系人的信息 ID 号为什么不用 raw_contacts 表的 contact_id 来获取呢？这是因为在虚拟机上删除联系人，并不把联系人的数据全部清空，而是将它在 raw_contact 中的 contact_id 标记为 null，但行内其他数据没有删除。而在 data 表中，该联

系人的数据也没有删除。为了避免出错，使用自增长的_id 来获取最大编号的联系人最为保险。

10）加入联系人写数据权限。

```
<uses-permission android:name="android.permission.WRITE_CONTACTS"/>
```

11）部署并运行代码，单击“插入一条联系人信息”按钮，查看联系人列表可以看到增加了一条联系人信息，如图 7-28 所示。插入联系人 LogCat 日志如图 7-29 所示。

图 7-28　新增的联系人信息

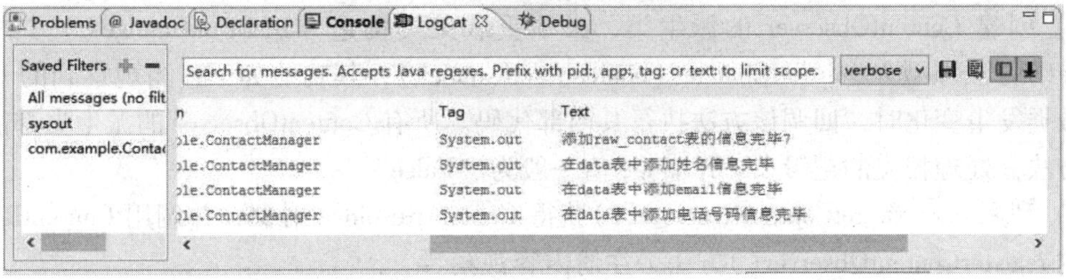

图 7-29　插入联系人 LogCat 日志

📖 对于初学者来说，修改联系人数据库经常会把表的结构弄坏（主要是多个表的属性值不一致），这时只能新建一个模拟器进行重新进行测试。建议读者不要在真机上进行测试，以免造成无法挽回的损失。

7.5　内容观察者

在 Android 项目开发中，开启一个线程不断地查询某个数据库是否发生了变化会导致很大的开销，内容观察者可以很好地解决这个问题。本节主要介绍使用内容观察者的相关方法。

7.5.1 内容观察者简介

ContentObserver（内容观察者）的目的是观察（或捕捉）特定 URI 引起的数据库的变化，继而做一些相应的处理。ContentObserver 一般和系统或第三方程序提供的 ContentProvider 一起使用。如前所述，ContentProvider 注册了相关的 URI 路径，ContentObserver 的任务就是根据 URI 去监听 ContentProvider 数据的变化，然后做出相应的处理。其工作原理如图 7-30所示。在使用 ContentObserver 观察 A 应用的数据时，首先要在 A 应用的 ContentProvider 中调用 ContentResolver 的 notifyChange( )方法。该方法在数据发生变化时，就会向“消息中心”发送数据变化的消息。C 应用观察到“消息中心”有数据变化时，就会触发 ContentObserver 的 onChange( )方法，实现了数据的监听。

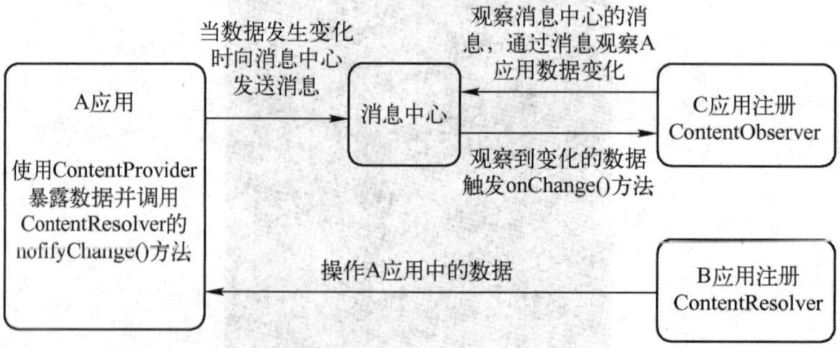

图 7-30 ContentObserver 工作原理

通常，使用 ContentObserver 的步骤如下。

1）创建 ContentObserver 的派生类，必须重载父类构造方法和 onChange( )方法。onChange( )方法原型为 void onChange（boolean selfChange），其功能如下：当观察到的 URI 对应的数据发生变化时，回调该方法执行其内部代码。所有 ContentObserver 的派生类都需要重载该方法去处理相应的逻辑。selfChange 值一般为“False”。

2）利用 context. getContentResolover( )获得 ContentResolove 对象，并调用 ContentResolver 类中的 registerContentObserver( )方法去注册内容观察者。

3）由于 ContentObserver 的生命周期不同步于 Activity 和 Service 等，因此在不需要时，应手动调用 unregisterContentObserver( )去取消注册。

下面介绍一下抽象类 ContentResolver 中注册（或取消注册）ContentObserver 的方法原型。

```
public final voidregisterContentObserver( Uri uri, boolean notifyForDescendents,ContentObserver observer)
```

功能：为指定的 URI 注册一个 ContentObserver 派生类实例，当参数指定的 URI 数据发生改变时，回调该实例对象去处理。参数：URI 需要观察的 URI（必须在 UriMatcher 里注册，否则没有意义）；notifyForDescendents 为“False”表示精确匹配（即只匹配该 URI），notify - ForDesSendents 为“True”表示可以同时匹配其派生的 URI。

```
public final voidunregisterContentObserver( ContentObserverobserver)
```

功能：取消对给定 URI 的观察。参数：observer 为 ContentObserver 的派生类实例。

例如，在 ContentProvider 实现学生信息管理的操作案例中，实现使用内容观察者对外部是否操作学生数据库进行监视，具体的操作步骤如下。

1）新建一个名称为“学生信息管理 ContentObserver”、包名为“com. example. StudentInfoContentobserver”的项目。

2）主活动里建立一个继承 ContentObserver 内部类，并重写 onChange( )方法。

```
private class MyObserver extends ContentObserver{
    public MyObserver(Handler handler) {
        super(handler);
    }
    @Override
    public voidonChange(boolean selfChange) {
        super.onChange(selfChange);
        System.out.println("Student 数据库中的 Studentinfo 表的内容发生变化了。");
    }
}
```

上述代码中监视了提供者共享数据的变化情况，如果数据发生变化，则输出日志。

3）在主活动 onCreate( )方法内注册内容观察者。注意，URI 与学生信息管理的内容提供者自定义的 URI 一致。

```
Uri uri = Uri.parse("content://com.example.StudentInfoContentProvider.Student");
getContentResolver().registerContentObserver(uri, true, new MyObserver(new Handler()));}
```

由于 registerContentObserver( )方法的第二个参数为 True，因此以该 URI 作为部分路径的所有 URI 数据都会被观察到。

4）要使得内容观察者得到消息，需要在观察的提供者中发出通知，即在“学生信息管理 ContentProvider”的 MyProvider 类中所有要监控的方法中添加如下语句：

```
getContext().getContentResolver().notifyChange(Uri.parse("content://com.example.StudentInfo
    ContentProvider.Student"), null);
```

注意，要给出对应的观察者 URI。例如，在 MyProvider 类的 insert( )方法中加入此语句，在部署代码后，运行“学生信息管理外部访问 ContentProvider”项目，单击“添加一条记录”按钮，可以看到 LogCat 中的结果如图 7-31 所示。说明内容观察者监控到了访问内容提供者的操作。可以在任何地方发出 notifyChange( )方法来进行监控。

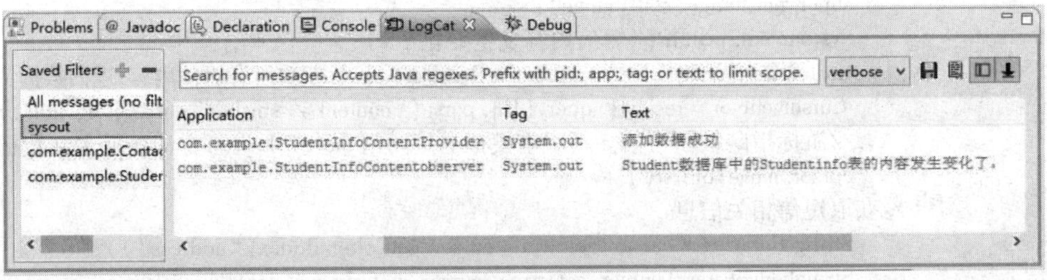

图 7-31　修改数据后的输出日志

5）为了在观察不同的 URI 时会出现不同的效果，这里在 insert( )方法的通知中使用其完整的路径作为 URI。

```
getContext(). getContentResolver(). notifyChange(
Uri. parse("content://com. example. StudentInfoContentProvider. Student/insert"),null);}
```

如果 getContentResolver().registerContentObserver(uri, true, new MyObserver(new Handler()))方法的第二个参数为 True，则可以按照 URI 进行不完全匹配。一旦将该参数改为 False，就必须完全匹配 URI。此时，由于 notifyChange()方法的 URI 参数为"content://com. example. StudentInfoContentProvider. Student/insert"，而观察者使用的 URI 为"content://com. example. StudentInfoContentProvider. Student"，因此运行添加数据时，无法观察到任何数据修改的结果。

7.5.2 案例——短信窃听器

下面通过一个有意思的案例来让大家深入理解内容观察者的使用，该案例名为"短信窃听器"。当短信内容发生变化时，立即可以获得内容。通过阅读短信的内容提供者代码，可以发现里面有 notifyChange()方法，因此可以通过内容观察者来获取是否调用了该方法，判断短信数据库是否发生变化，若发生变化，则立即获取最新内容。具体操作步骤如下。

1）新建一个名称为"短信窃听器"、包名为"com. example. smsListener"的项目。

2）在主活动中加入观察者派生类，重写构造函数和 onChange()方法。当短信数据库发生变化时，会回调 onChange()方法，因此在该方法中读取的最后一条短信即为最新短信。

```
public classMainActivity extends Activity {
    @ Override
    protected void onCreate(BundlesavedInstanceState) {
        super. onCreate(savedInstanceState);
        setContentView(R. layout. activity_main);
        //注册内容观察者
        getContentResolver(). registerContentObserver(
                    Uri. parse("content://sms"), true, newMyObserver(new Handler()));
    }
    private classMyObserver extends ContentObserver {
        public MyObserver(Handler handler) {
            super(handler);
    }
    @ Override
    public void onChange(boolean selfChange) {
            super. onChange(selfChange);
            System. out. println("短信内容发生变化了");
            ContentResolver resolver = getContentResolver(); //获取所有短信内容,返回数据集游标
            Cursor cursor = resolver. query(Uri. parse("content://sms"), null, null, null, null);
            //游标指向最新短信。新版本模拟器是调用 moveToLast()方法访问最新数据
            cursor. moveToFirst();
        //获取短信相关信息
            StringaddString = cursor. getString(cursor. getColumnIndex("address"));
            StringbodyString = cursor. getString(cursor. getColumnIndex("body"));
            System. out. println(addString + ":" + bodyString);
            cursor. close();
    }
```

```
        }
    }
```

3）读取短信需要加入权限：

```
<uses-permission android:name="android.permission.READ_SMS"/>
```

4）部署并运行代码，在 DDMS 中以“10086”向虚拟机发送“nice to meet you”，可以在 LogCat 中立即获得新的短信内容，如图 7-32 所示。如果此时立即删除数据库的内容，则应用就成了短信屏蔽器，读者可自行编写。

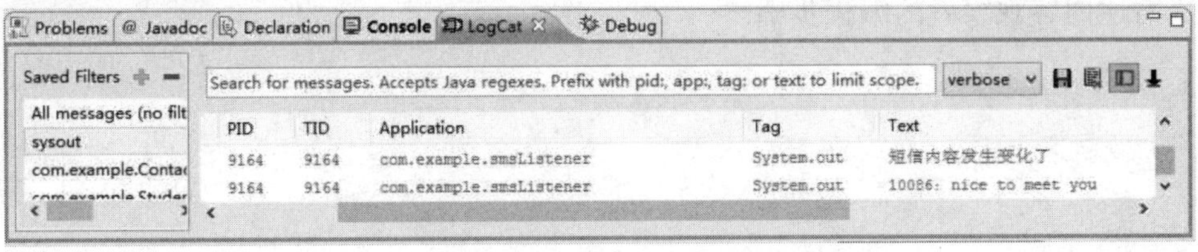

图 7-32　窃取短信内容

7.6　小结

本章介绍了利用 ContentProvider（内容提供者）实现应用间数据共享和操作的方法，首先介绍了内容提供者的相关概念和作用，接着介绍了实现共享数据的关键参数 URI 的组成和解析方法，然后分别介绍了自定义和预定义的内容提供者的创建和使用，最后介绍了内容观察者的使用方法。

7.7　实践与练习

1. 选择题

1）多个应用中读取共享存储数据时，需要用到（　　）对象的 query()方法。

A. ContentResolver

B. ContentProvider

C. Cursor

D. SQLiteHelper

2）Android 数据存储与访问的方式有（　　）。

A. sharedpreference

B. 数据库

C. 文件

D. 内容提供者

3）ContentProvider 的 scheme 为（　　）。

A. sms　　B. http　　C. content　　D. uri

2. 填空题

1）在 Android 中，需使用 UriMatcher 类解析接收到的 URI 对象，该过程包括________和________。

2）获取 ContentResolver 对象需要通过________方法。

3）Android 系统联系人数据库文件中列出了很多关系表，最重要的表有________、________和________。

3. 简答题

1）简述内容提供者的编程步骤。

2）简述内容观察者的编程步骤。

第8章　广播接收者

广播接收者（BroadcastReceiver）是 Android 系统中的四大组件之一，从本质上讲，它是 Android 系统中一个全局的监听器，目的是接收来自系统和应用中的广播。广播是一种广泛运用在应用程序之间传输信息的机制。BroadcastReceiver 是对发送出来的广播进行过滤接收并响应的一类组件。Google 的 Android 系统把常用的事件做成了广播机制。一旦事件产生了，就向全系统发送一个广播消息。例如，当开机完成后，系统会产生一条广播信息，需要开机启动的服务则需要判断是否接收到这条广播来实现其功能；当网络状态改变时，系统也会产生一条广播，接收到这条广播的 APP 就能及时地做出提示和保存数据等操作；当电池电量改变时，系统同样会产生一条广播，接收到这条广播的 APP 就能在电量低时告知用户及时保存进度等。Android 系统中的广播机制设计得非常出色，这使得很多原本需要开发者亲自操作的事情变得只需等待广播告知自己就可以了，大大减少了开发的工作量，缩短了开发周期。本章主要介绍如何基于广播接收者开发 Android 程序。本章要点如下。

- 广播接收者的注册与创建。
- 有序广播和无序广播的区别。
- 广播接收者的不同注册方式。

8.1　广播接收者简介

使用广播接收者首先需要对其进行创建和注册。本节将通过简单的案例介绍广播的实现过程。

8.1.1　广播接收者的创建与注册

与 Activity 类似，BroadcastReceiver 的实现是通过 Intent 对象完成的。其工作原理如下：BroadcastReceiver 用于接收广播 Intent，通常一个广播 Intent 可以被订阅了该 Intent 的多个广播接收者所接收。

要使用广播接收者接收其他应用程序发出的广播，先要在本应用中创建广播接收者并进行注册。

1. 创建广播接收者

创建广播接收者需要新建一个继承 BroadcastReceiver 的子类，需在该类中重写 onReceive()方法。该方法为广播接收者的回调方法，当接收到注册的广播信息后，系统自动处理该回调方法的代码。示例代码如下。

```
public class MyBroadcastReceiver extends BroadcastReceiver {
    @Override
    public void onReceive(Context context, Intent intent) {
```

```
        //接收广播处理代码
    }
}
```

2. 注册广播接收者

注册广播接收者有以下两种方式：静态注册和动态注册。

1）静态注册（在 AndroidManifest. xml 中注册）。在配置文件中注册的接收者的特点是即使应用程序已被关闭，该接收者依然可以接收它感兴趣的广播，如手机电池电量的广播接收者，没有必要将某个程序开启。

2）动态注册（在 Activity 中注册）。在 Activity 中绑定接收者必须依附该应用程序存在，或者一个 BroadcastReceiver 用于更新 UI，就没有必要在程序关闭时接收者还运行，故无须在 AndroidManifest. xml 中注册，而可以放在 Activity 中注册。动态注册的生命周期跟程序的生命周期是一样的，程序关闭后，动态注册的广播是不能再接收到广播的。

一般来说，广播接收者的使用步骤如下。

1）自定义类 MyReceiver 继承 BroadcastReceiver。

2）重写 onReceive( )方法。

3）注册广播接收者。

8.1.2 案例——简单的广播过程演示

为了让大家对广播过程有一个深入的理解，下面通过一个简单的实例来完整地展示广播接收者的使用方法。由于广播接收者的前提是要有广播信息，因此需要一个项目用于发出广播信号，另一个项目用于接收广播信号。具体的实现步骤如下。

1）新建一个名称为“发送广播信号”、包名为“com. example. sendBroadcast”的项目。

2）设计 UI 界面，增加一个按钮用于发送广播信号。

```
<Button
    android:onClick = "click"
    android:layout_width = "fill_parent"
    android:layout_height = "wrap_content"
    android:text = "发送广播信号" />
```

3）设计按钮单击事件的响应代码。

```
public void click(View view) {
    //1. 定义广播的意图
    Intent intent = new Intent( );
    //2. 设置广播的动作,用于匹配广播接收者
    intent.setAction( "com.example.sendBroadcast.hello" );
    //3. 设置携带的数据
    intent.putExtra( "sms", "hello" );
    //4. 发送广播
    sendBroadcast( intent );
}
```

上述代码通过 sendBroadcast( )方法发出一条广播信号，参数的 Intent 对象不仅携带了广播的信息，而且需要指明广播 Intent 的动作。

4）部署并运行代码，单击“发送广播信号”按钮，没有任何响应。这是因为按钮的功能只是发送信号，没有接收者，所以需要在另一个项目中定义广播接收者接收广播数据。

5）新建一个名称为“接收广播信号”、包名为“com. example. receiveBroadcast”的项目。

6）定义继承 BroadcastReceiver 的类 MyReceiver，重写其中的 onReceive( ) 方法，代码如下。

```
public class MyReceiver extends BroadcastReceiver {
    @ Override
    public void onReceive( Context context, Intent intent) {
        String sms = intent. getStringExtra( "sms" ) ;
        System. out. println( "我是广播接收者,收到的信息为 sms:" + sms) ;
    }
}
```

当系统接收到 MyReceiver 注册的广播信号后，自动回调其 onReceive （ ） 方法，intent 参数用于传递接收的数据。

7）在项目清单中注册广播接收者

```
<receiver android:name = "com. example. receiveBroadcast. MyReceiver" >
    <intent - filter >
        <action android:name = "com. example. sendBroadcast. hello" />
    </intent - filter >
</receiver >
```

📖 意图过滤器的 action 属性的 name 值应当和广播信号发出器指定的值一致。当广播项目发出广播信号后，系统自动寻找广播接收者的意图过滤器的相关信息进行匹配，如果匹配成功，则直接调用广播接收者的 onReceive( ) 方法。

8）部署并运行代码，没有任何响应。当单击上一个项目的“发送广播信号”按钮后，可以看到 LogCat 中的日志如图 8-1 所示，说明广播接收者成功接收到了广播信号。

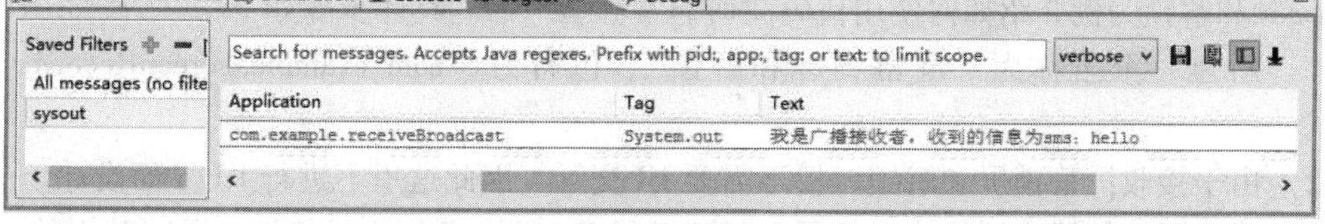

图 8-1　接收广播信息

9）广播信号的权限问题。如果发送广播时通过下面的方法指定了权限：

```
sendBroadcast( intent, " com. example. sendBroadcast. permission" ) ;
```

则接收广播时也需要在清单文件里配置权限信息。由于该权限没有在 Android SDK 中定义，因此在清单文件中进入 Permission 选项卡，单击“Add” → “Permission”，在 Name 中添加“com. example. sendBroadcast. permission”。为了使用该权限，单击“Add” → “Uses Permission”，在 Name 中输入相同的权限名称。此时，在广播接收者项目的“gen/ <包名>”下增加了 manifest. java 文件。最终，清单文件中增加了以下两行语句。

```
<permission android:name = "com.example.sendBroadcast.permission" > </permission >
<uses - permission android:name = "com.example.sendBroadcast.permission"/ >
```

此时，广播接收者可以正确接收广播信息。

8.2 广播接收者的种类

按不同的划分标准，广播接收者可以分为常驻型广播、非常驻型广播、无序广播和有序广播。本节主要介绍这几类广播接收者的特点和使用方法。

8.2.1 常驻型广播和非常驻型广播

按照生存的时间来划分，广播接收者可以分为常驻型广播和非常驻型广播。

1. 常驻型广播

常驻型广播是指在应用程序关闭后，广播接收器同样能接收到广播信息，其注册方式为静态注册。

2. 非常驻型广播

当应用程序结束后，广播接收者自然消亡，此时的广播接收器就是非常驻型。例如，在 Activity 中的 onCreate( )或者 onResume( )方法中注册广播接收者，在 onDestory( )方法中注销广播接收器。此时，必须使用 Context. registerReceiver（BroadcastReceiver receiver，IntentFilter filter）方法动态注册广播接收者。其中，参数 receiver 是系统或者自定义的广播接收者，filter 是广播接收者对应的意图过滤器。

在程序结束之前，必须使用 Context. unregisterReceiver（BroadcastReceiver receiver）方法注销广播接收者，其中的参数 receiver 表示与注册相同的广播接收者。

下面介绍 Android 系统中非常特殊的广播信号：屏幕锁屏和解锁信号。由于系统采用清单文件配置并接收这些广播事件是无法生效的，因此只能采用代码动态注册。下面就以实现屏幕锁频和解锁为例介绍如何使用代码注册非常驻型广播。具体步骤如下：

1）新建一个名称为“屏幕锁屏和解锁”、包名为“com. example. screenReceiver”的项目。

2）由于接收屏幕锁屏和解锁广播不需要 UI 交互，因此这里不进行 UI 界面设计。

3）设计屏幕锁屏广播接收者代码，新建继承 BroadcastReceiver 的类，重写其中的 onReceive( )方法，代码如下：

```
public class ScreenOff extends BroadcastReceiver {
    @Override
    public void onReceive(Context arg0, Intent arg1) {
        System.out.println("屏幕锁屏");
    }
}
```

上述代码通过打印文字来标识屏幕状态。

4）设计屏幕解锁广播接收者代码，新建继承 BroadcastReceiver 的类，重写其中的 onReceive( )方法，代码如下：

```
public class ScreenOn extends BroadcastReceiver {
    @ Override
    public void onReceive( Context context, Intent intent) {
        System. out. println( "屏幕解锁" ) ;
    }
}
```

上述代码通过打印文字来标识屏幕状态。

5）在主活动中用代码注册和注销两个广播接收者。

① 声明私有成员：

```
private ScreenOnscreen_on;
private ScreenOffscreen_off;
```

② 在 onResume( )方法中注册广播。由于屏幕锁屏和解锁的广播接收者意图过滤器在系统中已经预定义，分别为“android. intent. action. SCREEN_OFF”和“android. intent. action. SCREEN_ON”，因此需要明确指出。

```
protected void onResume( ) {
    screen_on = new ScreenOn( ) ;
    screen_off = new ScreenOff( ) ;
    registerReceiver( screen_off, new IntentFilter( "android. intent. action. SCREEN_OFF" ) ) ;
    registerReceiver( screen_on, new IntentFilter( "android. intent. action. SCREEN_ON" ) ) ;
    super. onResume( ) ;
}
```

代码中，IntentFilter 类的构造函数将其动作作为参数传递进来，实现动态注册。当屏幕锁住后，自动发送动作为“android. intent. action. SCREEN_OFF”广播意图。

③ 在 onDestroy( )方法中注销广播。

```
protected void onDestroy( ) {
    unregisterReceiver( screen_on) ;
    unregisterReceiver( screen_off) ;
    super. onDestroy( ) ;
}
```

6）部署并运行代码。单击模拟器的按钮两次，第一次实现锁屏，第二次则实现解锁，在 LogCat 中打印了两次日志，如图 8-2 所示。单击“返回”按钮，退出应用后，再次单击“锁屏”或“解锁”按钮，LogCat 中没有任何响应。因为动态注册的广播接收者已经不存在了。如果想长期保留这种广播接收者，就需要配合 Android 的另外一个组件 Service，具体介绍见第 9 章。

8.2.2 无序广播和有序广播

按照广播信号接收的顺序划分，广播 Intent 的发送方式有以下两种：①无序广播，通过调用 Context. sendBroadcast( )方法来实现，该方法发送广播信号，不考虑接收顺序；②有序广播，通过调用 Context. sendOrderedBroadcast( )方法来实现，该方法发送广播信号，需考虑

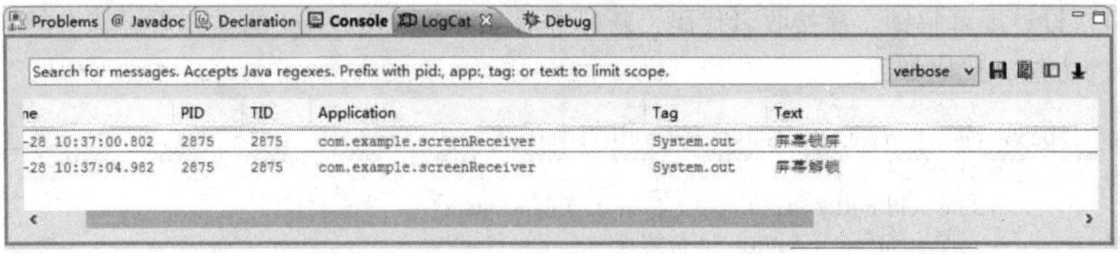

图 8-2　锁屏和解锁广播

接收顺序。

1. 无序广播

实现过程完全异步，逻辑上广播信号可以被任何广播接收者在同一时刻接收到这条广播，没有任何先后顺序，故其优点是效率较高，缺点是接收者不能将处理结果传递给其他接收者，并无法终止广播 Intent 的传播。无序广播的工作原理如图 8-3 所示。

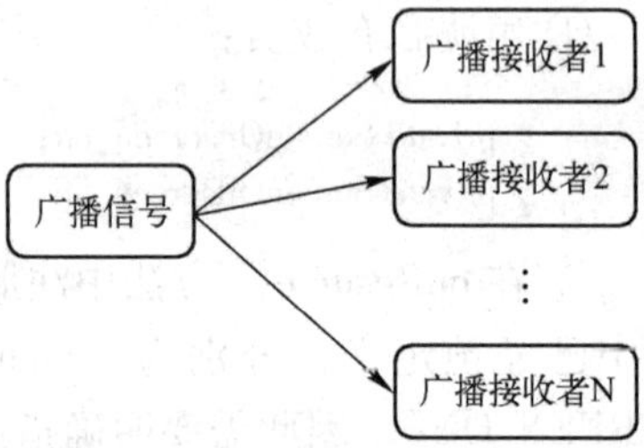

图 8-3　无序广播的工作原理

2. 有序广播

广播信号按照被接收者的优先级顺序，在被接收者中依次传播。它是一种同步执行的广播，在广播发出之后，同一时刻只会有一个广播接收器能够接收到这条消息，当这个广播接收器中的逻辑执行完毕后，广播才会继续传递。例如，有 3 个广播接收者 A、B、C，它们的优先级是 A > B > C。当有广播信号到达时，信息先传递给 A，再传递给 B，最后传递给 C。在此过程中，每个接收者有权中终止广播。若 B 若终止广播，则 C 就无法接收到任何信息。另外，每个接收者也有权修改广播内容，如 A 接收到广播后进行操作，当广播信号传给 B 时，B 从结果对象中取得 A 存入的数据。系统收到短信发出的广播就是有序广播。有序广播的工作原理如图 8-4所示。

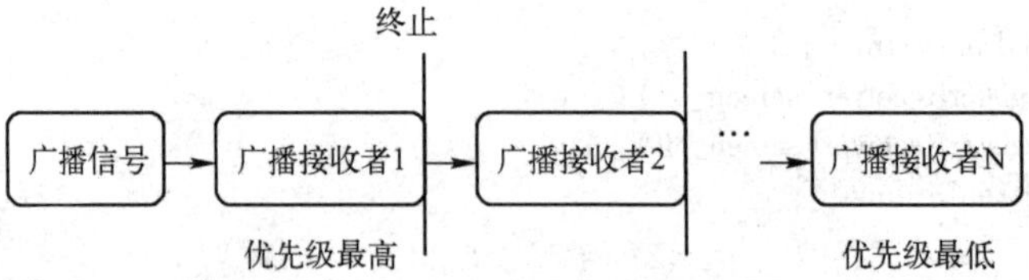

图 8-4　有序广播

有序广播中的优先级用整数表示，取值范围为 -1000 ~ 1000，数越大优先级越高。优先级的声明可以在清单文件中通过 <intent-filter android:priority = "100"/> 的方式实现，也可以调用 IntentFilter 对象的 setPriority( ) 方法设置。

广播接收者调用 abortBroadcast( ) 方法可以终止广播信号的传播。另外，广播接收者可以将处理结果存入数据，可以通过 setResultExtras(Bundle) 或者 setResultData(String) 方法将数据传递给下一级接收者，可以通过 getResultExtras( ) 或者 getResultData( ) 获取上一级传递过来的数据。

8.3 自定义广播接收者

在 Android 项目中，有时需要发送广播信息，这时就需要创建自定义的广播接收者。本节主要介绍自定义广播接收者的实现步骤以及有序广播的实现方法。

8.3.1 自定义广播接收者的实现步骤

Android 系统中自带了很多广播，如果需要监听某个广播，则只需创建对应的广播接收者即可。当这些系统级别的广播事件不能满足实际需求时，开发人员可以自定义广播。需要注意的是，自定义广播需要有对应的广播接收者去接收，否则这个广播是无意义的。

广播接收者的步骤如下。

1）自定义类继承 BroadcastReceiver 并重写 onReceive( )方法。

```
public class MyBroadcastReceiver extends BroadcastReceiver {
    @ Override
    public void onReceive( Context context, Intent intent) {
    }
}
```

2）注册广播接收者。

① 静态注册。在清单文件中增加如下代码。

```
<receiver android:name = " com. example. MyBroadcastReceiver " >
    <intent - filterandroid:priority = "20" >
        action android:name = " com. example. MyBroadcastReceiver. hello"/ >
    </intent - filter >
</receiver > }
```

② 动态注册。在适当位置填写如下代码。

```
MyBroadCastReceiver receiver = newMyBroadCastReceiver( );
//实例化过滤器并设置要过滤的广播
String action = " com. example. MyBroadcastReceiver. hello";
IntentFilterintentFilter = newIntentFilter( action);
//注册广播
registerReceiver( receiver, intentFilter); }
```

3）通过 Intent 发送广播信号。

```
Intent intent = new Intent( );
intent. setAction( " com. example. MyBroadcastReceiver. hello" );
intent. putExtra( " msg" , " hello" );
sendBroadcast( intent); }
```

8.3.2 案例——商场优惠政策广播实例

下面通过一个实例介绍如何实现自定义的有序广播。有序广播的流程可以看作信息的逐级下发，本例中使用商场产品优惠力度的有序广播。总公司将某件产品的优惠最大力度设定为 500 元，把该信息广播到各商场经理。经理具有一定的权限调整力度，假设其定下的最大调整力度为300元，并将信息发送给售货员。售货员在销售时告诉顾客产品可以优惠100元。最终顾客得到的最大优惠力度变成了100元。上述过程可以清楚地将有序广播中修改信息的原理展现出来。下面介绍具体的实现步骤。

1）新建项目一个名称为“商场优惠政策的广播过程”、包名为“com. example. Discount-Broadcast”的项目。

2）设计UI界面。增加按钮用于下达优惠力度广播信号。

```
<Button
    android:onClick = "click"
    android:layout_width = "fill_parent"
    android:layout_height = "wrap_content"
    android:text = "总公司下达优惠力度" />
```

3）编写按钮单击事件响应代码。代码中实现了广播信号的发送。

```
public void click(View view) {
    Intent intent = new Intent();
    intent.setAction("com.example.DiscountBroadcast.company");
    //发送有序广播
    sendOrderedBroadcast(intent, "com.example.DiscountBroadcast.discount", null,
                null, 0, "最大优惠500元", null);
}
```

其中，sendOrderedBroadcast()方法中的第一个参数为意图，第二个参数是接收者权限，第三个参数用于发给指定的接收者，第四个参数是消息处理者，第五个参数是初始码，第六个参数是初始数据，最后一个参数表示Intent的附加数据。运行本段代码，当单击按钮时，项目会发出有序广播信号。

4）在清单文件中增加权限。由于在上面的sendOrderedBroadcast（）方法中定义了接收者权限，并且广播信息的发送和广播接收者都在一个项目中，因此在该项目中需要增加自定义权限和使用自定义权限（通常下面的操作在广播接收者项目下进行）。

① 增加自定义权限。在Permissions选项卡中，单击“Add”按钮，在弹出的对话框中选择“Permission”。在Name中输入有序广播方法中对应的权限参数值：

```
"com.example.DiscountBroadcast.discount"
```

可以看到清单文件中增加了一行：

```
<permission android:name = "com.example.DiscountBroadcast.discount" > </permission>
```

至此，新增了自定义权限。

② 使用自定义权限。要使广播接收者接收数据，必须允许使用刚才的权限，添加uses - permission，并在Name中输入同样的权限值，清单文件增加了如下代码。

```
<uses-permission android:name = "com.example.Discount Broadcast.discount"/>}
```

这样在本项目的广播接收者使用该权限，在正确的意图过滤器下才能接收到广播信号。

5）编写经理广播接收者代码，重写onReceive()方法。新建继承BroadcastReceiver的类，代码如下。

```java
public class ManagerReceiver extends BroadcastReceiver {
    @Override
    public void onReceive(Context context, Intent intent) {
        //获取广播数据
        String dataString = getResultData();
        System.out.println("我是经理,从总公司获取的优惠政策是:" + dataString);
        //经理发出的优惠政策
        setResultData("最大优惠 300 元");
    }
}
```

其中，setResultData()方法用于修改广播的数据内容，并传递给下一级广播接收者。

6）为经理广播接收者注册清单，并加入最高优先级。

```xml
<receiver android:name="com.example.DiscountBroadcast.ManagerReceiver">
    <intent-filter android:priority="1000">
        <action android:name="com.example.DiscountBroadcast.company"/>
    </intent-filter>
</receiver>
```

7）编写售货员接收者代码，并注册清单。

① 接收者代码如下。

```java
public class SellerReceiver extends BroadcastReceiver {
    @Override
    public void onReceive(Context context, Intent intent) {
    //获取广播数据
        String dataString = getResultData();
        System.out.println("我是售货员,从经理获取的优惠政策是:" + dataString);
        //售货员告诉低级接收者的优惠政策
        setResultData("最大优惠 100 元");
    }
}
```

② 在清单文件中添加如下代码。

```xml
<receiver android:name="com.example.DiscountBroadcast.SellerReceiver">
    <intent-filter android:priority="500">
        <action android:name="com.example.DiscountBroadcast.company"/>
    </intent-filter>
</receiver>
```

8）编写顾客广播接收者代码，并注册清单。

① 接收者代码如下。

```java
public class ConsumerReceiver extends BroadcastReceiver {
    @Override
    public void onReceive(Context context, Intent intent) {
        //获取广播数据
        String dataString = getResultData();
        System.out.println("我是顾客,从售货员获取的优惠政策是:" + dataString);
    }
}
```

顾客获取信息后不会修改广播信号。

② 在清单文件中添加如下代码。

```
<receiver android:name = "com. example. DiscountBroadcast. ConsumerReceiver" >
    <intent - filter android:priority = "200" >
        <action android:name = "com. example. DiscountBroadcast. company"/>
    </intent - filter>
</receiver>
```

9）部署并运行代码，单击如图 8-5 所示的“总公司下达优惠力度”按钮，得到的 LogCat 如图 8-6 所示。可以看到广播信息按照优先级被广播接收者接收，高一级的广播接收者修改广播信息后，低级接收者只能接收到新的信息。

图 8-5　案例界面

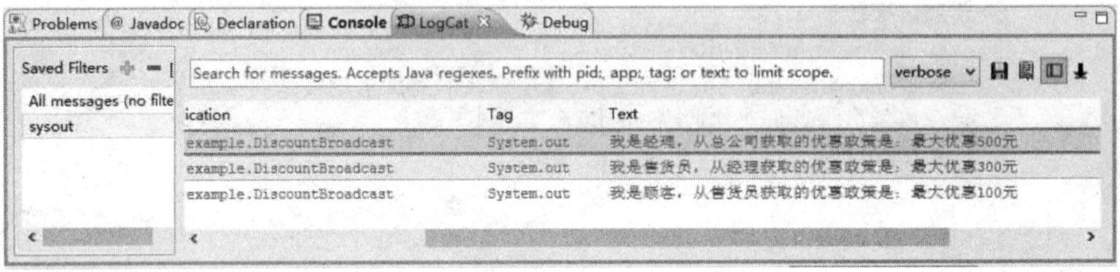

图 8-6　输出结果

10）广播的终止测试。在经理广播接收者中加入如下代码。

```
abortBroadcast();
```

运行程序，得到的结果如图 8-7 所示。可以看到广播信号在经理广播接收者处终止，不会被低优先级的接收者接收。

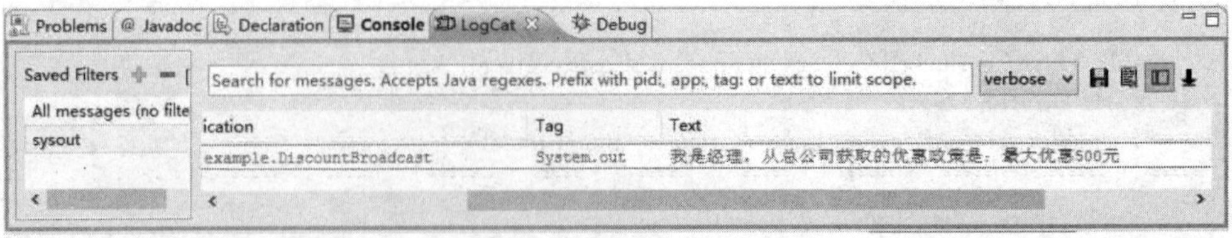

图 8-7　终止广播

11）越过广播终止的机制。在经理广播接收者中加入如下代码。

```
abortBroadcast( );
```

在主活动中的发送有序广播 sendOrderedBroadcast（）方法的第三个参数指定顾客广播接收者，代码如下。

```
sendOrderedBroadcast( intent, " com. example. DiscountBroadcast. discount", new ConsumerReceiver
( ),null, 0, "最大优惠 500 元", null);
```

运行程序，结果如图 8-8 所示。由此可见，不论广播是否被终止，被指定的广播接收者都会收到最近被成功修改的数据，直接忽略了终止广播。

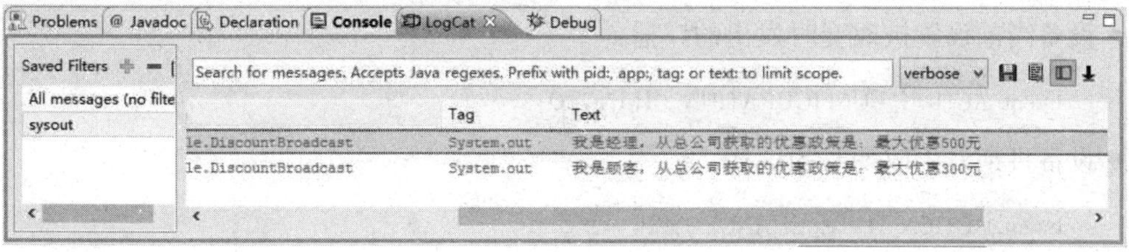

图 8-8　指定接收者

8.4　预定义广播接收者

Android 系统配有大量的预定义广播接收者，大大降低了开发人员的工作难度。本节主要介绍常用的内容接收者和几种比较典型的应用案例。

8.4.1　系统常用的广播接收者

Android 除了可以接收用户自定义发送的广播之外，BroadcastReceiver 还有一个重要的用途就是接收系统广播。Android 中存在大量的系统事件，如电池电量低、接收到短信等都会对外发送广播，以方便应用程序在需要时通过监听系统广播，来实现在系统的特定时刻执行某些操作，以完成相应的功能。

系统中常用的广播接收者及其意图过滤器动作名称如下。

- 接收到短信时的广播：

```
android. provider. Telephony. SMS_RECEIVED
```

- 关闭或打开飞行模式时的广播：

```
Intent. ACTION_AIRPLANE_MODE_CHANGED;
```

- 充电状态或者电池电量发生变化的广播：

```
Intent. ACTION_BATTERY_CHANGED;
```

注意：电池的充电状态、电荷级别改变，不能通过静态注册广播接收者，只有通过 Context. registerReceiver( )注册。

- 电池电量低的广播：

```
Intent.ACTION_BATTERY_LOW;
```

- 电池电量充足的广播，即从电池电量低变化到饱满时会发出广播：

```
Intent.ACTION_BATTERY_OKAY;
```

- 在系统启动完成的广播，这个动作只被广播一次：

```
Intent.ACTION_BOOT_COMPLETED;
```

- 按下拍照按键（硬件按键）时发出的广播：

```
Intent.ACTION_CAMERA_BUTTON;
```

- 设备当前设置被改变时发出的广播：

```
Intent.ACTION_CONFIGURATION_CHANGED;
```

- 设备日期发生改变时的广播：

```
Intent.ACTION_DATE_CHANGED;
```

- 设备内存不足时发出的广播：

```
Intent.ACTION_DEVICE_STORAGE_LOW;
```

- 设备内存从不足到充足时发出的广播：

```
Intent.ACTION_DEVICE_STORAGE_OK;
```

- APP 移动至 SD 卡完成之后发出的广播：

```
Intent.ACTION_EXTERNAL_APPLICATIONS_AVAILABLE;
```

- 正在移动 APP 至 SD 卡时发出的广播：

```
Intent.ACTION_EXTERNAL_APPLICATIONS_UNAVAILABLE;
```

- 未正确移除 SD 卡，但已把 SD 卡取出来时发出的广播：

```
Intent.ACTION_MEDIA_BAD_REMOVAL;
```

- 按下“Media Button”按键时发出的广播：

```
Intent.ACTION_MEDIA_BUTTON;
```

- 插入外部储存装置的广播：

```
Intent.ACTION_MEDIA_CHECKING;
```

- 已拔掉外部大容量存储设备发出的广播：

```
Intent.ACTION_MEDIA_EJECT;
```

- 新的外拨电话的广播：

```
Intent.ACTION_NEW_OUTGOING_CALL;
```

- 成功地安装 APK 之后的广播：

```
Intent.ACTION_PACKAGE_ADDED;
```

- 应用程序包已经改变的广播：

```
Intent.ACTION_PACKAGE_CHANGED;
```

- 清除一个应用程序的数据时发出的广播：

```
Intent.ACTION_PACKAGE_DATA_CLEARED;
```

- 触发一个下载并且完成安装时发出的广播：

```
Intent.ACTION_PACKAGE_INSTALL;
```

- 成功地删除某个 APK 之后发出的广播：

```
Intent.ACTION_PACKAGE_REMOVED;
```

- 替换一个现有的安装包时发出的广播：

```
Intent.ACTION_PACKAGE_REPLACED;
```

- 插上外部电源时发出的广播：

```
Intent.ACTION_POWER_CONNECTED;
```

- 已断开外部电源连接时发出的广播：

```
Intent.ACTION_POWER_DISCONNECTED;
```

- 重启设备时的广播：

```
Intent.ACTION_REBOOT;
```

- 屏幕被关闭之后的广播：

```
Intent.ACTION_SCREEN_OFF;
```

- 屏幕被打开之后的广播：

```
Intent.ACTION_SCREEN_ON;
```

- 关闭系统时发出的广播：

```
Intent.ACTION_SHUTDOWN;
```

8.4.2 案例——IP 拨号器

IP 拨号器就是利用系统拨号时的广播信号，通过建立新的广播接收者接收到拨号的电话号码，并在前面加上预订的 IP 电话号码。该广播信号为系统预定义的广播，意图过滤器的 Action 名称为“android.intent.action.NEW_OUTGOING_CALL”。具体的实现步骤如下。

1）新建一个名称为“IP 拨号器”、包名为“com.example.ipDial”的项目。

2）设计 UI 界面。本案例主要是利用广播接收者修改拨号的数据，界面并不是很复杂，只需要提供保存拨号的前缀信息（IP 号码）功能即可。

```
<EditText
    android:id="@+id/et_ipnumber"
    android:layout_width="fill_parent"
    android:layout_height="wrap_content"
    android:text="请输入 IP 号码" />
<Button
    android:layout_width="fill_parent"
    android:layout_height="wrap_content"
    android:onClick="click"
    android:text="设置 IP 号码"/>
```

运行后的界面如图 8-9 所示。本项目的功能就是在文本框中输入 IP 号码并单击下方的按钮，就会将该号码存储在本地。在电话外拨的广播接收者收到外拨广播后，自动读取该 IP 号码并将其加载到所拨号码的前方，实现 IP 拨号功能。

图 8-9　案例界面

3）编写“设置 IP 号码”单击事件响应代码。由于 IP 号码比较简单且数据量小，因此这里使用 SharedPreferences 方式存储 IP 号码。代码如下。

① 声明需要的私有成员，包括控件的引用和 SharedPreferences 对象。

```
private EditText et_ipnum;
private SharedPreferences sPreferences;
…
et_ipnum = (EditText) findViewById(R.id.et_ipnum);
```

② 编写按钮单击事件响应代码。

```
public void click(View view) {
    Editor editor = sPreferences.edit();
    //获取输入的 IP 号码
    String ipnumString = et_ipnum.getText().toString().trim();
    editor.putString("ipnum", ipnumString);
    editor.commit();
    Toast.makeText(this, "IP 号码" + ipnumString + "设置成功", 1).show();
}
```

上述代码将输入的 IP 号码自动存储在 IPNUM.xml 文件中。

③ 在 onCreate()方法中自动读取保存的 IP 号码，并显示 EditText 中。

```
sPreferences = getSharedPreferences("IPNUM", MODE_PRIVATE);
et_ipnum.setText(sPreferences.getString("ipnum", ""));
```

4）编写外拨电话的广播接收者，其功能就是修改外拨电话的号码。新建继承 BroadcastReceiver 的类，重写 onReceive()方法。

```
public class IPDialReceiver extends BroadcastReceiver {

@Override
public void onReceive(Context context, Intent intent) {
```

```
            String numString = getResultData( ) ;                              // 获取广播数据,即外拨号码
            String ipnumString;
            SharedPreferences sPreferences = context. getSharedPreferences( " IPNUM" ,
            Context. MODE_PRIVATE) ;
            ipnumString = sPreferences. getString( " ipnum" , " " ) ;          //获取 IP 号码
            if ( numString. indexOf( ipnumString) !  =0) {                     //防止重复加载 IP 号码
                    numString = ipnumString + numString;
                    setResultData( numString) ;
            }
            System. out. println( " 外拨号码为" + numString) ;
            }
    }
```

注意，在上述代码中需要加入防止重复加拨 IP 号码的代码，否则从拨号记录中选择带有 IP 号码的记录拨号后，会重复加载该 IP 号码，致使代码错误。getResultData( )方法获取拨号广播的数据（即外拨号码），setResultData( )方法将带有的 IP 号码传递给下一级的接收者，即拨号应用。

5）在清单中注册使用外拨电话的广播接收者，代码如下。

```
< receiver android:name = " com. example. ipDial. IPDialReceiver" >
    < intent – filter  >
        < action android:name = " android. intent. action. NEW_OUTGOING_CALL"/ >
    </intent – filter >
</receiver >
```

6）外拨电话信息属于私有数据，需要增加权限：

```
< uses – permission android:name = " android. permission. PROCESS_OUTGOING_CALLS"  / >
```

7）部署并运行代码。在文本框中输入“17911”，单击“设置 IP 号码”按钮，会弹出设置成功的提示，如图 8-10 所示。当回到拨号键盘界面，输入电话号码后，单击如图 8-11 所示的拨号按钮，会进入拨号界面，如图 8-12 所示。可以看到实际的外拨号码加入了我们设定的 IP 号码。挂断电话后，在拨号记录中重新拨出带有 IP 号码的记录，不会在前面增加 IP 号码。

图 8-10　保存 IP 号码

图 8-11　拨号键盘

图 8-12　IP 拨号

8.4.3 案例——短信拦截器

本案例以短信的广播接收者为基础实现短信拦截的功能。

1）新建一个，名称为“短信拦截器”、包名为“com. example. smsBlock”的项目。

2）由于短信的拦截只需要监听接收的短信广播，因此不需要界面交互。

3）编写短信的广播接收者，其功能就是获取外来短信号码，根据所屏蔽的号码来决定是否拦截。新建继承 BroadcastReceiver 的类，重写 onReceive( )方法。

```
public class smsBlockReceiver extends BroadcastReceiver {
    @ Override
    public void onReceive( Context context, Intent intent) {
        System. out. println( "外部短信到来" );
        //将短信的数据格式转成数组
        Object[ ] objs = ( Object[ ] ) intent. getExtras( ). get( "pdus" );
        for( Object obj : objs) {
            SmsMessage message = SmsMessage. createFromPdu( ( byte[ ] ) obj);
            String body = message. getMessageBody( );              //获取短信内容
            String sender = message. getOriginatingAddress( );      //获取发件人号码
            if( sender. equals( "10086" ) ) {
                abortBroadcast( );
            }
        }
    }
}
```

当系统收到短信时，会发出 Action 名称为“android. provier. Telephony. SMS_RECEIVED”的广播 Intent。该 Intent 存放了接收到的短信内容，使用名称“pdus”即可从 Intent 中获取短信内容。pdus 是一个 object 类型的数组，每一个 object 都是一个 byte［］字节数组，每一项为一条短信。获取发件人号码后，判断是否是拦截的号码，如果是则取消该广播，阻止短信的接收。

4）在清单文件中注册广播接收者。

```
<receiver android:name = "com. example. smsBlock. smsBlockReceiver" >
    <intent - filter android:priority = "1000" >
        <action android:name = "android. provider. Telephony. SMS_RECEIVED"/>
    </intent - filter>
</receiver>
```

这里要将本应用的广播接收者优先级设置为最大，这样才能在短信应用之前接收到并修改信息。注意，为了安全考虑，Google 自 Android 4. 2 之后取消了此意图过滤器。

5）读取短信广播需要设置权限。

```
<uses - permission android:name = "android. permission. RECEIVE_SMS" />
```

6）部署并运行代码。删除短信列表里所有关于“10086”的会话。在 DDMS 中以 10086 的名义发送短信（见图 8-13），可以看到短信应用中没有增加任何信息，如图 8-14 所示。

图 8-13　DDMS 向 AVD 发送短信

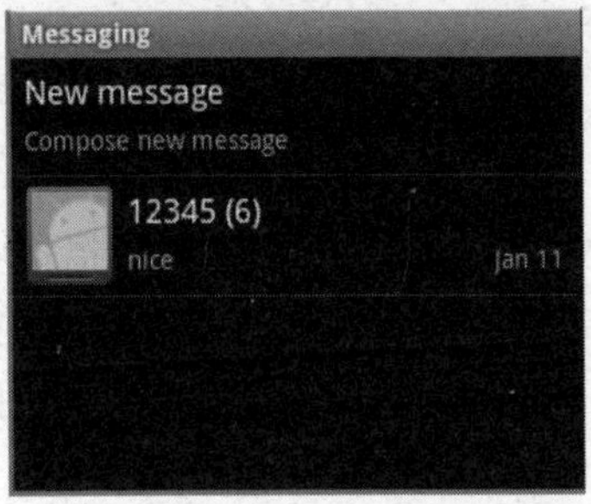

图 8-14　短信列表

用户对上述代码稍加修改，可以获取短信内容，实现短信窃听器的功能。

8.5　小结

本章详细地阐述了广播接收者的相关知识，首先介绍了广播接收者的创建与注册，接着介绍了广播接收者的种类，然后讲解了如何自定义广播以及广播的类型，最后以案例的形式讲解了两个常用的广播接收者。

8.6　实践与练习

1. 选择题

1）setResultData( )方法的作用是（　　）。

A. 修改广播接收者的数据

B. 修改数据并往下传递

C. 设置广播接收者的数据

D. 以上都不对

2）msBroadCastReceiver = new SmsBroadCastReceiver( )；IntentFilter intentFilter = new IntentFilter("android. provider. Telephony. SMS_RECEIVED")；BroadCastReceiverActivity. this. registerReceiver (smsBroadCastReceiver, intentFilter)；请阅读以上代码，下面说法不正确的是(　　)。

A. 以上代码是广播的动态注册过程，当程序退出后，这个广播接收器将不能接收到任何广播

B. 以上代码分别建立了一个广播接收器和一个意图过滤器

C. 以上代码是广播的动态注册过程，如果得到广播意图的 Action，则该接收器可以接收任何的广播

D. 以上代码是广播的注册过程，即使本程序退出后这个广播接收器仍能接收发送的广播

3）注册一个短信到来的广播事件需要在清单文件配置（　　）权限。

A. <uses-permission android:name = "android. permission. SMS"/>

B. <uses-permission android:name = "android. permission. SEND_SMS"/>

C. <uses-permission android:name="android.permission.RECEIVE_SMS"/>

D. <uses-permission android:name="android.permission.RECEIVE_SEND_SMS"/>

2. 填空题

1）Android 中定义广播接收者要继承________类。

2）________方法是发送有序广播。

3）代码注册广播需要调用________方法，解除广播需要调用________方法。

3. 简答题

1）简述注册广播接收者的两种方式。

2）简述如何发送自定义无序广播。

第9章　服　　务

在上一章中，锁频和解锁的广播接收者只能是动态注册，当程序退出后，广播接收者就会被销毁。如果某些程序想在后台监测屏幕的锁屏和解锁信号，则需要用到本章主要介绍的Android另一个组件——服务。本章要点如下。

- 服务的生命周期概念。
- 开启服务的两种方式。
- 远程服务的实现方法。

9.1　服务简介

作为Android的四大组件之一，服务的创建过程同样需要注册。本节主要介绍服务的特点以及如何创建一个有效的服务。

9.1.1　服务的概念

很多情况下，一些与用户很少需要产生交互的应用程序在后台运行就可以满足需求，而且在它们运行期间用户仍然能运行其他的应用。为了处理这种后台进程，Android引入了服务（Service）的概念。Service可以说是一个在后台运行的Activity，它不是一个单独的进程，它只需要应用告诉它要在后台做什么就可以了。它的应用十分广泛，尤其是在框架层，应用更多的是对系统服务的调用。

Service的特点如下。

- Service在Android中是一种长生命周期的组件，它不实现任何用户界面，是一个没有界面的Activity。
- Service长期在后台运行，执行不关乎界面的一些操作，如网易新闻APP的服务每隔1 min去服务查看是否有最新新闻。
- Service和Thread相似，但是使用Thread不安全。Service和其他组件一样，都是运行在主线程中，因此不能用它来做耗时的操作。

每个服务类必须在AndroidManifest.xml中注册。服务可以通过Context.startService()方法或者Context.bindService()方法开始工作。它和其他的应用对象一样，在它的宿主进程的主线程中运行。

9.1.2　服务的创建

服务的创建步骤与创建Activity类似。

1）需要继承Service的子类，默认生成代码如下。

```
public class MyService extends Service {
    public IBinder onBind(Intent arg0) {
        return null;
    }
}
```

2）由于服务是 Android 的四大组件之一，因此需要在清单文件中注册，具体代码如下。

```
<? xml version = "1.0" encoding = "utf-8"? >
<manifestxmlns:android = "http://schemas.android.com/apk/res/android"
    package = "com.example.servicetest"
    android:versionCode = "1"
    android:versionName = "1.0" >
    …
    <application
        android:allowBackup = "true"
        android:icon = "@drawable/ic_launcher"
            … >
    <!--在此注册服务信息-->
    <service android:name = "cn.itcast.servicetest.MyService"/>
    </application>
</manifest>
```

至此，服务创建成功。

9.1.3 案例——锁屏和解锁广播在服务中实现

在上一章中介绍了非常驻型的广播接收者，如屏幕锁屏和解锁广播接收者，当应用退出后，由于广播接收者没有在清单文件中注册，因此会需要注销。此时再进行锁屏或解锁就不会收到任何广播信息。如果需要该类的非常驻型广播能够在应用退出后继续有效，则必须将其注册在服务中。当应用退出后，服务的代码将会驻留在后台。具体步骤如下：

1）复制并粘贴项目“屏幕锁屏和解锁”，修改名称为“服务中的屏幕锁屏和解锁”，包名改为“com.example.screenReceiverService”。

2）为了在服务中执行注册广播代码，需要删除原主活动的相关代码。新建一个继承 Service 类 Myservice，重写其中的 onCreate()和 onDestroy()方法，代码与原主活动一致。

```
public class Myservice extends Service {
    private ScreenOn screen_on;
    private ScreenOff screen_off;
    @Override
    public IBinder onBind(Intent arg0) {
        // TODO Auto-generated method stub
        return null;
    }
    @Override
    public void onCreate() {
        screen_on = new ScreenOn();
        screen_off = new ScreenOff();
        registerReceiver(screen_off, new IntentFilter(
            "android.intent.action.SCREEN_OFF"));
```

```
        registerReceiver(screen_on, new IntentFilter(
            "android. intent. acti on. SCREEN_ON"));
        super. onCreate();
    }
    @Override
    public void onDestroy() {
        unregisterReceiver(screen_on);
        unregisterReceiver(screen_off);
        super. onDestroy();
    }
}
```

3）在配置清单中注册服务，代码如下。

```
<service android:name="com. example. screenReceiverService. Myservice" >
</service>
```

4）服务与活动类似，需要调用开启方法。在主活动 onCreate()方法中加入如下代码。

```
Intent intent = new Intent(this, Myservice. class);
startService(intent);
```

5）部署并运行代码，然后退出程序，仍可以在 DDMS 中看到该服务进程，如图 9-1 所示。当进行锁屏和解锁时，LogCat 便可看到输出如图 8-2 所示。在 DDMS 中结束该服务进程（单击“STOP”按钮），一段时间后该服务进程又会恢复，故始终可以在后台运行该服务的代码。

图 9-1　DDMS 设备进程列表

9.2　服务的生命周期

Service 生命周期可以从以下两种启动 Service 的模式开始讲起，分别是 context. startService()和 context. bindService()。

1）startService()方法启动模式下的生命周期：当首次使用 startService()方法启动一个服务时，系统会产生一个 Service 实例，依次调用其 onCreate()和 onStartCommand()方法，然后进入运行状态。此后，如果再使用 startService( )启动服务，则系统不再创建新的服务对象，自动找到刚才创建的 Service 实例，调用其 onStart( )方法；如果要停掉一个服务，则可以使用 stopService( )方法，此时类中的 onDestroy( )方法会被调用。需要注意的是，不论使用了多少次 startService( )方法启动服务，只需一次 stopService( )方法即可停掉服务。

2）bindService( )方法启动模式下的生命周期：在这种模式下，当调用者首次使用 bindService( )绑定一个服务时，系统会产生一个 Service 实例，并依次调用其 onCreate( )方法和 onBind( )方法。之后，调用者便可以和服务进行交互。此后，如果再次使用 bindService( )绑定服务，则系统不会创建新的 Service 实例，也不会再调用 onBind( )方法。如果需要解除与这个服务的绑定，则可以使用 unbindService( )方法，此时该类的 onUnbind( )方法和 onDestroy( )方法会被调用。

这两种模式的不同之处如下：startService 模式下调用者与服务无必然联系，即使调用者结束了自己的生命周期，只要没有使用 stopService( )方法停止该服务，服务仍会运行。通常情况下，bindService 模式下服务是与调用者生死与共的，在绑定结束之后，一旦调用者被销毁，服务也就立即终止。

需要注意的是，在使用 startService( )方法启动服务时习惯重写 onStart( )方法，但是在 Android 2.0时系统引进了 onStartCommand( )方法取代 onStart( )方法，为了兼容以前的程序，在 onStartCommand( )方法中其实调用了 onStart( )方法。建议大家重写 onStartCommand( )方法。

Service 的生命周期所调用的方法如图 9-2 所示。

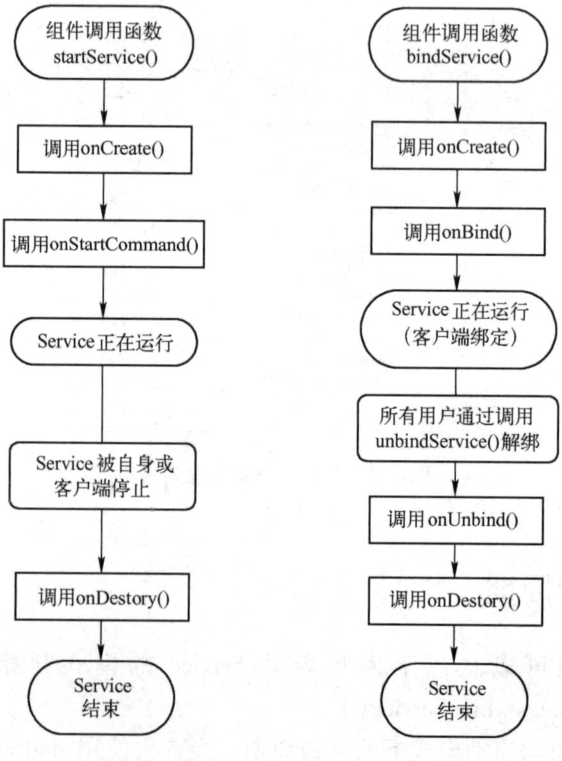

图 9-2　Service 的生命周期所调用的方法

9.3　开启服务的两种方式

服务的开启方式有以下两种：标准方式和绑定方式。本节将通过案例介绍这两种方式的特点、开启的步骤及区别。

9.3.1　标准方式开启和关闭服务

服务的开启方式有 startService( )方法和 bindService( )方法两种方式，这两种方式也分别称为标准方式和绑定方式开启服务。下面就来介绍一下如何实现这两种开启方式。使用 startService( )方式开启和关闭服务的具体代码如下：

```
Intent intent = new Intent(this,StartService.class);          //指定开启的服务意图
Context.startService(intent);                                   //开启服务
…
Intent intent = new Intent(this,StartService.class);
Context.stopService(intent);                                    //关闭服务
```

为了能够成功开启服务，需要在清单文件中注册该服务。

startService( )方法可以直接开启服务，服务一旦启动跟调用者没有任何关系。也就是说，调用者 Activity 退出后，服务还是继续运行。在这种方式下，调用者 Activity 无法访问服务里面的方法。

9.3.2　案例——标准方式开启服务

下面用一个简单的实例来介绍标准方式开启和关闭服务的过程，并熟悉服务的生命周期，步骤如下：

1）新建一个名称为“标准方式开启和关闭服务”、包名为“com.example.standardService”的项目。

2）设计 UI 界面。增加两个按钮分别用于开启和关闭服务。

```
<Button
        android:layout_width = "fill_parent"
        android:layout_height = "wrap_content"
        android:onClick = "start"
        android:text = "开启服务" />
<Button
        android:layout_width = "fill_parent"
        android:layout_height = "wrap_content"
        android:onClick = "stop"
        android:text = "关闭服务" />
```

程序运行后的界面如图 9-3 所示。

3）新建继承 Service 的类，在其生命周期各个方法中输出打印一些代码。

```
public void onCreate() {
    System.out.println("服务被创建了 onCreate");
    super.onCreate();
```

```
    }
    public void onDestroy() {
        System. out. println("服务被销毁了 onDestroy");
        super. onDestroy();
    }
    public int onStartCommand(Intent intent, int flags, int startId) {
        System. out. println("服务开启 onStartCommand ");
        return super. onStartCommand(intent, flags, startId);
    }
```

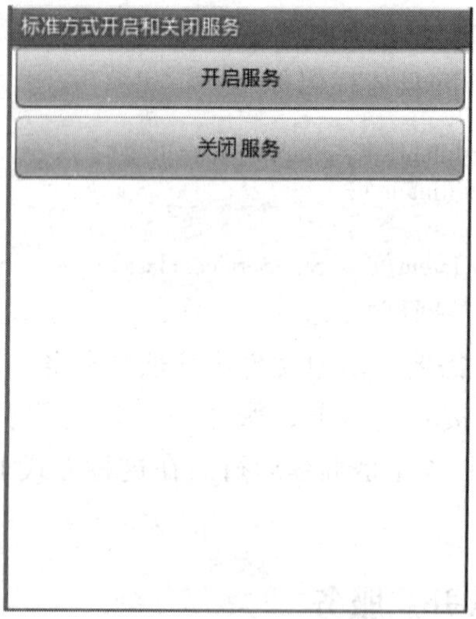

图 9-3　案例界面

4）设计按钮单击事件响应代码。

① 编写“开启服务”按钮单击事件响应代码。

```
public void start(View view) {
    Intent intent = new Intent(this,MyService. class);
    startService(intent);
}
```

② 编写“关闭服务”按钮单击事件响应代码。

```
public void stop(View view) {
    Intent intent = new Intent(this,MyService. class);
    stopService(intent);
}
```

5）在清单中注册服务：

```
<service android:name = "com. example. standardService. MyService" > </service>
```

6）部署并运行代码。单击“开启服务”按钮，LogCat 中打印的日志如图 9-4 所示，onCreate()方法和 onStartCommand()方法被调用。再次单击该按钮，仅 onStartCommand()方法被调用。单击“关闭服务”按钮，onDestroy()方法被调用，如图 9-5 所示。

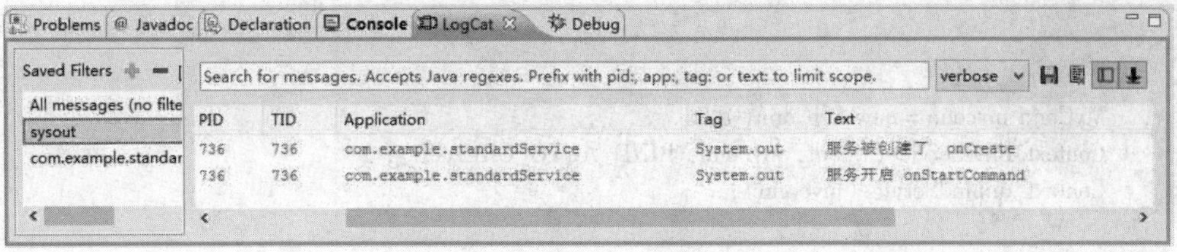

图 9-4　开启服务

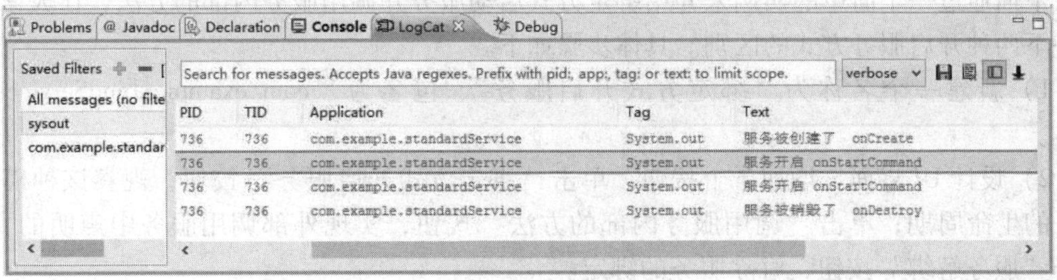

图 9-5　关闭服务

9.3.3　绑定方式开启和关闭服务

利用 bindService( )方法绑定开启服务，服务和调用者通过 onbind( )方法建立联系。只要调用者 Activity 关闭，其绑定开启的服务也会关闭。在该方式下，调用者 Activity 可以调用服务里面的方法。

在客户端绑定一个服务的方法如下。

1）实现 ServiceConnection 抽象类。该类的实现必须重写以下两个回调方法。

- **onServiceConnected( )**：Android 系统会调用这个方法来发送由服务的 onBind( )方法返回的 IBinder 对象。
- **onServiceDisconnected( )**：Android 系统会在连接的服务突然丢失时调用这个方法，如服务崩溃时或被杀死时。在客户端解除服务绑定时不会调用这个方法。

2）调用 bindService( )方法来传递 ServiceConnection 类的实现。

3）当系统调用 onServiceConnected( )回调方法时，可以使用接口中定义的方法来调用服务。

4）调用 unbindService( )方法断开与服务的连接。

当客户端销毁时，它将与服务端解绑，但是当完成与服务端的交互或 Activity 暂停时，开发人员应该主动地与服务端解绑，以便服务能够在不使用时关掉。

下面通过一段示例代码来学习使用 bindService( )和 unbindService( )方法开启、关闭服务，具体代码如下：

```
Intent intent = new Intent(this,MyService.class);
private class MyConn implements ServiceConnection {
    public void onServiceConnected(ComponentName name, IBinder service) {
        MyBinder myBinder = (MyBinder) service;
    }
    public void onServiceDisconnected(ComponentName name) {
```

```
    }
}
MyConn myconn = new MyConn();
Context.bindService(intent, myconn, BIND_AUTO_CREATE);
Context.unbindService(myconn);
```

9.3.4 案例——绑定方式调用服务内部方法

下面通过一个简单的实例来介绍绑定方式启动服务并调用服务内部的方法，让大家来体会一下两种开启服务方式的区别。具体步骤如下。

1）新建一个名称为“绑定方式开启服务”、包名为“com.example.bindService”的项目。

2）设计UI界面。增加3个按钮，单击“绑定方式开启服务”按钮，观察该种模式下服务的生命周期；单击“调用服务内部的方法”按钮，实现外部调用服务中声明的方法；单击“服务解绑”按钮，解除服务的绑定。

```
<Button
        android:layout_width = "match_parent"
        android:layout_height = "wrap_content"
        android:onClick = "bind"
        android:text = "绑定方式开启服务" />
<Button
        android:layout_width = "match_parent"
        android:layout_height = "wrap_content"
        android:onClick = "call"
        android:text = "调用服务内部的方法" />
<Button
        android:layout_width = "match_parent"
        android:layout_height = "wrap_content"
        android:onClick = "unbind"
        android:text = "服务解绑" />
```

运行程序后的界面如图9-6所示。

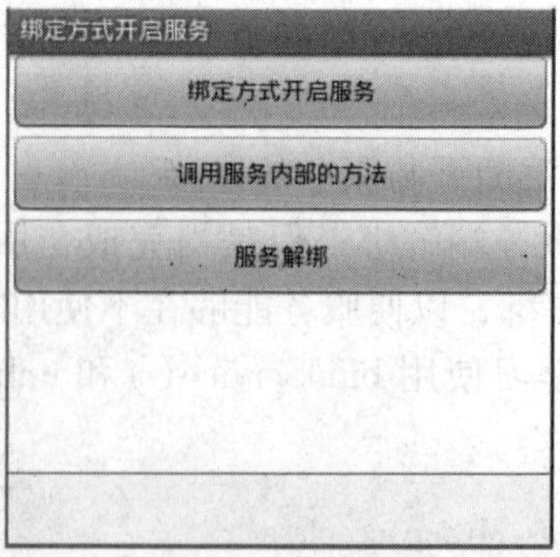

图9-6　案例界面

3）新建服务子类MyService，添加生命周期的各个方法，并在各个方法中打印相关标识文字。

```
public class MyService extends Service {
    @ Override
    public IBinder onBind(Intent arg0) {
        System. out. println("服务被绑定");
        return null;
    }
    @ Override
    public int onStartCommand(Intent intent, int flags, int startId) {
        System. out. println("服务被开启");
        return super. onStartCommand(intent, flags, startId);
    }
    @ Override
    public boolean onUnbind(Intent intent) {
        System. out. println("服务被解绑");
        return super. onUnbind(intent);
    }
    @ Override
    public void onCreate() {
        System. out. println("服务被创建");
        super. onCreate();
    }
    @ Override
    public void onDestroy() {
        System. out. println("服务被销毁");
        super. onDestroy();
    }
}
```

4）编写开启服务和解绑服务按钮的响应代码。

编写“绑定方式开启服务”按钮响应代码。

```
public void bind(View v) {
    Intent intent = new Intent(this, MyService. class);
    bindService(service, conn, flags);
}
```

在 bindService()方法中，可以看到有 3 个参数。第一个参数代表开启服务的 intent。第二个参数服务连接，它是一个接口类型，因此需要为它创建一个内部类，并实现接口中未实现的方法。第三个参数表示绑定选项，常用 Context. BIND_AUTO_CREATE 表明只要绑定存在，就自动建立 Service。

下面在主活动内部创建并实现 ServiceConnection 的类。

```
private class MyConn implements ServiceConnection {
    @ Override
    public void onServiceConnected(ComponentName name, IBinder service) {
        System. out. println("服务被成功绑定");
    }
    /**
     * 当服务突然异常终止时调用,一般不用
     */
    @ Override
```

```
        public void onServiceDisconnected( ComponentName name) {
            System. out. println("服务失去绑定");
        }
    }
```

其中，onServiceConnected( )为服务被成功绑定时执行的方法，onServiceDisconnected( )为服务失去绑定（一般为异常终止）时调用的方法。

此时，将绑定服务的方法进行修改，代码如下。

```
private MyConn myConn;
…
myConn = new MyConn( );
…
bindService( intent, myConn, Context. BIND_AUTO_CREATE);}
```

编写“服务解绑”按钮单击事件响应代码，代码如下。

```
public void unbind( View v) {
    unbindService( myConn);
}
```

5）在清单文件中注册服务，代码如下。

```
<service android:name = "com. example. bindService. MyService" > </service >
```

6）部署并运行代码。分别单击“绑定方式开启服务”和“服务解绑”按钮，从图 9-7 可以看到 LogCat 中输出的内容有 4 个。当服务被绑定后，首先调用 onCreate( )方法，然后调用 onBind( )方法，不会调用 onstartCommand( )方法。当服务解绑后，先调用 onUnbind( )方法，然后调用 onDestory( )方法

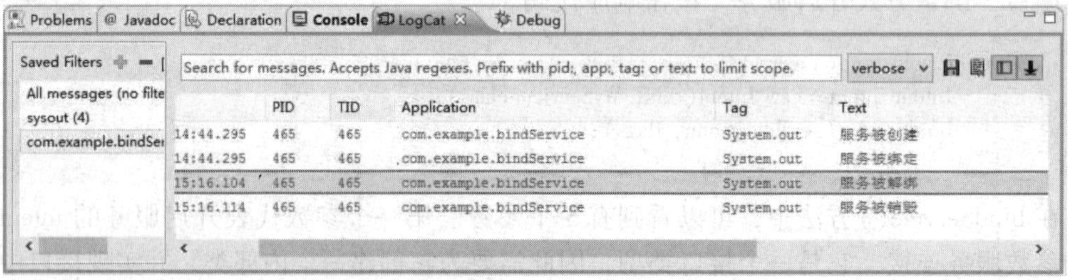

图 9-7　服务绑定和解绑

从图 9-7 中可以看出，虽然服务绑定成功，但是没有调用 onServiceConnected( )方法。这是因为在服务的类中 onBind( )方法返回的是 null，不是 IBinder（远程对象的基本接口）的对象。如果需执行，则在 onBind( )方法直接返回 return new Binder( )即可。运行后，单击“绑定方式开启服务”按钮，结果如图 9-8 所示。

7）实现“调用服务内部的方法”功能按钮。

① 在服务内部自声明方法：

```
public void methodInService( ) {
    System. out. println("执行服务内部的方法");
```

```
    }
```

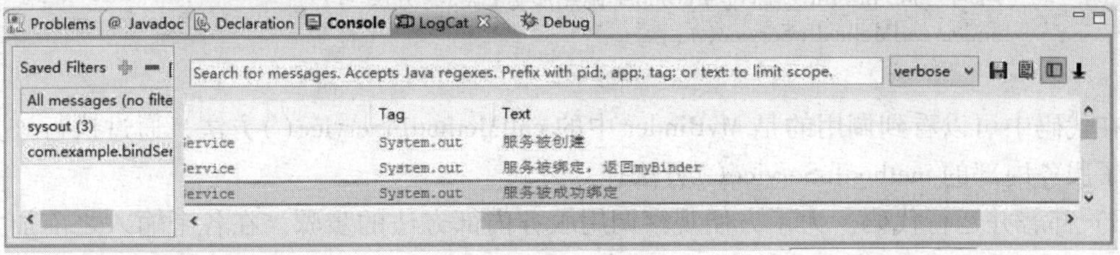

图 9-8　服务连接成功

② 若调用服务内的该方法，则必须借助服务的内部接口类型 IBinder 的实现类，在该类中声明一个方法来调用服务的 methodInService( )方法。在外部通过 IBinder 实现类的对象来间接调用该方法。注意，该方法为公有方法。

```
private  MyBinder myBinder;
public class MyBinder extends Binder{
    public void callMethodInService( ) {
        methodInService( );
    }
}
```

在上述代码中，IBinder 是一个接口类型，有许多未实现的方法，为了方便 Android 已经提供并实现了它的子类 Binder，直接对 Binder 继承。如果在其他活动或类中调用服务的 methodInService( )方法，则需要借助 myBinder 对象。

③ 为了在其他活动中借助 myBinder 调用服务内的方法，需要将该对象返回给调用者。该返回操作必须经过 onBind( )方法。因此，需要修改 onBind( )方法，代码如下。

```
public IBinder onBind(Intent arg0) {
    MyBinder mybinder = new MyBinder( );
    System.out.println("服务被绑定,返回 myBinder");
    return myBinder;
}
```

④ 返回的 myBinder 由主活动类的服务连接类中的 onServiceConnected( )方法接收，并传递给第二个参数。因此，为了在主活动连接上服务中的 myBinder，需要修改 onServiceConnected( )方法，代码如下。

```
private MyBinder binder;
public void onServiceConnected(ComponentName name, IBinder service) {
    System.out.println("服务被成功绑定");
    binder = (MyBinder) service;
}
```

上述代码中的 service 为 IBinder 对象，接收 onBind ( ) 方法的返回值。

⑤ 在主活动中编写“调用服务内部的方法”按钮单击事件响应代码。该代码中实现了借助 MyBinder 对象调用服务内部的方法。

```
        public void call(View v) {
            System.out.println("通过 MyBinder 调用服务内部的方法");
            binder.callMethodInService();
        }
```

在代码中可以看到调用的是 MyBinder 中的 callMethodInService()方法，通过执行该方法调用了服务内部的 methodInService()方法。

8）部署并运行代码。为了方便观察调用服务内部方法的步骤，在各个输入之前加上顺序编号，读者可参考源代码。单击“绑定方式开启服务”按钮，实现了服务的创建、绑定，并将 MyBinder 对象返回给主活动，如图 9-9 所示。此时单击“调用服务内部的方法”按钮，就可以借助 MyBinder 对象间接调用服务内部的方法，结果如图 9-10 所示。

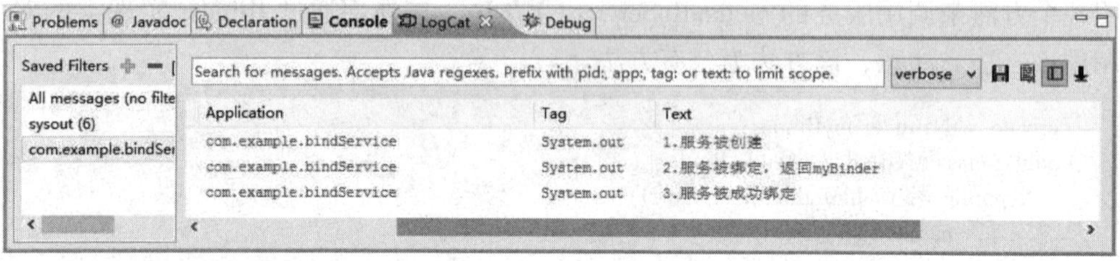

图 9-9　服务绑定成功

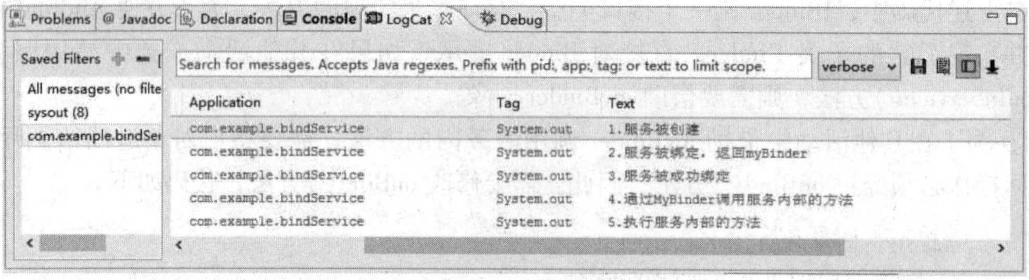

图 9-10　调用服务内部的方法

9.4　本地服务和远程服务

与 Activity 隐式跳转类似，隐式方式主要开启外部应用创建的服务。为了区别，外部应用创建的服务称为远程服务，本应用创建的服务称为本地服务。本节主要介绍这两种服务的区别以及远程服务的使用方法。

9.4.1　本地服务和远程服务的概念

服务有本地服务（Local Service）和远程服务（Remote Sercie）两种类型。

1）本地服务适用于应用程序内部，主要用于实现应用程序自己的一些耗时任务。例如，查询升级信息，并不占用应用程序所属线程，而是单开线程后台执行，这样用户体验较好。服务可以调用 Context.startService()方法启动，调用 Context.stopService()方法结束。在内部可以调用 Service.stopSelf()或 Service.stopSelfResult()方法自己停止。

在进行本地服务通信时，可以使用 Service 类提供的 IBinder onBind（Intent intent）方法。该方法返回的 IBinder 对象会作为参数传递给 ServiceConnection 类中 onServiceConnected（ComponentName name，IBinder service）方法，这样访问者就可以通过 IBinder 对象与 Service 进行通信。

2）远程服务适用于 Android 系统内部的应用程序之间。可被其他应用程序复用（如天气预报服务），其他应用程序如需调用相关方法，不需要再次编写同样的服务，在外部调用已有的方法即可。远程服务可以定义接口并把接口暴露出来，以便其他应用进行操作。客户端通过 Context. bindService( )方法建立到服务对象的连接并启动，调用 Context. unbindService( )方法关闭连接。多个客户端可以绑定至同一个服务。

远程服务通信是通过 AIDL（Android Interface Definition Language）实现的，它是一种接口定义语言（Interface Definition Language），其语法格式非常简单，与 Java 中定义接口很相似。例如：

```
packagecom. example. service;
interface IService{
        StringmyMethod( );
        intgetID( );
...
}
```

AIDL 接口定义完毕，在应用程序中创建 Service 的子类。该 Service 的 onBind( )方法所返回的 IBinder 对象应是 ADT 所生成的 IService. Stub 的子类。

本地服务与远程服务的对比见表 9-1。

表 9-1　本地服务与远程服务的对比

类　别	区　别	优　点	缺　点	应　用
本地服务	该服务依附在主进程上	在一定程度上节约了资源，不需要进程进行通信，也不需要 AIDL。相应 bindService( )编程方便	主进程被杀死后，服务便会终止	非常常见的应用，如音乐播放服务等
远程服务	该服务是独立的进程	对应进程名格式为所在包名加上指定的 android：process 字符串。在 Activity 所在进程被结束时，该服务依然在运行，不受其他进程影响，有利于为多个进程提供服务，有较高的灵活性	该服务是独立的进程，会占用一定资源，并且使用 AIDL 进行进程通信比较复杂	一些提供系统服务的 Service，这种 Service 是常驻的

9.4.2　案例——电话窃听器

下面通过一个电话窃听器的案例让大家加深对本地服务工作原理的理解。其功能是当电话接通后，自动录音并保存起来，实现通话录音的功能。由于窃听功能在前台不需要显示，只需在后台执行，因此需要在服务中实现。具体步骤如下。

1）新建一个名称为“电话窃听器”、包名为“com. example. phoneListener” 的项目。

2）程序在后台执行，不需要设计 UI 界面。

3）新建服务类 phoneListenerService，编写窃听电话录音代码。主要流程：监听电话状态，当电话铃响时准备录音，当电话接通时开始录音，当电话挂断时结束录音。在 onCreate( )方法中编写代码即可，注意私有成员的声明。

```
public void onCreate() {
    super.onCreate();
    //长期监听用户手机的电话状态
    tm = (TelephonyManager) this.getSystemService(Context.TELEPHONY_SERVICE);
    //设置监听器
    tm.listen(new MyListener(), PhoneStateListener.LISTEN_CALL_STATE);
}
```

上述代码中，首先获取电话的相关服务，在此服务下监听手机对象。TelephonyManager.listen()方法第一个参数是 PhoneStateListener 对象，即手机状态的监听器对象。第二个参数为监听的状态，这里使用监听用户呼叫的状态。由于代码中没有实现 PhoneStateListener 对象，因此需要声明继承它的子类，并重写 onCallStateChanged()方法。当通话状态发生变化时，自动回调该方法。

```
private class MyListener extends PhoneStateListener {
    @Override
    public void onCallStateChanged(int state, String incomingNumber) {
        //state 为返回的通话状态
        super.onCallStateChanged(state, incomingNumber);
        try {
            switch (state) {
            case TelephonyManager.CALL_STATE_IDLE:          // 空闲状态,此时没有通话
                System.out.println("空闲");
                if (mediaRecorder != null) {
                            //检查录音机是否开启,如果开启,则停止录音并保存音频文件
                    mediaRecorder.stop();
                    mediaRecorder.release();
                    mediaRecorder = null;
                }
                break;
            case TelephonyManager.CALL_STATE_RINGING:      // 响铃状态,有电话
                System.out.println("响铃");
                //准备录音机
                //(1)创建 android.media.MediaRecorder 实例
                mediaRecorder = new MediaRecorder();
                //(2)设置音频源,来自电话的 MIC,因此只能录本机的音频
                mediaRecorder.setAudioSource(MediaRecorder.AudioSource.MIC);
                //(3)设置音频文件的编码格式,模拟器只支持 default 格式
                mediaRecorder
                    .setOutputFormat(MediaRecorder.OutputFormat.DEFAULT);
                //(4)设置保存文件的路径
                mediaRecorder.setOutputFile("/sdcard/mycall.mp4");
                //(5)设置音频的编码方式,类似 mp3 有标清、高清等不同采样率
                mediaRecorder
                    .setAudioEncoder(MediaRecorder.AudioEncoder.AMR_NB);
                //(6)准备工作完毕,准备开始录音
                mediaRecorder.prepare();
                break;
```

```
                case TelephonyManager. CALL_STATE_OFFHOOK:          // 通话状态
                    System. out. println("通话中,开始录音");
                    //开始录音
                    mediaRecorder. start();
                    break;
                }
            } catch (Exception e) {
                e. printStackTrace();
            }
            System. out. println("电话的状态发生变化");
        }
    }
```

关于录音的操作流程在代码中已经注释，这里不再解释，感兴趣的读者可以参考 Android 开发的 API 文档。

4）在清单文件中注册服务。

```
<service android:name="com. example. phoneListener. phoneListenerService"></service>
```

5）添加获取电话状态权限。

```
<uses-permission android:name="android. permission. READ_PHONE_STATE"/>
```

6）使用 SD 卡、录音也需要相关权限。

```
<uses-permission android:name="android. permission. WRITE_EXTERNAL_STORAGE"/>
<uses-permission android:name="android. permission. RECORD_AUDIO"/>
```

7）项目启动时，在 onCreate()方法中启动服务。

```
Intent intent = new Intent(this,phoneListenerService. class);
startService(intent);
```

8）部署并运行代码。在 DDMS 中模拟 10086 来电，如图 9-11 所示。接通电话并对话，最后挂断电话，录音结束。LogCat 中的输出如图 9-12 所示，从 DDMS 中导出录音文件，可以在播放器中听到所录声音，本项目测试通过。

图 9-11　模拟来电

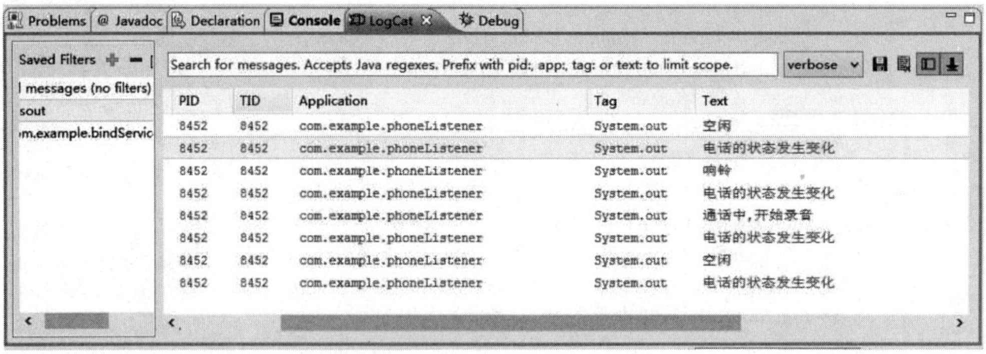

图 9-12　监听电话状态记录

9.4.3　案例——自定义远程服务

本节通过一个自定义的远程服务案例来介绍远程服务的工作原理和流程。本案例的功能是在另一个项目下调用其他项目中服务提供的方法。具体步骤如下：

1）复制并粘贴项目“绑定方式开启服务”，改名为“远程服务”，包名改为“com. example. remoteService”。项目已经对服务进行了代码编写，下面的工作需要实现如何在外部应用调用本服务的 callMethodInService( )方法。

2）远程服务的基础是接口抽取并暴露相关方法，因此首先要完成接口的抽取。

① 在项目包名下新建接口类 IService，加入需要暴露的被调用方法。

```
public interface IService {
    public void callMethodInService( );
}
```

② 修改 MyBinder 为私有，且增加实现了新的接口 IService。注意，可以在 MyBinder 中增加新的方法，如果这些方法不在 IService 中声明，就无法被调用。

```
private class MyBinder extends Binder implements IService{
    public void callMethodInService( ) {
        methodInService( );
    }
}
```

③ 修改主活动的 binder 成员变量类型，代码如下。

```
private IService binder;
...
binder = (IService) service;
```

以上就实现了接口的抽取过程。接口的抽取可以使得 MyBinder 中没有在接口中声明的方法不会暴露出来。本过程主要用于给大家讲解接口抽取的方法，实际上这段操作需要被移植在另一个项目中，用于调用外部应用的服务。

3）由于在其他项目中访问本项目的服务需要 Intent，因此显式意图并不适用，需要使用隐式意图，在清单文件中添加意图过滤器。

```
<service android:name = "com.example.remoteService.MyService" >
    <intent - filter >
        <action android:name = "com.example.remote"/>
    </intent - filter>
    </service>
```

4）修改服务的相关输出代码。在原来输出的文字中增加“远程”二字。例如：

```
public void onCreate() {
    System.out.println("1. 远程服务被创建");
    super.onCreate();
}
```

5）因为不需要交互操作，所以可以删除原有项目的 UI 界面相关代码。

6）新建一个名称为“调用远程服务的方法”、包名为“com.example.callRemoteService”的项目。本项目用于调用原项目服务的 callMethodInService()方法。

7）设计 UI 界面。布局与本地服务一致，修改标题即可，效果如图 9-13 所示。

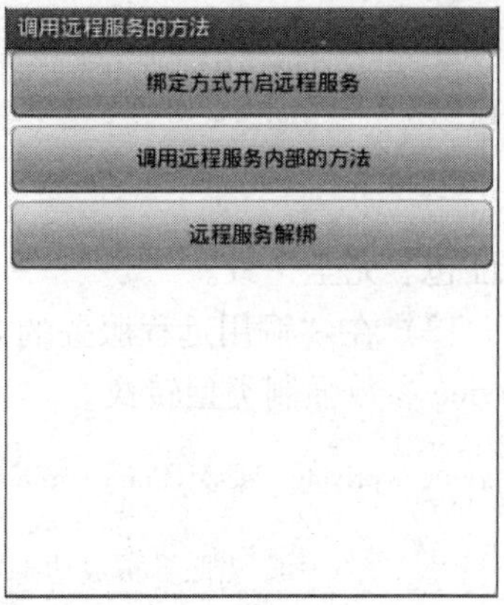

图 9-13　案例界面

8）将“远程服务”项目的主活动代码移植到“远程调用服务的方法”项目主活动中，并删除原有的代码。细节修改如下：

① 服务的开启方式必须使用隐式意图。

```
Intent intent = new Intent();
intent.setAction("com.example.remote");
bindService(intent, new MyConn(), Context.BIND_AUTO_CREATE);
```

② 在相关打印输出处增加“远程”二字。

9）修改“远程服务”项目的接口。将 IService.java 改成 IService.aidl，并删除掉相关的关键字 public、private 等。

```
interface IService {
    void callMethodInService();
}
```

操作成功后，则在项目 gen 目录下会多出一个名为 IService.java 的文件。打开该文件，可以看出 IService 接口下有一个 Stub 的抽象类继承了 android.os.Binder，并实现了 com.example.remoteService.IService 接口，如图 9-14 所示。因此，在 MyBinder 定义时只需继承 IService.Stub 即可。

10）修改远程服务的内部 Binder 继承方式。

```
private class MyBinder extends IService.Stub{
    …
}
```

11）将“远程服务”项目的 aidl 文件复制到“调用远程服务的方法”项目中，这里要

图 9-14　IService. java 文件

保证包名完全一致。

12）在“调用远程服务的方法”项目里，绑定开启服务时 MyConn 的实现类中将获取的 service 参数强制类型转换。

```
private classMyConn implements ServiceConnection {
    /**
     * 当服务被成功绑定时执行的方法
     */
    @Override
    public void onServiceConnected(ComponentName name, IBinder service) {
        System.out.println("3. 远程服务被成功绑定");
        binder = com.example.remoteService.IService.Stub.asInterface(service);
    }
    /**
     * 当服务失去绑定时调用的方法。当服务突然异常终止时，一般不用
     */
    @Override
    public void onServiceDisconnected(ComponentName name) {
        System.out.println("远程服务失去绑定");
    }
}
```

13）为调用方法捕获异常。

```
public void call(View v) {
    System.out.println("4. 通过 MyBinder 调用远程服务内部的方法");
    try {
        binder.callMethodInService();
    } catch (RemoteException e) {
        // TODO Auto-generated catch block
        e.printStackTrace();
    }
}
```

上述代码的 call()方法为“调用远程服务内部的方法”按钮的单击事件响应方法。

14）部署并运行“调用远程服务的方法”项目。单击“绑定方式开启远程服务”按钮，实现了服务的创建、绑定，并将 MyBinder 对象返回给主活动。此时单击“调用远程服务内部的方法”按钮，就可以借助 IServer 对象间接调用服务内部的方法。单击“远程服务解绑”按钮解除绑定并销毁服务。代码测试输出结果如图 9-15 所示。

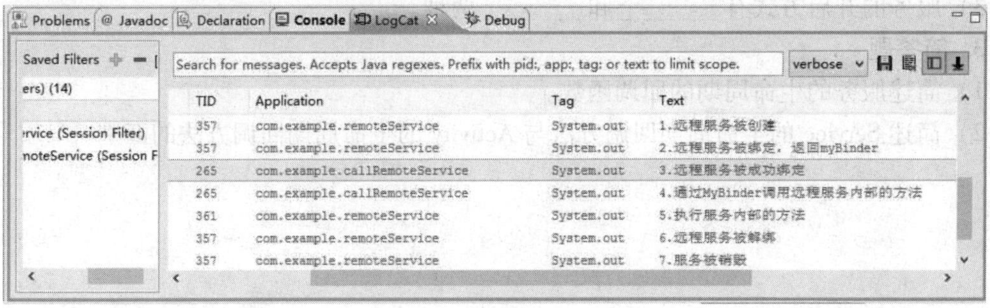

图 9-15　代码测试输出结果

9.5　小结

本章首先介绍了服务的基本概念及服务的创建方法，然后阐述了服务的生命周期以及开启服务的两种方式，并通过案例进行分析、讲解其原理，最后介绍了本地服务与远程服务的概念、创建方法及应用场景。读者应掌握服务的生命周期、服务的开启方法以及服务和 Activity 之间的通信。

9.6　实践与练习

1. 选择题

1）以下关于服务的生命周期的说法正确的是（　　）。

A. 服务的生命周期和 Activity 一样

B. 服务的创建会执行 onCreate()

C. 启动时的顺序为 onCreate()→onStart()→onResume()

D. 通过 startService 方式开启服务，首先会调用 onCreate() 和 onStart() 方法

2）把播放音乐的操作放到 Service 里，以下说法正确的是（　　）。

A. 可以提供运行效率

B. 播放音乐的操作必须放到服务里

C. 在 Service 里更安全

D. 放到服务里的目的是提升进程的优先级，不容易被系统回收

3）通过 bindService 方式开启服务，服务生命周期是（　　）。

A. onCreate()→onStart()→onBind()→onDestroy()

B. onCreate()→onBind()→onDestroy()

C. onCreate()→onBind()→onUnBind()→onDestroy()

D. onCreate( )→onStart( )→onBind( )→onUnBind( )→onDestroy( )

2. 填空题

1）采用________方法开启服务后，多次调用该方法，只会执行 onStart 方法。

2）通过 bindService 方式开启服务，服务被绑定成功后调用服务的________方法。

3）服务的开启方式有________和________两种。

3. 简答题

1）简述服务的生命周期的回调函数。

2）简述 Service 的生命周期回调方法与 Activity 的生命周期回调方法的区别。

第 10 章　网络编程与 Internet 应用

Android 的网络编程一般分为两种：一种是基于 Socket 的，另一种是基于 HTTP 的。在 Android 的网络通信中，通常会使用 Socket 进行设备间的数据通信，使用 HTTP 来对网络数据进行请求。在很多应用中，需要服务器端主动向客户端推送数据，保持客户端与服务器数据的实时与同步。此时若双方建立的是 Socket 连接，服务器就可以直接将数据传送给客户端；若双方建立的是 HTTP 连接，则服务器需要等到客户端发送一次请求后才能将数据传回给客户端。因此，客户端定时向服务器端发送连接请求，不仅可以保持在线，而且也是在“询问”服务器是否有新的数据，如果有就将数据传给客户端。在 Android 的应用中，还有些应用使用各种开源项目来实现网络通信，这些开源项目大多数是基于 HTTP 的。本章主要介绍基于 HTTP 的网络编程。本章要点如下：

- Android 中的线程和消息处理。
- HTTP 访问网络。
- 开源项目访问网络。
- 多线程网络编程。

10.1　网络编程基础

Android 的网络编程需要一定的网络环境，且实现时通常是在线程中完成的。本节主要介绍 HTTP 协议的基础概念、Android 中的线程和消息处理机制以及 Tomcat 网络开发环境的搭建。

10.1.1　HTTP 简介

随着智能手机和平板电脑等移动设备的迅速发展，现在的 Internet 已经不再是传统的有线互联网络，还包括移动互联网络。同有线互联网络一样，移动互联网络也可以使用 HTTP 访问网络。

HTTP（超文本传送协议）是 Web 联网的基础，也是手机联网常用的协议之一。HTTP 是建立在 TCP 之上的一种应用。

HTTP 连接最显著的特点是客户端发送的每次请求都需要服务器回送响应，在请求结束后，会主动释放连接。从建立连接到关闭连接的过程称为“一次连接”，其特点如下。

1）在 HTTP 1.0 中，客户端的每次请求都要求建立一次单独的连接，在处理完本次请求后，就自动释放连接。

2）在 HTTP 1.1 中则可以在一次连接中处理多个请求，并且多个请求可以重叠进行，不需要等待一个请求结束后再发送下一个请求。

由于 HTTP 在每次请求结束后都会主动释放连接，因此 HTTP 连接是一种“短连接”。要保持客户端程序的在线状态，需要不断地向服务器发起连接请求，通常的做法是即使不需要获得任何数据，客户端也保持每隔一段固定的时间向服务器发送一次“保持连接”的请求。服务器在收到该请求后对客户端进行回复，表明知道客户端“在线”。若服务器长时间无法收到客户端的请求，则认为客户端“下线”；若客户端长时间无法收到服务器的回复，则认为网络已经断开。

10.1.2 Android 中的线程与消息处理机制

为了减少用户的等待时间，在 Android 4.0 之后提供了消息处理机制的版本中，要求一些耗时的操作（如访问网络的操作等）只能在子线程中实现。Android 系统默认所有的操作只能在主线程中进行（一个活动就是一个主线程），主线程负责管理与 UI 相关的事件，而在用户自己创建的子线程中，不能对 UI 组件进行通信，因此 Android 提供了消息处理传递机制来解决这个问题。

1. 线程

在 Android 中有两种实现线程的方法：一种是扩展 java. lang. Thread 类；另一种是实现 Runnable 接口。

Thread 类的两个最主要的方法如下：

- run( )方法，其内部包含线程运行时所执行的代码。
- start( )方法，用于启动线程。

使用 Thread 类建立并实现线程操作的模板如下。

```
new Thread( ){
        public void run( ) {
            //这里写入子线程需要执行的代码
        };
}. start( );    //启动线程
```

2. Handler 消息处理机制

Google 参考了 Windows 的消息处理机制，在 Android 系统中实现了一套类似的消息处理机制——Handler 消息处理机制。Handler 机制主要包括以下 4 个关键对象。

（1）Message

Message（消息）可以理解为线程间通信的数据单元。例如，后台线程在处理数据完毕后需要更新 UI，则可发送一条包含更新信息的 Message 给 UI 线程。

（2）Message Queue

Message Queue（消息队列）用来存放通过 Handler 发布的消息，按照先进先出原则执行。

（3）Handler

Handler 是 Message 的主要处理者，负责将 Message 添加到消息队列以及对消息队列中的 Message 进行处理。可以通过构造 Handler 对象来与 Looper（循环器）进行沟通，以便 Push 新消息到 Message Queue 里；或者接收 Looper 从 Message Queue 取出来的消息。

（4）Looper

Looper（循环器）充当 Message Queue 和 Handler 之间桥梁的角色，循环取出 Message Queue 里面的 Message，并交付给相应的 Handler 进行处理。

下面简单介绍一下线程中的消息处理基本原理。每个线程都可以并仅可以拥有一个

Looper 实例，MessageQueue 在 Looper 的构造函数中被创建并且作为成员变量被保存，也就是说，MessageQueue 相对于线程是唯一的。Android 应用在启动时默认为主线程创建一个 Looper 实例，并借助相关的 Handler 和 Looper 里面的 MessageQueue 完成对 Activities、Services、Broadcase Receivers 等的管理。在子线程中，需要通过显式调用 Looper。

Handler 在创建时可以指定 Looper，这样通过 Handler 的 SendMessage( )方法发送出去的消息就会添加到指定 Looper 里面的 MessageQueue 里面去。在不指定 Looper 的情况下，Handler 绑定的是创建其线程的 Looper。如果这个线程的 Looper 不存在，则程序将抛出"Can't create handler inside thread that has not called Looper. prepare( )"异常。

线程中消息处理的完整流程如下。

1）在 UI 线程创建 Handler 对象。

2）封装 Message 对象（指定 Handler、回调函数和携带数据等）。

3）通过 Handler 的 SendMessage( )等类似方法将 Message 发送出去。

4）在 Handler 的处理方法 HandleMessage( )里将接收到的 Message 添加到 Handler 绑定 Looper 的 MessageQueue。

5）Looper 的 loop( )方法通过循环不断从 MessageQueue 里提取 Message 进行处理，并移除处理完毕的 Message。

6）通过调用 Message 绑定的 Handler 对象的 DispatchMessage( )方法完成对消息的处理。在 DispatchMessage( )方法中，如何处理 Message 则由用户指定。

线程中消息的处理过程如图 10-1 所示。图中实线箭头表示处理流程，虚线表示内容的引用。

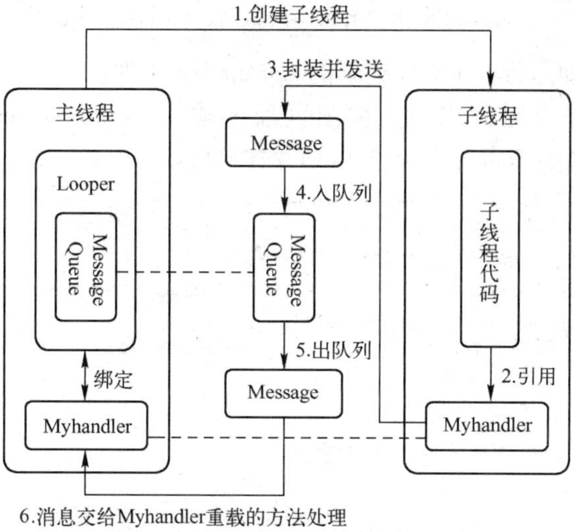

图 10-1　线程中消息的处理过程

实现子线程操作 UI 的代码模板如下。

```
//1. 在 UI 主线程中声明 Handler 消息处理器
private Handler handler = new Handler( ) {
    public void handleMessage( android. os. Message msg) {
        super. handleMessage( msg) ;
```

```
            //4. 接收 SendMessage ()发出的消息,并在此处理相应的操作,包括 UI 操作
        }
    };
    ...
    //新建子线程
    new Thread(){
        public void run() {
        try {
            //2. 封装 Message
            Message msg = new Message();
            //将需要的数据加入到 Message 中
            //3. 通过主线程的 Handler 对象发消息
            handler. sendMessage(msg);
        } catch (Exception e) {
            e. printStackTrace();
            }
        };
    }. start();
```

10.1.3 Tomcat 环境搭建

在使用 Android 编写网络代码时，经常需要服务器测试代码的运行情况，可以使用 Tomcat 来搭建服务器，具体步骤如下。

1）下载最新版本的 Tomcat，并解压到目标位置。例如：

```
D:\adt-bundle-windows-x86_64_20140101\apache-tomcat-7.0.54
```

2）启动 Tamcat，即运行 bin 文件夹下的 startup. bat 文件。

3）测试 Tomcat 是否运行成功。在浏览器中输入“http://localhost:8080”，显示如图 10-2所示的页面，说明 Tomcat 服务器启动并连接成功。

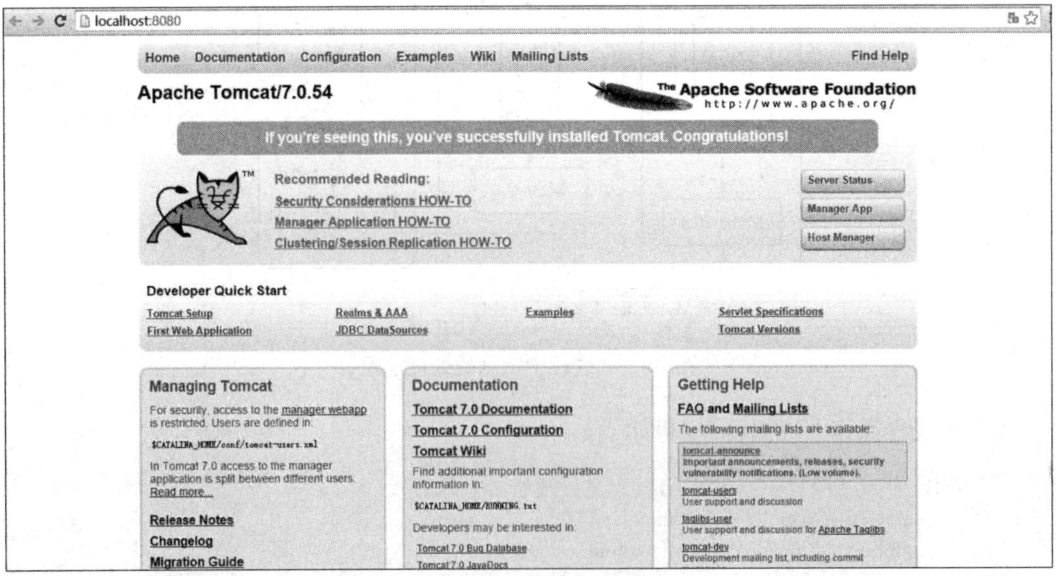

图 10-2　Tomcat 服务器搭建成功

注意，如果需要访问 tomcat root 目录（即 webapps 目录）下的资源，则直接使用 webapps 目录下的文件名访问即可。例如，输入网址 http://localhost:8080/tomcat. png，即可访问本地 Tomcat 的 webapps 目录下的 tomcat. png 图片，如图 10-3 所示。例如，输入网址 http://localhost:8080/manager/images/tomcat. gif，则浏览器会直接访问 webapps 下的/manager/images/tomcat. gif 的文件。

为了方便在 Eclipse 中直接启动 Tomcat，可以直接下载 Eclipse 的 Tomcat 插件，如 TomcatPluginV32. zip。将该文件解压之后直接放入 Eclipse 安装目录的 plugin 文件夹下面，然后重启 Eclipse，则在其工具栏中多 3 个图标（分别表示启动、停止和重启 Tomcat），如图 10-4 所示。

图 10-3　连接图片

图 10-4　Eclipse 的 Tomcat 插件工具栏

注意，Android 模拟器与本地计算机 Tomcat 服务器的连接不能依靠 localhost 主机名，即输入 http://localhost:8080/myProject/index. html 时不会成功打开本地计算机的某个页面。为什么呢？因为 Android 模拟器将它自身路径作为 localhost。也就是说，代码中使用 localhost 或者 127. 0. 0. 1 来访问，其实访问的是模拟器自身。如果要模拟器访问本地 PC 的内容，那么就需要使用 Android 内置的 IP（10. 0. 2. 2）。10. 0. 2. 2 是模拟器设置的特定 IP，对应本地 PC 别名。在模拟器上连接 Tomcat 服务器根目录里的文件必须使用路径“http://10. 0. 2. 2:8080/文件名”。

10. 2　通过 HTTP 访问网络

在 Android 中，较为常见的 HTTP 编程有以下两种方式：HttpURLConnection 和 HttpClient。本节主要介绍这两种编程方式的实现方法。

10. 2. 1　向服务器请求和提交数据的方式

在介绍 HTTP 网络编程前，先简单介绍一下 HTTP 中的两种不同请求方式：GET 和 POST。GET 方式在进行数据请求时，会把数据附加到 URL 中传递给服务器，如常见的路径：“http://×××. ×××. ×××/××. aspx? id=1”，包含的数据为“id=1”。POST 方式则是将请求的数据放到 HTTP 请求头中，作为请求头的一部分传入服务器。所以，在进行 HTTP 编程前，首先要明确使用哪种方式进行数据请求。本节主要介绍 HTTP 的两种请求方式。

1. GET 方式请求和提交数据

在默认情况下，HTTP 对网络资源的请求使用的是 GET 方式，所以当使用 GET 方式时，不需要做太多的工作。GET 访问网络的步骤如下。

- 创建 URL 对像。
- 利用 HTTP 连接对象同 URL 对应的网络建立连接。
- 设置连接方式。
- 设置连接参数（可省略）。
- 获取服务器端响应代码并判断。其中，响应代码的值为 200 表示连接成功，404 表示找不到资源，503 表示服务器内部错误。
- 得到网络返回的输入流。如果连接成功，则网页将会以流的形式传递回来。
- 处理数据，根据需求编写相应代码。
- 处理结束断开链接。

当以 GET 方式提交数据到服务器时，必须使用组拼 URL 路径的方式。例如，当 URL 路径为 "http://localhost:8080/web/LoginServlet? username = 10086&password = abcdef" 时，其实是将 username 和 password 信息组拼在访问网页的 URL 后。当服务器收到该 URL 的请求后，需要自动调用其服务器响应页面 LoginServlet 的 doGet()方法，因此需要在此方法中编写解析参数代码：

```
String username = request. getParameter("username");
String password = request. getParameter("password");
```

通过上述代码可以从请求的 URL 中解析出 username 值为 "10086" 和 password 值为 "abcdef" 的数据，实现了 GET 方式提交数据。

尽管 GET 方式实现简单，但也存在明显的缺点，如组拼的 URL 的方式不安全，对数据的长度有限制。HTTP 规范 URL 最大长度为 4 KB，Windows 浏览器地址长度最大为 1 KB。

2. POST 方式请求和提交数据

在使用 POST 方式访问网络时，其操作流程和 GET 方式类似，不同点在于：

- POST 请求不能使用缓存。
- 设置请求方式为 POST。
- 必须设置请求类型。
- 必须设置请求的数据。
- 必须设置请求数据长度。
- 必须设置允许输出，并要将数据以流的方式交给服务器。

相比较 GET 方式，POST 方式的优点如下：具有较强的安全性，且提交数据的长度没有限制。其缺点也比较明显：规则较多，编写不便。

在使用这两种方式访问网络时，要注意以下几点。

- 尽量设置连接超时。如果网络不稳定，则 Android 系统在超过默认时间会收回资源中断操作。
- 对大文件进行操作时，要将文件写到 SDCard 上，不要直接写到手机内存上。操作大文件时，边从网络上读数据，边向 SDCard 写数据，以减少手机内存的使用。
- 对文件流操作完毕后，要及时关闭连接。
- Android 访问网络时需要增加权限："android. permission. INTERNET"。

10.2.2 HttpURLConnection 方式访问网络

HttpURLConnection 方式是基于 HTTP 的标准 Java 接口，可以实现基于 URL 请求、响应功能。如前所述，在此方式下请求，响应的方法有 GET 和 POST 两种。下面给出使用 HttpURLConnectiont 访问网络的核心代码。

1. GET 方式访问网络的核心代码

```
URL url = new URL(path);                    //其中,path 为 URL 字符串,可加入提交的数据
HttpURLConnection conn = (HttpURLConnection) url.openConnection();
conn.setRequestMethod("GET");               //必须使用大写字母
设置连接参数,具体方法及含义见表 10-1。
if(conn.getResponseCode() ==200){           //连接成功
        InputStream is = conn.getInputStream();
        //编写相应处理代码
}else{
        //抛出异常
}
conn.disconnect();
```

表 10-1 一些常用的连接参数及其含义

方法名称	描述	方法名称	描述
conn. setRequestProperty ("encoding", "UTF -8");	指定编码集	conn. setRequestProperty (" Charset", "UTF - 8")	设置文件字符集
conn. setConnectTimeout (5000)	指定相应时间	conn. setRequestProperty (" Content - Length", String. valueOf (data. length));	设置文件长度
conn. setUseCaches (false)	不使用缓存	conn. setRequestProperty (" Content - Type"," application/x - www - form - urlencoded")	设置文件类型
conn. setDoOutput (true)	设置容许输出	conn. setRequestProperty (" Accept ","text/html, application/xhtml + xml, */*")	设置 HTTP 请求头
conn. setRequestProperty ("Connection", "Keep - Alive")	设置维持长连接		

2. POST 方式访问网络的核心代码

```
URL url = new URL(path);                 //其中,path 为 URL 字符串,不能加入提交的数据
HttpURLConnection conn = (HttpURLConnection) url.openConnection();
StringdataString = "username = " + "lisan" + "&password = " + "111111";//提交的数据
conn.setRequestMethod("POST");                //必须使用大写字母
conn.setRequestProperty("Content - Length",dataString.length() + "");
                                                   //长度参数转成字符串类型
```

```
conn.setRequestProperty("Content-Type", "application/x-www-form-urlencoded");
                                                        //这里请求数据类型为表单数据
conn.setDoOutput(true);
conn.getOutputStream().write(dataString.getBytes());              //输出流提交数据
if(conn.getResponseCode() ==200) {
    InputStream is = conn.getInputStream();                       //获取响应数据
    //编写相应处理代码
} else {
    //抛出异常
}
conn.disconnect();
```

3. GET 和 POST 乱码解决方式

在编写 Android 程序获取网络中文数据后，经常看到的内容是乱码。这是因为 Android 默认编码是 UTF-8 编码，Tomcat 服务器默认使用 ISO-8859-1 解码。而 ISO-8859-1 是不支持中文的，因此中文一定是乱码。具体的解决方法如下：

- 相对于 GET 方式，在响应服务器端的 doGet()方法中加入：

```
String name = new String(request.getParameter("name").getBytes("ISO-8859-1"),"UTF-8");
```

- 相对于 POST 方式，在响应服务器端的 doPost()方法中加入：

```
request.setCharacterEncoding("UTF-8");
```

10.2.3 案例——图片查看器

为了让大家对 HttpURLConnection 方式网络编程有深入的理解，这里用一个简单的案例来介绍如何在 Android 中使用线程实现网络编程，其步骤如下。

1）新建项目，名称为“图片查看器 HttpURLConnection”，包名为“com.example.Imagehttpurlconnection”。

2）设计项目 UI 界面。在 EditText 中输入图片网址路径，单击“查看图片”按钮获取服务器图片内容，并显示在 ImageView 中，初始界面如图 10-5 所示。

```
<LinearLayout xmlns:android="http://schemas.android.com/apk/res/android"
    xmlns:tools="http://schemas.android.com/tools"
    android:layout_width="match_parent"
    android:layout_height="match_parent"
    android:orientation="vertical"
    tools:context=".MainActivity" >
    <EditText
        android:id="@+id/et_path"
        android:layout_width="fill_parent"
        android:layout_height="wrap_content"
        android:hint="输入图片路径"
        android:inputType="text"
```

```
            android:singleLine = "true"/>
        <Button
            android:layout_width = "fill_parent"
            android:layout_height = "wrap_content"
            android:onClick = "click"
            android:text = "查看图片" />
        <ImageView
            android:id = "@ +id/iv"
            android:layout_width = "fill_parent"
            android:layout_height = "fill_parent" />
</LinearLayout>
```

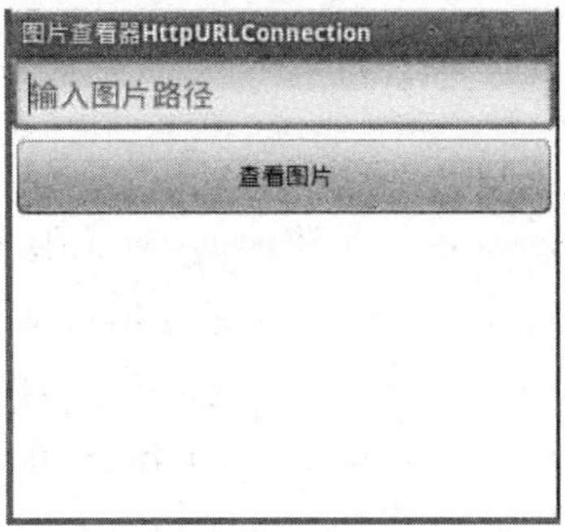

图 10-5　案例 UI 界面

3）在适当的位置声明控件的引用。代码如下。

```
private EditText et_path;
private ImageView iView;
et_path = (EditText) findViewById(R.id.et_path);
iView = (ImageView) findViewById(R.id.iv);
```

4）编写“查看图片”按钮单击事件响应代码。注意，网络数据的访问需要在子线程中实现，部分代码如下。

```
final String pathString = et_path.getText().toString().trim();//内部类访问外部类的变量,类型
改成 final
if (TextUtils.isEmpty(pathString)) {
        Toast.makeText(this, "路径不能为空", 1).show();
} else {
        new Thread() {      //新建子线程,访问网络需要在子线程中实现
            public void run() {
                try {
                    URL url = new URL(pathString);
                    HttpURLConnection conn = (HttpURLConnection) url.openConnection();
                                                        //建立 HttpURLConnection 连接
                    conn.setRequestMethod("GET");      //设置请求类型
                    conn.setRequestProperty("Accept", "text/html,application/xhtml+xml,*/*");
                                                                    //设置请求头属性
```

```
                    int code = conn. getResponseCode( );        //获取响应代码
                    if( code == 200 ) {
                        InputStream is = conn. getInputStream( );//得到服务器发送的输入流
                        Bitmap bitmap = BitmapFactory. decodeStream( is);
                        //位图工厂 BitmapFactory 可以将文件、流和 Byte 数组转成图片
                        iView. setImageBitmap( bitmap);
                        Toast. makeText( MainActivity. this, "加载图片完成", 0). show( );
                    } else {
                        Toast. makeText( MainActivity. this, "请求失败", 0). show( );
                    }
                } catch (Exception e) {
                        e. printStackTrace( );
                }
            };
        }. start( );
```

5）加入网络访问权限。

```
<uses-permission android:name="android. permission. INTERNET"/>
```

6）启动 Tomcat，部署并运行代码。输入 Tomcat 根目录图片 tomcat. png 的路径“http://10. 0. 2. 2:8080/tomcat. png”，单击“查看图片”按钮后，程序报错：android. view. ViewRoot $ CalledFromWrongThreadException：Only the original thread that created a view hierarchy can touch its views。这是因为在子线程中使用了 Toast. makeText( )方法和 setImageBitmap( )方法，而这些方法是更新 UI 的操作，不能在子线程中实现，因此需要使用 Handler 消息处理机制。

7）主线程（主活动）创建一个 Handler 对象，重写接收处理消息的方法 handleMessage( )。代码如下。

```
private Handler handler = new Handler( ) {
    //接收处理消息都在该方法中实现
    @ Override
    public void handleMessage( Message msg) {
            super. handleMessage( msg);
    }
};
```

8）在子线程中如果需要更新 UI，则应当发送 Message 消息。因此删除子线程的所有 UI 操作，加入如下代码。

- 返回码为 200 时，获取图片内容并以 Message 的形式发送出去：

```
Message msg = new Message( );
// 把获取到的 Bitmap 放在消息中
msg. obj = Bitmap;
msg. what = SUCCESS;//连接成功消息标识码
handler. sendMessage( msg);
```

- 返回码非 200 时，发送连接失败消息：

```
Message msg = new Message( );
msg. what = ERROR; //连接失败消息标识码
handler. sendMessage( msg);
```

为了保证程序的完整性，增加静态的成员，分别标识消息的类型。

```
protected static final int SUCCESS = 0;
protected static final int ERROR = 1;
```

9）在 HandleMessage( )方法中处理获得消息后的更新 UI 代码。

```
switch (msg. what) {//根据不同消息标识执行不同操作
    case SUCCESS:
        Bitmap bitmap = (Bitmap) msg. obj;
        iView. setImageBitmap(bitmap);
        Toast. makeText(MainActivity. this, "加载图片完成", 0). show();
        break;
    case ERROR:
        Toast. makeText(MainActivity. this, "连接超时,获取失败", 1). show();
    break;
}
```

10）部署并运行代码，输入 Tomcat 根目录图片 tomcat. png 的路径，单击“查看图片”按钮，结果如图 10-6 所示。当网址出现错误时，会弹出相应的 Toast，如图 10-7 所示。

图 10-6　加载图片成功

图 10-7　加载图片失败

10. 2. 4　案例——仿 QQ 网络登录

第 6 章介绍了将 QQ 密码放在本地以便快速登录。本节继续完善该功能，在单击“登录”按钮后，直接将 QQ 账号和密码交给服务器，以便在服务器进行登录验证。本节案例的重点是实现 POST 方式将数据提交到服务器。具体操作步骤如下。

1）新建项目，名称为“仿 QQ 登录 POST”，包名为“com. example. QQLoginPOST”。

2）设计 QQ 登录 UI 界面。使用 EditText 填写 QQ 号码和密码，单击“登录”按钮实现信息的验证。

```
<LinearLayout xmlns:android = "http://schemas. android. com/apk/res/android"
    xmlns:tools = "http://schemas. android. com/tools"
```

```
        android:layout_width = "match_parent"
        android:layout_height = "match_parent"
        android:orientation = "vertical"
        tools:context = ". MainActivity"  >
        <EditText
            android:id = "@ +id/et_qq"
            android:layout_width = "fill_parent"
            android:layout_height = "wrap_content"
            android:hint = "请输入 QQ 号码"
            android:text = "123456" />
        <EditText
            android:id = "@ +id/et_pwd"
            android:layout_width = "fill_parent"
            android:layout_height = "wrap_content"
            android:hint = "请输入 QQ 密码"
            android:inputType = "textPassword"
            android:text = "123456" />
        <Button
            android:layout_width = "wrap_content"
            android:layout_height = "wrap_content"
            android:layout_gravity = "right"
            android:onClick = "click"
            android:text = "登录" />
    </LinearLayout>
```

为了方便调试，在上述代码中直接将 QQ 账号和密码录入 EditText 中。此时运行代码，界面如图 10-8 所示。此时单击“登录”按钮不会有任何响应。

图 10-8　案例初始界面

3）初始化控件，编写“登录”按钮单击事件响应代码框架。

```
private EditText et_qqEditText;
private EditText et_pwdEditText;
…
et_qqEditText = (EditText)findViewById(R. id. et_qq);
et_pwdEditText = (EditText)findViewById(R. id. et_pwd);
…
public void click(View v) {
    String qqString = et_qqEditText. getText(). toString(). trim();
    String pwdString = et_pwdEditText. getText(). toString(). trim();
    if(TextUtils. isEmpty(qqString) || TextUtils. isEmpty(pwdString)) {
        Toast. makeText(this,"QQ 账号或者密码不能为空",0). show();
        return;
    } else {
        //编写提交 QQ 账号和密码到服务器,服务器可以有很多响应程序,但是服务端都是
HTTP 请求
    }
}
```

4）编写服务器响应代码，需要借助 Eclipse Java EE 平台。首先应在 Java EE 创建服务器工程。

① 单击“File”→“new”→“Dynamic Web Project”命令，创建动态 Web 工程，定义项目名称为“web”。

② 为 Java EE 配置 Tomcat 环境，target runtime 选择 tomcat 7.0，并关联 Tomcat 安装路径，单击“下一步”按钮直到工程创建结束。

5）在 Java EE 中编写服务器响应代码。

① 在 Web 工程中的“Java Resources”→“src”文件夹下，用鼠标右键单击“new”→“servlet”命令。

② 设置类名为“LoginServer”、包名为“com. example. web”，该文件用于响应 QQ 登录时提交的数据。

③ 单击“Next”按钮，取消“Constructors from superclass”，保留“doGet( )”和“doPost( )”两种请求方法。

④ 单击“Finish”按钮。

⑤ 在 doGet( )方法中编写 Android 使用 GET 方式请求的响应代码。

```
//根据关键字获取密码及用户名
String username = request. getParameter( "username" ) ;
String password = request. getParameter( "password" ) ;
System. out. println( "username:" + username) ;
System. out. println( "password:" + password) ;
//比较用户名和密码是否匹配,这里默认用户名为 10086、密码为 abcdef
if( "10086". equals( username) &&" abcdef". equals( password) )
{
    //数据匹配,则做出响应,发送登录成功消息,注意参数类型 bytes 数组
    response. getOutputStream( ). write( "login success". getBytes( ) ) ;
} else {
    response. getOutputStream( ). write( "login failed". getBytes( ) ) ;
}
```

此时用鼠标右键单击 LoginServer，在弹出的快捷菜单中选择“Run As”→“Run on Server”选项，运行该页面，在输出窗口中看到数据都为 null，如图 10-9 所示。这是因为没有任何请求数据提交给 Tomcat 服务器。注意，运行该服务端时一定要先关闭其他（如 Eclipse）启动的 Tomcat 应用。

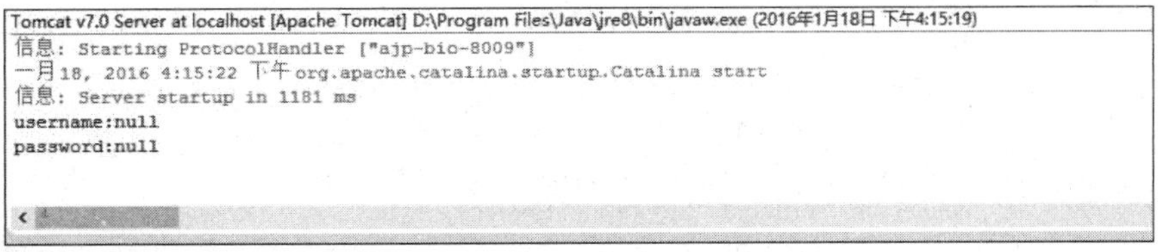

图 10-9 运行服务器响应页面

⑥ 在 doPost( )方法中编写 POST 方式响应代码。

```
System. out. println( "POST" ) ;
doGet( request, response) ;
```

至此有关 GET 和 POST 两种方式请求服务器的响应代码已经完成。

6）为了方便操作，编写将输入流转成字符串的工具类。因为本例中网络服务器返回的数据是以流的形式返回，所以如果需要打印其内容，则应当进行转换。

```
public class StreamTool {
    /*
     * 把一个流里面的内容转成字符串
     */
    public static StringreadStream(InputStream is) {
        ByteArrayOutputStream baos;
        try {
            baos = new ByteArrayOutputStream();
            byte[] buffer = new byte[1024];
            int len = -1;
            while((len = is.read(buffer)) != -1) {      //反复读流的内容,返回 -1 说明结束
                baos.write(buffer,0,len);
            }
            is.close();                                 //所有的数据都在 baos 中,关闭 is
            return new  String(baos.toByteArray());     //返回字符串
        } catch(IOException e) {
            e.printStackTrace();
            return "";                                  //失败返回空字符串
        }
    }
}
```

7）编写具体的按钮单击事件响应代码。

- 线程操作需要 Handler 消息处理，首先创建 Handler 对象，并重写接收消息方法。

```
private Handler handler = new Handler() {
    public void handleMessage(android.os.Message msg) {
    }
};
```

- 在子线程中编写网络数据提交代码。

```
new Thread() {
    public void run() {
        //路径指向响应代码所在的文档
        String path = "http://10.0.2.2:8080/web/LoginServer";
        try {
            URL url = new URL(path);
            HttpURLConnection connection = (HttpURLConnection)url
                    .openConnection();
            connection.setRequestMethod("POST");                  //大写
            connection.setRequestProperty("Content-Type",
                    "application/x-www-form-urlencoded"); //请求类型,表单数据
            //传递的请求数据
            String dataString = "username=" + qqString
                    + "&password=" + pwdString;
            //设置长度,将长度变成字符串
            connection.setRequestProperty("Content-Length",
                    dataString.length() + "");
            //POST 将数据以流的方式交给服务器
            connection.setDoOutput(true);
            connection.getOutputStream().write(
```

```
                dataString. getBytes());
            int code = connection. getResponseCode();
            if(code == 200) {                                   //连接成功
                InputStream is = connection. getInputStream(); //获取服务器的响应内容
                String result = StreamTool. readStream(is);
                Message msg = Message. obtain();
                msg. what = SCCESS;                             //表示"连接成功"
                msg. obj = result;          //连接成功获取服务端的消息内容
                handler. sendMessage(msg);
            } else {
                //连接失败
                Message msg = Message. obtain();
                msg. what = FAIL;
                handler. sendMessage(msg);
            }
        } catch(Exception e) {
            e. printStackTrace();
        }
    };
}. start();
```

● 完善获得消息 handleMessage()方法的处理代码：

```
switch(msg. what) {
    case SCCESS:
        Toast. makeText(MainActivity. this,(String)msg. obj,1). show();//成功,将消息弹出
        break;
    case FAIL:
        Toast. makeText(MainActivity. this,"登录失败",1). show();
        break;
}
```

8）增加网络访问权限，部署并运行代码（注意在 Java EE 中启动 Tomcat）。由于应用默认输入的账号和密码都是“123456”，而在服务端响应代码中匹配的账号为“10086”，密码为“abcdef”，因此单击“登录”按钮不会通过验证，会得到如图 10-10 所示的手机界面，服务器端获得的数据如图 10-11 所示。当用户名及密码修改为正确内容时，手机界面如图 10-12 所示，服务器端获得的数据如图 10-13 所示。

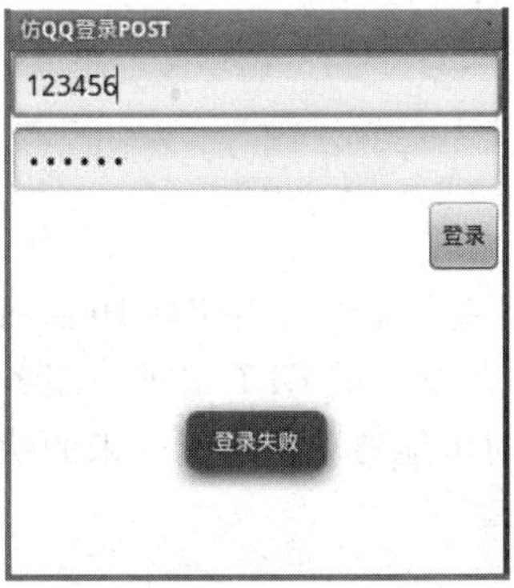

图 10-10　登录失败

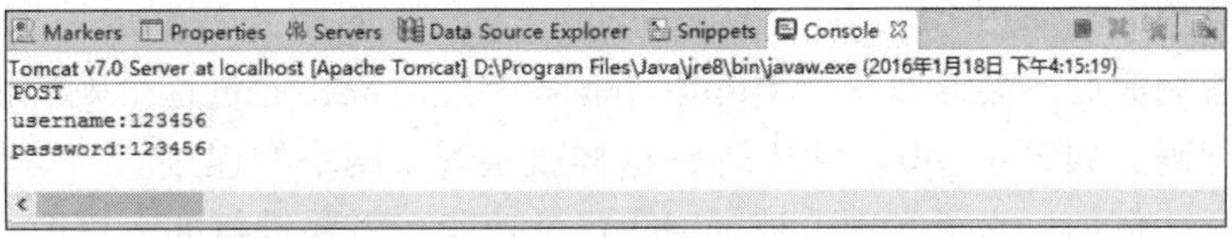

图 10-11　服务器端获得的数据

图 10-12　登录成功

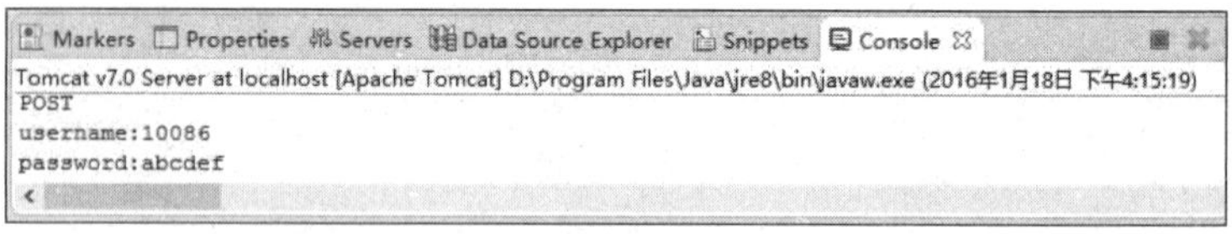

图 10-13　服务器端获得的数据

至此，POST 方式实现仿 QQ 登录功能基本实现。使用 GET 方式只需注意在传递 URL 时，要将数据组拼在其中。本例的 URL 应如下：

```
String path = "http://10.0.2.2:8080/web/LoginServer? username = " + qqString + "&password = " + pwdString;
```

10.2.5　HttpClinet 访问网络

HttpClinet 类并不是来自 Android 的，而是来自 org. apache. http。和 HttpURLConnection 相同，HttpClient 也存在 GET 和 POST 两种方式。

HttpClinet 访问网络的步骤如下。

1）定义一个客户端对象，即获得一个 HttpClient 对象 client。

2）定义请求方法（输入网址）：Get 方式为 HttpGet，POST 方式为 HttpPost。

3）设置请求的参数、请求头信息、连接超时时间、读取数据超时时间等参数。

4）执行请求：调用 execute( )方法，此方法会返回一个 HttpResponse 对象 response。

5）获取状态码：

```
response.getStatusLine().getStatusCode();
```

6）若状态码是 200，则获取服务器返回的数据，存放在输入流中：

```
InputStream is = response.getEntity().getContent();
```

7）操作结束后断开连接：

```
client.getConnectionManager().shutdown()
```

1. HttpGet

在 HttpClient 中，使用 HttpGet 对象来通过 GET 方式进行数据请求操作。当获得 HttpGet 对象后，使用 HttpClient 的 execute( )方法来向服务器发送请求。在发送的 GET 请求被服务器响应后，会返回一个 HttpResponse 响应对象，通过这个响应的对象能够获得响应回来的状态码，如 200、400、401 等，这样就实现了网络的连接。

例如，为了实现上述的 QQ 登录功能，需要进行如下修改。

1）复制并粘贴“仿 QQ 登录 POST”项目，修改名称为“仿 QQ 登录 HttpClinetGET”，将包名改为“com. example. QQLoginHttpClinetGet”，注意修改其他名称细节。

2）其他代码不需要变化，只需修改在线程中请求并提交数据到网络以及从网络中获取数据的操作代码。编写的代码模板如下。

```
new Thread(){
    public void run(){
    //路径为服务端响应代码所在的文档,因 GET 方式需组拼数据内容
        String path = "http://10.0.2.2:8080/web/LoginServer? username = " + qqString + "
&password = " + pwdString;
        try {
            //1. 创建 HttpClient 对象,
            HttpClient client = new DefaultHttpClient();
            //2. 加载 URL 网址
            HttpGet httpGet = new HttpGet(path);
            //3. 执行 Get 请求
            HttpResponse response = client.execute(httpGet);
            //4. 获取响应代码
            int code = response.getStatusLine().getStatusCode();
            if(code == 200){//连接成功
                //5. 获取服务器的响应内容
                InputStream is = response.getEntity().getContent();
                String result = StreamTool.readStream(is);
                ...
    };
}.start();
```

在上述代码中，由于 HttpClient 是接口类型的类，因此需要使用系统已经实现好的默认类 DefaultHttpClient 创建对象，这样可以减小编程难度。

3）启动 Tomcat 服务器端响应代码，部署并运行程序，输入正确的账号和密码，单击“登录”按钮，结果如图 10-14 所示。

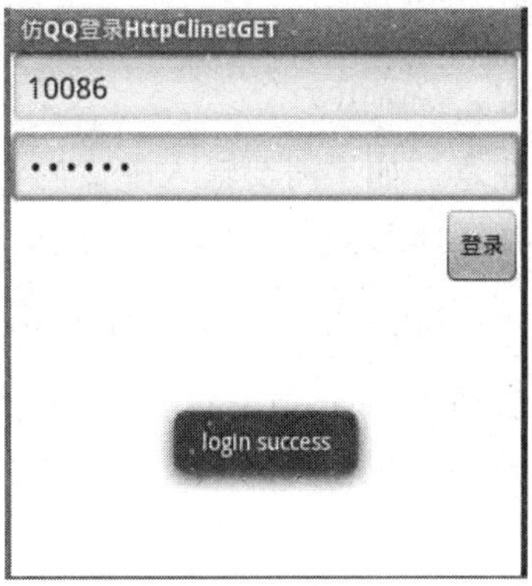

图 10-14　登录成功

2. HttpPost

当使用 POST 方式访问网络时，可以使用 HttpPost 类来进行操作。当获取了 HttpPost 对象后，需要向这个请求体传入键值对，这个键值对使用 NameValuePair 对象来进行构造。接着，使用 HttpRequest 对象最终构造请求体。最后，使用 HttpClient 的 execute()方法来发送请求，并在得到响应后返回一个 HttpResponse 对象。其他操作与 HttpGet 对象中的操作一样。

例如，为了实现 QQ 登录功能，需要进行如下修改。

1）复制并粘贴“仿 QQ 登录 POST”项目，修改名称为“仿 QQ 登录 HttpClinetPOST”，将包名改为“com. example. QQLoginHttpClinetGet”，注意修改其他名称细节。

2）其他代码不需要变化，只需修改在线程中请求并提交数据到网络以及从网络中获取数据的操作代码。注意与 GET 方式的区别，具体实现代码模板如下。

```
new Thread(){
    public void run(){
        //路径为服务器响应代码所在的文档
        String path = "http://10.0.2.2:8080/web/LoginServer";
        try {
            //1. 创建 HttpClient 对象
            HttpClient client = new DefaultHttpClient();
            //2. 加载 URL 网址
            HttpPost post = new HttpPost(path);
            //3. 填写表格数据
            List<NameValuePair> parameters = new ArrayList<NameValuePair>();
            parameters.add(new BasicNameValuePair("username",qqString));
            parameters.add(new BasicNameValuePair("password",pwdString));
            //组成表格实体
            UrlEncodedFormEntity entity = new UrlEncodedFormEntity(parameters);
            //4. 设置请求数据内容
            post.setEntity(entity);
            //5. 执行 Post 请求
            HttpResponse response = client.execute(post);
            //6. 获取响应代码
            int code = response.getStatusLine().getStatusCode();
            if(code == 200){//连接成功
                //7. 获取服务器的响应内容
                InputStream is = response.getEntity().getContent();
                String result = StreamTool.readStream(is);
            ...
    };
}.start();
```

注意，如果需要输入中文内容，则需要设置表格实体的编码方式：utf-8。因此，在组成表格实体时需要使用如下方法。

```
UrlEncodedFormEntity entity = new UrlEncodedFormEntity(parameters,"UTF-8");
```

启动 Tomcat 服务器端响应代码，部署并运行程序，输入正确的账号和密码，单击“登录”按钮，也会得到如图 10-14 所示的结果。

10.3 开源项目 Async HttpClient

在前面介绍的 HttpURLConnection 类以及 HttpClient 类访问网络中，可以看到其步骤非常烦琐，如需要 Handler 消息处理方法、需要编码的转换、需要设置操作参数、判断响应代码等操作。下面介绍一种开源项目 Async HttpClient（异步 HttpClient），仅仅需要简单的几行代码就可以实现访问网络的功能。

10.3.1 使用 Async HttpClient 访问网络

开源项目 Async HttpClient 的主要特征如下。

- 处理异步 HTTP 请求，并通过匿名内部类处理回调结果。
- 异步 HTTP 请求均位于非 UI 线程，不会阻塞 UI 操作。

- 通过线程池处理并发请求处理文件上传、下载。
- 响应结果自动打包 JSON 格式。
- 自动处理连接断开时请求重连。

该项目中的一些常用的类如下。

1）AsyncHttpRequest 类：继承自 Runnabler，被提交至线程池执行网络请求并发送 start、success 等消息。

2）AsyncHttpResponseHandler 类：接收请求结果，一般重写 onSuccess( ) 及 onFailure( ) 方法，接收请求成功或失败的消息。

3）TextHttpResponseHandler 类：继承自 AsyncHttpResponseHandler，只是重写了 AsyncHttpResponseHandler 的 onSuccess( ) 和 onFailure( ) 方法，将请求结果由 byte 数组转换为 String。

4）JsonHttpResponseHandler 类：继承自 TextHttpResponseHandler，同样是重写 onSuccess( ) 和 onFailure( ) 方法，将请求结果由 String 转换为 JSONObject 或 JSONArray。

5）BaseJsonHttpResponseHandler 类：继承自 TextHttpResponseHandler，是一个泛型类，提供了 parseResponse( ) 方法。子类需要将请求结果解析成需要的类型。子类可以灵活地使用解析方法，可以直接进行原始解析，使用 JSON 等。

6）RequestParams 类：设置请求参数，可以添加普通的字符串参数，并可以添加 File、InputStream 上传文件。

7）AsyncHttpClient 类：项目核心类，使用 HttpClient 执行网络请求，提供了 Get、Put、Post、Delete、Head 等请求方法。使用起来很简单，只需要 URL 及 RequestParams 调用相应的方法即可，还可以选择性地传入 Context，用于取消 Content 相关的请求。同时必须提供 ResponseHandlerInterface（AsyncHttpResponseHandler 继承自 ResponseHandlerInterface）的实现类，一般为 AsyncHttpResponseHandler 的子类。AsyncHttpClient 内部有一个线程池，当使用 AsyncHttpClient 执行网络请求时，最终都会调用 sendRequest( ) 方法。在这个方法内部将请求参数封装成 AsyncHttpRequest（继承自 Runnable）交由内部的线程池执行。

8）SyncHttpClient：继承自 AsyncHttpClient，同步执行网络请求。AsyncHttpClient 把请求封装成 AsyncHttpRequest 后提交至线程池，SyncHttpClient 把请求封装成 AsyncHttpRequest 后直接调用它的 run 方法。

使用“android - async - http”也非常简单，在使用前需要下载其 jar 包，导入工程中的 libs 文件夹下并添加到工程路径即可。该开源框架的名称为“android - async - http - master”，开发时需要使用该框架下的“library\src\main\java\com”包里的内容，将其复制到 android 代码的 src 文件夹下。下面介绍如何使用 Async HttpClient 访问网络。

1. GET 方式访问网络

异步 HttpClient 访问网络也分为 GET 和 POST 两种方式。如果要实现 QQ 等网络登录功能，则需要进行如下代码修改：

1）复制并粘贴“仿 QQ 登录 HttpClinetGET”，重命名为“仿 QQ 登录 AsyncHttpGET”，将包名改为“com. example. QQLoginAsyncHttpGet”。

2）删除不需要的代码，包括 StreamTool 工具类、Handler 相关代码以及子线程代码。此时整个项目结构非常简单。

3）导入 android - async - http 的项目。

在 Eclipse 中导入 android - async - http 项目后，会报@ Override 错误，原因是 Java 编译器版本不正确，Java 1. 5 的编译器默认对父类的方法进行覆盖，采用@ Override 进行说明，但 Java1. 6、Java1. 7 已经扩展到对应接口的方法。所以如果还是以 Java 1. 5 的编译器来编译，则会出现错误。修正方法：在 Eclipse 中选择“Window”→“Preferences”→“Java”→“Compiler”，选择 Compiler compliance level 为 1. 6 或者 1. 7。在报错的工程处右击“Android Tools”→“Fix Project Properties”后，就不会再报错了。

4）编写“登录”按钮单击事件响应代码，套用如下模板。

```
public void click( View v) {
final String qqString = et_qqEditText. getText( ). toString( ). trim( ) ;
final String pwdString = et_pwdEditText. getText( ). toString( ). trim( ) ;
if( TextUtils. isEmpty( qqString) || TextUtils. isEmpty( pwdString) ) {
    Toast. makeText( this, "QQ 或者密码不能为空",0). show( ) ;
    return;
} else {
    String path = " http://10. 0. 2. 2:8080/web/LoginServer? username = " + qqString + " &password
= " + pwdString;
    //1. 建立 AsyncHttpClient 对象
    AsyncHttpClient client = new AsyncHttpClient( ) ;
    //2. 设置请求方式和路径
    client. get( path,new AsyncHttpResponseHandler( ) {
        @ Override
        public void onSuccess( int statusCode,Header[ ] headers,
                byte[ ] responseBody) {
            Toast. makeText ( MainActivity. this," 请求成功:" + new String ( responseBody) , 1)
. show( ) ;
        }
        @ Override
        public void onFailure( int statusCode,Header[ ] headers,
                byte[ ] responseBody,Throwable error) {
            Toast. makeText ( MainActivity. this," 请求失败:" + new String ( responseBody) , 1)
. show( ) ;
        }

    }) ;
  }
}
```

在上述代码中，AsyncHttpResponseHandler( )类中的 onSuccess( )方法为请求成功时调用的方法，onFailure( )方法为请求失败时调用的方法。两者参数：statusCode 表示状态码，headers 为请求头，responseBody 为请求返回的数据。从代码中可以看出，所有的 UI 操作都是在 AsyncHttpResponseHandler 消息处理机制下实现的，不需要单独编写 UI 操作和消息传递的代码，大大简化了编程难度。

5）部署并运行代码。首先输入错误的账户密码，然后单击“登录”按钮，返回结果如图 10-15 所示，说明服务器连接成功，但是信息输入错误。当输入正确的用户名及密码时，可以看到如图 10-16 所示的返回结果。当路径输入错误时，如 String path = " http://10. 0. 2. 2:8080/web/LoginServer1? username = " + qqString + " &password = " + pwdString，则出现如图 10-17 所示的返回结果，将失败的页面源码返回出来。

图 10-15　登录失败

图 10-16　登录成功

图 10-17　错误请求路径返回信息

2. POST 方式访问网络

1）复制并粘贴项目“仿 QQ 登录 AsyncHttpGET”，修改名称为“仿 QQ 登录 AsyncHttp-POST”，将包名改为“com. example. QQLoginAsyncHttpPOST”。

2）修改请求方式，使用如下模板代码。

```
String path = "http://10.0.2.2:8080/web/LoginServer";
//1. 建立 AsyncHttpClient 对象
AsyncHttpClient client = new AsyncHttpClient();
//2. 封装数据
RequestParams params = new RequestParams();
params.put("username",qqString);
params.put("password",pwdString);
//3. 设置请求方式
client.post(path,params,new AsyncHttpResponseHandler() {
    @Override
    public void onSuccess(int statusCode,Header[] headers,
            byte[] responseBody) {
        Toast.makeText(MainActivity.this,
                "请求成功:" + new String(responseBody),1).show();
    }
    @Override
    public void onFailure(int statusCode,Header[] headers,
    byte[] responseBody,Throwable error) {
            Toast.makeText(MainActivity.this,
                "请求失败:" + new String(responseBody),1).show();
    }
});
```

3）部署并运行代码，输入正确信息，单击“登录”按钮，得到图 10-16 所示的结果。

10.3.2 案例——文件上传

为了让大家对开源项目 Async HttpClient 有深入的理解，以及能够开发出功能强大的 APP，下面介绍如何实现文件的上传。具体的操作步骤如下。

1）新建项目，名称为“文件上传 Async”，包名为“com. example. fileUploadAsync”。

2）设计 UI 界面。在 EditText 中输入文件路径，单击“上传”按钮完成上传功能。项目界面如图 10-18 所示。

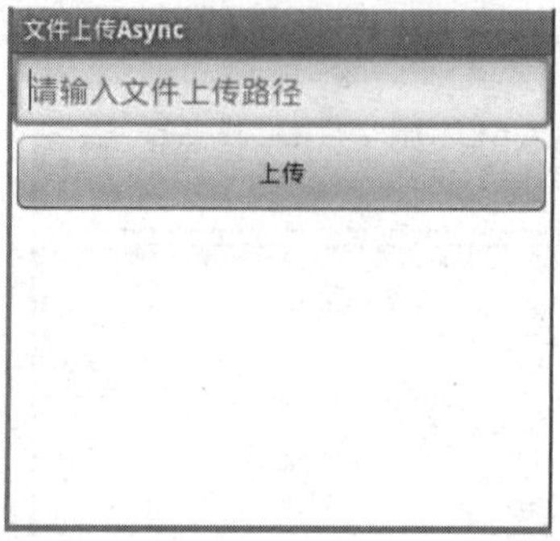

图 10-18 文件上传 UI 界面

```
<LinearLayout xmlns:android="http://schemas.android.com/apk/res/android"
    xmlns:tools="http://schemas.android.com/tools"
    android:layout_width="match_parent"
    android:layout_height="match_parent"
    android:orientation="vertical"
    tools:context=".MainActivity" >
<EditText
        android:id="@+id/et"
        android:layout_width="fill_parent"
        android:layout_height="wrap_content"
        android:hint="请输入文件上传路径" />
<Button
        android:layout_width="fill_parent"
        android:layout_height="wrap_content"
        android:onClick="click"
        android:text="上传" />
</LinearLayout>
```

3）编写服务端响应代码。

- 在之前 Java EE 中 Web 工程的 src 中，新建 Servlet，类名为 uploadServlet。注意上传文件只能使用 doPost( )方法。
- 上传或下载文件需要使用 Aparch 的组件：“commons - io - 2. 0. 1. jar”和“commons - fileupload - 1. 2. 2. jar”，将其复制到 Web 工程的“Webcontent/WEB - INF/lib”文件夹下。
- 编写接收文件代码，在 doPost( )方法中编写如下代码模板。

```
protected void doPost(HttpServletRequest request,HttpServletResponse response)
        throws ServletException,IOException {
    //1. 判断数据是否包含文件
    boolean isMultipart = ServletFileUpload.isMultipartContent(request);
    if(isMultipart){
        //2. 得到 servlet 文件真实路径
        String realpath = request.getSession().getServletContext().getRealPath("/files");
        System.out.println(realpath);
        //3. 创建文件夹
```

```
            File dir = new File(realpath);
            if(! dir.exists())
                dir.mkdirs();
            FileItemFactory factory = new DiskFileItemFactory();
            //把文件工厂传递进来
            ServletFileUpload upload = new ServletFileUpload(factory);
            upload.setHeaderEncoding("UTF-8");
            try {
                //4 遍历所有的请求参数
                List<FileItem> items = upload.parseRequest(request);
                for(FileItem item:items) {
                    if(item.isFormField()) {
                        //如果是表格字段,将名字和值打印出来
                        String name1 = item.getFieldName();        //得到请求参数的名称
                        String value = item.getString("UTF-8");    //得到参数值
                        System.out.println(name1 +"=" + value);
                    } else {
                    //如果是文件,创建文件并保存在当前 servlet 环境真实路径中
                        new File(dir,
                            item.getName().substring(0,item.getName().indexOf("."))
                            + System.currentTimeMillis()
                            + item.getName().substring(item.getName().lastIndexOf(".")));
                    }
                }
            } catch(Exception e) {
                e.printStackTrace();
            }
        }
    }
```

注意，在上述代码中，文件名重新定义为“原文件名 + 系统时间”，并包含文件的扩展名。item.getName().substring(0,item.getName().indexOf("."))的功能是截取文件名“.”之前的字符串。而 item.getName().substring(item.getName().lastIndexOf("."))的功能就是获得文件名称“.”后的扩展名，如果不需要扩展名，则可以将该段代码去掉。

4）使用 Async HttpClient 开源项目需要将项目导入到本 Android 项目中，具体过程可参考 10.3.1 节。

5）编写“上传”按钮单击事件响应代码。

```
public void click(View v) {
    //获取文件路径
    String pathString = eText.getText().toString().trim();
    File file = new File(pathString);
    if(! file.exists()) {                  //判断文件是否存在
        Toast.makeText(this,"文件不存在",1).show();
        return;
    }
```

```
        try {
            AsyncHttpClient client = new AsyncHttpClient();
            RequestParams params = new RequestParams();
            params.put("file",file);      //把 file 对应的文件加载到 params 中
            client.post("http://10.0.2.2:8080/web/UploadServlet",params,new AsyncHttpResponse-
Handler(){
                    @Override
                    public void onSuccess(int statusCode,Header[] headers,
                            byte[] responseBody){
                        //上传成功,打印 Toast
                        Toast.makeText(MainActivity.this,"上传成功",1).show();
                    }
                    @Override
                    public void onFailure(int statusCode,Header[] headers,
                            byte[] responseBody,Throwable error){
                        //上传失败,打印 Toast
                        Toast.makeText(MainActivity.this,"上传失败",1).show();
                    }
            });
        } catch(Exception e){
            e.printStackTrace();
        }
    }
```

6）添加互联网访问权限。

7）部署并运行代码。打开 DDMS，根目录下有文件 default.prop，如图 10-19 所示。在 APP 编辑框中输入 default.prop，即为 AVD 根目录下的文件。单击“上传”按钮，Toast 结果如图 10-20 所示。在服务端输出了 Servlet 环境保存文件的路径，如图 10-21 所示。按此路径打开文件夹可以看到上传的文件，如图 10-22 所示。

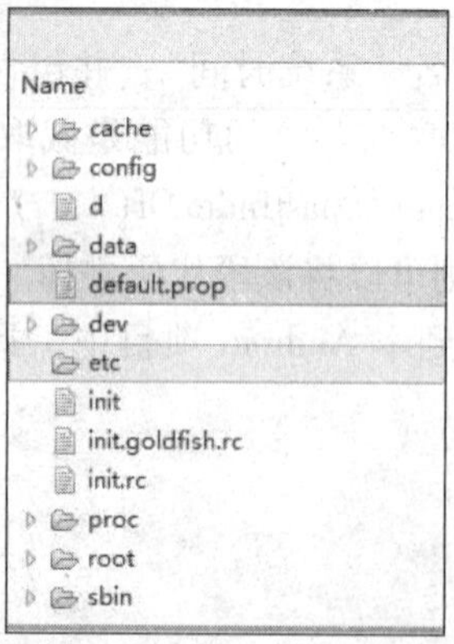

图 10-19　DDMS 中的系统文件

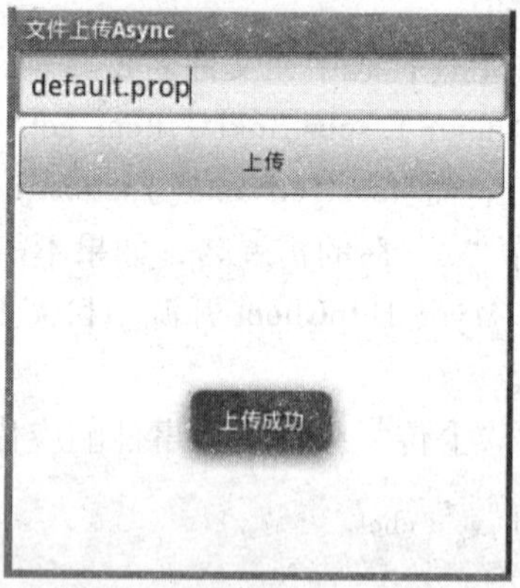

图 10-20　上传成功

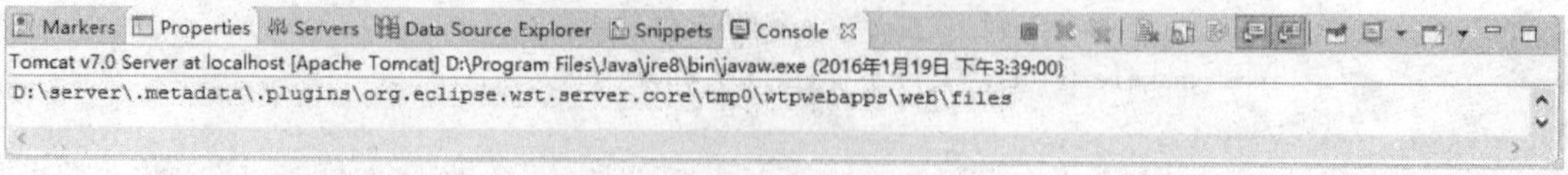

图 10-21　服务端显示上传路径

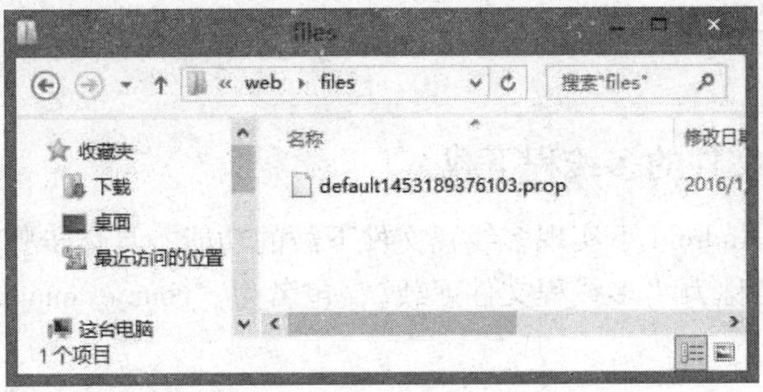

图 10-22　上传结果

10.4　文件的多线程下载

网络资源的下载通常需要多线程实现，本节介绍使用多线程下载文件的基本原理和实现步骤。

10.4.1　多线程下载的原理

在多数应用中需要下载文件，当文件太大时，一个线程下载文件并不能达到及时性需求，于是需要使用多线程来下载文件。多线程，顾名思义就是很多个线程同时在运行。一般来说，使用多线程下载文件的基本原理和过程如下。

1）服务器文件分成若干份，即确定每个线程下载多大的文件部分。

2）客户端建立和服务器文件同样大小的空文件，以便将数据加载进来。

3）每个线程执行下载服务器文件的不同部分。

如果文件的长度为 6 MB，线程数为 3，那么每条线程下载的数据长度为 2 MB，每条线程开始下载的位置如图 10-23 所示。

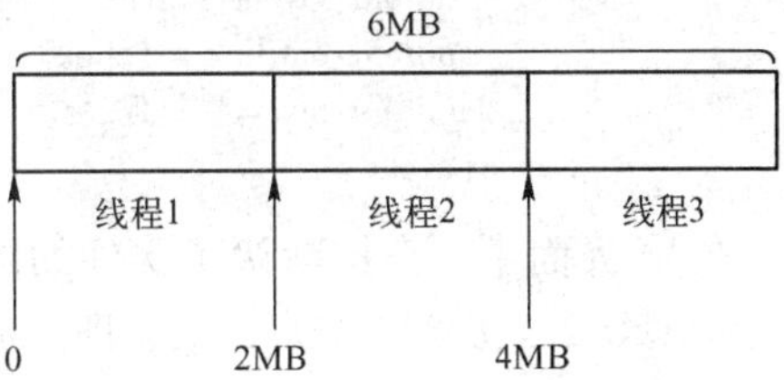

图 10-23　多线程下载分配图

例如，10 MB 大小的文件使用 3 个线程来下载，平均每个线程下载的数据长度为 10/3，第 1、2 个线程下载长度是 3 MB，第 3 个线程下载长度为 4 MB。如果按照字节来计算，则会更加精确。

通过上面的分析，可知每个线程下载文件的起始位置：线程 id × 每条线程下载的数据长度。

每个线程下载文件的结束位置：（线程 id + 1）× 每条线程下载的数据长度 - 1。

由于文件是分段下载的，因此在客户端保存文件时，使用 RandomAccessFile 类指定每条线程从本地文件的什么位置开始写入数据。示例代码如下。

```
RandomAccessFile threadfile = new RandomAccessFile("aa.exe","rw");
threadfile.seek(123125);//从文件的第 123 125 字节位置开始写入数据
```

在客户端需要使用 HTTP 的 Range 头字段告诉服务端每条线程从文件的什么位置开始下载，下载到什么位置为止，示例代码如下。

```
HttpURLConnection.setRequestProperty("Range","bytes=2097152-4194303");
```

上面语句表示读文件操作从第 2 097 152 字节开始，到第 4 194 303 字节结束。注意参数为字符串类型。

10.4.2 案例——文件的多线程下载

下面介绍如何在 Android 下实现多线程文件下载的功能，具体步骤如下。

1）新建项目，名称为“多线程文件下载”，包名为“com. example. multiThreadDown”。

2）设计 UI 界面。

```
<LinearLayout xmlns:android = "http://schemas. android. com/apk/res/android"
    xmlns:tools = "http://schemas. android. com/tools"
    android:layout_width = "match_parent"
    android:layout_height = "match_parent"
    android:orientation = "vertical"
    tools:context = ". MainActivity" >
    <TextView
        android:layout_width = "wrap_content"
        android:layout_height = "wrap_content"
        android:text = "请输入文件网址" />
    <EditText
        android:id = "@ + id/et"
        android:layout_width = "match_parent"
        android:layout_height = "wrap_content"
        android:text = "http://10. 0. 2. 2:8080/winrar. exe" />
    <Button
        android:layout_width = "wrap_content"
        android:layout_height = "wrap_content"
        android:layout_gravity = "right"
        android:onClick = "click"
        android:text = "下载" />
</LinearLayout>
```

在 UI 界面中，直接默认了文件的网络路径为 http://10. 0. 2. 2:8080/winrar. exe，即 Tomcat ROOT 文件夹下的 winrar. exe 文件。运行后的初始界面如图 10-24 所示。

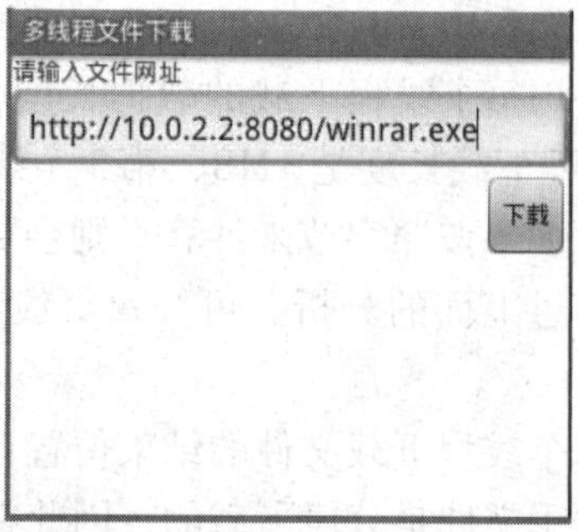

图 10-24　案例初始 UI 界面

3）编写“下载”按钮单击事件的响应代码。该代码需要完全按照多线程下载的步骤来实现。本例使用的是 HttpURLConnection 类的 GET 方法获取文件。

① 初始化参数。

```
private EditText eText;
private   final intthreadCount = 3;        //线程数量,服务器文件分成 3 份
private   int blocksize;                   //保存每线程下载文件部分的大小
….
eText = (EditText) findViewById( R. id. et);
```

② 编写下载文件代码。

```
public void click( View v) {
    final String pathString = eText. getText( ). toString( ). trim( );
    if( TextUtils. isEmpty( pathString) ) {
        Toast. makeText( this,"路径不能为空",1). show( );
        return;
    }
    new Thread( ) {              //网络操作在线程中
        public void run( ) {
            try {
                //1. 获取服务器对应资源大小,以便等分成若干份,使用 get 方式获得文件长度
                URL url = new URL( pathString);
                HttpURLConnection connection = ( HttpURLConnection) url
                        . openConnection( );
                connection. setRequestMethod( "GET" );
                connection. setConnectTimeout(5000);//设置连接超时时间
                int code = connection. getResponseCode( );
                if( code == 200) {
                    int length = connection. getContentLength( );
                                          //得到数据内容长度,返回 int 型,最大支持 2 GB
                    System. out. println( "服务器文件大小:" + length);
                    blocksize = length / threadCount;
                                          //得到每个线程下载文件的大小,不包括最后一个线程
                    //2. 在客户端创建大小和服务器一样大小的空文件,RandomAccessFile
支持随机访问
                    RandomAccessFile raFile = new RandomAccessFile(
                            "temp. exe","rw");//指定文件名和读/写方式
                    raFile. setLength( length);//设置文件大小
                    //3. 开启若干个不同的子线程去下载对应的数据
                    for( int id = 0; id < threadCount; id ++ ) {
                        final int threadid = id;
                        final int startindex = id * blocksize;//计算每一线程下载的起始位置
                        int tempendindex = ( id + 1) * blocksize - 1;
                      //每一线程下载的结束位置,由于 final 没有办法修改,所以用个临时值
                        if( id == ( threadCount - 1) )//注意最后线程大小不一定正好为 blocksize
                            tempendindex = length - 1;
                        final int endindex = tempendindex;
                        System. out. println( "线程 id:" + id + "下载位置"
                                + startindex + " ~ " + endindex
                                + " --- 当前线程下载长度" + ( endindex - startindex) );
                                                                          //打印
                        new Thread( ) {
                            public void run( ) {//开启子线程下载数据,每个线程负责一块,
起始位置结束位置要与服务器上的对应
                                try {
                                    URL url = new URL( pathString);
                                                    HttpURLConnection    connection    =
( HttpURLConnection) url
                                            . openConnection( );
                                    connection. setRequestMethod( "GET" );
                                    connection. setConnectTimeout(5000);
```

```
                                            //注意:range 头用于请求下载部分内容,即本线程对
应的起始和结束位置
                                            connection.setRequestProperty("Range",
                                                    "bytes=" + startindex + "-"
                                                    + endindex);
                                            int code = connection.getResponseCode();
                                            if(code == 206)
                                                    //注意:请求一部分数据成功的返回码为 206
                                            {
                                                InputStream iStream = connection
                                                    .getInputStream();
                                                                    //活动服务器返回的输入流
                                                RandomAccessFile raFile = new RandomAccessFile(
                                                    "/sdcard/temp.exe","rw");
                                                            //指定文件名和读写方式,位于 SD 卡上
                                                raFile.seek(startindex);
                                                //确定将流的起始位置写在文件的 startindex 位置
                                                int len = -1;
                                                byte[] buffer = new byte[1024];
                                                while((len = iStream.read(buffer)) != -1){
                                                                                //判断是否结束
                                                    raFile.write(buffer,0,len);
                                                }
                                                raFile.close();
                                                iStream.close();
                                                System.out.println("线程:" + threadid
                                                        + "下载完毕");
                                            }
                                        } catch(Exception e){
                                            e.printStackTrace();
                                        }
                                    };
                                }.start();
                            }
                        }
                    } catch(Exception e){
                        e.printStackTrace();
                    }
                };
            }.start();
```

4）添加网络访问权限。由于下载的文件存于 SD 卡中，因此需要增加 SD 卡写权限。

```
<uses-permission android:name="android.permission.INTERNET"/>
<uses-permission android:name="android.permission.WRITE_EXTERNAL_STORAGE"/>
```

5）在 Eclipse 中启动 Tomcat。部署并运行代码，单击“下载”按钮，可以看到 LogCat 输出结果如图 10-25 所示。整个文件分成 3 份，每份的大小及始末位置已经计算完毕。每个线程下载完毕会有相应的输出提示。所有线程下载完毕后，打开 DDMS，观察 sdcard 文件夹下多了一个 temp.exe 文件，大小正好为服务端文件大小，如图 10-26 所示。打开文件，发现文件下载成功。

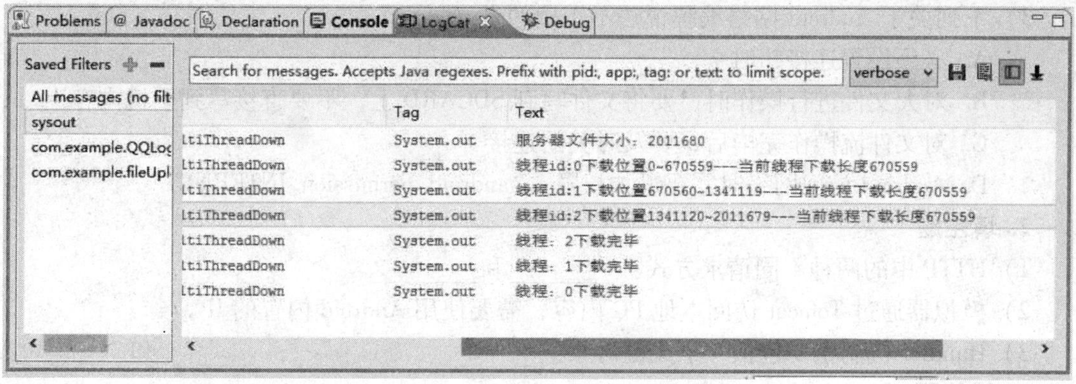

图 10-25　下载输出日志

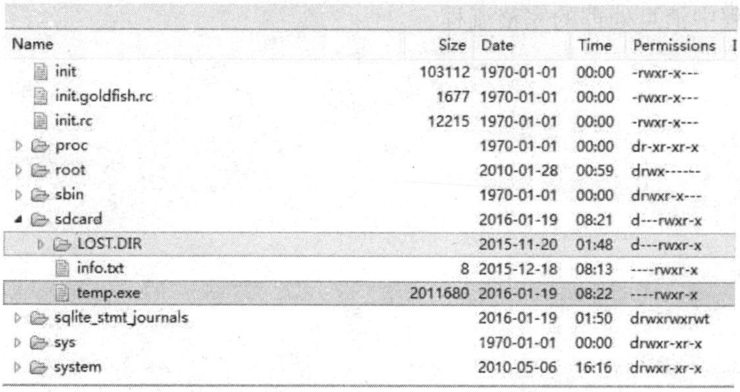

图 10-26　成功下载文件

10.5　小结

本章首先介绍了 Android 网络编程的基础知识，然后介绍了线程和消息处理机制的相关知识，重点介绍了 HTTP 访问网络的不同方式，最后介绍了文件上传和多线程下载的相关知识。

10.6　实践与练习

1. 选择题

1）下列通信方式中，不是 Android 系统提供的是（　　）。

A. Socket　　B. HTTP　　C. URL　　D. 以太网通信

2）下列不属于 Async HttpClient 特征的是（　　）。

A. 发送同步 HTTP 请求

B. 请求均位于非 UI 线程，不会阻塞 UI 操作

C. 通过线程池处理并发请求处理文件上传、下载

D. 自动处理连接断开时请求重连

3）下列关于 Android 网络编程说法不正确的是（　　）。

A. 必须设置连接超时

B. 对大文件进行操作时，要将文件写到 SDCARD 上，不要直接写到手机内存上

C. 对文件流操作完毕后，要及时关闭连接

D. Android 访问网络时需要增加权限：“android. permission. INTERNET”

2. 填空题

1）HTTP 中的两种不同请求方式：________和________。

2）模拟器通过 Tomcat 访问本地 PC 内容，需要使用 Android 内置的 IP。

3）Handler 机制主要包括 4 个关键对象：________、________、________和________。

3. 简答题

1）简述 Get 访问网络的步骤。

2）简述线程中消息处理的完整流程。

第 11 章　图形图像与多媒体开发

为了建立友好的交互界面，大多数的 Android 应用都涉及图形图像与多媒体方面的开发，如设定动画、播放音频和播放视频等。本章要点如下。

- 图形图像编程常用的类。
- 图像的特效和动画处理。
- 在应用中播放音频。
- 在应用中播放视频。

11.1　常用绘图类

在 Android 中绘制图像时最常用的就是 Paint 类、Canvas 类、Bitmap 类和 BitmapFactory 类。其中，Paint 类代表画笔，Canvas 类代表画布，Bitmap 类代表位图，BitmapFactory 类为一个工具类，用于从不同的数据源来解析、创建 Bitmap 对象。通过 Paint 类和 Canvas 类就可以绘制简单的图形。在 Android 中绘制的图片通常需要以下 4 个组成部分。

- 位图：包含图像的具体像素信息。
- 画板：包含绘画内容，以便写入位图信息。
- 初始图形：如 Rect、Bitmap、Text 等。
- 画笔：用来描述绘制图形图像的颜色和风格等。

11.1.1　Paint 类

Paint（画笔）在绘图过程中起到了极其重要的作用，用来描述图形的颜色和风格，如线宽、颜色、透明度和填充效果等信息。可以说，画笔指定了如何绘制文本和图形。使用 Paint 类时，需要首先通过该类提供的构造方法创建该类的对象。通常情况下，只需要使用无参数的构造方法来创建一个使用默认设置的 Paint 对象，具体代码如下。

```
Paint paint = new Paint( );
```

Paint 类包含大量设置参数的方法，这些方法可以分为两类：一类与图形绘制相关，一类与文本绘制相关。

1. 与图形绘制相关的方法

1）setARGB(int a,int r,int g,int b)：设置绘制的颜色。其中，a 代表透明度，其范围是[0,255]；r、g、b 分别代表红、绿、蓝颜色深度值，范围为[0,255]。

2）setAlpha(int a)：设置绘制图形的透明度。

3）setColor(int color)：设置绘制的颜色。使用颜色值来表示，该颜色值包括透明度和 RGB 颜色。

4）setAntiAlias(boolean aa)：设置是否使用抗锯齿功能。该方法会消耗较大资源，绘制图形速度会变慢。

5）setDither(boolean dither)：设置是否使用图像抖动处理。该方法会使绘制出来的图片更加平滑和饱满，图像更加清晰。

6）setXfermode(Xfermode xfermode)：设置图形重叠时的处理方式，如合并、取交集或并集。该方法经常用来制作橡皮的擦除效果。

7）setFilterBitmap(boolean filter)：设置是否启动优化操作。如果 filter 值设置为 True，则图像在动画进行中会滤掉对 Bitmap 图像的优化操作，加快显示速度。本设置依赖于 Dither 和 Xfermode 的设置。

8）setMaskFilter(MaskFilter maskfilter)：设置遮罩滤镜。该方法可以通过传入不同的 MaskFilter 对象实现滤镜的效果，但 MaskFilter 类中没有任何实现方法，所以需要使用具体的实现类，如 BlurMaskFilter 和 EmbossMaskFilter，分别表示为模糊遮罩滤镜和浮雕遮罩滤镜。

9）setColorFilter(ColorFilter colorfilter)：设置颜色过滤器。该方法可以在绘制颜色时实现不用颜色的变换效果。

10）setPathEffect(PathEffect effect)：设置绘制路径的效果，如点画线等。PathEffect 这个路径效果类同样没有具体的实现，效果由它的子类实现。例如，CornerPathEffect 类可以将路径的转角变得圆滑，DiscretePathEffect 类会在路径上绘制很多“杂点”的突出来模拟一种类似生锈铁丝的效果，DashPathEffect 类可以实现虚线及其动态移动效果，PathDashPathEffect 类可以让用户自己定义路径虚线的样式。

11）setShader(Shader shader)：设置图像效果，使用不同的 Shader 对象可以绘制出各种渐变效果。

12）setShadowLayer(float radius ,float dx,float dy,int color)：在图形下设置阴影层，产生阴影效果。radius 为阴影的角度，dx 和 dy 为阴影在 x 轴和 y 轴上的距离，color 为阴影的颜色。

13）setStyle(Paint. Style style)：设置画笔的样式，参数值为 FILL、FILL_OR_STROKE 或 STROKE。

14）setStrokeCap(Paint. Cap cap)：当画笔样式为 STROKE 或 FILL_OR_STROKE 时，设置笔刷的图形样式，如圆形样式为 Cap. ROUND、方形样式为 Cap. SQUARE 等。

15）setSrokeJoin(Paint. Join join)：设置绘制时各图形的结合方式，如平滑效果等。

16）setStrokeWidth(float width)：当画笔样式为 STROKE 或 FILL_OR_STROKE 时，设置笔刷的粗细度。

2. 与文本绘制相关的方法

1）setFakeBoldText(boolean fakeBoldText)：模拟实现粗体文字。需要注意的是，该方法设置在小号字体上效果很差。

2）setTextAlign(Paint. Align align)：设置绘制文字的对齐方向。

3）setTextScaleX(float scaleX)：设置绘制文字 x 轴的缩放比例，可以实现文字拉伸的效果。

4）setTextSize(float textSize)：设置绘制文字的字号大小。

5) setTextSkewX(float skewX)：设置斜体文字，skewX 为倾斜弧度。

6) setTypeface(Typeface typeface)：设置 Typeface 对象，即字体风格，包括粗体、斜体、衬线体、非衬线体等。

7) setUnderlineText(boolean underlineText)：设置带有下画线的文字效果。

8) setStrikeThruText(boolean strikeThruText)：设置带有删除线效果的文字。

11.1.2 Canvas 类

Canvas 类即手机中的画布，通常图形或图像是在 Canvas 上绘制的。因此，Canvas 可以看作一种处理过程，使用各种方法来管理 Bitmap、GL 或者 Path 路径，同时它可以配合 Matrix 矩阵类实现图像的旋转、缩放等操作。另外，Canvas 类还提供了裁剪、选取等操作。

Canvas 类提供了以下 3 种形式的构造方法。

1) Public Canvas()：创建一个空的画布，可以使用 setBitmap()方法来绘制具体的画布。

2) Public Canvas(Bitmap bitmap)：以 Bitmap 对象创建一个画布，则将内容都绘制在 Bitmap 上，因此 Bitmap 不能为空。

3) Public Canvas(GL gl)：在绘制 3D 效果时使用，与 OpenGL 相关。

在 Canvas 类提供的方法中经常使用的是以 draw 开头的方法。draw 开头的方法很容易理解，就是向画布中画图形，如可以向 Canvas 中画位图、为图形填充颜色等。这里给大家列出常用的方法。

- drawRect(RectF rect, Paint paint)：用于绘制矩形。rect 为图形显示区域，paint 为画笔。
- drawRoundRect(RectF rect, float rx, float ry, Paint paint)：用于画圆角矩形。rect 为图形显示区域，rx 和 ry 分别是水平圆角半径和垂直圆角半径。
- drawLine(floatstartX, float startY, float stopX, float stopY, Paint paint)：用于画线。其功能是用画笔从点（startX，startY）到点（stopX，stopY）画一条直线。
- drawArc(RectFoval, float startAngle, float sweepAngle, Boolean useCenter, Paint paint)：用于画弧，参数 oval 为圆弧显示区域，startAngle 和 sweepAngle 分别表示圆弧起始角度和圆弧度数，弧度值与坐标系一致；useCenter 设置是否显示圆心，paint 为画笔。
- drawCircle(float cx, float cy, float radius, Paint paint)：用于画圆，参数 cx、cy 代表圆心坐标，radius 为圆半径，paint 为画笔。
- drawBitmap(Bitmap bitmap, float x, float y, Paint paint)：用于在画布的某个位置上绘制一个位图。同样，可以通过指定目标大小或者使用一个矩阵来改变目标位图的外观。例如，drawBitmap(Bitmap bitmap, RectF srcRect, RectF dstRect, Paint paint)方法是将图片指定区域画到 canvas 的指定区域；drawBitmap(Bitmap bitmap, Matrix matrix, Paint paint)方法用特定的矩阵来画图，通常做缩放、平移等特效处理。

11.1.3 Bitmap 类

Bitmap 代表一张位图，扩展名可以是 .bmp 或者 .dib。位图是 Windows 标准格式图形文件，它将图像定义为由点（像素）组成，每个像素可以由多种色彩表示，包括 2、4、8、

16、24 和 32 位色彩。例如，一幅 1024 × 768 dpi 的 32 位真彩图片，其所占存储字节数为 1024 × 768 × 32/8 = 3072 KB。位图文件图像效果好，但是非压缩格式的，需要占用较大存储空间，不利于在网络上传送。

在 Android 系统中，Bitmap 是图像处理最重要的类之一。用它可以获取图像文件信息，进行图像剪切、旋转、缩放等操作，并可以指定格式保存图像文件。其常用的方法如下。

- public static BitmapcreateBitmap(Bitmap src)：以 src 为原图生成不可变的新图像。
- public static BitmapcreateScaledBitmap(Bitmap src, int dstWidth, int dstHeight, boolean filter)：以 src 为原图创建新的图像，指定新图像的高、宽以及是否可变。
- public static BitmapcreateBitmap(int width, int height, Config config)：用于创建指定格式、大小的位图。
- public static BitmapcreateBitmap (Bitmap source, int x, int y, int width, int height)：以 source 为原图创建新的图片，指定起始坐标以及新图像的高宽。
- public void recycle( )：用于回收位图占用的内存空间。
- public final booleanisRecycled( )：判断位图内存是否已释放。
- public final intgetWidth( )：用于获取位图的宽度。
- public final intgetHeight( )：用于获取位图的高度。
- public final booleanisMutable( )：用于判断图片是否可修改。
- public intgetScaledWidth(Canvas canvas)：用于获取指定缩放变换后的图像宽度。
- public intgetScaledHeight(Canvas canvas)：用于获取指定缩放变换后的图像高度。
- public boolean compress(CompressFormat format, int quality, OutputStream stream)：用于按指定的图片格式以及画质，将图片转换为输出流。format 可以取值 Bitmap. CompressFormat. PNG 或 Bitmap. CompressFormat. JPEG；quality 表示画质，取值范围为 0 ~ 100。0 表示最低画质压缩，100 以最高画质压缩。对于 PNG 等无损格式的图片忽略此项设置。

11.1.4 BitmapFactory 类

Bitmap 是在 android. graphics 包中实现的。Bitmap 类的构造函数是私有的，在类外并不能实例化，只能是通过 JNI（Java Native Interface）实例化。实现通过 JNI 接口来实例化 Bitmap 的类就是 BitmapFactory。使用 BitmapFactory 可从资源、files、streams、byte - arrays 中解码生成 Bitmap 对象。具体方法定义如下。

- public static BitmapdecodeFile(String pathName, Options opts) 或者 public static Bitmap decodeFile(String pathName)：这两个方法通过读取文件路径得到一个位图，opts 为图像选项。如果指定文件为空或者不能解码成文件，或者 opts 参数只请求大小信息时，则返回 NULL。
- public static BitmapdecodeResource(Resources res, int id) 或者 public static Bitmap decodeResource(Resources res, int id, Options opts)：这两个方法通过读取资源文件得到一个位图。如果位图数据不能被解码，或者 opts 参数只请求大小信息时，则返回 NULL。

- public static BitmapdecodeStream(InputStream is)：从输入流中解码位图。
- public static BitmapdecodeByteArray(byte[ ] data, int offset, int length)：从字节数组中解码生成不可变的位图。

1）若图片位于资源文件夹中，则其 ID 为 R. drawable. hello，解码出 Bitmap 的代码模式如下。

```
Bitmap bmp = BitmapFactory. decodeResource( this. getResources( ) ,R. drawable. hello) ;
```

2）若图像文件在某个文件夹中，则需要根据路径解出 Bitmap，代码模式如下。

```
Bitmap bmp = BitmapFactory. decodeFile( "/sdcard/ hello. jpg" )
```

11.1.5 其他类

除了上述比较重要的几个类之外，还有一些其他的类在绘图中需要经常使用，如 Point 类、Path 类和 Color 类。

1. Point 类

Point 是点的对象类，与坐标点相关的一些设置都可以使用该类来表示。该类有两个属性：X 坐标和 Y 坐标。其构造函数有以下 3 种形式：Point( ) ,Point(int x,int y) ,Point(Point p)。

Point 类常用的方法如下。

- Public void set(x,y)：用于重新设定 x、y 的坐标。
- Public final void offset(int dx,int dy)：用于设定坐标一个偏移值，值可正可负。

与 Point 类相似的类为 PointF，不同的是前者坐标值的类型是 int 型，而后者的坐标值是 float 型。除此之外，PointF 类增加了以下几个方法。

- Public final float length( )：返回(0,0)点到该点的距离。
- Public static float length(float x,float y)：返回(0,0)点到(x,y)点的距离。

2. Path 类

Path 路径类似在 Photoshop 中使用钢笔工具绘制路径的过程。Path 类位于 android. graphics. Path 中，Path 的构造方法比较简单：

```
Path p = new Path( ) ;
```

Path 类常用的方法如下。

- void addArc(RectF oval,float startAngle,float sweepAngle)：表示为路径添加一个多边形。
- void addCircle(float x,float y,float radius,Path. Direction dir)：表示给路径添加圆圈。第一个参数为 x 轴水平位置，第二个参数为 y 轴垂直位置，参数 radius 为圆形的半径，dir 为绘制的方向，Direction. CW 为顺时针方向，Direction. CCW 是逆时针方向。
- void addOval(RectF oval,Path. Direction dir)：表示给路径添加椭圆形。
- void addRect(RectF rect,Path. Direction dir)：表示给路径添加一个区域。
- void addRoundRect(RectF rect,float[ ] radii,Path. Direction dir)：表示给路径添加一个圆角区域，radii 为圆角的半径数组。
- boolean isEmpty( )：判断路径是否为空。
- void transform(Matrix matrix)：表示给路径应用矩阵变换。

- void transform(Matrix matrix,Pathdst)：表示应用矩阵变换并将结果放到新的路径 dst 中。

调用 Canvas. drawPath()方法可以将 Path 用定义的画笔绘制到画板上。如画一个封闭的原型路径，则使用 Path 类的 addCircle 方法。

```
p. addCircle(100,100,60,Direction. CW);
```

3. Color 类

Color 类定义了一些方法来创建和转换颜色值。颜色被表示为封装的数值，这个数值由 4 个字节组成，分别是 alpha、red、green、blue，每一部分的取值范围为 0 ~ 255，0 意味着这部分颜色不起作用，255 表示 100% 起作用。因此，不透明黑色的颜色值应是 0xFF000000，不透明白色的颜色值应是 0xFFFFFFFF。Color 类提供了一个无参的构造方法 Color()。

Color 类提供了 12 个常量值来代表不同的颜色值，在开发过程中可以直接调用这些常量值来设置所要修饰的文本、图形等对象。

该类提供了一些方法来进行颜色值的创建和转换，其中 3 个方法是用来返回一个颜色常量值的红绿蓝分色，数值在 0 ~ 255 之间，方法如下。

- Public static red(int color)。
- Public static green(int color)。
- Public static blue(int color)。

另外，Public static int rgb(int red,int green,int blue)方法通过输入红绿蓝三色，返回一个 RGB 颜色值。

11.1.6 案例——图片增加水印

下面通过一个简单的实例介绍如何进行图形图像的编程。水印就是在一张图片上面画上另一张图片或文字。图片增加水印分为 3 个环节：①载入原始图片；②载入水印图片或文字；③保存新的图片。具体的操作步骤如下。

1）新建项目，名称为“图片增加水印”，包名为“com. example. watermark”。

2）设计 UI 界面。通过单击按钮分别实现“增加文字水印”和“增加图片水印”效果。ImageView 用于显示原始图片，当单击按钮后显示最终的水印效果。

```
<LinearLayout xmlns:android = "http://schemas. android. com/apk/res/android"
    xmlns:tools = "http://schemas. android. com/tools"
    android:layout_width = "match_parent"
    android:layout_height = "match_parent"
    android:orientation = "vertical"
    tools:context = ". MainActivity" >
    <Button
        android:layout_width = "match_parent"
        android:layout_height = "wrap_content"
        android:onClick = "TextWaterMark"
        android:text = "增加文字水印" />
    <Button
        android:layout_width = "match_parent"
        android:layout_height = "wrap_content"
```

```
        android:onClick = "ImageWaterMark"
        android:text = "增加图片水印" />
    <ImageView
        android:id = "@ +id/iv"
        android:layout_width = "match_parent"
        android:layout_height = "match_parent"
        android:src = "@drawable/flower"/>
</LinearLayout>
```

在项目的 drawable 目录下增加名为 flower. jpg 的图片。当运行代码后，显示的效果如图 11-1 所示。

图 11-1　案例初始界面

3）设计“增加文字水印”按钮单击事件响应代码。

```
public void TextWaterMark(View v){
String str = "My TextWaterMark";                //文字水印内容
    ImageView image = (ImageView)this. findViewById(R. id. iv);
    BitmapbaseImage = BitmapFactory. decodeResource(this. getResources(),R. drawable. flower);
    int width = baseImage. getWidth();
    int hight = baseImage. getHeight();
    System. out. println("宽" + width + "高" + hight);
    Bitmap copyImage = Bitmap. createBitmap(width,hight,Bitmap. Config. ARGB_8888);//建立一个和原图相同大小空的 Bitmap
    Canvas canvas = new Canvas(copyImage);  //初始化画布绘制的图像到空图像上
    //在画布上复制原图
    Paint paint = new Paint();                  //建立画笔
    Rect src = new Rect(0,0,width,hight);       //创建一个指定的新矩形的坐标
    Rect dst = new Rect(0,0,width,hight);       //创建一个指定的新矩形的坐标
    canvas. drawBitmap(baseImage,src,dst,paint);//将 src 缩放或扩大到 dst 指定的填充区,使用paint 绘制图像
    //在画布上绘制文字
    PainttextPaint = new Paint();               //设置文字画笔
    textPaint. setTextSize(50. 0f);             //设置字体大小
    textPaint. setColor(Color. BLACK);          //设置文字的颜色
    canvas. drawText(str,50,50,textPaint);      //在某位置绘制上文字
    canvas. save(Canvas. ALL_SAVE_FLAG);
    canvas. restore();
    image. setImageBitmap(copyImage);
}
```

在上述代码中：

- createBitmap(int width,int height,Bitmap. Configconfig)方法的功能是根据 width 和 height 创建空位图。config 是一个枚举类型，可以用它来指定位图“质量”，即色彩的存储方法。ARGB 是指一种色彩模式，A 代表 Alpha，R 表示 Red，G 表示 Green，B 表示 blue。ARGB_8888 代表 32 位 ARGB 位图。
- canvas. drawBitmap(baseImage,src,dst,paint)方法的功能是将在指定图片 baseImage 中 src 所划分的区域绘制在画布的 dst 所指定的区域中。当 src 与 dst 指定的区域大小不同时，会产生图片的缩放效果。

● canvas. save( )方法用来保存 Canvas 的状态。随后，可以调用Canvas 的平移、放缩、旋转、错切、裁剪等操作。canvas. restore( )方法用来恢复 Canvas 之前保存的状态，防止 save( )方法执行后执行的 Canvas 操作对后续的绘制有影响。

4）部署并运行代码，单击“增加文字水印”按钮，效果如图 11-2 所示。

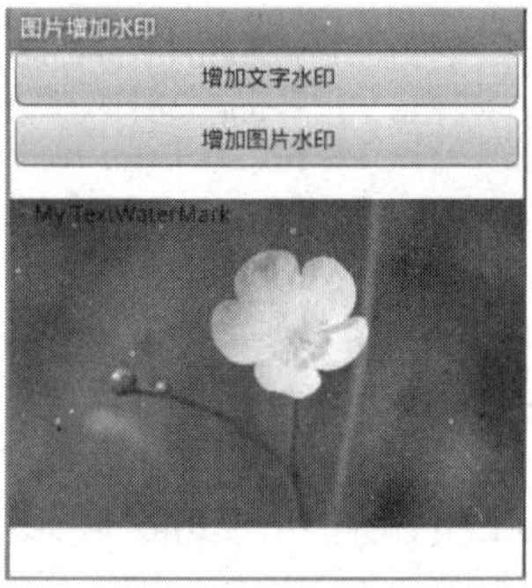

图 11-2　增加文字水印

5）设计“增加图片水印”按钮单击事件响应代码。在本例中直接使用 drawable 文件夹下的 Android 图标作为水印图片。代码如下。

```
public voidImageWaterMark(View v){
    ImageView image = (ImageView)this. findViewById(R. id. iv);
    BitmapmarkImage = BitmapFactory. decodeResource(this. getResources(),R. drawable. ic_launcher);
    BitmapbaseImage = BitmapFactory. decodeResource(this. getResources(),R. drawable. flower);
    int width = baseImage. getWidth();                    //背景图片宽度
      int hight = baseImage. getHeight();
    int mark_width = markImage. getWidth();               //水印图片宽度
    int mark_hight = markImage. getHeight();
    //对图片编辑必须使用副本
    Bitmap copyImage = Bitmap. createBitmap(width,hight,Bitmap. Config. ARGB_8888);//建立一
个和原图相同大小空的 Bitmap
    Canvas canvas = new Canvas(copyImage);               //初始化画布绘制的图像到空图像上
        //在画布上复制原图
    Paint paint = new Paint();                            //建立画笔
    Rect src = new Rect(0,0,width,hight);                 //创建一个指定的新矩形的坐标
    Rect dst = new Rect(0,0,width,hight);                 //创建一个指定的新矩形的坐标
    canvas. drawBitmap(baseImage,src,dst,paint);//将 src 缩放或扩大到 dst 指定的填充区,使用
paint 绘制图片
    src = newRect(0,0,mark_width,mark_hight);            //选取原图的区域
    dst = new Rect(width - mark_width * 5,hight - mark_hight * 5,width,hight);//定义画布上的画
图区域
    canvas. drawBitmap( markImage,src,dst,paint );//将 markImage 原图放大
    canvas. save(Canvas. ALL_SAVE_FLAG);
    canvas. restore();
    image. setImageBitmap(copyImage);
}
```

在本段代码中，将水印图片整体区域（由 src 确定）绘制在画布的右下角区域（由 dst 确定）。

6）部署并运行代码，单击“增加图片水印”按钮，得到的效果如图 11-3 所示。

图 11-3　增加图片水印

11.2　图像特效处理

在前面的案例中，简单地介绍了如何使用常用的绘图类进行图像的项目开发，其中也出现了图像缩放处理。本

节主要介绍如何实现图形图像的特效处理，包括缩放、旋转、平移、镜面、倒影效果等，这些处理都属于对图像的编辑。需要注意的是，对图像的编辑都不对图像原图进行操作，因此需要将图片在内存中进复制产生副本，所有的处理操作代码都是在该副本文件中进行的。一般来说，图像特效处理的步骤如下：

1）根据原图创建大小一样的空白图片：

```
Bitmap bitmap_copy = Bitmap.createBitmap(bitmap.getWidth(), bitmap.getHeight(), bitmap.getConfig());
```

其中 bitmap 为需要处理的原始图片。

2）根据空白图片的属性创建一个画布：

```
Canvas canvas = new Canvas(bitmap_copy);
```

3）创建画笔，指定画笔的颜色等属性信息：

```
Paint paint = new Paint();
paint.setColor(Color.BLACK);
```

4）在画布上使用画笔绘制任意图片：

```
canvas.drawBitmap(bitmap,new Matrix(),paint);//绘制原图,实现了创建副本功能
```

5）将画布的图片加载到界面控件中：

```
image.setImageBitmap(bitmap_copy);
```

在上述的步骤中，可以看到一个新的类 Matrix。它是 Android 图像 API 中提供的一个非常有用的矩阵类。该类具有一个 3×3 的矩阵，用于更改原图的像素点坐标。

通常，图形的默认矩阵用数组表示如下：

$$\begin{pmatrix}1 & 0 & 0\\0 & 1 & 0\\0 & 0 & 1\end{pmatrix}$$

该矩阵的每一行分别代表 x、y、z 三个维度下像素点的变化公式。第一行向量[1,0,0]表示像素坐标在 x 方向的变换法则系数，变换规则为 $x = 1 \times x + 0 \times y + 0 \times z$。第二、第三行向量分别表示像素坐标在 y、z 方向的变换法则系数，变换规则为 $y = 0 \times x + 1 \times y + 0 \times z$ 和 $z = 0 \times x + 0 \times y + 1 \times z$。因此，通过 Matrix 类更改图像矩阵的值，可以实现图形的旋转、平移和缩放、倒影和镜面效果。该 Matrix 类的常用方法见表 11-1。

表 11-1　Matrix 类的常用方法

方 法 名 称	方法功能描述
void reset()	重置一个 Matrix 对象
void set(Matrix src)	复制一个源矩阵，与构造方法 Matrix(Matrix src)的功能一致
boolean isIdentity()	返回这个矩阵是否定义
void setRotate(float degrees)	指定一个角度，以(0,0)为坐标进行旋转

（续）

方法名称	方法功能描述
void setRotate(float degrees,float px,float py)	指定一个角度以(px,py)为坐标进行旋转
void serScale(float sx,float sy)	以(0,0)为原点进行缩放处理，如果是负数，图像就会翻转
void serScale(float sx,float sy,float px,float py)	以坐标(px,py)为原点进行缩放，如果是负数，图像就会翻转
void setTranslate(float dx,float dy)	图像平移（dx，dy）的向量
void setSkew(float kx,float ky)	以(0,0)为原点进行倾斜
void setSkew(float kx,float ky,float px,float py)	以坐标(px,py)为原点进行倾斜

📖 Matrix 类中除了以 set 开头的方法外，还有带有 pre、post 的同名方法，使用它们时需要考虑先后顺序。Matrix 调用一系列 set、pre、post 方法时，可视为将这些方法插入到一个队列，按照队列中从头至尾的顺序调用执行。其中，pre 表示在队头插入一个方法，post 表示在队尾插入一个方法。而 set 表示把当前队列清空，并且总是位于队列的最中间位置。当执行了一次 set 后，pre 方法总是插入到 set 前部的队列首位置，post 方法总是插入到 set 后部的队列尾位置。

下面通过一个简单的案例来为大家演示如何对图片进行特效处理。具体步骤如下：

1）新建项目，名称为“图像特效处理”，包名为“com. example. specialEffects”。

2）设计 UI 界面，如图 11-4 所示。在 drawable 文件夹下导入名为 bird. png 的图片。在项目中，每个按钮处理一种特效，在按钮下方包含两个 ImageView，分别用于显示原图和特效处理后的效果。为防止图片显示空间不充分，读者可使用 ScrollView 包裹这两个 ImageView。

图 11-4　案例初始界面

具体的布局代码如下：

```
<LinearLayout xmlns:android = "http://schemas. android. com/apk/res/android"
    xmlns:tools = "http://schemas. android. com/tools"
    android:layout_width = "match_parent"
    android:layout_height = "match_parent"
    android:orientation = "vertical"
    tools:context = ". MainActivity" >
    <LinearLayout
        android:layout_width = "fill_parent"
        android:layout_height = "wrap_content"
        android:orientation = "horizontal" >
        <Button
            android:layout_width = "wrap_content"
            android:layout_height = "wrap_content"
            android:onClick = "zoomIn"
```

```
            android:text = "放大" />
        <Button
            android:layout_width = "wrap_content"
            android:layout_height = "wrap_content"
            android:onClick = "zoomOut"
            android:text = "缩小" />
        <Button
            android:layout_width = "wrap_content"
            android:layout_height = "wrap_content"
            android:onClick = "translate"
            android:text = "平移" />
        <Button
            android:layout_width = "wrap_content"
            android:layout_height = "wrap_content"
            android:onClick = "rotate"
            android:text = "旋转" />
        <Button
            android:layout_width = "wrap_content"
            android:layout_height = "wrap_content"
            android:onClick = "mirror"
            android:text = "镜面" />
        </LinearLayout>
        <LinearLayout
        android:layout_width = "match_parent"
        android:layout_height = "match_parent"
        android:orientation = "vertical" >
        <ImageView
            android:layout_width = "wrap_content"
            android:layout_height = "wrap_content"
            android:layout_gravity = "center_horizontal"
            android:src = "@drawable/bird " />
        <ImageView
            android:id = "@+id/iv_copy"
            android:layout_width = "wrap_content"
            android:layout_height = "wrap_content"
            android:layout_gravity = "center_horizontal" />
        </LinearLayout>
</LinearLayout>
```

3）编写“放大”按钮单击事件响应代码。

```
public void zoomIn(View v){
        //1. 加载原图
        Bitmap image = BitmapFactory.decodeResource(this.getResources(),R.drawable.ic_launcher);
        //2. 加载原图的副本
        //1)创建一个配置相同的空白图片,大小设置大一些
        Bitmap image_copy = Bitmap.createBitmap(image.getWidth() * 2,image.getHeight() * 2,
image.getConfig());
        //2)复制图片内容
        //①按照空白图片的尺寸创建画布
        Canvas cavas = new Canvas(image_copy);
        //②创建画笔,设置颜色
```

```
        Paint paint = new Paint();
        paint.setColor(Color.BLACK);
        //③设置图片矩阵
        Matrix matrix = new Matrix();
        matrix.setScale(2.0f,2.0f);//x、y方向的比例为原来的2倍
        //④使用画笔根据图片进行矩阵绘图
        cavas.drawBitmap(image,matrix,paint);
        iv_copy.setImageBitmap(image_copy);
    }
```

在本段代码中，createBitmap()方法将副本图像的大小设置为了原来的2倍，是因为ImageView的宽、高属性为包裹内容。如果将副本大小设置为与原图一致，则在绘制图形时只能显示原图大小的空间，这会导致放大的图片显示不完整，如图11-5所示。

4）部署并运行代码，单击“放大”按钮，运行结果如图11-6所示。

图11-5　显示部分放大结果

图11-6　放大特效

5）按照上述代码模式编写其他特效代码。

① 缩小效果，在“放大”效果代码基础上进行如下修改：

```
matrix.setScale(0.5f,0.5f);
```

上述语句实现了宽高的1/2缩放，面积是原来的1/4。运行结果如图11-7所示。

图11-7　缩小特效

② 平移效果，引入矩阵平移的方法：

```
matrix.setTranslate(100,0);
```

上述语句实现了图像x方向平移100个像素，y方向不变，即水平平移。同样这里也要注意图像副本大小设置大于原图，否则可能会出现图像移出画布的现象。最终运行效果如图11-8所示。

③ 旋转效果，修改代码如下：

```
matrix.setRotate(180,image.getWidth()/2,image.getHeight()/2);
```

上述代码实现了以图片中心为参考点旋转 180°。这里的参考点坐标是按照原来图片所占空间进行计算的。运行效果如图 11-9 所示。

图 11-8　平移特效

图 11-9　旋转特效

④ 镜面效果的代码如下。

```
matrix.setScale(-1.0f,1);//通过负值实现像素 x 坐标做对称
matrix.postTranslate(image.getWidth(),0);//使用 post 方法在对称变换后才生效位移操作,使得
副本移动到 ImageView 控件内
```

上述语句在完成了镜面效果后，图像的位置应该在其左侧对称位置，位移操作则实现了图像显示在控件内。运行效果如图 11-10 所示。

如果要实现倒影效果，则可参考本例镜面效果进行修改代码，只需在 y 方向做对称并平移到原来的位置即可。

图 11-10　镜面效果

11.3　Android 中的动画

Animations 是一个实现 Android UI 界面动画效果的 API，它提供了一系列的动画效果，可以进行旋转、缩放、淡入淡出等。这些效果可以应用在绝大多数的控件中，能够丰富 UI 界面的内容，达到意想不到的效果。Android 中常用的动画模式有以下两种：Tween Animation（补间动画）和 Frame Animation（逐帧动画）。这两种动画模式在 SDK 中也被称为 View Animation 和 Drawable Animation。View Animation 提供了旋转、移动、伸展和淡出等效果。Drawable Animation 通过创建一个 Drawable 序列，使得它们可以按照指定的时间间隔逐一显示。

11.3.1　补间动画

补间动画（View Animation 或者 Tween Animation）：通过给出两个关键帧，使用一些算法将给定属性值在给定的时间内在两个关键帧间渐变。View Animation 只能应用于 View 对象，而且只支持一部分属性，如支持缩放、旋转，而不支持背景颜色的改变。另外，View animation 仅改变了 View 对象绘制的位置，没有改变 View 对象本身。例如，有一个坐标(0,0)宽、高值都为 100 的按钮，在补间动画作用下使其宽、高都变为 200，而在动画过程中触发按钮单击的区域仍是原来按钮的区域，即(0,0)~(100,100)。

Android 中的补间动画有以下 4 种效果：

- Alpha：实现渐变透明度动画效果。
- Scale：实现渐变尺寸伸缩动画效果。
- Translate：实现移动动画效果。
- Rotate：实现旋转动画效果。

它们分别对应着 Animation 的四个子类：AlphaAnimation、ScaleAnimation、TranslateAnimation 和 RotateAnimation。

补间动画的编程方式有以下两种。

- 在 XML 资源中定义 Animation，使用 AnimationUtils 中的 loadAnimation( ) 函数加载动画。
- 在 Java 代码中，使用上述 Animation 子类的构造函数来初始化 Animation 对象。

补间动画编程的具体步骤如下。

1）创建一个 AnimationSet 对象（Animation 子类），该对象应用于多种动画效果组合。

2）增加需要创建相应效果的 Animation 子类对象，即 AlphaAnimation、ScaleAnimation、TranslateAnimation 和 RotateAnimation。

3）根据项目的需求，为 Animation 子类对象设置相应的参数。

4）将增加的 Animation 子类对象添加到 AnimationSet 对象当中。

5）使用控件对象开始执行 AnimationSet 或 Animation 子类对象所包含的动画效果。

下面通过一个简单的例子介绍如何在 Java 代码中实现补间动画，具体操作步骤如下。

1）新建项目，名称为“补间动画 Java”，包名为“com. example. ViewAnimationJava”。

2）设计 UI 界面。不同按钮对应不同补间动画的效果，最后设计一个组合效果。布局代码如下。

```
<RelativeLayout xmlns:android = "http://schemas.android.com/apk/res/android"
    xmlns:tools = "http://schemas.android.com/tools"
    android:layout_width = "match_parent"
    android:layout_height = "match_parent"
    android:paddingBottom = "@dimen/activity_vertical_margin"
    android:paddingLeft = "@dimen/activity_horizontal_margin"
    android:paddingRight = "@dimen/activity_horizontal_margin"
    android:paddingTop = "@dimen/activity_vertical_margin"
    tools:context = ".MainActivity" >
    <LinearLayout
        android:layout_width = "match_parent"
        android:layout_height = "wrap_content"
        android:orientation = "horizontal" >
        <Button
            android:layout_width = "0dip"
            android:layout_height = "wrap_content"
            android:layout_weight = "1"
```

```
            android:text = "透明"
            android:onClick = "alpha"/>
        <Button
            android:layout_width = "0dip"
            android:layout_height = "wrap_content"
            android:layout_weight = "1"
            android:text = "位移"
            android:onClick = "trans"/>
        <Button
            android:layout_width = "0dip"
            android:layout_height = "wrap_content"
            android:layout_weight = "1"
            android:text = "缩放"
            android:onClick = "scale" />
        <Button
            android:layout_width = "0dip"
            android:layout_height = "wrap_content"
            android:layout_weight = "1"
            android:text = "旋转"
            android:onClick = "rotate"/>
        <Button
            android:layout_width = "0dip"
            android:layout_height = "wrap_content"
            android:layout_weight = "1"
            android:text = "组合"
            android:onClick = "combine "/>
    </LinearLayout>
    <ImageView
        android:id = "@+id/iv"
        android:layout_width = "wrap_content"
        android:layout_height = "wrap_content"
        android:layout_centerHorizontal = "true"
        android:layout_centerVertical = "true"
        android:src = "@drawable/ic_launcher" />
</RelativeLayout>
```

在按钮下方的 ImageView 用于显示动画效果。项目的界面如图 11-11 所示，在此之前需要将初始图片 star. jpg 加载到 drawable 文件夹下。

3）编写透明动画效果 Java 代码。

```
public void alpha(View v){
    ImageView iView = (ImageView)findViewById(R. id. iv);
    //1. 创建 AlphaAnimation 对象,指定动画开始透明度(0 为透明,1 为遮盖),结束透明度
    AlphaAnimation aa = new AlphaAnimation(0. 0f,1. 0f);
    //2. 设定动画参数
    //1)设置重复次数,如果是 1,即播放两次
    aa. setRepeatCount(Animation. INFINITE);//永远不停
    //2)设定重复模式,Animation. RESTART 从头重复,Animation. REVERSE 倒着播放
    aa. setRepeatMode(Animation. REVERSE);
    //3)制定头尾时间间隔
    aa. setDuration(2000);
```

```
    //3. 控件内的图片执行该操作
    iView. startAnimation(aa);
}
```

部署并运行代码，单击“透明”按钮，可以观察到图片逐渐透明的动画效果。图 11-12 仅给出了其中一个时刻的截图。

图 11-11　案例初始界面

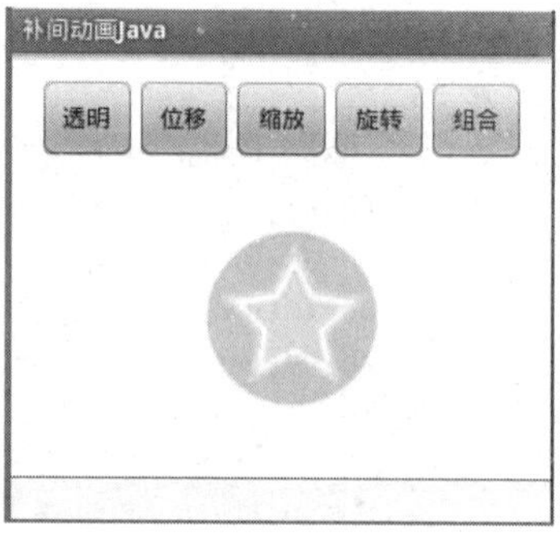

图 11-12　透明动画

4）编写其他独立效果代码。

① 位移效果代码如下：

```
public void translate(View v){
    ImageView iView = (ImageView)findViewById(R. id. iv);
    //1. 创建 TranslateAnimation 对象,指定动画开始位置、结束位置
    TranslateAnimation tAnimation = new TranslateAnimation(
            Animation. RELATIVE_TO_PARENT,0,
    Animation. RELATIVE_TO_PARENT,
            0. 5f,Animation. RELATIVE_TO_PARENT,0,
            Animation. RELATIVE_TO_PARENT,0. 5f);
    //2. 设定动画参数
    //1)设置重复次数,如果是 1,即播放两次
    tAnimation. setRepeatCount(Animation. INFINITE);//永远不停
    //2)设定重复模式,Animation. RESTART 从头重复,Animation. REVERSE 倒着播放
    tAnimation. setRepeatMode(Animation. REVERSE);
    //3)制定头尾时间间隔
    tAnimation. setDuration(2000);
    //3. 控件内的图片执行该操作
    iView. startAnimation(tAnimation);
}
```

在上述代码中，TranslateAnimation 构造函数中的参数如下：Animation. RELATIVE_TO_PARENT 表示其后的参考点相对于父窗体，4 个数值依次表示 x 方向的起始位置和目标位置，y 方向的起始位置和目标位置，0 表示最左侧，目标位置也是相对父窗体，0. 5 表示移动一半宽度。此时运行代码，位移动画某一时刻的截图如图 11-13 所示。

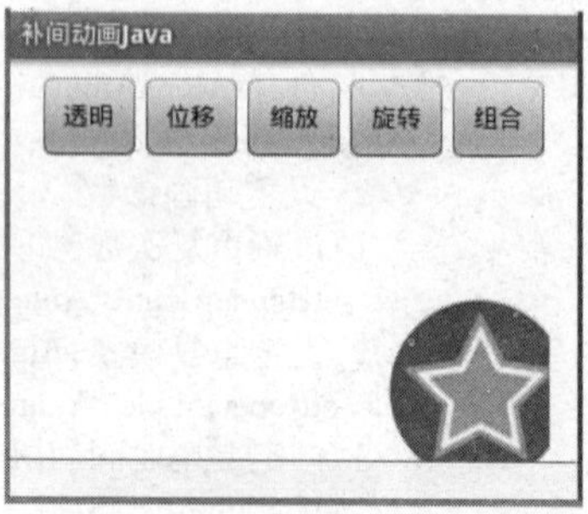

图 11-13　位移动画某一时刻的截图

② 缩放动画效果代码如下：

```
public void scale( View v) {
    ImageView iView = ( ImageView) findViewById( R. id. iv) ;
    //1. 创建 ScaleAnimation 对象,指定动画开始倍数和目标倍数
    ScaleAnimation sAnimation = new ScaleAnimation(0. 1f,2. 0f,0. 1f,2. 0f,
            Animation. RELATIVE_TO_SELF,0. 3f, Animation. RELATIVE_TO_SELF,
            0. 3f) ;
    //2. 设定动画参数
    sAnimation. setRepeatCount( Animation. INFINITE) ;//永远不停
    sAnimation. setRepeatMode( Animation. REVERSE) ;
    sAnimation. setDuration(2000) ;
    //3. 控件内的图片执行该操作
    iView. startAnimation( sAnimation) ;
}
```

其中，ScaleAnimation 构造函数的前 4 个参数依次是 x 方向的起始倍数和目标倍数，y 方向的起始倍数和目标倍数。Animation. RELATIVE_TO_SELF 表示其缩放的参考点相对于图片自身，最后两个参数表示缩放中心在 x 和 y 方向的比重，0. 3 表示在偏左上方建立缩放中心。运行程序某一时刻的截图如图 11-14 所示。

③ 旋转动画效果代码如下：

```
public void rotate( View v) {
    ImageView iView = ( ImageView) findViewById( R. id. iv) ;
    //1. 创建 ScaleAnimation 对象,指定动画起始度数和目标度数
    RotateAnimation rAnimation = new RotateAnimation(0,360,
            Animation. RELATIVE_TO_SELF,0. 3f, Animation. RELATIVE_TO_SELF,
            0. 3f) ;
    //2. 设定动画参数
    rAnimation. setRepeatCount( Animation. INFINITE) ;
    rAnimation. setRepeatMode( Animation. REVERSE) ;
    rAnimation. setDuration(2000) ;
    //3. 控件内的图片执行该操作
    iView. startAnimation( rAnimation) ;
}
```

其中，RotateAnimation 构造函数的前两个参数依次是起始角度和目标角度，剩下两个浮点数值表示旋转参考中心在 x 和 y 方向的比重。运行程序某一时刻的截图如图 11-15 所示。

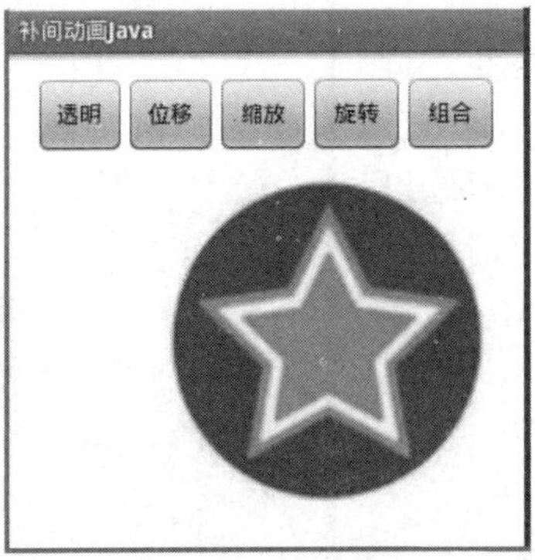

图 11-14　缩放动画

图 11-15　旋转动画

5）单一动画效果往往并不是很实用，在大多数应用中都是使用各种动画效果的组合达到复杂的动态效果。编写组合效果动画代码如下。

```
public void combine( View v) {
    ImageView iView = ( ImageView) findViewById( R. id. iv) ;
    //1. 创建动画集合 AnimationSet 对象
    AnimationSet set = new AnimationSet( false) ;
    //2. 创建各种单一效果动画,并设置属性
    TranslateAnimation tAnimation = new TranslateAnimation(
            Animation. RELATIVE_TO_PARENT, -0. 5f,
            Animation. RELATIVE_TO_PARENT,0. 5f,
            Animation. RELATIVE_TO_PARENT, -0. 5f,
            Animation. RELATIVE_TO_PARENT,0. 5f) ;
    tAnimation. setRepeatCount( Animation. INFINITE) ;
    tAnimation. setRepeatMode( Animation. REVERSE) ;
    tAnimation. setDuration( 2000) ;
    ScaleAnimation sAnimation = new ScaleAnimation( 0. 2f,2. 0f,0. 2f,2. 0f,
            Animation. RELATIVE_TO_SELF,0. 3f, Animation. RELATIVE_TO_SELF,
            0. 3f) ;
    sAnimation. setRepeatCount( Animation. INFINITE) ;
    sAnimation. setRepeatMode( Animation. REVERSE) ;
    sAnimation. setDuration( 2000) ;

    RotateAnimation rAnimation = new RotateAnimation( 0,360,
            Animation. RELATIVE_TO_SELF,0. 3f, Animation. RELATIVE_TO_SELF,
            0. 3f) ;
    rAnimation. setRepeatCount( Animation. INFINITE) ;
    rAnimation. setRepeatMode( Animation. REVERSE) ;
    rAnimation. setDuration( 2000) ;
    //3. 将单一效果动画分别加入 AnimationSet 对象中
    set. addAnimation( rAnimation) ;
    set. addAnimation( sAnimation) ;
    set. addAnimation( tAnimation) ;
    //4. 控件执行 AnimationSet 对象的所有效果
    iView. startAnimation( set) ;
}
```

在上述代码中，需要 AnimationSet 对象将不同的效果组合在一起，其构造函数的参数表示不同动画效果是否统一进度播放，false 表示单一效果依照自身的播放速度进行控制。运行程序某一时刻的截图如图 11-16 所示。

图 11-16　组合动画

从上述的例子中可以看出，当项目需要很多动画效果时必须对各自效果进行参数设置，代码显得冗余烦琐，为了解决这种问题，Android 对补间动画又增加了 XML 格式定义的 Animation，具体见 11. 3. 3 节。

11. 3. 2　逐帧动画

逐帧动画（Drawable Animation 或者 Frame Animation）就像 GIF 图片，通过一系列 Drawable 资源依次显示来模拟

动画的效果。Android SDK 提供了 AnimationDrawable 来定义并实现 Drawable Animation。一般来说，逐帧动画的资源文件用 XML 文件来定义。在添加基本素材资源时，为了适应不同分辨率图片，可以直接新建 drawable 文件夹导入资源。

下面介绍一下逐帧动画中需要的 XML 文件格式：文件 <animation - list> 作为根节点，根节点中包含多个 <item> 子节点，每个 <item> 节点对应每一帧动画，即当前帧的 drawable 资源和当前帧持续的时间。表 11-2 给出了逐帧动画所需 XML 属性及描述。

表 11-2　逐帧动画所需 XML 属性及描述

XML 属性	描　述
drawable	当前帧引用的 drawable 资源
duration	当前帧显示的时间（单位为 ms）
oneshot	播放模式。如果为 True，则表示动画只播放一次，停止在最后一帧上；如果设置为 False，则表示动画循环播放
visible	规定 drawable 的初始可见性，默认为 Flase

下面通过一个简单的例子来讲解逐帧动画的编程过程，具体步骤如下。

1）新建项目，名称为“逐帧动画”，包名为“com. example. DrawableAnimation”。

2）设计 UI 界面，使用一个 ImageView 显示动画。

```
<ImageView
    android:id = "@ + id/iv"
    android:layout_width = "wrap_content"
    android:layout_height = "wrap_content" />
```

3）在 res 目录下新建 drawable 文件夹，并将所有图片帧导入到该文件夹中。

4）在 drawable 文件中新建名为 frame 的 XML 文件，根节点选择 <animation - list>，其内部代码如下。

```
<? xml version = "1.0" encoding = "utf - 8"? >
<animation - listxmlns:android = "http://schemas. android. com/apk/res/android" >
<! -- 每一项指定一帧图片,并给出每帧的停留时间 -->
    <item
        android:drawable = "@ drawable/flower_1"
        android:duration = "200"/ >
    <item
        android:drawable = "@ drawable/flower_2"
        android:duration = "200"/ >
    <item
        android:drawable = "@ drawable/flower_3"
        android:duration = "200"/ >
    <item
        android:drawable = "@ drawable/flower_4"
        android:duration = "200"/ >
</animation - list >
```

5）在主活动 onCreate( ) 方法中，编写如下代码加载 XML 文件对应的各帧资源：

```
ImageView iv = (ImageView)findViewById(R. id. iv);
//1. 将某个资源设置为背景
```

```
iv. setBackgroundResource( R. drawable. frame) ;
//2. 将背景转化为 AnimationDrawable 对象
AnimationDrawable ad = ( AnimationDrawable) iv. getBackground( ) ;
//3. 开始执行动画
ad. start( ) ;
```

6）部署并运行代码，得到花开的动画效果部分截图如图 11-17 所示。

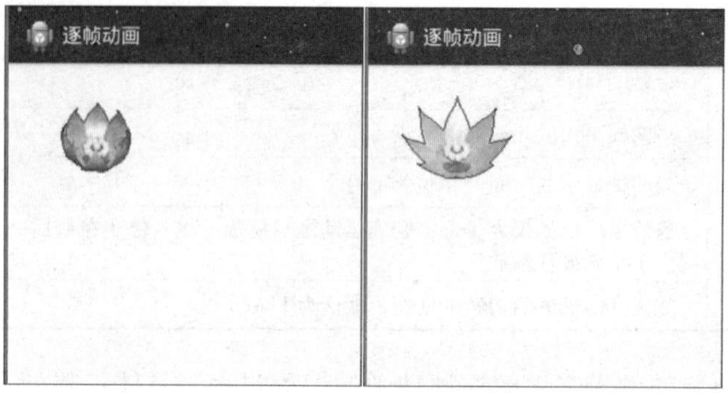

图 11-17　逐帧动画

注意，在 Android 4.0 以上的版本，该演示动画可以成功运行。但在 Android 4.0 版本以下的 Android 系统里该动画不会播放，只停留在第一帧中。这是因为 iv. getBackground( ) 这个方法在 Android 4.0 以下的系统里面执行需要一定的时间。如果读者使用了低版本的 SDK 创建虚拟机，则可以在该方法开启新的线程等待一段时间，再执行 start( ) 方法。

11.3.3　案例——开机自启动动画

为了让大家对补间动画 XML 方式编程有个清晰的认识，本节案例实现开机自启动动画的功能。具体步骤如下。

1）新建项目，名称为“开机自启动动画”，包名为“com. example. bootAnimation”。

2）设计 UI 界面。

① 去掉界面的标题栏。在 setContentView( ) 方法前加入如下代码：

```
this. requestWindowFeature( Window. FEATURE_NO_TITLE) ;
```

② 将界面设置为透明。在清单文件中的主活动内加入透明主题：

```
android:theme = "@ android:style/Theme. Translucent"
```

③ 在主活动 UI 界面的相对布局中加入 ImageView 用于显示动画效果，默认的原图片为 Android 图标。

```
<ImageView
        android:id = "@ + id/iv"
        android:layout_width = "wrap_content"
        android:layout_height = "wrap_content"
        android:layout_centerHorizontal = "true"
        android:layout_centerVertical = "true"
        android:src = "@ drawable/ic_launcher" />
```

3）为了在 XML 中使用 Animation，需要进行如下操作。

① 在 res 中增加文件夹 anim。在该文件夹下新建 XML 文件，在弹出的对话框中，资源类型默认为 Tween Animation，而列表里则包含各种补间动画类型和动画合集，如图 11-18 所示。在编程时，设计哪种类型的补间动画则使用相应名称的根节点。

② 设计透明效果。选择 “alpha” 根节点，则文件名可以定义为 alpha. xml。在生成的 XML 文件中输入如下内容。

图 11-18　创建补间动画 XML 文件

```
<alpha
    android:fromAlpha = "0.0"
    android:toAlpha = "1.0"
    android:duration = "2000"
    android:repeatCount = "infinite"
    android:repeatMode = "reverse"
    xmlns:android = "http://schemas.android.com/apk/res/android" >
</alpha>
```

其中，fromAlpha 属性为动画起始时透明度，toAlpha 属性为动画结束时透明度，0.0 表示完全透明，1.0 表示完全不透明。duration 属性为动画持续时间，时间以 ms 为单位。repeatCount 表示重复次数，repeatMode 表示重复动画顺序。

③ 设计旋转效果。新建 XML 文件，选择 “rotate” 根节点，名称为 rotate. xml，在生成的 XML 文件中设计旋转动画参数。

```
<rotate
    android:duration = "2000"
    android:fromDegrees = "0"
    android:pivotX = "50%"
    android:pivotY = "50%"
    android:repeatCount = "infinite"
    android:repeatMode = "reverse"
    android:toDegrees = "360"
    xmlns:android = "http://schemas.android.com/apk/res/android" >
</rotate>
```

其中，fromDegrees 属性为动画起始时物件的角度，toDegrees 属性为动画结束时物件旋转的角度。pivotX 属性为动画相对于物件的 X 坐标开始位置，pivotY 属性为动画相对于物件的 Y 坐标开始位置，取值为 “50%” 是参考点相对于自身选取，“50%p” 是相对于父窗体选取。

④ 设计缩放效果。新建 XML 文件，选择 “scale” 根节点，名称为 scale. xml，在生成的 XML 文件中设计缩放动画参数。

```
<scalexmlns:android = "http://schemas.android.com/apk/res/android"
    android:duration = "2000"
    android:fromXScale = "0.1"
```

```
        android:fromYScale = "0.1"
        android:pivotX = "50%"
        android:pivotY = "50%"
        android:repeatCount = "infinite"
        android:repeatMode = "reverse"
        android:toXScale = "2.0"
        android:toYScale = "2.0" >
    </scale>
```

其中，fromXScale 属性为动画起始时 X 坐标上的伸缩尺寸，toXScale 属性为动画结束时 X 坐标上的伸缩尺寸；fromYScale 属性为动画起始时 Y 坐标上的伸缩尺寸，toYScale 属性为动画结束时 Y 坐标上的伸缩尺寸。

⑤ 设计平移效果。新建 XML 文件，选择“translate”根节点，名称为 translate.xml，在生成的 XML 文件中设计平移动画参数。

```
    <translate
        android:duration = "2000"
        android:fromXDelta = "0"
        android:fromYDelta = "0"
        android:repeatCount = "infinite"
        android:repeatMode = "reverse"
        android:toXDelta = "100%p"
        android:toYDelta = "100%p"
        xmlns:android = "http://schemas.android.com/apk/res/android" >
    </translate>
```

其中，fromXDelta 属性为动画起始时 X 坐标的位置，toXDelta 属性为动画结束时 X 坐标的位置；fromYDelta 属性为动画起始时 Y 坐标上的位置，toYDelta 属性为动画结束时 Y 坐标上的位置。

⑥ 设计组合效果。新建 XML 文件，选择“set”根节点，名称为 set.xml，在生成的 XML 文件中设计组合动画参数。将各种动画节点及参数配置复制到 <set> 根节点下就可以了。注意这里不支持文件的引用。

```
    <set xmlns:android = "http://schemas.android.com/apk/res/android" >
        <translate
            android:duration = "2000"
            android:fromXDelta = "0"
            android:fromYDelta = "0"
            android:repeatCount = "infinite"
            android:repeatMode = "reverse"
            android:toXDelta = "100%"
            android:toYDelta = "100%" >
        </translate>
        <rotate
            android:duration = "2000"
            android:fromDegrees = "0"
            android:pivotX = "50%"
            android:pivotY = "50%"
            android:repeatCount = "infinite"
```

```
        android:repeatMode = "reverse"
        android:toDegrees = "360" >
    </rotate >
</set >
```

4）实现开机启动本应用。需要使用广播接收者，系统接收到启动完毕广播信号后启动本活动的应用。

① 为接收广播消息，新建 BootReceiver. java，用于接收开机启动完毕的广播信号。在 onRecieve( )方法中加入如下代码：

```
if( intent. getAction( ). equals( "android. intent. action. BOOT_COMPLETED" ) ) {
        IntentStartIntent = new Intent( context,MainActivity. class) ;
        StartIntent. addFlags( Intent. FLAG_ACTIVITY_NEW_TASK) ;
        context. startActivity( StartIntent) ;
}
```

其中，“android. intent. action. BOOT_COMPLETED”为开机启动完毕广播接收者。当开机启动完毕后，系统会自动重载 onRecieve( )方法，随后启动 Intent 所对应的本应用主活动。

② 修改清单文件，注册广播接收者。

```
< receiver android:name = ". BootReceiver" >
    < intent - filter >
        < action android:name = "android. intent. action. BOOT_COMPLETED" / >
        < category android:name = "android. intent. category. HOME" / >
    </intent - filter >
</receiver >
```

5）编写动画的加载。在主活动的 onCreate( )的方法中添加如下代码，加载组合动画效果。

```
ImageView iView = ( ImageView) findViewById( R. id. iv) ;
Animation aa = AnimationUtils. loadAnimation( this,R. anim. set) ;
iView. startAnimation( aa) ;
```

6）部署并运行代码。可以看到如图 11-19 所示的透明背景下的组合动态效果。关闭模拟器后重新启动，开机完毕后本应用自动打开。

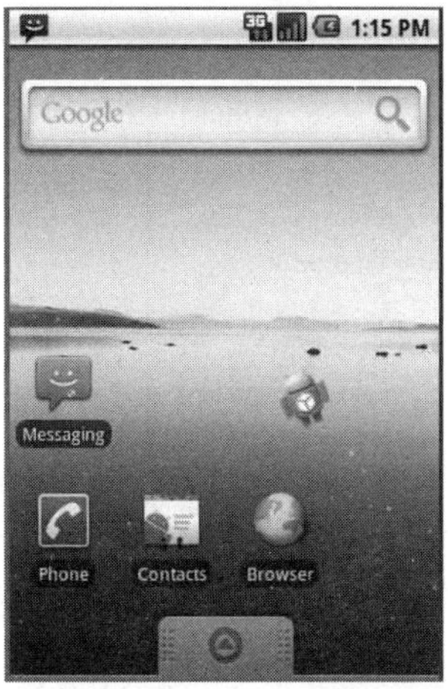

图 11-19　开机动画运行效果

11.4　播放音频

Android 媒体包提供了可管理各种媒体类型的类，这些类可提供用于执行音频和视频的操作。在 Android 中，音频和视频播放最常用的就是 MediaPlayer 类。该类提供了资源的播放、暂停、停止和重复播放等方法。该类位于 android. media 包下。除了 MediaPlayer 类外，还有一个音乐播放类 SoundPool，这两个类各有不同。本节介绍如何使用这两个类进行音频播放。

11.4.1 使用 MediaPlayer 播放音频

MediaPlayer 是播放媒体文件使用最为广泛的类，适合比较长且时间要求不高的音频播放。目前，MediaPlayer 已被用来播放大容量的音频文件，可支持播放操作（停止、开始、暂停等）和查找操作的流媒体。它还可支持与媒体操作相关的监听器。Android 中支持以下几种方式播放 MediaPlayer 中的音频：从源文件播放、从文件系统播放、从流媒体播放。

MediaPlayer 对播放音频/视频文件和流的控制是通过一个状态机来管理的。图 11-20 给出了一个 MediaPlayer 对象被播放控制操作驱动的生命周期和状态。椭圆代表 MediaPlayer 对象可能驻留的状态，弧线表示驱动 MediaPlayer 在各个状态之间迁移的播放控制操作。图 11-20 中有以下两种类型的弧线：一个箭头的弧线代表同步的方法调用，双箭头的弧线代表异步方法调用。

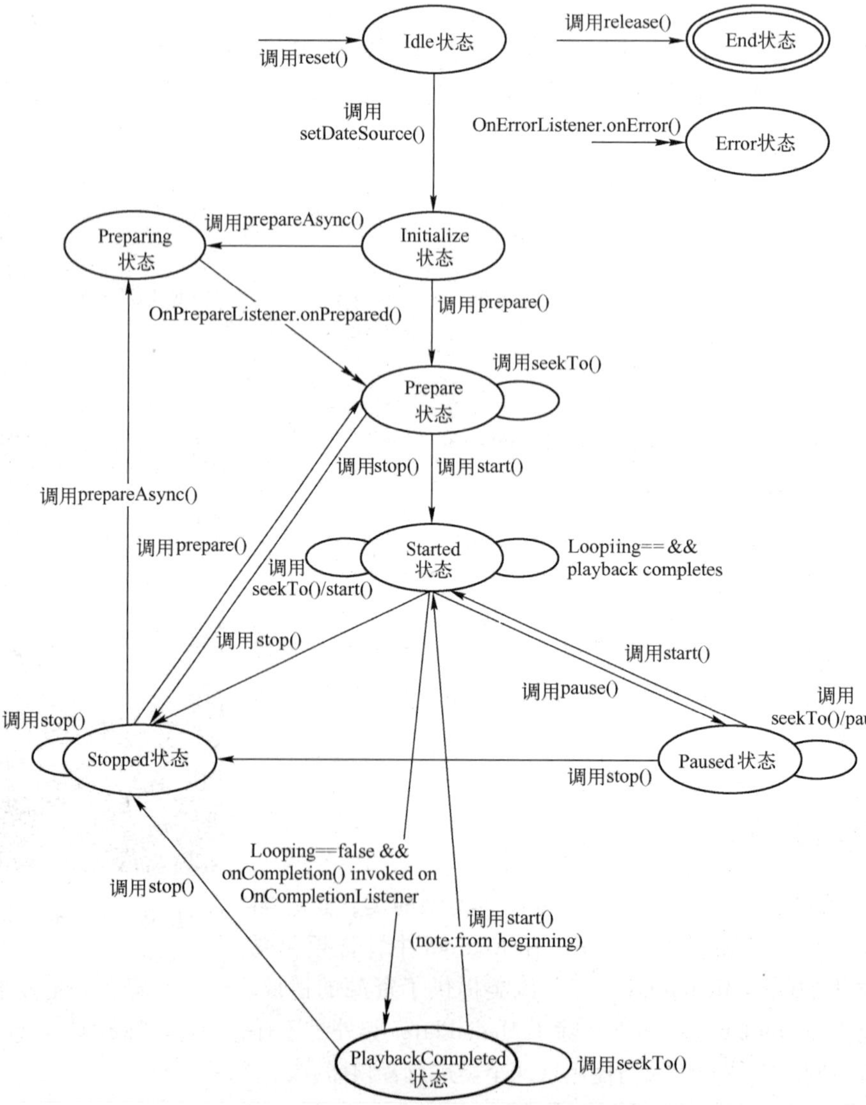

图 11-20 一个 MediaPlayer 对象被播放控制操作驱动的生命周期和状态

通过图 11-20，可以知道一个 MediaPlayer 对象有以下几种状态。

1）Idle 状态：当使用 new( ) 方法创建一个 MediaPlayer 对象或者调用了其 reset( ) 方法时，该 MediaPlayer 对象处于 Idle 状态。

2）End 状态：通过 release( ) 方法可以进入 End 状态，只要 MediaPlayer 对象不再被使用，就应当尽快将其通过 release( ) 方法释放掉，以释放相关的软硬件资源。如果 MediaPlayer 对象进入了 End 状态，则不会在进入任何其他状态了。

3）Initialized 状态：通过调用 setDataSource( ) 方法进入 Initialized 状态，表示此时要播放的文件已经设置好了。

4）Prepared 状态：初始化完成之后还需要调用 prepare( ) 或 prepareAsync( ) 方法。这两个方法一个是同步的，一个是异步的。只有进入 Prepared 状态，才表明 MediaPlayer 到目前为止都没有错误，这样才可以进行文件播放。

5）Preparing 状态：在调用 prepareAsync( ) 方法后，会触发 OnPreparedListener. onPrepared( )，进而进入 Prepared 状态。

6）Started 状态：MediaPlayer 对象一旦准备好，就可以调用 start( ) 方法。此时 MediaPlayer 对象处于 Started 状态，这表明 MediaPlayer 正在播放文件的过程中。在程序中可以使用 isPlaying( ) 测试 MediaPlayer 对象是否处于 Started 状态。如果播放完毕，而又设置了循环播放，则 MediaPlayer 仍然会处于 Started 状态。如果在该状态下，MediaPlayer 对象调用了 seekTo( ) 或者 start( ) 方法均可以让 MediaPlayer 对象停留在 Started 状态。

7）Paused 状态：Started 状态下 MediaPlayer 对象调用 pause( ) 方法可以暂停，从而进入 Paused 状态。MediaPlayer 对象暂停后再次调用 start( ) 则可以继续播放，并转到 Started 状态。Paused 状态时可以调用 seekTo( ) 方法，但不会改变状态。

8）Stop 状态：Started 或者 Paused 状态下均可调用 stop( ) 方法停止 MediaPlayer 对象。处于 Stop 状态的 MediaPlayer 对象要想重新播放，则需要通过 prepareAsync( ) 和 prepare( ) 回到 Prepared 状态。

9）PlaybackCompleted 状态：文件正常播放完毕，而又没有设置循环播放就进入该状态，并会触发 OnCompletionListener 的 onCompletion( ) 方法。此时可以调用 start( ) 方法重新播放，也可以调用 stop( ) 方法停止 MediaPlayer 对象，也可以调用 seekTo( ) 方法来重新定位播放位置。

10）Error 状态：因某种原因 MediaPlayer 对象出现错误时会触发 OnErrorListener. onError( ) 事件，此时 MediaPlayer 即进入 Error 状态。这种机制可以帮助我们捕捉并妥善处理错误，及时释放相关的软硬件资源，也可以改善用户体验。如果 MediaPlayer 对象进入了 Error 状态，则可以通过调用 reset( ) 来恢复，使得 MediaPlayer 对象重新返回到 Idle 状态。

通过分析上面的状态图，总结出 MediaPlayer 的使用步骤如下。

1）初始化：

```
MediaPlayer mediaPlayer = new MediaPlayer( );
mediaPlayer. reset( );
```

2）设置播放参数，包括音频流的类型和数据源：

```
mediaPlayer. setAudioStreamType( )
mediaPlayer. setDataSource( )
```

3）准备播放音乐。

● 若播放本地音频，则可以通过在主线程里调用：

```
mediaPlayer.prepare();
```

● 若播放网络视频，需要响应时间，则需要开启子线程进入准备状态：

```
mediaPlayer.prepareAsync();
```

4）开始播放音乐：

```
mediaPlayer.start();
```

5）进行其他播放控制。

● 暂停播放：

```
mediaPlayer.pause();
```

● 快进和快退：

```
mediaPlayer.seekTo();
```

● 停止播放：

```
mediaPlayer.stop();
```

6）播放结束，释放资源：

```
mediaPlayer.release();
```

11.4.2 使用 SoundPool 播放音频

SoundPool 适合播放短促且对反应速度要求比较高的音频，如游戏音效或按键音等。SoundPool 类是 Android 用于管理和播放应用程序的音频资源的类。SoundPool 对象可以看作从 APK 中导入资源或者从文件系统中载入文件的样本集合。它利用 MediaPlayer 服务将音频解码为一个原始 16 位 PCM 流。这个特性使得应用程序可以进行流压缩，而无须忍受在播放音频时解压所带来的 CPU 负载和时延。SoundPool 的主要特点如下。

1）对于低延迟播放，SoundPool 还可以管理多个音频流。当 SoundPool 对象构造时，maxStreams 参数的设置表示的是在单一的 SoundPool 中，同一时间所能播放流的最大数量，并且利用 SoundPool 可以跟踪活跃的流的数量。如果其数量超过流的最大数目，则 SoundPool 会基于优先级自动停止先前播放的流。限制流的最大数目将有助于减轻 CPU 的负荷，减小音频混合对视觉和 UI 性能的影响。

2）SoundPool 可以通过设置一个非零的循环值循环播放音频。如果该值为 -1 将导致声音永远循环。在这种情况下，应用程序必须明确地调用 stop()方法，以停止声音。其他非零值将导致声音按指定次数重复。

3）在 SoundPool 中，播放速率也可以改变。1.0 的播放速率可以使声音按照其原始频率播放，2.0 的播放速率可以使声音按照其原始频率的 2 倍播放。如果为 0.5 的播放速率，则播放速率是原始频率的一半。播放速率的取值范围是 0.5 ~ 2.0。

4）在 SoundPool 中，播放优先级的运行是从低到高排列的。当用户调用 play()方法时，如果活跃的流数目大于规定的 maxStreams 参数，则流分配器会结束优先级最低的流。如果有多条流都处于最低优先级，则优先级系统会选择关闭最早播放的流。

具体地，SoundPool 的使用步骤如下。

1）SoundPool 对象初始化。

通常调用 SoundPool 的构造函数 public SoundPool(int maxStreams,int streamType,int srcQuality)来进行初始化。其中，maxStreams 指 SoundPool 对象中允许同时存在的最大流数量。streamType 制定声音类型，流类型可以分为 STREAM_VOICE_CALL、STREAM_SYSTEM、STREAM_RING、STREAM_MUSIC 和 STREAM_ALARM 四种类型。srcQuality 指定声音品质。

2）载入声音资源。

由于 SoundPool 可以允许同时存在多个流，因此通常把多个声音放到 HashMap 中去。其模板代码如下。

```
SoundPool sp = new SoundPool(3,AudioManager.STREAM_MUSIC,0);
MapsoundPoolMap = new HashMap<Integer,Integer>();
soundPoolMap.put(1,sp.load(this,声音文件资源,1));
…
```

3）播放控制操作。

- 播放：调用 int play(int soundID,float leftVolume,float rightVolume,int priority,int loop,float rate)方法。其中，soundID 为声音 ID 号，leftVolume 为左声道音量设置，rightVolume 为右声道音量设置。priority 指定播放声音的优先级，数值越高，优先级越大；loop 指定是否循环，-1 表示无限循环，0 表示不循环，其他值表示要重复播放的次数。rate 指定播放速率。
- 暂停播放：调用 pause（int streamID）方法，其中 streamID 为 play()方法的返回值。
- 继续播放：调用 resume（int streamID）方法。
- 停止播放：调用 stop（int streamID）方法。

4）释放资源。

播放结束，可以调用 release()方法释放所有 SoundPool 对象占据的内存和资源，也可以调用 boolean unload（int soundID）方法卸载一个指定的音频资源。

11.4.3 案例——网络音频播放器

下面介绍如何在 Android 中进行音频项目的开发。网络的音频播放同本地音频播放的代码类似，只是增加了网络资源的访问。具体的实现步骤如下。

1）新建项目，名称为“网络音频播放器”，包名为“com.example.netAudioPlay”。

2）设计 UI 布局。通过 EditText 输入音频文件地址，单击不同的控制按钮控制音乐的播放。

```
<LinearLayout xmlns:android="http://schemas.android.com/apk/res/android"
    xmlns:tools="http://schemas.android.com/tools"
    android:layout_width="match_parent"
    android:layout_height="match_parent"
    android:orientation="vertical"
```

```
    tools:context = ".MainActivity" >
    <EditText
        android:id = "@ +id/et"
        android:layout_width = "match_parent"
        android:layout_height = "wrap_content"
        android:hint = "请输入音频路径" />
    <LinearLayout
        android:layout_width = "match_parent"
        android:layout_height = "wrap_content"
        android:orientation = "horizontal" >
        <Button
            android:layout_width = "0dp"
            android:layout_height = "wrap_content"
            android:layout_weight = "1"
            android:onClick = "play"
            android:text = "播放" />
        <Button
            android:layout_width = "0dp"
            android:layout_height = "wrap_content"
            android:layout_weight = "1"
            android:onClick = "pause"
            android:text = "暂停" />
        <Button
            android:layout_width = "0dp"
            android:layout_height = "wrap_content"
            android:layout_weight = "1"
            android:onClick = "replay"
            android:text = "重播" />
        <Button
            android:layout_width = "0dp"
            android:layout_height = "wrap_content"
            android:layout_weight = "1"
            android:onClick = "stop"
            android:text = "停止" />
    </LinearLayout>
</LinearLayout>
```

上述代码运行后的界面如图 11-21 所示。

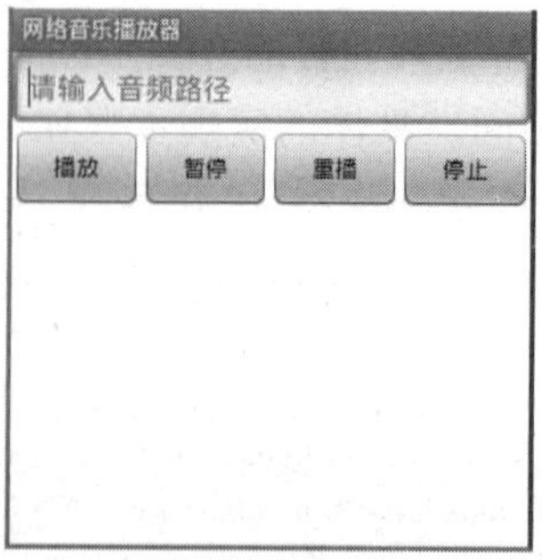

图 11-21　案例初始界面

3）编写控制按钮单击事件响应代码。

① 声明需要用到的私有成员。在适当的位置增加如下代码。

```
private EditText et;
private MediaPlayer player; //声明 MediaPlayer 对象
private StringpathString;    //用于存放文件路径
…
et = (EditText) findViewById(R. id. et);
```

②“播放”按钮单击事件响应代码。

```
public void play(View v) {
    pathString = et. getText(). toString(). trim();
    if (TextUtils. isEmpty(pathString)) {
        Toast. makeText(this,"音频路径不能空",1). show();
    } else {
        try {
            // 1. 初始化播放器
            player = new MediaPlayer();
            // 2. 设置播放器的初始化参数
            // 1)设置声音流的类型,STREAM_MUSIC 类型分配的空间较大
            player. setAudioStreamType(AudioManager. STREAM_MUSIC);
            // 2)设置音乐路径
            player. setDataSource("pathString");
            // 3. 准备播放
            player. prepareAsync();
            // 4. 开始播放
            player. setOnPreparedListener(new OnPreparedListener() {
                @ Override
                public void onPrepared(MediaPlayer mp) {
                    player. start();
                }
            } catch (Exception e) {
                Toast. makeText(this,"播放失败",1). show();
                e. printStackTrace();
        }
    }
```

需要注意的是，在上述代码中，没有使用 player. prepare( )方法进行准备，而是使用 prepareAsync( )异步准备。这是因为网络操作通常是个耗时的响应，如果在主线程中调用 prepare( )，则有可能会阻塞主线程。使用异步准备方法，通过开启子线程去准备，这样就不会阻塞主线程。但是，开启子线程需要等待音频文件准备完毕，因次需要回调方法 setOnPreparedListener（listener( )）来监听文件是否准备完毕。当准备完毕后，自动执行该回调方法中的 onPrepared( )方法，开始播放音频。

- “暂停”按钮单击事件响应代码如下。

```
public void pause(View v) {
    //确定播放器是否空,是否播放
    if(player! = null&&player. isPlaying()) {
        player. pause();
    }
}
```

● “重播” 按钮单击事件响应代码如下。

```
public void replay(View v) {
        //确定播放器是否空,是否播放
        if(player! =null&&player.isPlaying()){
                        player.seekTo(0);      //快进快退,定义到多少毫秒
        }
}
```

● “停止” 按钮单击事件响应代码如下。

```
public void stop(View v) {
    //确定播放器是否空,是否播放
    if(player! =null&&player.isPlaying()){
                player.stop();
                player.release();   //释放资源
                player=null;
    }
}
```

4）添加互联网访问权限，代码如下：

```
<uses-permission android:name="android.permission.INTERNET"/>
```

5）部署并运行代码。启动 Tomcat，并在其根目录下导入名称为 aa.mp3 的文件，在 EditText 中输入 http://10.0.2.2:8080/aa.mp3，单击各种按钮进行测试。

11.5 播放视频

在 Android 中播放视频的方式有以下两种。

1）使用 VideoView 控件进行播放，该控件中封装好了 MediaPlayer 的实现过程，其实也是继承了 SurfaceView 类。其优点是编程比较简单，可以直接进行使用，但是灵活性不高。

2）MediaPlayer 和 SurfaceView 播放视频：该方式通过 MediaPlayer 来控制视频的播放、暂停、进度等；通过 SurfaceView 来显示视频内容。其优点是灵活性高，可以进行自定义，但是实现难度比较大。

11.5.1 使用 VideoView 控件播放视频

VideoView 用于播放一段视频媒体，它继承了 SurfaceView，但同时也是一个视频控件。在播放视频时，需要涉及一些开始、暂停、停止等操作，为了方便编程，VideoView 也为开发人员提供了对应的方法。VideoView 播放之前无须编码装载视频，它会在 start()开始播放时自动装载视频。另外，VideoView 在视频播放完成后，无须编码回收资源。

下面介绍该类的一些常用方法。

● int getCurrentPosition()：获取视频当前播放的位置。
● int getDuration()：获取当前播放视频的总长度。

- isPlaying( )：判断当前 VideoView 是否在播放视频。
- void pause( )：用于暂停播放。
- void seekTo （int msec)：指定开始播放的时刻，单位为 ms。
- void resume( )：用于重新播放。
- void setVideoPath （String path)：以文件路径的方式设置 VideoView 播放的视频源。
- void setVideoURI （Uri uri)：以 URI 的方式设置 VideoView 播放的视频源，可以是网络 URI 或本地 URI。
- void start( )：用于开始播放。
- void stopPlayback( )：用于停止播放。
- setOnCompletionListener （MediaPlayer. onCompletionListener l)：用于监听播放完成的事件。
- setOnErrorListener （MediaPlayer. OnErrorListener l)：用于监听播放发生错误时的事件。
- setOnPreparedListener （MediaPlayer. OnPreparedListener l)：用于监听视频装载完成的事件。

下面在网络音频播放器的基础上进行修改，实现视频的播放，具体步骤如下：

1）复制并粘贴项目“网络音频播放器”，修改名称为“视频播放器 VideoView”，包名改为“com. example. VideoViewPlayer”。

2）UI 界面修改，增加视频控件。

```
<VideoView
    android:id="@+id/vv"
    android:layout_width="fill_parent"
    android:layout_height="fill_parent" />
```

3）代码基本类似，稍作修改。

声明需要用到的私有成员。

```
private EditText et;
private MediaPlayer player;   // 声明 MediaPlayer 对象
private StringpathString;     // 用于存放文件路径
private Button bt_pause;      //对暂停按钮进行调整
private VideoView vv;
…
et = (EditText) findViewById(R. id. et);
bt_pause = (Button)findViewById(R. id. bt_pause);
vv = (VideoView) findViewById(R. id. vv);
```

- “播放”按钮单击事件响应代码如下。

```
pathString = et. getText( ). toString( ). trim( );
if (TextUtils. isEmpty(pathString)) {
    Toast. makeText(this,"视频文件路径不能为空",0). show( );
} else{
    vv. setVideoPath(pathString);
    vv. start( );
}
```

● “暂停” 按钮单击事件响应代码如下。

```
public void pause( View v) {
    if ("继续". equals( bt_pause. getText( ). toString( ) ) ) {
        vv. start( ) ;
        bt_pause. setText( "暂停" ) ;
    }
    if (vv. isPlaying( ) ) {
        vv. pause( ) ;
        bt_pause. setText( "继续" ) ;
    }
}
```

此段代码的功能实现了单击“暂停”按钮，视频播放暂停，按钮文本内容变成“继续”。单击“继续”按钮后则继续播放，按钮文本内容变回“暂停”。

● “重播” 按钮单击事件响应代码如下。

```
public void replay( View v) {
    if (vv. isPlaying( ) ) {
        vv. seekTo(0) ;
    }
}
```

● “停止” 按钮单击事件响应代码如下。

```
public void stop( View v) {
    if (vv. isPlaying( ) ) {
        vv. stopPlayback( ) ;
    }
}
```

4）部署并运行代码。打开 Tomcat，并将名为 bb. 3gp 的文件放在根目录。在文本框中输入相应的路径，单击“播放”按钮，结果如图 11-22 所示。单击“暂停”按钮，可以看到视频暂停播放，按钮内容变为“继续”，如图 11-23 所示。

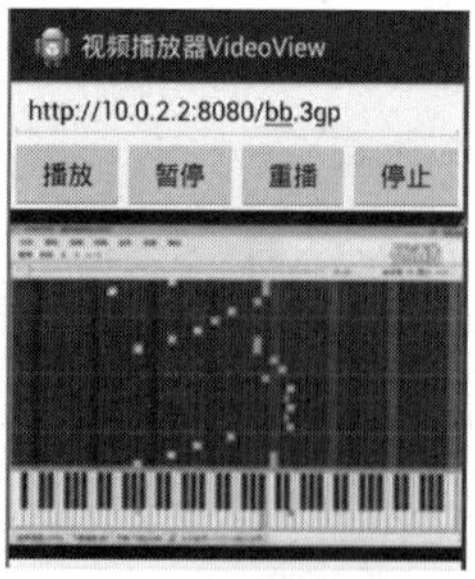

图 11-22　播放视频

图 11-23　暂停播放

注意，如果使用 VideoView 播放 mp4 视频，则可能碰到以下的错误信息：“MediaPlayer-error（1，－2147483648）”。通过查阅文档可知，错误码“1”代表“MEDIA_ERROR_UNKNOWN”，同样“－2147483648”实际上也是代表“UNKNOWN ERROR”的意思。真正的原因在于，mp4 有多种编码格式，如 H. 264、H. 263 等，而较低版本的 Android 设备只支持部分编码格式。一旦遭遇不被支持的编码格式，MediaPlayer 可能就会抛出上面的错误信息。解决办法：使用视频软件查看视频的编码格式，然后转换为普遍支持的格式。

11.5.2 使用 MediaPlayer 和 SurfaceView 播放视频

SurfaceView 是用于播放流媒体或者显示游戏界面的一个控件，主要用于配合 MediaPlayer 来使用。因此，使用 MediaPlayer 和 SurfaceView 播放视频的步骤与使用 MediaPlayer 播放 mp3 大体一致，只需要额外设置显示的 SurfaceView 即可。

SurfaceView 和大部分视频应用一样，通过双缓冲的机制来显示帧图像。双缓冲可以理解为有两个线程轮流解析视频流的帧图像。当一个线程解析完帧图像后，把图像渲染到界面中，同时另一线程开始解析下一帧图像，使得两个线程轮番配合去解析视频流，以达到流畅播放的效果。

尽管 SurfaceView 内部实现了双缓冲的机制，但是实现这个功能是非常消耗系统内存的。因为移动设备的局限性，Android 在设计时规定，SurfaceView 如果为用户可见时，创建 SurfaceView 的 SurfaceHolder 用于显示视频流解析的帧图片。当发现 SurfaceView 变为用户不可见时，则立即销毁 SurfaceView 的 SurfaceHolder，以达到节约系统资源的目的。此时，如果开发人员不对 SurfaceHolder 进行维护，则会出现最小化程序后，再打开应用时并不显示视频，但是视频的声音仍在继续播放。因此 SurfaceView 视频播放编码时需要维护 SurfaceHolder。此时需要用到它的一个回调：SurfaceHolder. Callback( )。回调时需要实现以下 3 个方法。

- void surfaceDestroyed （SurfaceHolder holder）：在 SurfaceHolder 被销毁时回调。
- void surfaceCreated （SurfaceHolder holder）：在 SurfaceHolder 被创建时回调。
- void surfaceChange （SurfaceHolder holder）：在 SurfaceHolder 的尺寸发生变化时被回调。

11.5.3 案例——简易视频播放器

下面介绍如何实现 SurfaceView 视频播放的过程。具体步骤如下。

1）新建项目，名称为“简易视频播放器”，包名为“com. example. VedioPlayerSurfaceView”。

2）设计 UI 界面，增加 SurfaceView 控件。

```
<SurfaceView
    android:id = "@ + id/sv"
    android:layout_width = "fill_parent"
    android:layout_height = "fill_parent" />
```

3）设计响应代码。要求程序启动就自动播放目录指定的视频文件。

- 定义需要的私有成员，代码如下。

```
private SurfaceView sView;
private SurfaceHolder holder;  // 定义显示内容容器
private MediaPlayer mediaPlayer;
private int position;            //记录播放位置
…
sView = (SurfaceView) findViewById(R. id. sv);
```

- 编写 SurfaceView 播放视频过程，代码如下。

```
        //1. 获得 surfaceView 显示内容的容器,更新界面需要用到
        holder = sView. getHolder( ) ;
        // 这条语句是过时的 API,4. 0 以上的版本不用编写,旧版本版本必须写,用来告诉手机使用
mediaPlayer 管理双缓冲区
        holder. setType( SurfaceHolder. SURFACE_TYPE_PUSH_BUFFERS) ;
        //2. holder 创建完毕,处理回调,完善其中的 3 个方法
        holder. addCallback( new Callback( ) {
@ Override
            public void surfaceDestroyed( SurfaceHolder holder) {//holder 销毁的回调处理
                System. out. println( "holder 被销毁") ;
                position = mediaPlayer. getCurrentPosition( ) ;
                mediaPlayer. stop( ) ;
                mediaPlayer. release( ) ;
                mediaPlayer = null;

            }

            @ Override
            public void surfaceCreated( SurfaceHolder holder) {//holder 创建时的回调处理
                System. out. println( "holder 创建好") ;
                try {
                    mediaPlayer = new MediaPlayer( ) ;
                    // 1)视频由音频和图像组成,分别设置音频和图像格式
                    mediaPlayer. setAudioStreamType( AudioManager. STREAM_MUSIC) ;// 设置音频流
        //mediaPlayer. setVideoScalingMode ( MediaPlayer. VIDEO _ SCALING _ MODE _ SCALE _ TO _
FIT) ;//缩放方式,是固定宽高还是屏幕大小,从 SDK 版本 16 才有
                    // 2)设置视频文件路径,本例中路径固定
                    mediaPlayer. setDataSource( "http://10. 0. 2. 2:8080/bb. 3gp") ;
                    // 3)设置显示容器
                    mediaPlayer. setDisplay( holder) ;
                    // 4)异步准备,需要回调
                    mediaPlayer. prepareAsync( ) ;
                    mediaPlayer. setOnPreparedListener( new OnPreparedListener( ) {
                        @ Override
                        public void onPrepared( MediaPlayer mp) {
                            mediaPlayer. start( ) ;
                            if( position >0) {
                                mediaPlayer. seekTo( position) ;
                            }
                        }

                } catch (Exception e) {
                    Toast. makeText( MainActivity. this, "播放失败",1). show( ) ;
                    e. printStackTrace( ) ;
                }

            }
            @ Override
            public void surfaceChanged( SurfaceHolder holder, int format, int width, int height) {
                //holder 容器发生变化时的回调处理
                System. out. println( "SurfaceView 大小变化") ;

            }
        }) ;
```

在上述代码中，需要注意 holder 作为容器在使用时要编写其重要的 3 个回调方法。

4）由于文件路径通过网络访问，因此加入互联网访问权限。

5）启动 Tomcat，部署并运行代码。运行结果如图 11-24 所示。

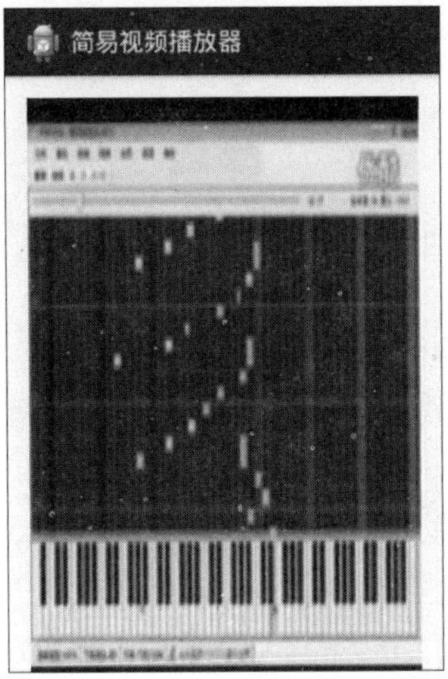

图 11-24　播放视频

至此，使用 SurfaceView 播放视频的代码编写完毕，读者可以根据需求完善项目功能，增加控制按钮。

11.6　小结

本章首先介绍了 Android 图像编程的常用类，然后介绍了图像特效的相关处理方法，接着介绍了 Android 中实现动画的两种方式，最后讲解了如何在 Android 中实现音频和视频的播放。

11.7　实践与练习

1. 选择题

1）下列说法错误的是（　　）。

A. Bitmap 类的构造函数是私有的，只能是通过 JNI（Java Native Interface）实例化

B. View Animation 只能应用于 View 对象，而且只支持一部分属性

C. 如果其数量超过流的最大数目，则 SoundPool 会按照产生的时间先后停止先前播放的流

D . SurfaceView 通过双缓冲的机制来显示帧图像

2）关于 Android 中播放视频的说法不对的是（　　）。

A. 可以使用 SurfaceView 组件播放视频

B. 可以使用 VideoView 组件播放视频

C. VideoView 组件可以控制播放的位置和大小

D. VideoView 播放视频的格式可以是 3gp

3）下列属于补间动画相关类的是（　　）。

A. TranslateAnimation

B. FrameAnimation

C. RotateAnimation

D. AlphaAnimation

2. 填空题

1）在 Android 中绘制图像时最常用的就是类________、类________、类________和类________。

2）类________可以实现图像的旋转、缩放等操作。

3）Android 中常用的动画模式有________和________两种。

3. 简答题

1）简述图像特效的编程步骤。

2）简述音频播放器的编程步骤。

第 12 章　经典范例——天气预报 APP

本章主要以天气预报 APP 为案例，介绍开发一个完整 APP 的基本步骤。

开发天气预报 APP 涉及 UI 设计、网络访问、文件解析等核心操作。一般来说，从网络返回的天气预报信息格式多为 JSON 数据格式和 XML 格式。例如，从中国天气网可获取 JSON 格式数据显示，天气对应的图片也可以从该网站上获取；通过新浪天气 API 接口或者其他接口获取天气信息，只需要输入查询的具体城市即可获取 JSON 格式或者 XML 格式天气，其天气对应图片则需要采用 res 中静态的资源与之一一对应。本章的天气预报信息来自新浪天气 API 接口获得的 XML 格式数据，需要通过 XML 解析获取感兴趣的信息。

12.1　任务需求及准备工作

本案例在启动程序后直接进入主界面（第一次登录需要选择城市，否则无法显示任何天气信息）。主界面通过图片和文字结合的形式显示当天和未来两天的天气详细信息，包括温度、风力、风向、雨雪情况以及生活指数等。进入主界面后，用户单击“设置”按钮可以切换不同的城市，单击“刷新”按钮可以及时更新某地的天气信息。

由于本应用直接获取新浪天气 API 接口提供的 XML 格式天气信息，因此在开发应用之前首先介绍一下如何访问新浪天气预报 XML 格式信息，以及获取信息后 XML 文件节点标签的含义。

通过下面的 URL 可以访问新浪天气预报发布的重庆市当天天气信息：

http://php.weather.sina.com.cn/xml.php?city=%D6%D8%C7%EC&password=DJOYnieT8234jlsK&day=0

其中，city 表示城市中文名的 gb2312 编码，可用 java.net.URLEncoder.encode（“重庆”,”gb2312”）方法通过 HTTP 的 GET 方式传递给服务器，但不能用“chongqing”拼音。Password 固定值为“DJOYnieT8234jlsK”，为新浪天气 XML 调用密码。day 表示查询的是哪一天的天气，0 表示当天天气信息，1 表示明天，2 表示后天，以此类推，最大值为 4。

在浏览器地址栏中输入下面的 URL 可以得到如图 12-1 所示的北京当天天气信息。

```
http://php.weather.sina.com.cn/xml.php? city=%B1%B1%BE%A9&password=DJOYnieT8234jlsK&day=0
```

从图 12-1 可以看出，在该页中具有各类信息。对于用户来说，这些信息较为混乱，不利于理解。因此为了明白各种信息的含义，需要通过 XML 标签加以区分，以便能够更好地编写代码。将获取到的信息存入到文件中可以看到其 XML 标签的相关结构，部分内容如图 12-2 所示。

表 12-1 列出了天气信息 XML 各个标签的含义。在获取天气预报信息时可以根据需求识别不同标签，得到需要的数据内容。

图 12–1　新浪天气预报发布的北京当天天气

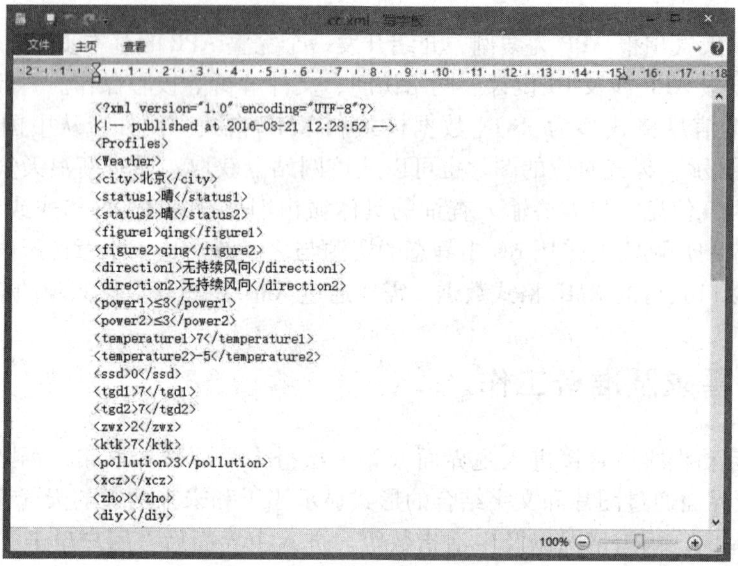

图 12–2　XML 格式的天气信息

表 12–1　新浪天气 XML 文件标签及含义

XML 标签	具体说明
< status >	天气情况（中文），其中 1 代表白天，2 代表夜间，如标签 < status1 > 为白天天气情况，< status2 > 为夜间天气情况
< figure >	天气情况拼音
< direction >	风向
< power >	风级
< temperature >	温度
< ssd >	体感指数数值
< ssd_l >	体感度指数
< ssd_s >	体感度指数说明
< tgd >	体感温度
< zwx >	紫外线指数数值
< zwx_l >	紫外线指数
< zwx_s >	紫外线指数说明
< ktk >	空调指数数值
< ktk_l >	空调指数

（续）

XML 标签	具体说明
<ktk_s>	空调指数说明
<pollution>	污染指数数值
<pollution_l>	污染物扩散条件
<pollution_s>	污染指数说明
<xcz>	洗车指数数值
<xcz_l>	洗车指数
<xcz_s>	洗车指数说明
<chy>	穿衣指数数值
<chy_l>	穿衣指数
<chy_shuoming>	穿衣说明
<gm>	感冒指数数值
<gm_l>	感冒指数
<gm_s>	感冒指数说明
<yd>	运动指数数值
<yd_l>	运动指数
<yd_s>	运动指数说明
<savedate_weather>	天气预报日期
<savedate_life>	生活日期
<savedate_zhishu>	指数日期

12.2 UI 界面设计

Android 应用开发的第一步就是设计 UI 界面，按照项目需求进行如下操作：

1）新建一个名称为“天气预报”、包名为“com. example. weather”的项目。

2）设计 UI 界面。本案例主界面显示当天和未来两天天气信息。其中当天信息不仅显示天气、温度，还要展示出相应的生活指数。而未来两天的天气仅仅显示天气信息描述和温度。单击“设置”按钮对城市进行选择。当前选择的城市显示在标题栏下方正中央。为了及时更新天气信息，引入了“刷新”按钮。结合上述需求，设计的 UI 布局文件的代码如下。

```
<LinearLayout xmlns:android="http://schemas.android.com/apk/res/android"
xmlns:tools="http://schemas.android.com/tools"
    android:layout_width="match_parent"
    android:layout_height="match_parent"
    android:orientation="vertical"
    tools:context=".MainActivity" >
      <LinearLayout
        android:layout_width="fill_parent"
        android:layout_height="0dp"
```

```
        android:layout_weight = "1"
        android:orientation = "horizontal"  >
         <Button
            android:id = "@ +id/bt_set"
            android:layout_width = "0dp"
            android:layout_height = "wrap_content"
            android:layout_weight = "1"
            android:background = "@drawable/set"
            android:onClick = "setCity"  />
         <TextView
            android:id = "@ +id/tv_city"
            android:layout_width = "0dp"
            android:layout_height = "wrap_content"
            android:layout_weight = "4"
            android:gravity = "center_horizontal"
            android:text = "城市未设置"
            android:textSize = "20sp"  />
         <Button
            android:id = "@ +id/bt_refresh"
            android:layout_width = "0dp"
            android:layout_height = "wrap_content"
            android:layout_weight = "1"
            android:background = "@drawable/refresh"
            android:onClick = "refresh"  />
    </LinearLayout>
         <LinearLayout
        android:layout_width = "match_parent"
        android:layout_height = "0dp"
        android:layout_weight = "7"
        android:background = "@drawable/background"
        android:orientation = "vertical"  >
         <TextView
            android:id = "@ +id/tv_today_date"
            android:layout_width = "wrap_content"
            android:layout_height = "0dp"
            android:layout_gravity = "center_horizontal"
            android:layout_weight = "0.5"
            android:text = "今天"
            android:textColor = "#FFFFFF"
            android:textSize = "20sp"  />
         <ImageView
            android:id = "@ +id/iv_today"
            android:layout_width = "wrap_content"
            android:layout_height = "0dp"
            android:layout_gravity = "center_horizontal"
            android:layout_weight = "2"
            android:src = "@drawable/ic_launcher"  />
         <TextView
            android:id = "@ +id/tv_today"
            android:layout_width = "wrap_content"
            android:layout_height = "0dp"
            android:layout_gravity = "center_horizontal"
```

```
        android:layout_weight = "0. 5"
        android:text = " NULL"
        android:textColor = " #FFFFFF"
        android:textSize = "20sp"  / >
    < TextView
        android:id = "@  + id/tv_today_temp"
        android:layout_width = " wrap_content"
        android:layout_height = "0dp"
        android:layout_gravity = " center_horizontal"
        android:layout_weight = "0. 5"
        android:text = " ---"
        android:textColor = " #FFFFFF"
        android:textSize = "20sp"  / >
    < TextView
        android:id = "@  + id/tv_today_live"
        android:layout_width = " wrap_content"
        android:layout_height = "0dp"
        android:layout_gravity = " center_horizontal"
        android:layout_weight = "2"
        android:text = " ------"
        android:textColor = " #FFFFFF"
        android:textSize = "18sp"  / >
      < LinearLayout
        android:layout_width = " fill_parent"
        android:layout_height = "0dp"
        android:layout_weight = "3"
        android:orientation = " horizontal"   >
        < LinearLayout
            android:layout_width = "0dp"
            android:layout_height = " fill_parent"
            android:layout_weight = "1"
            android:orientation = " vertical"   >
            < TextView
                android:id = "@  + id/tv_second_date"
                android:layout_width = " wrap_content"
                android:layout_height = "0dp"
                android:layout_gravity = " center_horizontal"
                android:layout_weight = "1"
                android:text = "明天"  / >
            < ImageView
                android:id = "@  + id/iv_second"
                android:layout_width = " wrap_content"
                android:layout_height = "0dp"
                android:layout_gravity = " center_horizontal"
                android:layout_weight = "2"
                android:src = "@ drawable/ic_launcher"  / >
            < TextView
                android:id = "@  + id/tv_second"
                android:layout_width = " wrap_content"
                android:layout_height = "0dp"
                android:layout_gravity = " center_horizontal"
```

```
                android:layout_weight = "1"
                android:text = "NULL" />
            <TextView
                android:id = "@ +id/tv_second_temp"
                android:layout_width = "wrap_content"
                android:layout_height = "0dp"
                android:layout_gravity = "center_horizontal"
                android:layout_weight = "1"
                android:text = " --- " />
        </LinearLayout>
        <LinearLayout
            android:layout_width = "0dp"
            android:layout_height = "fill_parent"
            android:layout_weight = "1"
            android:orientation = "vertical" >
            <TextView
                android:id = "@ +id/tv_third_date"
                android:layout_width = "wrap_content"
                android:layout_height = "0dp"
                android:layout_gravity = "center_horizontal"
                android:layout_weight = "1"
                android:text = "后天" />
            <ImageView
                android:id = "@ +id/iv_third"
                android:layout_width = "wrap_content"
                android:layout_height = "0dp"
                android:layout_gravity = "center_horizontal"
                android:layout_weight = "2"
                android:src = "@drawable/ic_launcher" />
            <TextView
                android:id = "@ +id/tv_third"
                android:layout_width = "wrap_content"
                android:layout_height = "0dp"
                android:layout_gravity = "center_horizontal"
                android:layout_weight = "1"
                android:text = "NULL" />
            <TextView
                android:id = "@ +id/tv_third_temp"
                android:layout_width = "wrap_content"
                android:layout_height = "0dp"
                android:layout_gravity = "center_horizontal"
                android:layout_weight = "1"
                android:text = " --- " />
        </LinearLayout>
    </LinearLayout>
  </LinearLayout>
</LinearLayout>
```

上述布局文件将当天天气信息显示在页面上半部分，下半部分横向排列了明后两天的天气情况，因此使用嵌套的线性布局可以满足布局需求。部署运行代码，得到的初始界面如图 12-3所示。由图 12-3 可以看出，在没有设置城市前，所有的天气信息都是空信息，没有任何意义。

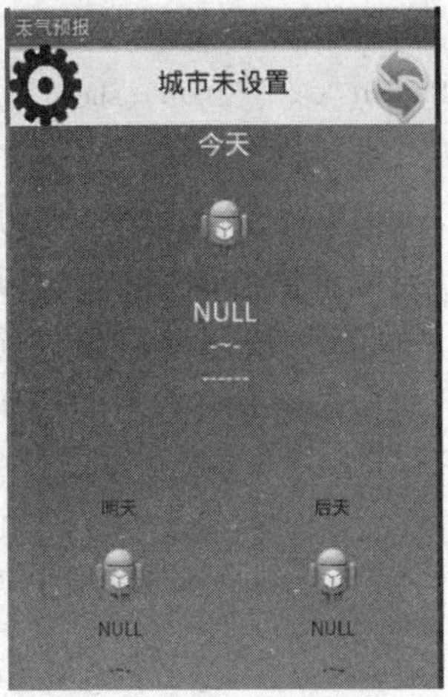

图 12-3　程序启动页面

12.3　响应代码实现

UI 界面设计完毕后，接下来的工作就是通过网络获取天气信息，并将这些信息显示在相应的控件中。下面将该系统细分成各个不同的子模块逐一实现相关功能。

12.3.1　设置城市功能模块

在应用启动时，由于没有设置城市信息，因此无法显示任何天气信息，需要编写“设置”按钮单击事件响应代码。其主要功能是通过单击“设置”按钮，弹出带有文本框的对话框。在文本框中输入城市信息后，单击“确定”按钮将城市信息保存在配置文件中，以便再次启动后能够自动获取城市信息。相关代码如下。

```
public void setCity(final View v) {
    final EditText et = new EditText(this);
    //创建对话框,包含一个编辑框、一个文本框和两个按钮
    new AlertDialog.Builder(this).setTitle("请输入城市名称:")
            .setIcon(android.R.drawable.ic_dialog_info).setView(et)
            .setPositiveButton("确定",new OnClickListener() {
                public void onClick(DialogInterface dialog,int which) {
                    String input = et.getText().toString();
                    if (input.equals("")) {
                        Toast.makeText(getApplicationContext(),
                            "搜索内容不能为空!" + input,Toast.LENGTH_LONG)
                            .show();
                    } else {
                        sp = getSharedPreferences("setCity",Context.MODE_PRIVATE);
                        //保存默认城市
                        Editor editor = sp.edit();
                        editor.putString("city",input);
                        editor.commit();
                        refresh(v);  //刷新信息
                    }
```

```
            }
        }).setNegativeButton("取消",null).show();
}
```

上述代码中，通过创建一个 AlertDialog 实现城市的切换，并对其“确定”和“取消”两个按钮的单击事件进行了监听。当城市信息确定后，将其直接存放在 setCity.xml 文件中。在代码中调用的 refresh()方法是“刷新”按钮单击事件响应方法，目的是在单击“确定”按钮后能够及时更新相关信息。目前，refresh()方法的代码如下。

```
public void refresh(View v) {
    String cityString;
    sp = getSharedPreferences("setCity",Context.MODE_PRIVATE);
    cityString = sp.getString("city","");
    tv_city.setText(cityString);
}
```

12.3.2 网络获取 XML 文件模块

城市信息确定后，需要获取网络中的该城市某天天气信息。定义 getWeather (String url) 方法实现根据 URL 获取网络传回的 XML 格式的天气信息，并将其保存在不同的 XML 文件中。

```
public void getWeather(String url) {
    String day = url.substring(url.length() - 1,url.length());// 获取 URL 最后一个字符,0 代
// 表今天,1 代表明天,2 代表后天
    System.out.println(day);
    try {
        HttpGet httpGet = new HttpGet(url);          // HttpClient 的 GET 方式
        HttpClient hc = new DefaultHttpClient();
        HttpResponse ht = hc.execute(httpGet);       // 获取响应
        if (ht.getStatusLine().getStatusCode() == HttpStatus.SC_OK) {
            HttpEntity he = ht.getEntity();          // 获得返回结果
            InputStream is = he.getContent();        // 获取返回的实际内容
            BufferedReader br = new BufferedReader(
                    new InputStreamReader(is));
            //今天天气存放在 weather0.xml 中,明天天气存放 weather1.xml,后天天气存放在
weather2.xml
            FileOutputStream fos = openFileOutput("weather" + day + ".xml",MODE_PRIVATE);
            String response = "";
            String readLine = null;
            System.out.println(fos.toString());
            while ((readLine = br.readLine()) != null) {
                response = response + readLine;      // 所有信息组成一个字符串
            }
            fos.write(response.getBytes());
            fos.close();
            is.close();
            br.close();
        } else {
            Toast.makeText(getApplicationContext(),"网络连接失败",
```

```
                    Toast.LENGTH_LONG).show();
            }
        } catch (Exception e) {
        }
    }
```

上述代码通过 HttpClient 的 GET 方式根据不同的 URL 请求网络资源，并将天气信息保存在不同的文件中。URL 最后一个字符代表的是查询日期，0 代表今天，1 代表明天，以此类推。当天的天气信息存入 weather0.xml 文件中，同样以此类推。

为了能够连接网络获取天气信息，需要增加如下的访问网络权限。

```
<uses-permission android:name="android.permission.INTERNET"/>
```

12.3.3 天气业务类的构造

为了方便访问不同日期的天气信息，要构造天气业务类对其进行管理。本例中新建名称为 WeatherInfo，并为其增加图 12-2 所示文件标签对应的成员变量及其 Getters 和 Setters 方法。这里仅仅给大家展示其成员变量及含义，相关的 Getters 和 Setters 方法读者可以参考源代码。

```
public class WeatherInfo {
    /** 城市 */
    public String city;
    /** 白天天气 */
    public String status1;
    /** 夜晚天气 */
    public String status2;
    /** 白天天气拼音 */
    public String figure1;
    /** 夜晚天气拼音 */
    public String figure2;
    /** 白天风向 */      public String direction1;
    /** 夜晚风向 */
    public String direction2;
    /** 白天风级 */
    public String power1;
    /** 夜晚风级 */
    public String power2;
    /** 白天温度 */
    public String temperature1;
    /** 夜晚温度 */
    public String temperature2;
    /** 体感温度 */
    public Stringtgd;
    /** 紫外线指数 */
    public Stringzwx_l;
    /** 紫外线说明 */
    public Stringzwx_s;
    /** 体感度指数 */
```

```
    public String ssd_l;
    /** 体感度说明 */
    public String ssd_s;
    /** 空调指数 */
    public Stringktk_l;
    /** 空调说明 */
    public Stringktk_s;
    /** 洗车指数 */
    public Stringxcz_l;
    /** 洗车说明 */
    public Stringxcz_s;
    /** 穿衣指数 */
    public String chy_l;
    /** 穿衣说明 */
    public String chy_shuoming;
    /** 污染物扩散条件 */
    public String pollution_l;
    /** 污染物扩散条件说明 */
    public String pollution_s;
    /** 感冒指数 */
    public String gm_l;
    /** 感冒说明 */
    public String gm_s;
    /** 运动指数 */
    public String yd_l;
    /** 运动说明 */
    public String yd_s;
    …
}
```

12.3.4 XML 文件的解析模块

为了显示不同类型的天气信息，需要将保存的 XML 文件进行解析。parserWeather（String day）方法的功能是通过传递日期编号获取某天天气信息，返回类型为 WeatherInfo。具体代码如下。

```
public WeatherInfo parserWeather(String day) {
/*** 保存某天天气信息 *****/
WeatherInfo weatherInfo = new WeatherInfo();
try {
    String path = getFilesDir().toString();
    System.out.println(path);
    File xmlFlie = new File(path + "/weather" + day + ".xml");
    System.out.println(xmlFlie.toString());
    InputStream is = new FileInputStream(xmlFlie);
    // 得到 PULL 解析器
    XmlPullParser parser = Xml.newPullParser();
    // 初始化解析器,第一个参数代表包含 XML 的数据
    parser.setInput(is,"utf-8");
    // 得到当前事件的类型
```

```
        int type = parser.getEventType();
// END_DOCUMENT 文档结束标签
        while (type != XmlPullParser.END_DOCUMENT) {
            switch (type) {
            // 一个节点的开始标签
            case XmlPullParser.START_TAG:
                // 解析到全局开始的标签 infos 根节点
                if ("status1".equals(parser.getName())) {// 白天天气
                    weatherInfo.setStatus1(parser.nextText());
                } else if ("status2".equals(parser.getName())) {
                    weatherInfo.setStatus2(parser.nextText());
                } else if ("direction1".equals(parser.getName())) {// 白天风向
                    weatherInfo.setDirection1(parser.nextText());
                } else if ("direction2".equals(parser.getName())) {
                    weatherInfo.setDirection2(parser.nextText());
                } else if ("power1".equals(parser.getName())) {// 白天风力
                    weatherInfo.setPower1(parser.nextText() + "级");
                } else if ("power2".equals(parser.getName())) {
                    weatherInfo.setPower2(parser.nextText() + "级");
                } else if ("temperature1".equals(parser.getName())) {// 白天温度
                    weatherInfo.setTemperature1(parser.nextText());
                } else if ("temperature2".equals(parser.getName())) {// 夜间温度
                    weatherInfo.setTemperature2(parser.nextText());
                } else if ("chy_shuoming".equals(parser.getName())) {// 穿衣说明
                    weatherInfo.setChy_shuoming(parser.nextText());
                } else if("pollution_l".equals("污染程度:" + parser.getName())) {//污染程度
                    weatherInfo.setPollution_s(parser.nextText());
                } else if ("zwx_s".equals(parser.getName())) {// 紫外线
                    weatherInfo.setZwx_s(parser.nextText());
                } else if ("ssd_s".equals(parser.getName())) {// 体感说明
                    weatherInfo.setSsd_s(parser.nextText());
                } else if ("yd_l".equals(parser.getName())) {// 运动说明
                    weatherInfo.setYd_l(parser.nextText());
                } else if ("savedate_weather".equals(parser.getName())) {// 天气日期
                    weatherInfo.setSavedate_weather(parser.nextText());
                }
                break;
            case XmlPullParser.END_TAG:
                // 表示信息解析完毕
                if ("Profiles".equals(parser.getName())) {
                }
                break;
            }
            type = parser.next();
        }
    } catch (FileNotFoundException e) {
        e.printStackTrace();
    } catch (XmlPullParserException e) {
        e.printStackTrace();
    } catch (IOException e) {
```

```
            e.printStackTrace();
        }
        return weatherInfo;
    }
```

在上述代码中使用 XML 解析代码提取了本例中需要获取的天气信息及相关指数说明，读者可以根据需求灵活获取并显示更多的天气信息。

12.3.5 刷新模块

单击"刷新"按钮获取天气信息并实现解析，依次将天气信息保存在不同的 WeatherInfo 对象中。具体代码如下。

```
public void refresh(View v) {
    String cityString = "";
    sp = getSharedPreferences("setCity",Context.MODE_PRIVATE);
    cityString = sp.getString("city","");
    tv_city.setText(cityString);
    try {
        getWeather(SINA_URL + "?city="
        + java.net.URLEncoder.encode(cityString,"gb2312")
        + "&password=" + PASSWORD + "&day=" + "0");
            getWeather(SINA_URL + "?city="
                    + java.net.URLEncoder.encode(cityString,"gb2312")
                    + "&password=" + PASSWORD + "&day=" + "1");
            getWeather(SINA_URL + "?city="
                    + java.net.URLEncoder.encode(cityString,"gb2312")
                    + "&password=" + PASSWORD + "&day=" + "2");
        } catch (UnsupportedEncodingException e) {
            e.printStackTrace();
    }
    weatherInfo0 = parserWeather("0");
    weatherInfo1 = parserWeather("1");
    weatherInfo2 = parserWeather("2");
}
```

上述代码中涉及的一些成员变量如下。

```
private SharedPreferences sp;         //存储城市信息
private WeatherInfo weatherInfo0;     //当天天气信息
private WeatherInfo weatherInfo1;     //当天天气信息
private WeatherInfo weatherInfo2;     //当天天气信息
public final String SINA_URL = "http://php.weather.sina.com.cn/xml.php";//新浪天气网址
public final String PASSWORD = "DJOYnieT8234jlsK";//新浪天气 XML 调用密码
```

通过代码的分析可以看出，单击"刷新"按钮后，今天和未来两天的信息分别存放在 weatherInfo0、weatherInfo1 和 weatherInfo2 中。一旦获取天气信息，就需要将其显示在不同的控件中。

12.3.6 内容显示模块

显示模块为本案例的最后一个模块，其功能为以图文的形式将今天和未来两天的天气信息显示出来。

首先，根据各个控件的 ID 获取控件引用，以便对其进行操作。部分代码如下。

```
private TextView tv_city;              //城市名称
private TextView tv_today_date;        //今天日期
private ImageView iv_today;            //今天天气图标
private TextView tv_today;             //今天天气描述
private TextView tv_today_temp;        //今天温度
private TextView tv_today_live;        //今天生活指数
private ImageView iv_second;           //明天天气图标
private TextView tv_second;            //明天温度
private TextView tv_second_temp;       //明天温度
private ImageView iv_third;            //后天天气图标
private TextView tv_third;             //后天温度
private TextView tv_third_temp;        //后天温度
…
    tv_city = (TextView) findViewById(R. id. tv_city);
    tv_today_date = (TextView) findViewById(R. id. tv_today_date);
    iv_today = (ImageView) findViewById(R. id. iv_today);
    tv_today = (TextView) findViewById(R. id. tv_today);
    tv_today_temp = (TextView) findViewById(R. id. tv_today_temp);
    tv_today_live = (TextView) findViewById(R. id. tv_today_live);

    iv_second = (ImageView) findViewById(R. id. iv_second);
    tv_second = (TextView) findViewById(R. id. tv_second);
    tv_second_temp = (TextView) findViewById(R. id. tv_second_temp);

    iv_third = (ImageView) findViewById(R. id. iv_third);
    tv_third = (TextView) findViewById(R. id. tv_third);
    tv_third_temp = (TextView) findViewById(R. id. tv_third_temp);
```

将获得的信息放在相应的控件中的代码如下。

```
public void setImage() {
        //当天天气图标
        String status = weatherInfo0. getStatus1();
        if(status. equals("晴")) {
            iv_today. setImageResource(R. drawable. sunny);
        } else if(status. equals("阴")) {
            iv_today. setImageResource(R. drawable. overcast);
        } else if(status. equals("多云")) {
            iv_today. setImageResource(R. drawable. cloudy);
        } else if(status. equals("雨")) {
            iv_today. setImageResource(R. drawable. rainy);
        } else if(status. equals("阵雨")) {
            iv_today. setImageResource(R. drawable. showers);
        } else if(status. equals("雷阵雨")) {
            iv_today. setImageResource(R. drawable. thundershowers);
        } else if(status. equals("雪")) {
            iv_today. setImageResource(R. drawable. snowy);
        } else if(status. equals("雷电")) {
            iv_today. setImageResource(R. drawable. thunder);
        }
        //明天天气图标
        status = weatherInfo1. getStatus1();
        if(status. equals("晴")) {
            iv_second. setImageResource(R. drawable. sunny);
```

```
        } else if(status.equals("阴")) {
            iv_second.setImageResource(R.drawable.overcast);
        } else if(status.equals("多云")) {
            iv_second.setImageResource(R.drawable.cloudy);
        } else if(status.equals("雨")) {
            iv_second.setImageResource(R.drawable.rainy);
        } else if(status.equals("阵雨")) {
            iv_second.setImageResource(R.drawable.showers);
        } else if(status.equals("雷阵雨")) {
            iv_second.setImageResource(R.drawable.thundershowers);
        } else if(status.equals("雪")) {
            iv_second.setImageResource(R.drawable.snowy);
        } else if(status.equals("雷电")) {
            iv_second.setImageResource(R.drawable.thunder);
        }
        //后天天气图标
        status = weatherInfo2.getStatus1();
        if(status.equals("晴")) {
            iv_third.setImageResource(R.drawable.sunny);
        } else if(status.equals("阴")) {
            iv_third.setImageResource(R.drawable.overcast);
        } else if(status.equals("多云")) {
            iv_third.setImageResource(R.drawable.cloudy);
        } else if(status.equals("雨")) {
            iv_third.setImageResource(R.drawable.rainy);
        } else if(status.equals("阵雨")) {
            iv_third.setImageResource(R.drawable.showers);
        } else if(status.equals("雷阵雨")) {
            iv_third.setImageResource(R.drawable.thundershowers);
        } else if(status.equals("雪")) {
            iv_third.setImageResource(R.drawable.snowy);
        } else if(status.equals("雷电")) {
            iv_third.setImageResource(R.drawable.thunder);
        }
    }
    public void showInfo() {
        tv_today_date.setText("今天:" + weatherInfo0.getSavedate_weather());
        setImage();
        tv_today.setText(weatherInfo0.getStatus1());
        tv_today_temp.setText(weatherInfo0.getTemperature1() + " ~ "
                + weatherInfo0.getTemperature2() + "摄氏度");
        tv_today_live.setText(weatherInfo0.getDirection1() + ":"
                + weatherInfo0.getPower1() + "\n"
                + weatherInfo0.getPollution_l() + "\n"
                + weatherInfo0.getZwx_s() + "\n"
                + weatherInfo0.getSsd_s() + "\n"
                + weatherInfo0.getYd_l());
        tv_second.setText(weatherInfo0.getStatus1());
        tv_second_temp.setText(weatherInfo1.getTemperature1() + " ~ "
                + weatherInfo1.getTemperature2() + "摄氏度");
        tv_third.setText(weatherInfo0.getStatus1());
```

```
        tv_third_temp.setText(weatherInfo2.getTemperature1() + " ~ "
                + weatherInfo2.getTemperature2() + "摄氏度");
    }
```

setImage()方法的作用是根据获得的天气描述设置每个 ImageView 显示的天气图标。而 showInfo()方法用于设置各个 TextView 中需要显示的信息，如温度、天气描述、生活指数等。

至此，天气预报 APP 的核心代码已经编写完毕。

12.4 APP 功能测试

为了测试代码的有效性，直接部署并运行代码。由于在编程调试阶段已经配置了城市信息，因此可以在程序启动后直接调用“刷新”按钮的功能模块，最终的天气信息如图 12-4 所示。

当需要查询其他城市天气预报时，可以单击左上角的“设置”按钮，弹出如图 12-5 所示的对话框。在其中输入“北京”并单击“确定”按钮，程序自动实现刷新功能，返回结果如图 12-6 所示。

图 12-4　配置城市后启动界面

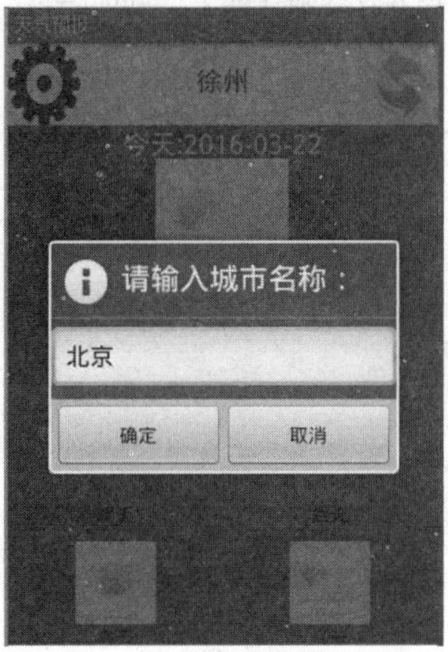

图 12-5　切换城市

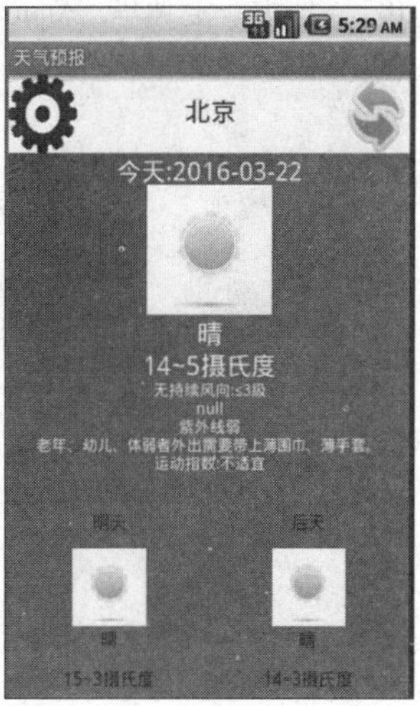

图 12-6　北京天气信息

通过本章案例的学习，读者应该对 Android 项目的开发过程有了一定的认识。本章的案例具有一定的基础性，读者可在此基础上进行更加完善的开发，如增加登录页面、通过 GPS 定位直接获取城市信息等功能。

参 考 文 献

[1] E2ECloud 工作室. 深入浅出 Google Android [M]. 北京：人民邮电出版社，2009.
[2] 李宁. Android/Ophone 开发完全讲义 [M]. 北京：中国水利水电出版社，2010.
[3] 扶松柏. Android 开发从入门到精通 [M]. 北京：北京希望电子出版社，2012.
[4] 李刚. 疯狂 Android 讲义 [M]. 北京：电子工业出版社，2011.
[5] 佘志龙，等. Google Android SDK 开发范例大全 [M]. 3 版. 北京：人民邮电出版社，2011.
[6] 杨丰盛. Android 应用开发揭秘 [M]. 北京：机械工业出版社，2010.
[7] Satya Komatineni，Dave MacLean. 精通 Android [M]. 曾少宁，杨越，译. 北京：人民邮电出版社，2013.
[8] 杨丰盛. Android 技术内幕：系统卷 [M]. 北京：机械工业出版社，2011.
[9] 李佐彬，等. Android 开发入门与实战体验 [M]. 北京：机械工业出版社，2011.
[10] 余永佳，赵佩华. Android 应用开发基础（基于 Android 4. 2、任务驱动式）[M]. 北京：机械工业出版社，2014.